范主

时间的战争

五百年钟表博弈史

范主——著

中信出版集团 | 北京

图书在版编目（CIP）数据

时间的战争：五百年钟表博弈史 / 范主著 . -- 北京：中信出版社，2023.2
ISBN 978-7-5217-5056-0

Ⅰ . ①时… Ⅱ . ①范… Ⅲ . ①钟表—技术史—世界
Ⅳ . ① TH714.5-091

中国版本图书馆 CIP 数据核字（2022）第 229045 号

时间的战争——五百年钟表博弈史
著者：　范主
出版发行：中信出版集团股份有限公司
（北京市朝阳区东三环北路 27 号嘉铭中心　邮编　100020）
承印者：　北京诚信伟业印刷有限公司

开本：880mm × 1230mm　1/32　　印张：16.5　　字数：457 千字
版次：2023 年 2 月第 1 版　　印次：2023 年 2 月第 1 次印刷
书号：ISBN 978-7-5217-5056-0
定价：79.00 元

目 录

CONTENTS

推荐序一 RECOMMENDATION

时间不可战胜，但可以记录和品味

馒头大师（张玮）

我记得那是2021年4月，在北京的一场饭局上，邓潍忽然和我说，她在准备写一本书。

那时候，她主理的微信公众号“商务范”在业内已经有很大的影响了，她也是诸多粉丝眼中的时尚“范主”。我以为她会写一本和时尚穿搭有关的书，但她告诉我，她因为工作原因接触过不少钟表品牌，所以她想写关于钟表的故事。

听到这个选题，我倒是眼前一亮。

我对各类钟表品类和性能的了解近乎空白，但对钟表的整个发展历史却略知一二，包括战争对钟表发展的影响、奥运会对钟表发展的推动、石英表与机械表的搏杀……所以我为她这个点子叫好，并且在和她讨论之后，建议她把书名定为《时间的战争》。

一年多之后，我有幸拜读了《时间的战争》初稿——能在业余时花一年多时间打磨出这本40多万字的著作，我觉得很不容易了。

说实话，刚看到初稿的时候，我还是有点意外的。

在我的印象里，邓潍是一位温柔细心的女生。她会为朋友的签售会准备好一束鲜花，也会在聚会缺席时托人送来一瓶好酒；她在“商务范”里的文字也温情细腻，娓娓道来，就好像是读者的邻家大姐姐一样，让人觉得非常亲和。

在这本书中，她展现出了我以前并不知道的另一面写作功力。

首先体现在架构上。全书从人类古代的计时工具日晷说起，由法国宗教战争入手，分了两条线：一条线一路串起英法百年战争、布尔战争、两次世界大战、冷战，另一条线展现了战争背后瑞士钟表的崛起、英法两强的钟表竞争、美国钟表的“截和”、日本石英表的逆袭、德国制表业的复兴……这本书在世界战争史和钟表发展史这两条线的架构和关联上层次分明，环环相扣，展现了一条相当明晰的逻辑线。

其次体现在文风上。邓濰不愧是新华社旗下《财经国家周刊》记者和编辑出身，全书的文字冷峻却蕴含激荡，细致但不失大气。即便你抛开钟表历史这一条线不看，另一条线也是一部相当不错的战争史——尤其是通过时针和分针去透析，提供了一个全新的视角。

最后体现在考证上。邓濰在这本书中展现了不逊于历史专业书籍作者的考证态度，引证和注释都相当严谨，让人在阅读的时候产生一种充分的信任感。

当初我还为建议《时间的战争》这样的书名而感到有些忐忑，怕邓濰未必喜欢这样的叙事角度，但事实上她写得非常出色——我甚至怀疑其实这个角度正中她下怀，这样的叙事手法本就是她擅长的。

说起来，这其实是一件很有意思的事：

时间，其实只是我们人类用来描述事物发展过程的一个设定参数，它看不见摸不着；钟表，则是我们人类发明用来记录时间的；而现在，又有像邓濰这样的人用文字的形式来记录钟表。

但这也恰恰是一件很有意义的事。

钟表能记录时间，但它和其他事物一样，本身在时间的长河中也只是一朵小浪花，会沉会浮，有兴盛有淘汰。了解了钟表发展的历史，大家也可以从各自需要的角度，窥见其他事物的发展规律，得到自己的启发和感悟。

时间不可战胜，但可以记录和品味。

这一次，不妨就通过邓滩笔下的钟表博弈史，来感受一下时间吧。

2022 年 11 月 25 日

推荐序二

RECOMMENDATION

致敬先驱，以时间的名义

六神磊磊

这是一本讲钟表历史的非常有趣又有价值的书。

钟表，是用来记录时间的。而时间是天下第一矛盾的事物，最冷酷无情而又浪漫多情，它是你最大的敌人，也可以是你最好的盟友。

在人类文明的进程里，有两件关于时间的事情，我觉得是极大的飞跃。

第一件，就是人类明白了时间的存在；而第二件，就是人类学会了标示和记录时间。

试想一下：一百万多年前，在阿舍利文化或是元谋人的时代，一个远古人某天在闲暇之余，凝望着日升月落，忽然心头涌起一阵明悟，猛地意识到了时间的存在。那是怎样的一种震撼。

他忽然领悟到了自然界有一种神奇的力量，看不见、摸不着，却会带走自己的青春，染白人们的头发，把婴儿变为成年人，然后又让成年人渐渐老去。

这一奇妙的领悟，对人类来说是一个多么大的飞跃啊。

不难推测，当人们发现了时间之后，就立刻开始尝试种种办法来记录时间了。

就如《时间的战争》上说的，古代的人类用聪明的头脑发明了大大小小的工具来标示时间，有庞大的日晷、水钟，也有小小的滴漏、香钟、蜡烛钟，五花八门。

事实上，发现时间和记录时间，不但是文明的大事，也是一件极其浪漫的事。在古代的诗歌里，人们就反复描写着这两件浪漫的事。

唐代的诗人张若虚写道："江畔何人初见月？江月何年初照人？人生代代无穷已，江月年年望相似。"这美丽诗句的主题正是时间，诗人叩问的是物和我、片刻和永恒的关系。

同样，记录时间这件事也被郑重写进了诗歌里。有一个叫李益的唐朝诗人就写了四句诗："露湿晴花宫殿香，月明歌吹在昭阳。似将海水添宫漏，共滴长门一夜长。"

他描写了一个幽怨的宫中女子，她正在经历着寂寞的漫漫长夜。这一晚有多难挨呢？诗人说，仿佛是把整座大海的水都添到了滴漏里，直要滴到地老天荒。

所以说，时间和计时器，真是一个永远咏叹不尽的话题。

《时间的战争》的作者邓潍（范主）是时尚领域的著名达人。起初，当听说她有一本关于钟表的著作要面世时，我还以为这会是一本著名钟表品牌的发展简史。

然而当第一眼看到书名时，我就感到预料错了，这个名字让人耳目一新，内容也比之前想象的更丰富多彩。它是站在一个更高、更有趣的角度来剖析钟表的发展历史。

"时间的战争"，在这里有两层意思。第一层是指本来意义上的战争，本书讲述了人类历史上的战争、冲突是如何奇诡地促进了钟表工艺发展的。

比如天主教徒和新教徒的战争，居然促使瑞士一步步成了"钟表之国"；拿破仑的军事行动，间接地促使了"表王"百达斐丽的问世；

而腕表这一原本是古代女性专属的事物，也变成了男性的心头好，起因居然是在南非参加布尔战争的士兵觉得看怀表容易送命。这些历史知识都让人感到新奇。

除了这个本来意义上的战争，本书还描写了另一层意义上的“战争”，就是人类和计时工具的死磕。从东方到西方，一代代学者、发明家和工匠殚精竭虑，创造出了精良的计时工具，孕育出了著名的钟表品牌。这同样也是一部波澜壮阔的历史。

好比一个词“游丝”，倘若在古代中文里，它便是指轻柔的蛛丝，是一个常见于诗词里的意象。林黛玉说“游丝软系飘春榭”，这里的“游丝”所指的就是蛛丝。然而在钟表的历史长河里，“游丝”是一个了不起的发明，大大增加了计时的准确性。

不但如此，关于这个小小的“游丝”，两位卓越的发明家罗伯特·胡克和克里斯蒂安·惠更斯还展开了激烈的竞赛，成为一场著名公案，而这一场比赛居然绵延数百年。二人在 17 世纪结下的梁子，直到 300 多年后的 2006 年居然都还有新证据面世。

这些穿插在书本中的历史故事，都使人既觉得新鲜、感佩，又忍俊不禁。

这本书还有一点是很给人启迪的：在今天，不少拥有很高声誉的钟表品牌，在历史上往往都是重大创新的先驱。它们今日的地位不是凭空得来，而是缘于当年一次次向“时间”发起的挑战。

这也再次说明一个道理：功名富贵皆易朽，真正能穿越时光、为世人所铭记的，是对人类文明做出的贡献。

而这恰恰是本书的主题：对时间抱以敬意，也对一切为人类的工艺、文明做出贡献的先驱抱以敬意。

2022 年 12 月 4 日

前言 PREFACE

时间说："我创造了大千世界。"
钟马上说："我是你的创造者。"

——泰戈尔《尘埃集·创造》

我们这一生，都离不开钟表。

小时候，我们摸索着认识时间，而这一切往往是从对钟表的好奇开始的。就像我两岁的女儿，已经大概知道什么是今天、什么是明天，看着天光能分辨何时是白天、何时是晚上，但若要问她现在是上午还是下午、具体是几点几分，她还是懵懵懂懂的。

她最近很喜欢一首叫"Hickory Dickory Dock"(《嘀嗒嘀嗒钟声响》)的儿歌，儿歌里讲一只小老鼠在大钟上爬上爬下，把时钟弄得叮叮响，从响一下到响五下，小孩子不知不觉间学会了数数，也把钟表的鸣响印在了脑海里。其实"Hickory Dickory Dock"这首歌也非常有历史，钟和老鼠的形象被认为源自英国埃克塞特大教堂的天文钟，这座钟的钟面下方有一个小洞，供教堂里的猫"守洞待鼠"。而歌词韵文最早可以追溯到1744年出版的歌谣集，这一年是中国的乾隆九年，可以想见在近300年的时间里，钟表作为认识时间的启蒙简直被刻在了人类的骨子里。

因此，当我们慢慢长大，看时间已经变成了一种习惯。但有时候我们可能依然会好奇，墙上的挂钟、腕上的手表究竟从何而来？为什么老电影里优雅的怀表现在看不到了？在这个掏出手机就能看时间的时代，钟表还有存在的必要吗？

后来，我们进入职场、升职加薪，又渐渐发现表的作用不只是看时间这么简单。我先生刚毕业那会儿在“四大”之一的会计师事务所工作，因为在咨询部门，所以经常需要面对客户，等工作两三年之后，他的领导就开始各种旁敲侧击，暗示他应该买一块好表了，毕竟对外联络越来越多，“面子工程”很重要。于是他咬咬牙买了一块万国（IWC）葡萄牙系列计时腕表，这块表是当时热播的美剧《纸牌屋》里总统男主角的同款，平时穿休闲装、正装都能搭，戴出去倒也不算掉价。其实像他这样“被迫买表”的职场人不在少数，毕竟在很多场合，腕表不只是一个看时间的工具，同时也是一张“无字名片”，身份、实力、性格甚至教养，都藏在腕间的小小时计[1]里。

不过，当你开始选购腕表的时候，疑问可能会变得越来越多：为什么如此繁多的腕表品牌都来自瑞士？为什么男表不论数量还是款式都多于女表？为什么石英表只要几千元，机械表却动辄上万元？为什么同为机械表，有的牌子只消花费几万元，有的却要花几十万乃至上百万元？

等到想明白这些问题，你就算是初入了门径。慢慢地，随着能力的提升，你可能开始入手第二块表、第三块表乃至更多，就这样掉进了腕表的“坑”并且乐在其中。从手动上链[2]的仪式感，到用计时功能去记

---

1 在本书中，“时计”一词等同于时钟、钟表，系泛称，包含怀表、腕表（手表）等不同品类。

2 为使机械表的指针走动，给发条储能的过程被称为“上链”或“上弦”。

录一个动作、一首歌、一道菜的时间；有些高阶玩家，还喜欢轻轻推下拨杆听听三问的响儿，或者每隔四年看着自己的万年历腕表上的日期跳到2月29日又跳到3月1日。

而有一天，你还会遇到自己的“梦中情表”。像我自己当年就因为一张睁眼微笑的月亮美人脸而心动不已，对一块宝珀女装系列全历月相表一见钟情。后来这块表陪我度过了很多重要时刻，去了世界上很多地方，其中也包括它的“老家”瑞士汝山谷，它就像是我的一个亲密朋友。原来腕表不只是工具，还可以是信物；不只是“面子”，也可以是“里子”。

到了这个阶段，你应该会自发地探求很多问题，腕表为什么会变得如此“百花齐放”、种类繁多？当下很火的计时表、潜水表、豪华运动表等都是怎么来的？在没有电脑的时候，钟表匠怎么制作出匪夷所思的复杂功能？为什么有的表是亿万富翁入场券，而有的亿万富翁却只戴一块塑料表？

这些疑问，长久以来也扎根在我的脑海里，而这本书就是解答这些问题的一次尝试。当我一头扎进史料的海洋，游到钟表诞生的源头，再顺流而下时，忽然发现：笼罩在这条时间线上的，不是迷雾，而是硝烟——战争的硝烟。

我们今天很多习以为常的事物，都是由战争或者备战的需求催生出来的：火药、飞机、无线电、计算机、互联网……钟表，特别是腕表，更是这张长长的名单上尤为瞩目的一个。它因战争而兴，又反过来服务于战争。大到一个国家的转向、一个产业的兴起与毁灭，小到一个品牌的诞生、一个品类的流行……草蛇灰线之间，都与战争有着密切的联系。

瑞士为什么会成为“钟表之国”？因为天主教徒和新教徒爆发了战争。

号称“表王”的百达翡丽为什么会被创立？其渊源要追溯到拿破

仑击败普鲁士腓特烈·威廉三世的战役。

为什么在古代曾是女性专属的腕表，如今却总戴在男人的手腕上？因为在南非参加布尔战争的士兵觉得看怀表容易送命。

为什么开飞机、玩潜水都有专门的腕表？那我们就要听听敦刻尔克上空战机的轰鸣、亚历山大港水下蛙人们的沉默……

制表业是战争的宠儿，但组成制表业的个体，却往往是战争与动荡的受害者。逃往日内瓦的钟表匠身后，绵延着大屠杀的血河；"国王的制表师"在轰轰烈烈的法国大革命中差一点命丧断头台；一个波兰士兵因国破家亡而流落异乡，卖表只为求一口饭；一个荒凉的采矿小镇花了 100 年蜕变为制表之都，却在一夜轰炸中灰飞烟灭……

然而"人类的赞歌是勇气的赞歌"，战争与动荡摧不垮的是工匠们的意志、热血与"执拗"。于是日内瓦变成了钟表城；"国王的制表师"到了流亡地依然在思考如何对抗地心引力；卖表谋生的波兰士兵，最后创立了"表王"；被炸成平地的制表之都，在 45 年后浴火重生……这种"性格"甚至直到今天都没有改变。宝珀中国区副总裁廖信嘉先生就为我讲过一个他亲身经历的故事。

在欧洲中部的山区里，生长着一种叫作黄龙胆的植物。这种植物质地柔韧但十分紧实，茎秆中间部分经过干燥削尖处理后，配合金刚砂与精油，就会变成打磨机芯零件的利器，打磨效果甚至超过任何一台机器。很多宝珀制表师的职业生涯都是从寻找黄龙胆开始的。

廖信嘉先生说，他当年每次去宝珀工厂，都会看到一个年轻的制表师坐在工作台前，不停歇地重复一个动作——用黄龙胆制成的工具打磨几百个细小的机芯零件。于是他忍不住问了这位制表师一个问题："你打算什么时候成为一位制表大师呢？"结果对方一脸平静地说："我只能决定今天我以何种方式坐在工作台的前面。"

十几年之后，这个年轻人成了一位真正的制表大师。全世界只有两位制表师能够制作宝珀最复杂的"1735 超复杂功能腕表"，他是其中之一；而在不断制作“1735”的过程中，他又发明了很多专利，比如让三问表在被发明200多年后终于有了防水功能。

而这一切成就，都是从他第一次出发寻找黄龙胆那一刻开始的，是把一个动作重复无数次，并且坚持无数个日夜的结果。“积土成山，风雨兴焉；积水成渊，蛟龙生焉。”从这个当代人的故事里，我仿佛想象到了历史上那些制表大师的心境与精神，这是一种永恒的力量。从某种意义上说，这也是一场“时间的战争”——一个微小的个体以其生命意义来对抗时间的洪流，一个有限的生命从无限的时间中抢夺“战利品”。

当然在真实的战争之外，制表业内部的较量也从来没有停过。

有时候这种较量像运动竞技，不同品牌、不同国家的制表师各显其才。出现问题就解决问题，发明创造只为变得更好。当人们不想再依赖高高的钟楼，于是他们发明了更小的摆钟；当水手不想在大海中迷航，于是便有了航海钟；当飞行员腾不出手掏出怀表，那就想办法把表戴在手上；当潜水员差点死于氧气耗尽，那就做一种可以计时的潜水表……

不过有时候，竞争也会变成赤裸裸的商战，不见血却刀刀致命，无异于一场“没有硝烟的战争”。瑞士表的天文台认证，只是为了证明走时精准吗？其背后是一场工业化带来的危机。石英表卖得比机械表便宜，就说明它不如后者吗？当年差点杀死机械表的，恰恰是石英表，而机械表能活到今天，又离不开一群热血又“执拗”的“死忠信徒”……

新旧生产方式的交锋、新科技与传统的博弈、各大品牌与集团在商场的纵横捭阖，写就了一部新的“时间的战争”。

总而言之，钟表的历史是一部战争史、一部技术史、一部商业史、一部文化史、一部生活史，更是一部有关人的历史。在这里，有天才们的肆意飞扬，也有普通人坐困愁城的绝望；有人生赢家的顺风顺水，也有一夜之间失去所有的悲痛；有传承百年的坚持，也有被迫放手的无奈；有创业伙伴同心协力的友情，也有反目成仇分道扬镳的一地鸡毛……

接下来，就让我们一起坐上时光机，在时间的长河里漂流而下，穿过弥漫的硝烟，去探究钟表背后隐藏的秘密吧。

楔子

INTRODUCTION

从“巨塔”到“鹅蛋”，钟表变小花了几千年

古代时钟曾是庞然大物

在科学技术领域，“由大变小”往往代表着技术进步。比如今天的智能手机不过巴掌大，但最早的电脑埃尼阿克却是个占地167平方米的巨物，足以填满一个四居室。

钟表也是如此。今天世界上最小的腕表机芯截面面积只有0.672平方厘米[1]，而成年人指甲盖的面积一般是1平方厘米，前者是真正的“比指甲盖还小”。

然而在古代，计时工具往往是庞然大物。如果你参观过故宫，一定还记得太和殿前的日晷。这座日晷光是晷台就高达2.7米，想要摸到钉着晷针的石盘，估计得被姚明扛在肩上。古埃及人就更豪横了，据说高20多米、重达上百吨的方尖碑也是早期的日晷，以碑为针、以地为表盘，凸显的就是大气。

1 积家的Caliber 101机芯被认为是世界上最小的机械机芯，以紧凑的尺寸而闻名，长度仅为14毫米，宽4.8毫米，高3.4毫米，重量仅为1克。

北京故宫太和殿前的日晷

不过日晷只能在白天有太阳的时候计时，到晚上或者碰上阴雨天就彻底变成摆设了。为了解决这个问题，古人又发明了水钟。水钟最早是靠测量容器里的水流了多少来表现时间的，我国早在西周时期就有专门管理水钟的官员，后来又出现了水力推动机械计时的形式。

著名的圆明园十二生肖兽首，其实就是一个巨大水力钟的组成部分，乃是乾隆爷命法国传教士蒋友仁监督修建的。每颗兽首都代表一个时辰，比如，到了子时鼠首就会喷水，到了亥时就换成猪首喷水，而正午十二时则所有兽首一起喷水。整个水力钟既宏大又巧妙，只可惜圆明园后来惨遭英法联军火烧劫掠，十二兽首也流落海外，今天我们只能想象这一景象了。

水运仪象台（据《新仪象法要》按 1：5 比例复制）

而中国古代水钟的巅峰之作出现在北宋。宋哲宗元祐三年（1088），“图纬、律吕、星官、算法、山经、本草，无所不通”的天文学家苏颂组织韩公廉、周日严等科学家，开始动工制造水运仪象台。它一共三层，顶层是观测天体的浑仪，中间是演示天体运行的浑象，下层则是自动报时装置。这台仪器高约 12 米，相当于三四层楼的高度，宽 7 米，枢轮的直径就达到 1 丈 1 尺，相当于今天的 3.6 米。[1] 到了元世祖忽必

1　数据来源：李志超 . 中国水钟史 [M]. 合肥：安徽教育出版社 , 2014：181.

烈时期，中国人还在不断制造水钟，如郭守敬就曾在 1262 年制造过一台通高一丈七尺（大约 5.6 米）的“宝山漏”献予皇帝。

李约瑟说中国把水钟发展到登峰造极的地步，但同时代的欧洲人却点选了另一条科技树。“宝山漏”诞生后 21 年，即文天祥就义的 1283 年，英格兰贝特福德郡的邓斯特布尔修道院，出现了以砝码带动的体积巨大的机械钟，也被称作“塔钟”。一直到 14 世纪，这类机械钟都为王室和宗教机构所拥有。

伦敦大本钟所在塔楼是世界上最知名的钟楼之一

之所以要建成“塔钟”，一方面是技术原因，那时的时钟大多以下垂砝码作为动力装置，必须有足够的高度把重锤吊起来，让它在引力的作用下一点点下降，靠这个力带动齿轮运转。另一方面，建造这种钟是用来安排修道士的日常宗教活动的，目的是让教众更好地掌握祷告及作息时间。塔钟是修道院里最高最大的地标，谁也不能忽视它的存在。

为了把钟变小，古人一直都很拼

不过自古以来，人们从来都没有放弃过将这些巨大的时计变小的努力。比如日晷就在欧洲被便携化，今天故宫博物院还藏有 18 世纪英国制造的“铜镀金赤道式日晷”，下层的方形地平盘边长 25 厘米[1]，和 iPad 差不多大；还有更加袖珍的“铜镀金八角立表地平式日晷”，晷盘长 6.2 厘米，宽 5.8 厘米[2]，基本就是个首饰盒大小。

---

1 数据来源：故宫博物院 . 铜镀金赤道式日晷 [EB/OL]. https://www.dpm.org.cn/collection/foreign/230903.html.

2 数据来源：故宫博物院 . 铜镀金八角立表地平式日晷 [EB/OL]. https://www.dpm.org.cn/collection/clock/230867.html.

广东省博物馆收藏的“便携式日晷”

古人还发明了沙漏、香钟、蜡烛钟等计时工具，类似于今天的秒表或者计时器，用来标记一个固定的时间段。清代美食家袁枚在《随园食单》里写虾子勒鲞，就说“以一炷香为度”；而麦哲伦船队进行环球航行时，每艘船上都带了18个沙漏。

即便是水钟，也有相对便携的“漏刻”。刘备的祖先西汉中山靖王刘胜的墓里，就出土过铜漏。漏刻也被用于行军打仗，《武经总要》中就有记载：“凡军中，虽置水漏，则用更牌。”钟表与战争的联系，其实很早就开始了。

让我们把目光转向欧洲。到了15世纪，一项不起眼但足以改变历史的发明诞生了，那就是发条。

别看发条只是一根钢条，它不管被卷到多紧，都会慢慢恢复原状。这个“由卷到舒”的过程，就会产生动能。当金属带制成的螺旋扭力弹簧取代重锤成为动力源发条，钟表的体积就开始呈几何级地缩小，并衍生出了发条动力时钟。

透过“寸镜”看到的一枚爱彼腕表机芯

在郑和受命第七次下西洋的1430年，法国勃艮第公爵菲利普就收到一个座钟，外表镀金，华丽贵气，被认为是现存最早的发条动力钟，称作“勃艮第钟”（Burgunderuhr）。

那么座钟还能不能变得更小呢？答案是肯定的。

表的时代从“蛋”开始

表[1]的历史，似乎与“蛋”有着不解之缘。

比如史上首枚已知腕表，就是一枚“鹅蛋”，是拿破仑的妹妹卡洛琳·缪拉王后在1810年定制的，由制表大师阿伯拉罕-路易·宝玑（Abraham-Louis Breguet）操刀打造。据档案记载，这是一枚椭圆形的腕表，今天宝玑的那不勒斯王后系列便以它为灵感，看上去就是个鹅蛋形的字母Q。

时间再往前推300年，来到荒唐天子明武宗即位的1505年。纽伦堡的工匠彼得·亨莱因（Peter Henlein）制作了一块可以挂在脖子上的便携式时计，引来不少制表师效仿，而他们制作的一系列“挂表”，又被称作“纽伦堡蛋”（Nuremberg Egg），算得上是怀表的雏形。

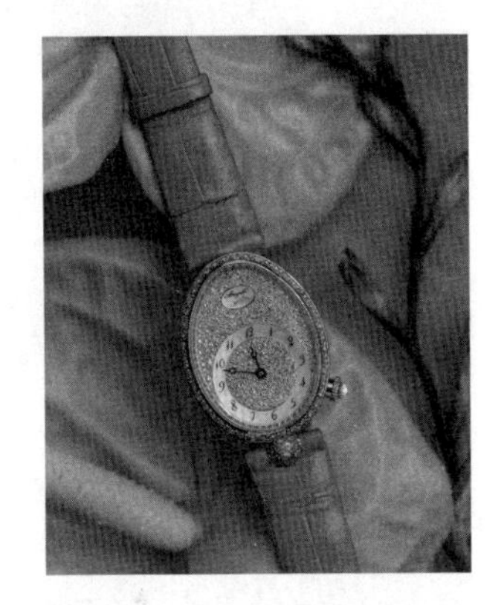

宝玑那不勒斯王后系列8938腕表

纽伦堡位于今天德国南部的巴伐利亚州，在当时是神圣罗马帝国皇帝直辖的城市之一，也是那时欧洲最富有的城市之一，以创新精神和创造能力闻名。

亨莱因年轻时曾是一名锁匠学徒。那时候，对于钟表制造这一新领域而言，锁匠是少数掌握相关技能和工具的行当之一。因缘际会，亨莱因成了知名的制表师和发明家，而他制作出最早的便携式时计[2]时，只有20岁，足见其才华。

---

1 本书中所说的表（watch），即便携式计时器，可供人携带或佩戴，与钟（clock）相区别。

2 1511年彼得·亨莱因的作品被学者约翰·科赫洛伊斯（Johann Cochlaeus）记录下来，因此被认定为世界上第一款便携式时计。

早期怀表“纽伦堡蛋”

如今，这块表被命名为“Watch 1505”。这是一种可以挂在脖子或者外套上，带有装饰性的小型弹簧驱动时钟，整体由两个半球组成一个蛋形的结构。机芯则是铁制的，两个半球之间是黄铜的铰链。表壳由铜制成，上有镂空，乍一看有点像过去暖手用的手炉，不过当时的欧洲人则觉得它像一种随身香熏波曼德[1]。打开表壳的上半部分，可以看见内部的表盘，表盘上只有一根时针，没有分针和秒针。

虽然这种表只能以小时计时，精度很差且价格昂贵，但由于具有前所未有的小型化特点，可以作为吊坠悬挂在脖子上或者用缎带挂在腰间，既美观又时髦，因此受到贵族阶层的追捧。

亨莱因的这枚“纽伦堡蛋”还有后续故事。1987 年的时候，一枚“蛋表”突然出现在伦敦的一个古董跳蚤市场，倒了好几手之后在 2002 年被私人藏家收藏，2014 年经专家评估被认为是亨莱因 1505 年的作品，估价在 5000 万~8000 万

1 当时，欧洲城市卫生条件还比较差，人们因此用黄铜等金属制成了一种球形容器波曼德（pomander），用来装香水以趋避不雅的气味。由于造型相似，因此这种表也被称为“波曼德表”。

美元[1]，相当于3亿~6亿元人民币，简直比金蛋还值钱。

纽伦堡的彼得·亨莱因雕塑

1905年，德国制表师协会在纽伦堡举行了纪念怀表发明400周年的钟表展，并为亨莱因建造了一座纪念喷泉。喷泉中央有一个代表“纽伦堡蛋”的球形结构，亨莱因站在上面，自豪地看着手中自己的发明。

早期怀表诞生以后，由于每天的误差可能多达几个小时，因此德国、意大利和英国等国的制表师们，除了进行技术上的改进，也在工艺和造型上动起了脑筋——精度不够，颜值来凑。

总之，到了16—17世纪，无论男表女表，看起来都更像是一件有钱有闲人的高级玩物。如此一来，敲开了时尚大门的怀表，也不可避免地跟随贵族服饰潮流的变化，不断创造出新的设计需求和使用场景。到1610年，怀表的表壳上开始装配玻璃镜面，人们还通过表链将怀表放在口袋里。

提到男性贵族服饰的变化，马甲（waistcoat）无疑有着重要的意义。马甲的发明者据说是英国国王查理二世，这位国王曾经被克伦威尔驱逐，在欧洲大陆流亡，复辟后他就开始报复性享乐，人称“快活王”（Merrie Monarch）。

“快活王”搞时尚倒不令人意外，据记载，他发明马甲是在1666年。这一年一场大火烧毁了伦敦大约六分之一的建筑，在乡下躲瘟疫的

1 数据来源：RODENBERG. Intricate pomander clock may be the first pocket watch[N]. AntiqueWeek: The Weekly Antique Auction & Collecting Newspaper, 2014 (46): 1-3.

牛顿看见一个苹果掉在地上，而查理二世的海军部首席秘书塞缪尔·佩皮斯（Samuel Pepys）在日记中写道："国王昨天[1]宣布了他的决议，他将确立一种时尚的服装设计……它的名字叫马甲，但我还不太了解它。"

有学者认为，查理二世的这一决定，是为了回应当时占据时尚主导地位的法国服装潮流，而这种从盔甲的衬垫服装演变而来的马甲，却改变了人们在脖子上挂表的习惯，开始选择把表放进口袋里。同时，为了适应偏紧身服装的流行，表的外形变得越来越纤薄，终于形成了我们今天所见的"怀表"，并在此后的200多年里，一直占据着时计的主流位置。

分针的出现源自科学家的"角力"

虽然怀表成了时尚好物，但精度的问题不解决，它就始终只是好看的配饰而已。于是科学界的大师们出场了，其中影响最大的就是"牛顿一生之敌"罗伯特·胡克[2]与路易十四重金聘请的院士克里斯蒂安·惠更斯[3]。

两个人比赛似的搞发明。1656年，先是惠更斯将伽利略的设想变成现实，制作了一个摆钟的原型，利用钟摆取代之前的重力齿轮，每天的误差不到一分钟，这在当时已经很了不起；第二年，胡克又发明

---

1 指1666年10月7日，佩皮斯日记写于翌日。

2 罗伯特·胡克（Robert Hooke，1635—1703），英国博物学家与发明家。胡克一生建树颇多，曾发明复合显微镜并完成了史上第一次细胞观测；他还成功制作了第一个格里望远镜（一种反射望远镜），并首次观测到火星旋转和木星大红斑。他与牛顿在光学、天文学领域存在严重分歧，终身交恶。胡克去世后，牛顿甚至还试图烧毁胡克的大量手稿。

3 克里斯蒂安·惠更斯（Christiaan Huygens，1629—1695），荷兰科学家。他的主要成就集中在物理、天文和数学领域，如概率论、光的波动说、土卫六和土星光环的发现等等。路易十四重金招揽其为法国皇家科学院院士。

了一种样子像船锚的锚形擒纵[1]，大大降低了钟摆摆动的幅度，固定了摆动的频率，提高精度。

惠更斯与他的摆钟

之后两个人更较劲了，争夺起“游丝[2]祖师爷”的名头。先是惠更斯宣布设计出了一种机械表[3]，因为装置里有微小弹簧（游丝），可以连续走几天都没误差。他还在1675年请巴黎的知名表匠伊萨克·迪雷（Isaac Thuret）做了一只出来。

听说此事，胡克表示很生气，说类似的东西自己早在5年前就给皇家学会的同人展示过，尴尬的是会议记录已经找不见了。当年的胡克应该没少被冷嘲热讽，不甘心的他直接找到制表师托马斯·汤皮恩[4]做了一个实物，还不忘在背后刻上“罗伯特·胡克发明，1658年；T.

1　擒纵，英文为escapement。此翻译十分传神，一擒一纵之间，显示出这个机关十足的掌控力。擒纵就像是一个永远以规律的动作指挥交通的交警，它控制着从发条（动力系统）到摆轮游丝（振动系统）的路口。如果动能是车流，擒纵的职责就是停车、放行，不断重复，将这股能量切割为稳定的间隔时间（振频），这也直接影响着走时的精准。

2　所谓游丝，其实就是一种很细很细的弹簧，细到堪比头发丝，盘绕在摆轮周围。游丝最大的作用是可以控制摆轮以共振频率振荡，做等时往复运动，从而控制指针的移动速度，周期稳定，走时便准了。在游丝出现之前，钟表中的摆轮运作依靠的是自身的惯性，因此对主发条的波动非常敏感，会在主发条松开时出现减速，导致每天的计时误差巨大。摆轮游丝组件的出现，极大地提高了钟表的准确性。

3　时间是1675年，这一年查理二世为格林尼治皇家天文台奠了基，胡克还参与了天文台建筑的设计。

4　托马斯·汤皮恩（Thomas Tompion，1639—1713），英国钟表匠、机械师，至今仍被视为“英国钟表之父”。他负责建造了格林尼治天文台的首批时钟，发明了工字轮擒纵系统，也是第一个为时计产品编写序列号的人。

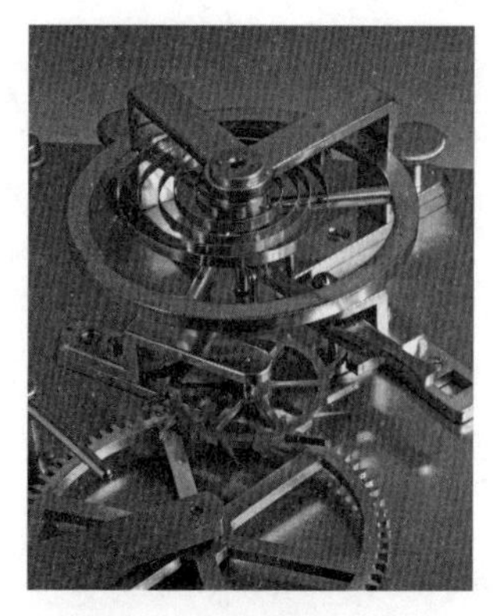

钟表游丝摆轮与擒纵模型

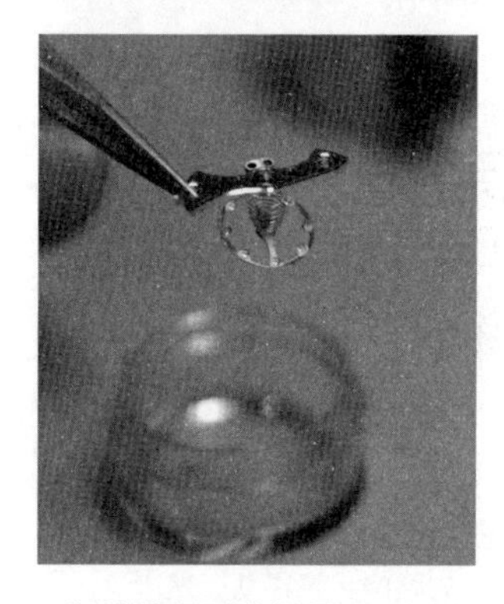

一枚爱彼腕表机芯的摆轮游丝。在夹取的时候要非常小心，否则会损坏细若毛发的游丝，安装的时候，也要对准空隙、一步到位

汤皮恩制作，1675年”，来为自己正名。

胡克还真是被“冤枉”了，2006年这份记录在汉普郡一所房子的柜橱里被发现，上面白纸黑字写着：“1670年6月23日，罗伯特·胡克拿出了一个他自己设计的怀表。可以肯定地说，这个怀表应该能像吊钟一样走，而且不会停止，可以走8天。”只可惜这份记录的发现迟到了300多年。

不管怎样，摆轮游丝组件的出现都使得钟表的误差大大减小，早期的怀表也从昂贵的饰品转变为有用的计时工具，表盘的时针也不再孤独，因为又多了一根分针和它做伴。

相信看到这里，你应该对从上古到17世纪的钟表发展有了一个大致的了解。从巨大的钟楼到揣在兜里的怀表，从抬头仰望到低头注视，一扬一抑之间，几千年的光阴倏忽而过。唯一不变的，就是刻画时间的决心。

接下来，就让我们步入正题，正式迈入改变钟表历史的第一场大战，看看一场由宗教引发的战争是如何改变“制表一哥”瑞士的命运的吧。

第一章

CHAPTER ONE

法国宗教战争造就“制表一哥”

如果要问哪个国家造的腕表最有名，恐怕很多人脑海中第一个浮现出来的名字，就是瑞士。

这种印象的产生，一方面要归因于品牌效应，百达翡丽、江诗丹顿、宝珀、宝玑、爱彼、积家、劳力士、万国、欧米茄……每一个拎出来都是响当当的牌子。另一方面的原因，就是瑞士人制表的历史确实很悠久。早在1735年，瑞士制表师贾汗-雅克·宝珀（Jehan-Jacques Blancpain）就用自己的姓氏注册了品牌，这一年雍正帝驾崩，乾隆爷才刚继位，连年号都还没改。而瑞士制表业的萌芽就更早了，还要再往前推200年，差不多是与明朝嘉靖皇帝同时代的事了。

总而言之，通过几百年的积累，瑞士人把制表做成了国家名片，顺便给"瑞士制造"四个字赋予了与精密、品质相关的意涵。当然，放眼全球，德国、日本、法国、英国、美国、俄罗斯以及我国都有自己的制表工业，也有值得骄傲的本土品牌。不过话说回来，像瑞士这样把钟表做成"本国特产"的，全世界的确很难找出第二个。因此，送它一个"制表一哥"的名号也不过分。

然而问题又来了。在楔子中，我们把怀表诞生前的钟表史简单捋了捋，从古埃及、古中国，到 17 世纪的德意志地区、法国、英国，能工巧匠和制表师们各显神通，推动了钟表技术的发展，但压根就没有提到瑞士的名字。事实上，500 多年前不仅没有瑞士联邦这个国家，生活在这片土地上的人，也连制表是什么东西都还不甚明了。

那么，究竟是什么机缘巧合，让“半路出家”的瑞士一路开挂成为“制表一哥”的呢？要找到这个问题的答案，还要从瑞士人与制表的初次相遇说起。然而这段故事的背景画面，却充斥着战火、杀戮与流亡。

雇佣兵与珠宝匠的国度

腕表大牌为何扎堆法语区？

瑞士是一个把腕表机芯印在钞票上的国家。把 10 瑞士法郎的纸钞翻到背面，就能看到一个由摆轮、游丝、擒纵、齿轮组成的机芯，正在驱动时针与分针。而与之相配的，则是同样视时间为生命的铁路网。

在这个机芯的旁边，是用法语和意大利语写的“钞票受刑事法律的保护”，而钞票正面则是以德语和拉丁罗曼语写的“瑞士国家银行”，这四种语言就是瑞士的四大官方语言。

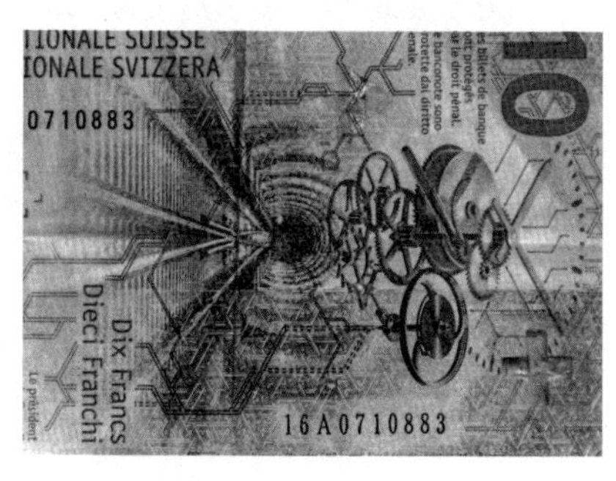

10 瑞士法郎钞票

瑞士这个国家国土面积不大，为 41284 平方公里，比齐齐哈尔市还小一点，2022 年的人口约为 874 万，比宁夏多一点。但其构成却仿佛一个拼盘，四大语言区泾渭分明，德语区面积最大、人口最多，法语区其次。这两者的关系简直如同德法两国关系的翻版，甚至还有个词叫“土豆饼鸿沟”[1]，用来形容二者的语言文化隔阂。

瑞士一半多国土都是山地，东部和南部的阿尔卑斯山与西北部的汝拉山（也称侏罗山）把地势较为平坦的瑞士高原夹在中间。瑞士高原的起点是西南部的日内瓦湖，发源于阿尔卑斯山的每一条河流都从它的身上流过，一路向北流过纽沙泰尔湖和比尔湖，然后向东拐去，流入沙夫豪森州的博登湖。

如果把今天的瑞士制表工业地图和这张地形图相互对照，我们还会发现很多完全一致的名字：日内瓦、汝山谷、纽沙泰尔、拉绍德封、比尔、沙夫豪森……在瑞士的西部形成了一条自南向北的“制表带”，而这些钟表城除了比尔与沙夫豪森，其他无一例外都位于法语区。

法语区包括日内瓦州、汝拉州、纽沙泰尔州和沃州全境，堪称瑞士制表的“总部基地”，像日内瓦州就拥有江诗丹顿、百达翡丽、萧邦、劳力士、法穆兰、罗杰杜彼，汝拉州则有里查德米尔的总部，纽沙泰尔州是雅典表、真力时、伯爵、芝柏表、帕玛强尼等品牌的大本营，沃州则是积家、爱彼、天梭的老家。除此之外，传统上属德语区的伯尔尼州、弗里堡州和瓦莱州，也有部分地区说法语，像宝珀、浪琴、百年灵就诞生在伯尔尼汝拉[2]境内。

那么问题来了，为什么瑞士的制表业会兴起并扎根在法语区，而不是经济水平更发达的德语区呢？要解答这个问题，我们先从瑞士的历史说起。

1 土豆饼鸿沟（Röstigraben/Barrière des Rösti），源自德语区特色食物土豆饼，用来形容两区人民的分歧。

2 伯尔尼汝拉（Jura Bernois）是瑞士伯尔尼州使用法语的地区。

瑞士人竟是战斗民族?

在中世纪的封建制度下，一个个属于领主的城市和乡村在这片土地上星罗棋布。而实力强劲的领主或征伐或联姻，不断扩大自己的领地范围。到 13 世纪末，今天德语区的大部分土地都属于奥地利的哈布斯堡家族，而这个家族的领袖还有另一个身份，就是神圣罗马帝国的皇帝。

瑞士联邦的历史，起始于乌里、施维茨和翁特瓦尔登这三个自治山谷社群的联盟，它们号称“老三州”。瑞士的国名，就来自三州中的施维茨（Schwyz）。1291 年，为了反抗强大的哈布斯堡家族，三州于 8 月上旬订立条约结成永久同盟，后来瑞士人干脆把 8 月 1 日定为国庆日。同样是在这年 8 月，中国元朝朝廷批准了设立上海县的奏请，这么算来，瑞士和上海还是“同龄人”。

在中世纪的欧洲，瑞士人是妥妥的“战斗民族”，以长矛破骑兵、斧枪短剑打近战，经常上演一群农民反杀精锐的戏码。像 1315 年的莫尔加藤战役，就是 1000 多个农民击败了两三倍于自己的精兵；1386 年的森帕赫战役，1400 个民兵对战至少 4000 个骑兵，最后竟然歼灭了对方 400 多名贵族并击杀主帅；1477 年，野心勃勃的勃艮第公爵“大胆查理”，也死在瑞士兵的斧枪之下。

凭借超高的武力值，“老三州”扩展成了“八州同盟”，最终在 1513 年确立了旧瑞士联邦十三州的格局，基本覆盖了今天的德语区，直到 1515 年在马里尼昂战争中被法国炮兵“降维打击”，才停止扩张的脚步。因为战斗力强悍，雇佣兵成了 15—16 世纪瑞士最主要的“特色出口”，以至于在战场上经常会出现瑞士人互杀的情景。其实今天的高级腕表市场上，相互竞争的也都是瑞士的品牌，颇有点历史重演的意思。

钟表之都日内瓦，当年却是珠宝城？

德语区团结一致，一边与哈布斯堡家族干仗一边扩张。相比之下，法语区各州就显得更加“分散”。法语区四州里，沃州和汝拉州都曾从属于德语区强大的伯尔尼州，日内瓦和纽沙泰尔则相对比较独立。纽沙泰尔几百年间在不同的领主间转了好几手，加入瑞士联邦时还是个君主国。

日内瓦的历史就更乱了，自中世纪以来，它就处在贵族领主和主教的权力斗争旋涡中。在勃艮第战争里，日内瓦还因为站队勃艮第公爵而被旧瑞士联邦威胁，赔了一大笔钱才了事。不过借着这个契机，它倒是和伯尔尼州建立了同盟。

作为“经济强州”，15—16 世纪日内瓦的珠宝业十分繁盛，城中最多的就是金匠、珠宝匠。迷人的珠宝和华丽的宗教用具，不仅供应本地，也畅销欧洲，服务了数不清的主教和贵族。很多年之后，大仲马在他洋洋洒洒的《瑞士旅行印象》中还没忘提一句：日内瓦的 3000 名工匠，供应了整个欧洲的首饰。

日内瓦珠宝业繁盛，自有其社会文化的基础，那便是天主教和贵族阶级。天主教在日内瓦的历史可谓源远流长，这里早在公元 4 世纪就成为一个重要主教区，而且这个教区主教的地位相当崇高，一度等同于神圣罗马帝国的亲王，用“树大根深”四个字来形容天主教在这里的地位并不为过。

静谧的日内瓦老城区

然而谁也想不到，当时间来到 16 世纪最初的 30 年，日内瓦人竟然会和天主教一刀两断，而曾经昌隆无比的珠宝业也会因为一个人的厌恶而宣告完蛋，取而代之的便是制表这一行当。与这一切紧密相连的，是发生在邻国法国的残酷宗教战争，以及被迫发生的“产业大迁徙”。

简而言之，瑞士的法语区之所以能成为制表的黄金地带，新教与法国难民这两个要素缺一不可。

法国人打内战，却让瑞士变成钟表国

1517 年，中国明朝正德十二年，游戏人间的明武宗朱厚照，给自己封了个“威武大将军”的称号，之后又带兵亲征鞑靼；这一年 10 月，在遥远的欧洲，德意志牧师马丁 · 路德在教堂门口贴了一张“大字报”[1]，把天主教会的腐败问题暴露在了阳光之下。

前者阵仗颇大，但在一定程度上是皇帝的自娱；后者虽然是一件很小的事，却一石激起千层浪，最终颠覆了整个欧洲的格局，甚至引发了持续几十年的战争。

马丁 · 路德的信徒众多，而这些信徒中影响力最大的，无疑是约翰 · 加尔文（John Calvin）。

禁欲圣人加尔文，如何成为珠宝的克星？

约翰 · 加尔文有好几张不同的面孔。他是个法国人，却大半生都待在日内瓦；他出生在一个天主教家庭，最终却做了天主教的“叛徒”；他是个神学理论家，却热衷于改造“腐朽”的生活方式；他在一

1　即《九十五条论纲》，这份布告原名为《关于赎罪券意义与效果之见解》，列举了反对赎罪券的九十五条论点。该文件引发了德意志宗教改革运动，促使新教诞生。

约翰·加尔文（1509—1564）

些人的眼里是先知和领袖，但在另一些人眼中却是个怪咖和暴君。因为他的到来，日内瓦曾经繁盛的珠宝业遭遇了灭顶之灾；但日内瓦和钟表产生关系，也恰恰因为他的信徒如潮水般涌来。

1509年，加尔文出生在法国的努瓦永，他的父亲在家乡的教会里担任书记员，母亲也是虔诚的天主教徒，因此加尔文从小的梦想就是当神父。马丁·路德张贴“大字报”的6年后，加尔文来到巴黎，学习了拉丁语、哲学和伦理学等诸多学科，成了一位优等生。

在加尔文读书的那个年代，马丁·路德的新神学思想已经通过书籍与口耳相传，在法国有了不小的影响力。加尔文身边的老师和朋友就有诸多宗教改革的支持者，而那时的他正处于世界观走向成熟的年纪，在经历了内心的天人交战与情感痛苦之后，加尔文还是决定成为一名新教徒。

在法国这个传统天主教国家里，早期新教徒搞宣传的方式很激进，到处张贴反对教廷权威的布告，甚至连国王弗朗索瓦一世的城堡都没放过。这样的行为自然会被权贵们严厉整治，据说加尔文的一个室友就在市政厅广场上被活活烧死，加尔文也受到牵连，被迫连夜逃跑。

那时，对逃亡的法国新教徒来说，瑞士是个理想的落脚地。马丁·路德发表《九十五条论纲》的第二年，苏黎世的神父乌尔里希·茨温利（Ulrich Zwingli）便领导了瑞士宗教改革。茨温利能文能武，他的塑像就是一手持《圣经》、一手持剑的形象，他最终于1531年战死在天主教城邦突袭苏黎世的战斗中。

但瑞士的宗教改革运动还是扭转了不少城邦的思想，使得那里的人对新教徒十分友好。1534年，也就是茨温利战死后3年，加尔文逃到了交通要冲巴塞尔。这座城市早在1529年就赶走了天主教的神职人员，在未来近200年的时间里，都是“宗教难民”的一大收容所。

在这里，加尔文闭关两年，于1536年写出了巨著《基督教要义》。这本书不仅是加尔文神学思想的集大成之作，还公开为受迫害的新教徒发声。一经出版，加尔文马上就成了宗教界的头号红人。在那个时代可能没有签售会，但各地的讲座邀约还是有不少的，其中就包括日内瓦。

在《基督教要义》出版的同年，追求自由的日内瓦市民经过多年的斗争，决定和天主教会一刀两断，不再做他们的礼拜仪式，捣毁了教堂里的圣像，皈依新教。正因为剧变刚刚发生，所以急需一位重量级人物镇场子。当地新教领袖法雷尔，就听说了大名鼎鼎的加尔文要来日内瓦讲学，于是迫不及待地去见了他。

其实加尔文本来计划只在日内瓦待一天，但禁不住法雷尔的连夜劝说。也许加尔文也需要这样一个机会来实践他的理论，总之他接受了邀请。本来他就想搞个“签售”，没想到却把下半辈子交待在了日内瓦。

不过一些日内瓦市民也没想到，请来的这位不仅是理论大师，还是在生活作风问题上颇有一套自己的标准的“纠察官”。

400年后的1936年，奥地利作家茨威格写了本《良心反对暴力》[1]。在他的笔下，加尔文就是个十足的“怪人”。比如，穿衣从头到脚都是黑色，“从而让人对他心生畏惧”；在日常生活中，他也把低欲望发挥到了极致，“夜里只睡三四个小时，白天只吃一顿饭，不散步也不玩儿游戏，每天就是思考、写作、战斗，往复循环”。茨威格最后还给他下了个评语，加尔文“对这个世界严苛，对自己也同样严苛”。不过相比

---

1 原书名为 Castellio gegen Calvin oder ein Gewissen gegen die Gewalt，即《卡斯特里奥反对加尔文或一种良心反对暴力》，在这本书中，茨威格将加尔文描述为一个反人性的威权统治者，也被后世认为这有可能是借加尔文讽刺当时新上台的希特勒。

之下，还是与加尔文同时代的教皇庇护四世对他的形容最为精辟：“只爱工作，不爱金钱。”

加尔文在日内瓦推行的政策，就是以禁欲主义为指导，要大家“见贤思齐”，人人做圣人。他制定了严格的法令和信条，规范人们的生活，但规定一出，不少有钱人首先受不了了，联合起来把加尔文赶下了台。可风水轮流转，随着支持加尔文的改革派的上台，1541 年作为“奢侈生活终结者”的加尔文又一次强势回归，日内瓦富人们的快活时光也到头了。

在加尔文的法令之下，乘坐豪华马车，禁止；举办超过 20 人的家庭庆典，禁止；在宴会上胡吃海塞，禁止；喝酒也只能喝一点本地酿的红酒，其他一律禁止；天鹅绒的裙子、带花边的头饰……这些花里胡哨的东西统统不允许穿戴。而最严格的禁令还是针对珠宝的，茨威格就在书中写道：凡有金银刺绣、饰有金丝带金纽扣的衣裳，金发夹、金鞋扣，统统被禁，同样严禁使用任何黄金和首饰。

圣彼得大教堂，加尔文曾在此布道

如果有人问加尔文凭什么这么做，他一定会打开《圣经》翻到《提摩太前书》那一节，指着上面的文字念道：“又愿女人廉耻、自守，以正派衣裳为妆饰，不以编发、黄金、珍珠和贵价的衣裳为妆饰。”这就是他的理论根据。

我们在前文提过，当时日内瓦的主要产业就是金饰珠宝的加工制作，甚至在欧洲都是首屈一指的。加尔文的政令一出，就等于断了金匠珠宝匠们的营生，但谁又敢反抗“日内瓦的教皇”呢？那个反对加尔文学说的塞尔维特，就被这位“暴君”活活烧死在了日内瓦郊外。

不过天无绝人之路，随着法国宗教政策越来越严厉，一大拨新教徒像加尔文一样逃到瑞士，新教原本就容易在经济相对发达的地区传播，因此很多手工业者都成了信徒，其中就有不少钟表匠。

要知道在当时，法国是数一数二的制表业强国。早在1370年，法国国王查理五世就命令洛林的钟表匠亨利·德·维克（Henri de Vic）为巴黎城岛宫[1]建造第一批公共时钟，并下令王国内所有时钟的时间都应与之同步。天主教会也为他们的大教堂配备了时钟，以安排信徒的生活。那时的法国对钟表非常重视，毕竟谁掌握了时间，谁就掌握了权力。

到了宗教改革时期，法国人已经拥有把钟表小型化的能力。1518年，也就是马丁·路德掀起新教风暴的第二年，法王弗朗索瓦一世花大价钱请人打造了一枚“匕首表”。钟表匠想尽办法，把发条机芯嵌在一把匕首的手柄上。手柄末端延伸出一个圆形的表盘，再配上金雕装饰的可开合表盖。弗朗索瓦一世在佩带匕首的时候，只要轻轻一掀盖，就能随时查看时间。走时有多准不敢保证，但装腔效果绝对满分。

当时法国的制表业中心是布卢瓦，这座城市位于法国的中心地带，直到今天都是重要的交通枢纽。很快，制表业便扩展到了巴黎、第戎、里昂等城市，并迅速组织起了钟表匠行会，而这些城市也恰恰是宗教改革中传播新教的中心，因此很多钟表匠都成了新教的信徒。

当来到日内瓦，这些逃难的钟表匠发现这座城市是一片创业的蓝海。而一切的前提，就是加尔文并不反感钟表，因为珠宝是多余的装

---

1 城岛宫（Palais de la Cité）位于塞纳河中的城岛上，6—14世纪时是法兰西王国的王宫。城岛，又译为西岱岛，是巴黎城区的发源地，著名的巴黎圣母院和圣礼拜堂都位于该岛。

百达翡丽博物馆收藏的一枚“匕首表”

饰，钟表却是宗教生活的必需品。毕竟他本人就是个极其守时的人，晚上9点睡觉、凌晨4点起床，跟着他做礼拜，迟到早退都要挨罚。

于是，当地珠宝商很快就和新来的钟表匠联起手来，把日内瓦从曾经的珠宝城变成了今天的钟表之都。估计加尔文也没有想到，自己对炫耀性消费的压制开启了瑞士钟表的大繁荣，但这仅仅是个开始。很快，邻国法国就将爆发残酷的宗教战争，还会有更多的“技术移民”来到日内瓦。

宗教战争大爆发，钟表匠“净身出国”

对于加尔文来说，搞定日内瓦只是第一步，向法国输出自己的学说才是他的夙愿，因此他派遣了大批传教士前往法国。到加尔文去世前几年，法国的信徒数已经暴增到了30万人，遍布南部和西部。这群人还有个专门的名称，叫作“胡格诺派”，其中不乏手握重兵的贵族。

这些胡格诺贵族，有人有钱有地，能与前来镇压的天主教贵族打得有来有回，结果就是让法国陷入了持续30多年的宗教战争，大战断断续续打了8场，互有胜负。其中最为残酷的一幕，就是1572年的“圣巴托罗缪大屠杀”。屠杀从巴黎开始，蔓延到里昂等12座城市，不管是塞纳河还是罗讷河，都被尸体堵塞。据当代学者估计，大屠杀开始之前，法国胡格诺教徒多达200万人，占法国人口的10%，而在大屠杀之后到16世纪末，这一比例下降到了7%，也就是说，有将近100

万人或死或逃。[1]

法国国王路易十四（Louis XIV，1638—1715）

直到亨利四世在“三亨利之战”[2]中脱颖而出，法国才迎来短暂的和平。亨利四世本来是新教徒，为了当国王改信天主教，因此对胡格诺派非常宽容。他在1598年颁布了承认信仰自由的《南特敕令》并结束了宗教战争，是法国历史上的一位伟人。不过亨利四世没想到的是，这条意义重大的赦令会在他的孙子手里变成废纸。而这位“贤孙”不是别人，正是大名鼎鼎的“太阳王”路易十四。

路易十四在生活方式上完全站在加尔文的反面，作为公认的“法国奢侈品教父”，带火了假发、高跟鞋、香水，买起钻石来也很疯狂。奢华的代名词凡尔赛宫就是他建的。

华丽的路易十四风格古董座钟

这位国王也是个爱表之人。当时的法国虽然经历了钟表匠的外流，但宫廷里还是人才济济，奢华钟表就是路易十四重要的炫富利器。比如，凡尔赛宫的“国王大公寓”里就摆着制表师安托万·莫朗

1 数据来源：HILLERBRAND. Encyclopedia of Protestantism: 4-volume Set[M]. London: Routledge，2003.

2 法国宗教战争也被称为“三亨利之战”，“三亨利”分别指法国国王亨利三世、极端天主教教徒吉斯公爵亨利一世以及胡格诺派领袖纳瓦拉的亨利，最终纳瓦拉的亨利登基成为法国国王亨利四世。

（Antoine Morand）送给他的座钟，看上去就像是个金碧辉煌的柜橱，四面通透，钟表的机械构造一览无余。座钟上还设置了巧妙的机关，机关启动，太阳出现，希腊女神会出来为国王加冕。这座钟的名字就叫作“路易十四”。

此外，路易十四还赞助过荷兰科学家惠更斯，而后者研究出了钟摆摆动周期公式，把制表技术大大向前推进。后来出版《摆钟论》时，惠更斯还冒着被人嘲笑的风险，专门给路易十四写了一篇长长的献词以答谢国王的知遇之恩。

然而就是这样一个对钟表进步还颇有些贡献的人物，却因为自己的权力欲，亲手把众多钟表匠赶出了自己的祖国，让法国制表业疲弱了很长一段时间，在后来与英国的竞争中长期落后。

这件事简单说，就是路易十四并不认同爷爷信仰自由的观点，而认为要“一统天下”就必须统一信仰，一国容不下“二教”，天主教才是唯一。

为了逼胡格诺信徒改宗，路易十四想过不少损招，比如曾建立一个“皈依基金”，只要改信仰就有钱拿。他自认为拿捏住了人性的弱点，但没想到新教徒不为所动，最终只能软的不行来硬的。

时间来到 1685 年。这年在遥远的东方，清朝和俄国爆发了著名的雅克萨之战；而路易十四则准备在国内点燃“内战”的烽火。10 月 18 日，《枫丹白露敕令》颁布，宣布废除宗教宽容的《南特敕令》，全面取缔新教。取缔手段也相当狠辣，其中最严厉的一条是：任何不愿意归顺天主教的人，限期两周内离开法国。这两周里如果从事新教活动，会马上被送到苦役牢。离开法国后如果 4 个月不回来，一切财产都会被没收。一招釜底抽薪，让新教徒统统“净身出国”。

于是，一个国王便以这样一道驱逐令，将几十万法国人赶出了自己的祖国。这是新教徒的又一次大流亡，这群流亡者里有珠宝大亨让·夏尔丹，有建筑师丹尼尔·马罗特，有数学家亚伯拉罕·棣莫弗……许多钟表匠、金匠、珐琅工匠轻车熟路地前往钟表业已经颇具规模的日内瓦。

这些法国人来到瑞士，首选的定居地点自然是语言文化相近的法语区各州，也导致了如今瑞士制表的地理格局初步形成。

瑞士制表地理：南有日内瓦，北有汝山谷

地理决定了人口流动的方向。当年法国胡格诺教徒逃亡，考虑的就是两件事，一是生存，一是生活，而瑞士的地形完美地契合了他们的需求。

汝拉山脉作为界山，在当时是个难以入侵的天险，躲在山那边则生命无忧；大部分的新教州也都沿山脉分布，人口稠密，工商业发达，生活也有保障。于是在逃亡的过程中，他们就沿着山脉的走向一路向北，从日内瓦扩散到沙夫豪森，有些人在中途就留了下来，从而催生了瑞士西部的“制表带”。

当然，地理区位的不同，也让各大钟表城有着不同的气质。

日内瓦是瑞士制表业兴盛的起点，早在 1601 年就成立了制表商协会，并建立了一套制度。当时一个工匠如果想获得“大师”的头衔，必须先做至少 5 年的学徒。“毕业考”的要求是制作“一个带响闹可戴在脖子上的小钟，以及一个可直立于桌上的两层方形钟”，可见已经形成了较为完整的教育体系。到了160年后的1760年，人口约2万的日内瓦，已经拥有了 600 位制表大师。[1]

后来成为法国启蒙运动先驱的卢梭就是日内瓦人，1712 年出生在一个制表师家庭。他家从曾祖父那一代开始做表，堪称三代制表世家。卢梭的

---

1 数据来源：Fondation Haute Horlogerie. Histroy of Watchmaking[EB/OL]. https://www.hautehorlogerie.org/en/watches-and-culture/encyclopaedia/history-of-watchmaking.

父亲还有“大师”头衔，晚年定居奥斯曼帝国，负责为苏丹调谐托普卡帕宫的钟摆，是个有头有脸的人物。

从小就泡在制表工坊里的卢梭，虽然长大后没有承袭父业，但老家的朋友圈里还是有不少人干了这一行。其中最有名的一位叫让–马克·瓦舍龙（Jean-Marc Vacheron），这个名字可能听着陌生，但他创立的品牌却十分响亮，叫作江诗丹顿。

瓦舍龙1731年出生在日内瓦。他家原本是个织造世家，但瓦舍龙却偏偏对制表非常感兴趣，年纪轻轻就拥有了“大师”的头衔。24岁那年，他就在日内瓦的制表中心圣热尔韦（Saint-Gervais）创办了自己的制表工坊，还聘用了第一个学徒让·弗朗索瓦·厄迪耶（Jean François Hetier），他们签订的学徒协议也被认为是江诗丹顿品牌诞生的标志。

江诗丹顿创始人让–马克·瓦舍龙（1731—1805）

传统“阁楼工匠”

在那个年代，生产于日内瓦的表大多出自大师们的小工坊，而为了获得最好的自然采光，这些工坊大多位于住宅屋顶下的阁楼里，因此又被称为“阁楼工坊”。日复一日，技艺最为精湛的工匠们就栖身于阁楼之中，在一天中天光最好的那段时间，完成精密的时计部件的制作，这批人后来也有了一个响亮的名字——“阁楼工匠”（cabinotiers）。

瓦舍龙就是一位典型的“阁楼工匠”，当时那不勒斯和罗马的君主也是他的客户。直到260多年后的今天，江诗丹顿依然保留着一个叫作Les

Cabinotiers（阁楼工匠）的部门，为客人提供特别定制服务。

但日内瓦有个问题，就是制表师太多了，毕竟在加尔文改革后的100多年时间里，就有至少三波大的移民潮。僧多粥少，总得有人出去闯一闯。后来有人发现，出日内瓦城向北48公里，就有一片"风水宝地"。

那里是汝拉山脉中的一片谷地，有大山和古老的岩石，有一望无际的云杉和冷杉林，有草场、溪水、湖泊，高海拔，每年中还会有几个月与世隔绝的时间，外面的人称这里为"汝山谷"（Vallée de Joux）。

坐落在蓝天绿树之间的汝山谷小镇

山谷的居民，最早靠山吃山，靠水吃水，除了发展畜牧业，还盖了磨坊和锯木厂。他们后来又发现了铁矿石，到了15世纪，锻铁炉和高炉也建起来了。在放牧难以为继的时候，他们就去做一些金属加工，比如生产农具，打打刀剑盔甲。

据说在1705年的夏天，山谷里发生的一场火灾造成了不小的破坏，山谷居民的生活顿时困难起来。为了谋生，他们不得不尝试用现有的知识制造木钟，后来又换成用铁和黄铜，有了一点做钟表的基础。

而说起山谷地区制表业的萌芽，就不能不提汝拉山脉的北麓一个叫作维莱尔（Villeret）的小镇。苏兹河穿过整个小镇，由于水力充沛，从18世纪开始，河两岸就建起了许多锻造厂、磨坊、锯木厂，也吸引了很多铁匠、锁匠来到这里，让当时还是村庄的维莱尔变得热闹起来。1725年前后，维莱尔就出现了制表业的萌芽，工匠们开始生产钟表零件，其中也包括一个叫贾汗-雅克·宝珀的人。

这位宝珀先生平时兼职做村里的教师，而他的农舍距离学校不过50米。这座农舍建于1636年，前身是个邮政驿站，经过改造之后楼上变成了宝珀的制表工作室，楼下则养着牛和马，集工农业于一体。起初宝珀只是生产怀表的零部件，随着技艺的逐渐精湛，他便开始制造完整的怀表。

宝珀为路易十六定制的怀表

1735年，宝珀先生在维莱尔村庄的官方产权名册上进行了登记，明确了自己的制表师身份，他的姓氏也成为品牌的名字。那时的宝珀坚持着维莱尔的制表习俗，认为给作品贴上品牌标签是一件显得很自负又沾染了铜臭味的事，这也使得很多早期的宝珀作品变得难以分辨。不过路易十四的五世孙路易十六，也就是那个在法国大革命中被砍头的国王，倒是收藏了一枚宝珀早期的作品，表背署名"Blancpain et fils"[1]和"VILLERET"。

总之，在宝珀等先驱的带领下，维莱尔开始大搞基建，以吸引熟练的工匠来此定居。短短30年后，就有记载说当地人开始抱怨制表工匠的涌入导致住房短缺了。

比宝珀活跃的时间稍晚，汝山谷南边也出了一位制表业带头人，名叫萨缪尔–奥利弗·梅朗（Samuel-Olivier Meylan）。梅朗是一个铁匠的儿子，但立志成为一名制表师。少年时心怀梦想的他走出汝山谷，拜在制表大师马蒂厄·布洛代（Mathieu Blaudet）门下当学徒。

汝山谷的大部分地区属于沃州，不过却受德语区一霸伯尔尼州的管辖。当地的制表业在伯尔尼当局的扶持下成立了行会，抱团取暖之余还有实际利益，也就是保证本地制表商的销售垄断地位。同时行会还实行制表师特许证制度，学徒要得到认可必须做满5年。但梅朗是

1 Blancpain et fils 意为"宝珀父子"。

个实打实的叛逆青年，只学了不到 3 年就“出师”了。

“肄业”后的梅朗回到汝山谷收徒，打破行业规矩，培养了一批制表人才；与此同时，他还不断和伯尔尼当局谈判，在 1776 年成功摆脱了行会的限制，为汝山谷赢得了一飞冲天的机会。

不过有趣的是，在汝山谷做表的不止制表师，当地的农民也参与其中，而这种分工模式的诞生，和汝山谷的天气还很有关系。

汝山谷的冬天长达 8 个月，而且异常寒冷，号称“沃州的西伯利亚”，光听名字就让人打寒战。笔者在某年冬天拜访爱彼的制表工坊时来过这里，眼见到处都是白雪皑皑，松林银装素裹，仿佛历经千年的风霜，至今记忆犹新。风景美则美矣，但生活在这里也是真难熬。特别是在那个年代，因为交通不便，大雪封山之时，整个山谷甚至会与世隔绝。

汝山谷的严冬

在冬天，农民们根本无事可做。此时，一位名叫丹尼尔·尚维沙（Daniel Jeanrichard）的制表师想出了一个方法——不如去训练他们制作机械零件，反正有大把空闲时间。

就这样，汝山谷的农民们也开始把自己的农舍阁楼当作工作室，加装窗户，捕捉更多的自然光，并埋头于机械部件的制作。农民们以家庭为单位，每家的分工都不尽相同，有的做齿轮，有的做夹板，有的做发条……据说夫妻还有分工，男人负责锻造，女人负责抛光。总之，彼此间相互协作，一个密集的家庭手工作坊网络就这样形成了。做出来的零部件经过制表师的组装调校，最终被做成精美的时计，有点类似于今天的众包。

日内瓦的阁楼工匠也好，汝山谷的山民也好，都是很有性格的人。

他们勤劳、坚韧，又带着点“死脑筋”，执着于自己手头的工作，即便这份工作看上去十分枯燥。

在瑞士其他的钟表城，也有这样“较真”的地方。比如，同样位于汝拉山麓，号称“世界钟表之都”的拉绍德封（La Chaux-de-Fonds）在1794年曾遭遇一场大火，变成废墟，重建时就变成了一个有“强迫症”的城市。整个城镇被改为棋盘式布局，每一间房屋的距离和朝向都仿佛经过精心计算，为的就是让自然光线直射入内，保证厂房或者工匠们的阁楼能得到最好的采光，简直是为制表师量身定做的。

说到底，瑞士成为“钟表之国”有其偶然，也有其必然。说其偶然，是因为瑞士制表业的诞生，本质上是一场人才流入导致的产业转移，而其最大的推动力就是长达30多年的法国宗教战争。

但其实，自马丁·路德把《九十五条论纲》贴到教堂门前的那一刻起，蝴蝶便扇动了翅膀。约翰·加尔文背起远游的行囊、新旧两教的贵族们擦亮宝剑、路易十四骄傲于统一信仰的伟绩，战争就是这一系列因果的产物。而那些没有留下名字的法国钟表匠，只能拼死闯过战乱与屠杀，去一个叫日内瓦的城市寻找一条活路。

瑞士的山川之险、战斗民族之彪悍，使其成为难民们天然的庇护所。今天的瑞士制表地理，在某种意义上就是法国宗教难民流亡的痕迹。

当然，放眼大历史，瑞士的制表业在17—18世纪这个时间点上，只能说处于萌芽阶段，离未来的辉煌还差十万八千里。在那个年代，英国才是当之无愧的钟表界王者，而其兴起自然也是拜路易十四所赐，毕竟被《枫丹白露敕令》赶走的难民逃难的路不止一条，有人进山，就有人跨海。

技术工匠的到来，让英国制表业如虎添翼。比如，“英国钟表之父”托马斯·汤皮恩就雇用了很多来自法国和荷兰的胡格诺派工匠，既丰富了人力资源，也带进很多新的知识和工艺，而他和他的徒子徒孙也是当年英国制表群星中最为闪耀的几颗。与此同时，英国的科学革命也在蓬勃发展，牛顿、罗伯特·胡克等科学家都活跃于这一时期。在种种因素的作用之下，英国制表业在17世纪迎来了一个能人辈出的时代。

相比之下，法国这边就显得有些“青黄不接”了。当然法国也有儒利安·勒鲁瓦[1]、让-安托万·莱皮恩[2]、费迪南·贝尔图[3]等制表大师出现，但在代际上却晚了一辈，这也算是《枫丹白露敕令》的后遗症之一。不过，法国多多少少也算已经从冲击中缓了过来。

钟表史上的下一个大时代，就将由英国和法国的钟表匠担当主角，而他们要做的是用钟表征服浩瀚的海洋。

---

1 儒利安·勒鲁瓦（Julien Le Roy，1686—1759），1739年被任命为法国国王路易十五的御用钟表匠。

2 让-安托万·莱皮恩（Jean-Antoine Lépine，1720—1814），以发明革命性的Lépine机芯闻名，这一创新为制造更为轻薄的怀表铺平了道路。

3 费迪南·贝尔图（Ferdinand Berthoud，1727—1807），出生于瑞士纽沙泰尔，后担任法国皇家机械钟表师兼航海钟表师，以制造航海钟闻名，一生著述颇丰。

第二章

CHAPTER TWO

英法百年争霸，钟表开始征服海洋

1453年5月29日，十几万奥斯曼土耳其军队的士兵在经历一个半月的围城战之后，终于攻进了东罗马帝国首都君士坦丁堡，从而使他们的帝国成为地中海东部的霸主。这场战役虽然只攻陷了一座城市，却改变了整个世界的历史。

由于奥斯曼帝国控制了欧洲通往亚洲的陆上商路，为了追求来自东方的如黄金般贵重的香料，欧洲的君主们不得不派出一批又一批冒险家，去寻找通往亚洲的海上通路。由此欧洲进入了大航海时代，并涌现出了迪亚士、达·伽马、哥伦布、麦哲伦等一大批尽人皆知的航海家。

大航海带来了地理大发现，从而导致了殖民大帝国的产生。西班牙和葡萄牙是最早的获利者，它们甚至签订了一个《托德西利亚斯条约》，把地球像切西瓜一样一分为二，势力范围一国一半。这也让后起之秀们逐渐意识到，谁控制了海洋，谁就控制了世界。

而在这个海洋时代，接替西班牙和葡萄牙兴起的是三个新势力：英国、法国与荷兰。为了争夺制海权，从而控制更多殖民地，主导海上贸易，这三个国家上演了一出“海上三国演义”。英国和荷兰为此打了4场英荷战争，而英国和法国这对老冤家，更是陷入了长达100多年的敌对状态。

英国历史学家约翰·罗伯特·西利将这段历史称为“第二次百年战争”[1]。从1688年以遏制路易十四为目的的大同盟战争开始，到1815年第七次反法同盟彻底击败拿破仑为止，中间历次战争，英国都把法国视为头号敌人，果断站到其对立阵营，到了18世纪末更是爆发了在世界范围内争夺殖民地的七年战争和英法战争。这场历时百余年的争斗，结果也早已明了，虽然英国付出了北美十三州独立为美国的代价，但最终几乎瓦解了法兰西第一殖民帝国，最终成为称霸全球的“日不落帝国”。

这一时期英法对于海权与殖民地的争夺，不只是舰队对攻的“热战”，也包含了航海技术、海上贸易等领域的“冷战”。在那个大时代里，亨利·哈得孙[2]和罗伯特·德·拉萨勒[3]先后对北美洲进行了深入探索，詹姆斯·库克船长[4]和路易斯·安托万·德·布干维尔[5]也差不多前后脚远征太平洋，而英国东印度公司和法国东印度公司也在抢夺东方的市场。

在这场海上争锋中，钟表扮演了极为重要的角色。

首先，钟表是一种实用性工具，能够帮助进行远洋航行的船队确

---

1 有趣的是，法国人并不接受“第二次百年战争”的说法，在他们看来，那个时代的法国始终把奥地利当成头号仇敌，而“第二次百年战争”不过是英国人的一厢情愿。

2 亨利·哈得孙（Henry Hudson，约1565—1611），英国探险家、航海家，以探索穿越加拿大北极群岛西北航道而闻名。加拿大的哈得孙湾便是以他的姓氏命名。

3 罗伯特·德·拉萨勒（René-Robert Cavelier, Sieur de La Salle，1643—1687），法国探险家，先后探索了五大湖区、密西西比河和墨西哥湾，他将密西西比河流域命名为路易斯安那，后来这里被纳入法国的统治。

4 詹姆斯·库克（James Cook，1728—1779），英国航海家，曾三度前往探索太平洋地区，也是首批登陆澳大利亚东岸和夏威夷群岛的欧洲人。

5 路易斯·安托万·德·布干维尔（Louis Antoine de Bougainville，1729—1811），与库克同时代的法国航海家，1763年完成环球航行，巴布亚新几内亚的布干维尔岛以他的名字命名。

定经度，从而完成海上定位，可以说是称霸海洋的必备利器。而为了提升钟表的精度，英国和法国都诞生了“制表极客”，他们研发出了航海钟这一足以改变世界史的钟表品类，把钟表的准确性推向那个时代的顶峰，就像今天的科研人员钻研提升芯片算力一样。

其次，钟表也是一种重要的海上贸易商品，远东市场对于华丽钟表的需求尤为旺盛。而为了满足中国宫廷与达官贵人的钟表需求，另一批钟表匠成了“艺术家”甚至是“魔术师”，制作出各种装饰精美乃至奇技淫巧的钟表作品，这些作品跨越大洋被运送到广州这样的通商口岸，甚至有英国商人直接在广州开起了公司。

在这两场竞争中，虽然法国人不甘落后，但英国人依然更胜一筹。那么接下来，我们就一起走进打造航海钟的“经度之战”，再看看什么样的钟表能卖给乾隆皇帝吧。

世纪难题的解法

一场海难引发的悬赏

1707 年，53 岁的康熙帝完成了人生中最后一次南巡，整个大清江山稳固，可谓国泰民安；而对于欧洲来说，1707 年却是动荡的一年，西班牙王位继承战争已经进行到了第六个年头。

这场战争的爆发，源自欧洲反法势力对法王路易十四扩张的担忧。当时他的孙子费利佩五世将继承西班牙的王位，开启波旁王朝的统治。此时西班牙虽然已经衰落，但依然是全球性的殖民大帝国，一旦同属波旁家族统治的两国王位合并，将使欧洲乃至世界的格局变得极不平衡。于是，奥地利哈布斯堡家族跳了出来，推举自家的西班牙王位继承人，一贯反法的英国自然也站到了这个同盟里。

1707 年 7 月，奥地利的欧根亲王准备对法国东南部的土伦港发起攻势，拥有强大海军的英国则作为支援力量参与其中。这次参战，英国舰队的统帅是经验丰富的克劳兹利 · 肖维尔（Cloudesley Shovell）。这位将领出身于普通士绅家庭，从基层一步步晋升，光荣革命[1]后凭战功在 15 年内连升四级，从准将变成了海军元帅[2]。

7 月 16 日，肖维尔率领地中海舰队抵达法国土伦港。虽然法西联军打退了欧根亲王的陆军，但肖维尔舰队的攻击却让他们慌了神，为了防止战舰落入英国人手里，路易十四下令将土伦港内至少 46 艘法国战舰击沉。欧根亲王撤军时，英国舰队还对土伦港狂轰了 18 个小时，击沉两艘法国军舰，并摧毁了造船厂。这场胜利，也让英国大大加强了对西地中海的控制，在与法国的较量中占得优势。

但此时肖维尔不会想到，这场战役会是他人生最后的辉煌，而一场巨大的灾难正在返航的路上等待他和他的舰队。

礁石遍布的锡利群岛地狱湾

1707 年 9 月 29 日，肖维尔率领舰队从直布罗陀启程返回英国的朴次茅斯港。这条航路以天气恶劣著称，舰队小心翼翼地航行将近一个月，还算平安地接近了英格兰。然而离家越近，天气越差，能见度已经低到了难以观测的程度，导航员根本无法准确计算舰队所在的位置，而且连海图也存在错误。

1　光荣革命是英国于 1688—1689 年间发生的一场不流血政变，新教支持者联合起来将信奉天主教的国王詹姆斯二世驱逐，由其女玛丽二世与女婿威廉三世联合执政，也促使英国形成君主立宪制度。

2　海军元帅（Admiral of the Fleet）是英国皇家海军的最高军衔，设立于 1688 年，相当于今天美国的海军五星上将。克劳兹利 · 肖维尔于 1705 年 1 月晋升，是获得该军衔的第四位将领。

当时他们估计舰队正在锡利群岛[1]西南偏西约200英里[2]的安全水域通行，然而当水兵们发现船只偏航并已经驶入礁石遍布的海域时，一切都已经晚了！下一秒，肖维尔的旗舰就首先撞上了礁石，只三四分钟就沉没了，紧接着又有三艘战舰一头扎进了礁石丛中……

这支曾把法国海军逼得自沉军舰的舰队，最终败给了坏天气和定位错误。当晚有近2000名水兵丧生，使之成为英国史上最大的海难之一。肖维尔也将星陨落，遗体在7英里外的海滩上被发现。还有传言说，当时船上有位水手曾警告过航线已经偏离，但肖维尔却以动摇军心的罪名把他吊死在了桅杆上。

海难之后，英国人痛定思痛。他们知道，肖维尔舰队的悲剧归根结底是因为错误的导航，而究其原因，则是困扰当时所有远洋舰队的难题——无法准确计算经度。

锡利群岛海难发生7年后的1714年，英国议会通过了《经度法案》。与其说它是个法案，不如说是一项"悬赏"。不管是谁，只要能找到一种在海上定位经度的实用方法，就有重奖。其中三等奖1万英镑、二等奖1.5万英镑，而头等奖高达2万英镑，这相当于2021年的307.6万英镑，合2450多万元人民币，赢了这笔巨款可直接实现财富自由。

当然，想赢头奖是极其不易的。按照规定，参赛者必须在从英国到西印度群岛的跨大西洋航线上待满6周，而且误差要控制在半度之内。当时英国还成立了一个"裁判组"——经度委员会，并请到德高望重的牛顿当顾问。

其实这并不是第一次有国家为了解决经度问题而发布悬赏，早在《经度法案》通过的147年前，西班牙国王费利佩二世就曾发布过类似的奖励，而他的儿子费利佩三世更是明码标价6000个金币和一笔养老

1　锡利群岛（Isles of Scilly）位于英国西南部，距英格兰康沃尔海岸约45公里，包括5座有人岛和约140座无人岛。

2　1英里约为1.6公里。——编者注

金，差不多同时期荷兰国会也宣布奖励 10000 弗罗林银币给成功者。

测量经度为何成为世纪难题？

不难发现，愿意一掷千金，希冀“重赏之下必有智者”的国家，都是海上强国。西班牙和英国是前任和在任的“日不落帝国”，都曾拥有最强大的海军，而荷兰则被称作“海上马车夫”，一度是海上贸易的垄断者。

很显然，帝国谋求扩张、商人渴望财富、航海家梦想探索更多未知之境，而这一切都依赖于海上交通。虽说“要想富，开航路”，但每一个冒险家航行在海洋之上，都免不了面对“有没有找准定位”的灵魂拷问，而要找准定位，就必须知道经纬度。

纬度的测量不是什么难题，毕竟不管怎么走，赤道永远都是零度纬线。很早之前水手们就掌握了依靠看太阳或者北极星的高度，再通过六分仪或者星盘来测算纬度的方法。哥伦布第一次出航的时候，就是把自己定位在北纬 28 度的航线一路向西。比哥伦布早了将近 90 年的郑和船队，下西洋时则使用了过洋牵星术，通过牵星板观测星象以确定所在纬度。

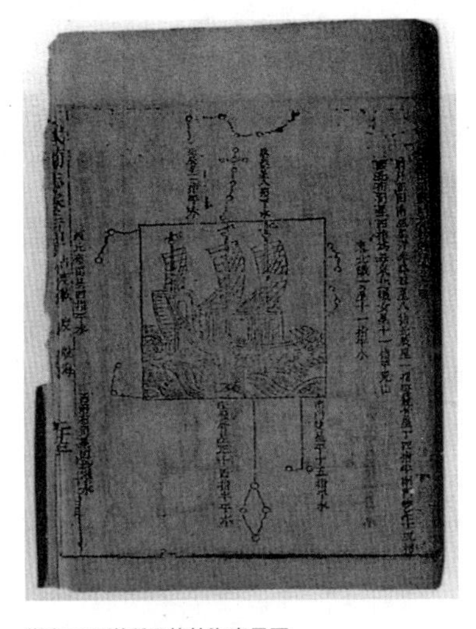
郑和下西洋所用的航海牵星图

然而经度却是动态的，从理论上说任何一条经线都可以是零度经线，今天我们熟悉的格林尼治子午线其实是 1884 年开会确定的。当时法国人为了和英国人作对，还坚持把巴黎子午线当作零度经线，直到 1911 年才妥协。

因为经度难以确定，早期的航海家们更多依赖于航位推测法[1]，但很容易累积误差，这在海上可能是致命的。哥伦布虽然最终没有到达自己心心念念的东方，但他是幸运的，不仅成功完成了四次横跨大西洋的航行，还能在旅店的床上告别人世。然而还有数不清的航海者，因为无法确定经度而陷入迷航，如果说触礁沉没还是比较痛快的死法，那么在海上兜兜转转，把航行时间无限延长，最终耗尽储备或者患上坏血病，才是真正令人痛苦的折磨。

因此，没有靠谱的经度计算方式，远洋航行就如同九死一生的冒险。求安稳的话，就只能被禁锢在几条已经被证明安全的航路上，或者沿着海岸线"溜边"，毕竟不是每个人都能拥有达·伽马、哥伦布或麦哲伦的强运。而海上强国想要开疆拓土、贸易生财，就必须打破这层天花板，找到经度定位的"秘钥"。这么看来，这些国家高价悬赏，其实钱花得非常值得。

但问题是这笔钱根本花不出去，上百年来没有一个人能凭本事领取奖金。这并不意味着当时的人不够聪明，而是因为经度问题在那个时代太"超纲"了。简单来说，经度的计算非常依赖精密仪器和全面的数据信息（比如星图星表），但这二者往往受限于科技发展水平。即便如此，在长达数个世纪的时间里，还是有无数聪明的头脑在这条道路上前赴后继，终于蹚出了几条路，其中最关键的有两条，而且都与时间脱不了关系。

做航海钟不如仰望星空？

经度本身就与时间密不可分。今天我们在地理课上都会学到，地球

---

1 航位推测法是一种导航方法，即通过先前确定的位置或定点，结合对速度、航向和经过时间的估计，来计算运动物体的当前位置。

自转带来了时差，经度每隔 15 度就会差 1 个小时，每隔 1 度会差 4 分钟，而每差 1 度在赤道上则会差出 111.32 公里，因此只要测量出两地的时差，就能推断出距离。其实早在古希腊时期，时差现象就被发现了。生活在公元前 2 世纪的喜帕恰斯[1]就建议利用相距遥远的两地同时观测月食的时间差来确定经度；而利玛窦献给万历皇帝的《坤舆万国全图》也绘制了经纬线，并且“南北经线数天下之宽，自福岛起为一十度，至三百六十度复相接焉”，已经很接近今天的经线绘制方式。

利玛窦敬献的《坤舆万国全图》

那么，测定经度的两条路分别是什么呢？

第一条路是靠天文，这种方法等同于把天体当作永恒不灭的“钟表”。与哥伦布同时代的航海家亚美利哥 · 韦斯普奇[2]在 1499 年就曾试图利用月球火星连珠的特殊天象测量经度，而伽利略则提出通过测量木星卫星的公转来计算经度。

1　喜帕恰斯（约公元前 190 —约公元前 120），古希腊天文学家、地理学家、数学家，被认为是三角学的开创者，发现了分点岁差，其事迹多见于托勒密的著作。

2　亚美利哥 · 韦斯普奇（Amerigo Vespucci，1454—1512），佛罗伦萨航海家，以探索新大陆闻名，美洲以其名字命名。

但在天文测量法中，影响最大的还是1514年由约翰内斯·维尔纳[1]提出的月距法（也叫月角法）。维尔纳发现，月球每小时的移动距离基本相当于其直径，仿佛“天钟的指针”，而背景恒星作为对照如同“刻度”。和喜帕恰斯的想法一样，他认为在两个不同的地点记录月亮到达某个位置的当地时间，计算时间差就能确定经度。

不过要把这种方法投入实际应用，本质上还要经过一个大数据工程的建设，即通过巨量的天文观测绘制出详细无误的星表，这种星表会记录某个特定地点月亮在不同时间的运行轨迹，因此直到18世纪才趋于成熟。例如导航员拿着记录格林尼治天文台上空月亮轨迹的星表，那么他们在海上观测月球与另一恒星之间的角度，再加以对照，理论上就可以算出观测时格林尼治天文台所在地的时间，再对比自己身处的地方时（比如正午），就可以推导出当地的经度。不过这些都需要辅以大量的计算，到了18世纪依然要计算近4个小时。此法极为专业，因此被后世的天文学家们奉为圭臬。当然优点也很明显，那就是测量工具，比如天文望远镜和六分仪，都发展得比较成熟，制作成本也低。

航海仪器六分仪

第二条路就要靠人造的钟表了，严格来说是高精度的机械钟。最早提出这一想法的人，是荷兰的探险家与仪器制造商赫马·弗里修斯[2]。他认为只要将时钟调到经度已知起点的当地时间，再比较起点时间和现所在地时间，计算时差之

1 约翰内斯·维尔纳（Johannes Werner，1468—1522），德国数学家、仪器制造商，在地理学上建树颇多，除了提出月距法，还改进并推广了维尔纳地图投影。

2 赫马·弗里修斯（Gemma Frisius，1508—1555），文艺复兴时期荷兰探险家，曾制作地球仪和地图。

后再进行距离换算，就可以确定任何地方的经度。这种方法比月距法等天文测量法简单得不止一点半点，使用起来效率很高，但缺点也很致命，导致钟表法在很长一段历史时期内都不被看好。

究其原因，一方面是在天文学家看来，观测天体才是科学研究的正统；另一方面，当时世界上确实没有一座钟或一块表能达到测量经度的技术要求。毕竟在弗里修斯生活的年代，纽伦堡蛋才出现没多长时间，游丝摆轮都还没发明出来，即便到了 17 世纪，如此精密又耐用的钟表，依然是理想中的存在。

法国皇家科学院在这方面就很有发言权。它下属的科学家和钟表匠早就尝试过开发能够用于航海的钟表，但都不太成功。

比如路易十四就曾重金礼聘荷兰科学家惠更斯担任皇家科学院院士，惠更斯 1656 年发明了摆钟，之后便在法国财政大臣科尔贝尔的资助下，打算用摆钟来测量海上的经度，然而出海时遇到的狂风巨浪却让他的摆钟彻底失灵。不过惠更斯后来做出了装有游丝的机械表，使制造更精确的便携式计时器成为可能。

之后又过了40年，来自英国的钟表匠亨利·萨利[1]跑到巴黎向法国皇家科学院提交了一只航海钟的模型。和惠更斯一样，他的航海钟也是在风平浪静的时候表现良好，但同样经不起大风大浪。

英国这边，在《经度法案》通过的同年，有个叫杰瑞米·撒克尔[2]的人声称发明了一种安装在平衡环上的真空航海钟，还贡献了 chronometer[3]（精密计时器）这个词。但他的精密计时器并不精密，很容易受温度变化的影响，也以失败告终。

---

1 亨利·萨利（Henry Sully，1680—1729），英国钟表匠，在法国生活多年。1718 年在凡尔赛建立了钟表厂，曾与路易十五的钟表匠儒利安·勒鲁瓦及其徒弟合作。

2 杰瑞米·撒克尔（Jeremy Thacker），18 世纪的制表师，生平事迹不明，导致后世有人认为他是一个被杜撰出来的人物。

3 chronometer 一词由希腊语词根 khrónos（时间）和 métron（测量）组成，也有说法称提出这个词的是英国科学家威廉·德勒姆（William Derham）。

航海测量仪器

由此可见，在那个时代想要造出一个能用的航海钟，门槛极高：首先要精准，一分钟之差都可能谬以千里，而且是地理意义上的；要够皮实，不能船一摇晃就罢工；而且越便携越好，毕竟船舱空间有限，不能都拿来放钟。相比离成功还差十万八千里的航海钟，天文望远镜、星盘、八分仪或六分仪可是看得见摸得着的东西，只要肯花时间和人力去观测星空、绘制星图，就总有成功的一天。为此，在17世纪下半叶，法国和英国分别建立了巴黎皇家天文台（1667年）和格林尼治天文台（1675年），大有一较高下之势。

而钟表法一连串的失败，让经度委员会的顾问牛顿都对此持悲观态度。想解决经度问题，似乎只能寄希望于仰望星空了——这在当时几乎已经成为一种共识。

然而，一个钟表匠的出现改变了这一态势。

决战航海钟，科研攻坚遇上英法谍战

这位钟表匠名为约翰·哈里森（John Harrison）。他研发航海钟的事迹，可以说是制表史上最为精彩也最让人感慨的故事之一，甚至被后人称为“经度之战”，写成畅销书，拍成电视剧。这个故事之所以精彩，是因为整整嵌套了三层矛盾冲突：第一层是一个完美主义者与自己战斗的故事，第二层是这个钟表匠与官僚机构斗争的故事，而第三层则是英国与法国围绕着航海钟进行“斗法”的故事。

破局之战：坚持完美，终有回报

1693年，约翰·哈里森出生在英国约克郡，父亲是一个木匠，而哈里森没有子承父业，据说是因为童年的一段经历。

6岁那年，哈里森得了天花居家隔离，当时唯一的玩具就是一块怀表，于是他每天都会花好几个小时去听怀表走时的声音，好奇它是怎么运转起来的。这件事深深地影响了哈里森的人生规划，虽然跟随父亲学了木工手艺，但他更想当一个钟表匠。

20岁的时候，哈里森动手造了自己的第一个落地钟，而且从外壳到零件几乎完全是用木头做的，甚至比金属制的还更耐磨。从此他成为钟表匠里最会做木工、木匠里最会造钟表的独特存在。他甚至曾用一种叫作愈创木的热带木材做零件，这种木材比橡木硬，而且还会分泌树脂，连润滑油都省了。

然而哈里森没有当过一天钟表匠的学徒，甚至连他上没上过学都是未知数。可知的是，哈里森的力学知识基本来自一本借来的《桑德森[1]讲义》，他把整本书都抄了一遍。“非科班出身”的背景，也使得哈里森的制表思路剑走偏锋，“野”而有效。

比如当时的摆钟钟摆会因为热胀冷缩改变长度，导致走时不准。哈里森“异想天开”发明了一个“烧烤架式钟摆”，由5根铁杆和4根黄铜杆组成，利用二者热胀冷缩率不同，相互抵消长度变化。后来他又端上了“烧烤食材”——蚱蜢擒纵。其结构就像是趴在齿轮上的一只蚱蜢，“前腿一刀，后腿一蹬”就能够尽可能减少摩擦面积，降低磨损程度。这些后来都被他用到了研发的航海钟里。

哈里森完成这些发明是在1725—1728年，当时他和同是木匠的弟

---

1 尼古拉斯·桑德森（Nicholas Saunderson，1682—1739），英国盲人科学家和数学家，曾在剑桥大学担任卢卡斯数学教授。

弟一起完成了三座精度极高的落地钟。而此时《经度法案》已经颁布了十几年，天文学家们还在忙着观天象、绘星图，经度委员会则打发了一批又一批凑热闹的“奇葩”，但一次全体会议都没开过，因为实在没啥可讨论的。

不过对“乡村钟表匠”哈里森来说，那笔巨额奖金无疑是他逆天改命的机会，而且他也有足够信心技惊四座。于是在1730年，37岁的约翰·哈里森离开了亨伯河畔的巴罗村，来到大城市伦敦，而且一上来就有了个梦幻开局。

这么说是因为他一开始就遇到了贵人。当时哈里森首先拜访了经度委员会委员、皇家天文学家爱德蒙·哈雷（Edmond Halley），哈雷曾经花了很多时间绘制《南天星表》，是天文测绘法的重要研究者，但他没有因为地位差距与立场不同就把这个“乡野村夫”拒之门外，而是向哈里森引荐了乔治·格雷厄姆[1]。格雷厄姆与比他小20岁的哈里森谈了整整一天，感觉非常中意，很快便决定做一回“天使投资人”，对哈里森展开了全方位照顾。

哈里森缺钱，格雷厄姆二话不说便借给他200英镑，还是无担保无息贷款；哈里森缺少人脉，格雷厄姆就带他去各个管理部门“拜码头”，起码先混个脸熟；而且格雷厄姆本身就是个制表大师，因此也给了哈里森很多指导，特别是在发条的改进上，说他是哈里森人生路上的第一大贵人一点不为过。

有了亦师亦友的格雷厄姆的支持，哈里森回到乡下开始闭门造钟，5年后重返伦敦，带来了以他的姓氏首字母命名的H1航海钟。目前收

1　乔治·格雷厄姆（George Graham，约1673—1751），英国钟表匠、发明家和地球物理学家，英国皇家学会会员。他是“英国钟表之父”汤皮恩的徒弟、侄女婿与商业合伙人。格雷厄姆在改进钟表擒纵结构这一领域有着很大的贡献，他在胡克和汤皮恩的基础上，进一步发展了“直式擒纵”和“工字轮擒纵”，也曾帮哈雷制作在格林尼治天文台使用的象限仪。

藏在英国国家海洋博物馆的H1，看上去就很像一艘大船，主要由黄铜制成，重达75磅，也就是将近35公斤。[1]哈里森设计的一对平衡摆，就像是两支桅杆，甚是好看。他还把自己最擅长的温度补偿与无润滑油的特色带入这座航海钟里，这也使得这座钟在近300年后还能走动。

哈里森制作的H1航海钟

格雷厄姆看到这座航海钟之后非常兴奋，立刻将其推荐给经度委员会的大佬们，并为他安排了出海测试。

这次从英国到葡萄牙里斯本的旅程，哈里森搭乘的是“百夫长号”巡洋舰，活了43岁几乎都没出过海的他被狠狠折磨了一番。倒霉的是，船刚到里斯本，负责写鉴定意见的船长就突然去世了，哈里森只得搭另外一艘船回国。返航中他的航海钟精准判断了船只所在的位置，而船长的计算却偏航了60英里，H1也成功帮这艘船避免了一次触礁事故。

因为H1的出现，经度委员会在成立23年后终于开了第一次正式会议。这是哈里森首次接近经度奖金，但完美主义的性格却让这场会议变成了他的自我批评会。委员们还没说什么，哈里森自己却先说H1还存在不少问题，偏差还是大，而且不方便携带。之后他向委员会申请了500英镑的经费，说要做个更好的2.0版本出来，最后获批了250英镑。

拿到钱的哈里森马上又投入H2的研究，却没想到陷入了一个怪圈之中。

1　数据来源：Royal Museums Greenwich. H1[EB/OL]. https://www.rmg.co.uk/collections/objects/rmgc-object-79139.

H2 航海钟

H2 再一次花了他 5 年时间，做成后比 H1 更紧凑、坚固，动力源更稳定，温度补偿也更好。然而就在准备提交的时候，哈里森却发现了一个设计缺陷，眼里揉不得沙子的他马上又撤回了。其实经度委员会也没打算安排他出海测试 H2，因为英国又因为参与奥地利王位继承战争和法国打了起来，如果此时安排带着“战略物资”航海钟出海，万一被敌人捕获就惹大麻烦了。

于是经度委员会又批给了哈里森 500 英镑，让他继续研究 3.0 版本。没想到哈里森这一干就是将近 20 年的光阴，最终得到了 2000 英镑经费。这段漫长的时间里，深感专业知识不足的哈里森甚至以花甲之年从头开始学习制表，这么和自己过不去，只为把零件做得更精密。

H3 出厂已经是 1757 年了，哈里森从 37 岁的中年人变成了一个 64 岁的老头儿，而他最重要的支持者乔治·格雷厄姆也已经去世 6 年了。

用今天的眼光看，H3 漂亮得仿佛是一个装置艺术作品，英国国家海洋博物馆特地用透明玻璃板来装它，以显示其纵横交错的机械结构。然而这个美丽的机器却给哈里森带去了深深的绝望，因为它还是不够精准，而且太大了。出海测试也依然没戏，因为好巧不巧，英国和法国又爆发了七年战争。

H3 航海钟

哈里森不由得陷入了深深的自我怀疑中，开始觉得自己做的全是无效努力，越是改进 H1 越觉得它从根本上就存在缺陷，而以他“浅薄”的知识，完全无法征服大洋海浪那变幻莫测的摇摆。他已经年近古稀，在那个时代算是高寿，但剩下的时间也确实不多了。

都说天才是 1% 的灵感加上 99% 的汗水，哈里森已经付出了那 99%，缺少的恰恰是那 1%。而有时候缘分就是这么奇妙，6 岁那年把哈里森引入制表门径的是一块怀表，将近 60 年过去了，带他走出困境的依然是怀表。

故事是这样的。哈里森在制作 H3 的这些年里，曾经抽空为自己设计了一块怀表，并委托相熟的钟表匠约翰·杰弗里斯（John Jefferys）帮忙制作。这块怀表有不少新颖的改进之处，比如哈里森的看家本领温度补偿以及更大的摆轮，其走时在当时的怀表里算是十分准确的了。

也有说法认为，哈里森受到启发是因为见到格雷厄姆的高徒托马斯·马奇[1]制作的一块怀表，其精准度甚至与他的航海钟不相上下。

这位马奇也是位制表天才，他开发了杠杆式擒纵机构，这一机构因为太过好用，几乎被用于所有机械表，一直到今天都是如此，一出手便触到了天花板。直到整整 220 年后，另一位英国制表师乔治·丹尼尔斯研发出同轴擒纵，钟表的擒纵才算有了结构性的变化，但这也没有改变杠杆式擒纵占主流的态势。

但在哈里森生活的那个时代，人们普遍有个刻板印象，那就是小小的怀表只能当装饰品，不能太奢望它走时精准。而马奇能开发出高精度怀表，其实也是沾了技术进步的光。

当时一位名叫本杰明·亨茨曼（Benjamin Huntsman）的科学家发明了坩埚炼钢法，生产出的合金钢质量更好，也更加耐用。这个创新

1 托马斯·马奇（Thomas Mudge，1717—1794），发明了杠杆式擒纵机构，对后世影响深远。英国国王乔治三世曾购买他的金表，送给妻子夏洛特王后，至今仍收藏在温莎城堡。

很快就被应用到了制表上，马奇就用它来制作摆轮的芯子。而他的成功，也让哈里森意识到——航海钟何必非是一座“钟”。

虽然今天我们无法确切地知道哈里森是什么时候开始研究全新的“航海怀表”的，但可以肯定的是这一次花的时间很短。1757 年时哈里森还在为 H3 苦闷，到了 1759 年他就完成了这枚决定他历史地位的作品——H4。而这一年，英国在基伯龙湾海战中大胜法国。

经典的 H4 航海钟

经度委员会看到这件作品的时候，应该十分惊讶，因为它的出现根本不合逻辑。从 H1 到 H3 都还保持着座钟的样子，但 H4 完全就是一块大一号的怀表。

H4 的直径只有 13 厘米，这个长度相当于一张 1 元人民币纸币的长度；重量只有 3 磅，约合 1.4 公斤，差不多是 1 升瓶装可乐的重量。当然它还是比普通怀表要大一些，因为为了走时更准，哈里森采用了一般在座钟上使用的垂直擒纵机构，擒纵的棘爪用的都是工匠采用特别工艺打磨的钻石，打磨的角度都是精心计算过的。

这块“大怀表”被安在银质的表壳里，白色表盘上绘制着简洁的花纹图样，除了时针和分针，还多了一根小小的秒针——这可是精确的象征。

让经度委员会更加惊讶的还在后面。1761 年 5 月，哈里森的儿子兼助手威廉·哈里森准备出海完成《经度法案》规定的远航测试。这一年哈里森已经 68 岁了，一把老骨头经不起折腾，只能由 33 岁的儿子“替父出征”。小哈里森出生在 1728 年，从出生时就看着老爹在捣鼓木钟，注定要跟钟表结下不解之缘。

结果小哈里森在朴次茅斯港一等就是5个多月，从春天生生等到花儿都谢了。本来打算带上H3一起出海，但老哈里森对它就是没信心，最终进行测试的只有H4。在出发前，当地的科学家还对H4进行了陆上测试，以每天慢$2\frac{2}{3}$秒作为基准误差，最后测评时会予以减去。

1761年11月，小哈里森终于搭上了一艘有50门炮的军舰“德普特福德号”，整个航程整整持续了81天。途中H4号还精准预测了补给点所在的经度以及到达时间，比船长的测算更加准确，避免了一场物资不足的危机，船长当即就想下单一个。

1762年1月，“德普特福德号”平安横渡大西洋到达了牙买加。船一靠岸，相关工作人员就对H4进行了测试，最终发现它在81天的行程里竟然只慢了5秒，经度误差只有1.25经分，准确度甚至远远超过了《经度法案》的要求。

在第一次面见经度委员会32年后，哈里森终于有资格敲开他们的大门，告诉他们：测试已达标，请支付20000英镑的全额奖金。然而哈里森得到的答复和他想象的根本不同，经度委员会告诉他：这次测试能成功，主要原因是运气好，先给你1500英镑以资鼓励吧。

正名之战：被嫌弃打压，更要证明自己

故事到这里进入了一个转折点。如果说在测试H4之前，“经度之战”还是哈里森超越自我的战斗，那么从他被拒绝的那一刻起，就将演变为固执的钟表匠与傲慢的经度委员会之间的拉锯战。

哈里森之所以遭受这种待遇，后世有观点认为是因为他的成功让那些信奉月距法的人不仅丢了面子，还可能丢掉里子。

多年来，天文学家们辛辛苦苦地在世界各地观测星空，绘制星表，研究月亮那并不规律的运动轨迹，期望有朝一日完美地通过月距法确

定经度。虽然这是一种“打呆仗”的方法，但已经耗费了不知多少资金、时间与无数学者的心血。现在，哈里森这样一个可能连小学文凭都没有的“野鸡钟表匠”，单单靠一台钟表就能解决几个世纪都解不开的难题，从而毁掉天文法累积的成果？

这时候我们的故事里就需要一个“反派”登场了，而担当这个角色的是天文学家内维尔·马斯基林（Nevil Maskelyne）。

马斯基林生于1732年，比哈里森的儿子还小4岁。他毕业于剑桥大学，26岁就成为英国皇家学会会员。作为天文学家，马斯基林是天然的月距法支持者。当1761年哈里森父子准备测试H4时，马斯基林正在南大西洋的圣赫勒拿岛观测星象，测试用月距法确定经度。他对复杂的月距法进行了简化，并主持制定出版了一系列航海年鉴，发表了完整的本初子午线月距表，对航海与制图学发展起到了重要作用。

然而此时，为了维护月距法的荣誉，他也不得不和哈里森父子一较高下。在经度委员会的安排下，1764年第二次测试开始，这也是百年来钟表法与月距法的第一次正式交锋。

第二次测试的终点选在位于加勒比海地区的巴巴多斯。这次威廉·哈里森搭乘的还是他的“福船”——“德普特福德号”，马斯基林则搭乘另一艘护卫舰“鞑靼号”。最终的测试结果是，H4的误差不到10英里，而月距法的误差则达到30英里，且需要辅以大量复杂的数学计算。

然而，哈里森赢了战斗却输了战略，即便他的成绩优于马斯基林，后者也已经被提名为皇家天文学家，成了经度委员会的一员，球员转身成了裁判。马斯基林给经度委员会提交了一份报告，字里行间还是一个意思：H4的成绩好是因为运气好，自己的月距法依然管用。

但再怎么打压哈里森，经度委员会也不得不承认他的H4是有实际功用的。比赛比不过，那就在别的地方设置重重障碍，于是新的“小鞋”送到了哈里森的脚上——H4必须上交经度委员会并由他本人亲自讲解原理，同时再做两块同款，证明H4是可复制的，满足这些条件可以获批10000英镑。

这样的要求着实欺负老实人了，但哈里森还是选择忍耐。他忍痛割爱上交了图纸，并且在包括马斯基林在内的审查团面前，将H4拆解，详细解释，最后再组装起来。这年哈里森已经72岁了，一通下来被折腾得够呛。最可气的是，审查团还带走了H4的原型，故意给他做复制品增加难度。

即便如此，哈里森还是选择默默承受，希望用自己的作品惊艳所有人。在之后的十几年时间里，哈里森把航海钟的版本号迭代到了H5，最终误差为一天只有0.3秒。当然马斯基林也依然孜孜不倦地出版自己的航海年鉴（甚至在他死后还在出，一直出到20世纪初）。

1772年，詹姆斯·库克船长第二次踏上了探索太平洋的旅途，带的航海钟就是H4的完全复刻版——由格雷厄姆另一个弟子拉库姆·肯德尔（Larcum Kendall）制造的K1经纬仪。库克船长既精通月距法也试用了钟表法，最后对K1赞不绝口，直说它是"我们可信赖的朋友""我们永不失败的向导"。

被压制了几十年的哈里森终于不再忍耐，转而采用了"告御状"这种极为戏剧的方式申诉，写信给当时的英国国王乔治三世诉苦。

好在乔治三世是个热心人，还是个钟表发烧友，没有将哈里森的来信置之不理，而是把他的航海钟放在宫里两个月，发现误差果然一天只有0.3秒。最终，在国王的干预下，哈里森从议会得到了8750英镑的奖励，差不多能补齐经度委员会欠他的奖金缺口。

约翰·哈里森（1693—1776）

这笔款项从1759年一直拖到了1773年，哈里森也熬到了80岁高龄，而他的生命只剩 3 年了。但这笔钱是来自议会的奖励，终究不是从经度奖金中支出的，高傲的经度委员会似乎到最后都没有完全接受世纪难题被一个“乡野村夫”解决的事实。

不过这对于哈里森来说已经不重要了，他通过制表获得了大笔财富，用今天的货币价值计算，在生命的最后 10 年里，哈里森已经相当于一个千万富翁了。而且哈里森的努力和坚持也没有白费，后世永远记住了他的名字。2002 年，BBC（英国广播公司）组织评选了 100 个最伟大的英国人，最终哈里森名列第 39 位，这是他应得的荣誉。

当然，月距法也不能算是这场“经度之战”的输家，毕竟初期的航海钟造价非常昂贵而且很难复制，因此对买不起航海钟的船队来说，月距法依然是一种经过长期验证且行之有效的方法。直到 18 世纪 80 年代之后，约翰·阿诺德和托马斯·厄恩肖进一步改进了航海钟的制造工艺，使其步入量产阶段，航海钟的价格才算降了下来。

这两个人长期以来都是竞争对手，不仅打专利战，还打价格战，阿诺德的航海钟卖 80 英镑一个，厄恩肖就卖 65 英镑，最后消费者得利，到 1815 年世界范围内在用的航海钟已经有将近 5000 个。当然，最大的赢家还是英国皇家海军，他们在 19 世纪称霸海洋，建立“日不落帝国”，这些小小的精密计时器可以说是功不可没的“战略武器”。

而随着航海钟的普及，钟表法和天文观测法还发生了融合，精密计时器成了航海技术中天文导航的组成部分，这或多或少也算是这对老冤家的一种握手言和吧。

谍报之战：法国钟表匠上演“伦敦谍影”

当英国人在制造航海钟的路上高歌猛进之时，法国人自然也不甘落后。法国皇家科学院同样设立了一笔奖金，用以奖励在改善导航法和科学航行上有贡献的人。

法国人着急搞航海钟也是因为有现实压力存在。从 1756 年到 1763 年，法国和英国带着各自的盟友打了一场七年战争，规模堪比一场小型世界大战，范围波及欧亚非三大洲。英法两国也在海上进行了激烈的争夺，但法国由于海军力量不足，不仅本土港口长期被英军封锁，海外殖民地的交战也落入下风，最后甚至被迫放弃了整个法属加拿大。因此，提升海军实力是法国的迫切需求，而航海钟则会起到重要作用。

而就在哈里森埋头研究 H3 的这 20 多年里，法国出现了新一代有志于航海钟研发的人才。

皮埃尔·勒鲁瓦就是其中的佼佼者，他是路易十五御用钟表匠儒利安·勒鲁瓦的长子，也曾与航海钟先驱亨利·萨利共事。据说勒鲁瓦 20 岁出头的时候曾经到访过伦敦，那时 H1 刚刚诞生 3 年，被放在格雷厄姆的店铺里展出，他被这座航海钟深深吸引，直呼“美丽”，可能也是在这一时刻立下了志向。就这样过了 10 年，勒鲁瓦虽然还没有造出航海钟，但发明了一种棘爪擒纵机构，也被称为冲击式天文台擒纵，这种机构极大地提高了走时的准确性，而且还无须润滑，这对于制造航海钟来说可谓至关重要。

在哈里森完成 H3 的前一年（1756 年），勒鲁瓦就制造了他的第一台天文台级别的精密计时器。这年法国海军在争夺地中海梅诺卡岛的战役中击败英国舰队，取得了七年战争里少有的海战胜利。最终这台钟于 1766 年正式推出，展现了和哈里森不同的思路，并且实现了三大创新——分离式擒纵机构、温度补偿摆轮和等时游丝，大大提高了航海钟的精准度和适航性，这些创新还被后人开发的天文钟采用。

1769 年，勒鲁瓦的航海钟被带上奥罗尔号（Aurore）护卫舰进行测试，回来以后法国皇家科学院授予他奖金，以表彰其贡献。而 6 年后哈里森才从英国议会那里获得奖金补偿，如此说来，勒鲁瓦倒算得上是头一个经度奖金的获得者。而他的成功也被战争失利的法国人当作爱国主义宣传，以此证明“法国工艺在异国人之间声威远播，其声威尤其回荡在始终作为我国竞争者与对手的民族之中”。不过他的航海钟设计很复杂，之后也没有被大规模复制生产。

费迪南·贝尔图之侄路易·贝尔图的怀表作品，他是费迪南制作航海钟的重要助手

皮埃尔·勒鲁瓦还有个师弟，名叫费迪南·贝尔图。他是个瑞士人，出生在纽沙泰尔，比勒鲁瓦小了10岁。贝尔图18岁时来到巴黎，拜了儒利安·勒鲁瓦为师。这个人才华横溢，又很会讨达官贵人的欢心，在路易十五的有意提拔下26岁就成了制表大师。

贝尔图和勒鲁瓦相互把对方视为竞争对手，而且两个人性格迥异。勒鲁瓦是那种典型的喜欢埋头研究的匠人，而贝尔图则是智商情商双高的人，不仅是制表大师，还是交际大师。用史学家亚伯拉罕·沃尔夫的话来说：“勒鲁瓦处理问题依赖精辟而有创造性的分析，相反，以他为强劲对手的贝尔图则是向自己以及别人的经验学习。”而贝尔图的“学习精神”最终也用在了航海钟的开发上，为此他还成了钟表史上有名的“间谍”，曾经两次受命前往伦敦刺探情报，而目标就是哈里森那台了不起的H4航海钟。

贝尔图最早做航海钟是在1760年，这年英国占领整个法属加拿大，这一失败让法国人深感耻辱，而贝尔图的研究进展也不顺利。1763年，贝尔图得到了一个去伦敦的机会，他知道当时哈里森的H4已经顺利完成了第一次测试，但因为经度委员会的打压竟不算数，还不得不准备第二次测试，和马斯基林的月距法来场比试。

哈里森遭受的不公正待遇让贝尔图感到有机可乘，试图“乘虚而入”。当时他名义上是去参观航海钟，但“偷师”的心思明眼人都看得出来。只是没想到哈里森甚是精明，只给他看了 H1、H2、H3 这几个他心中的“失败作品”，而贝尔图真正想看的 H4，根本无缘得见。

看不到实物，贝尔图也没气馁，就自己琢磨，回到法国先试着造了一台比较粗糙的版本，他以数字将之命名为“3 号”。作为一名“合格的间谍”，他也没放弃在英国科学界发展人脉，甚至还成为皇家学会的“准外籍会员”。

1766 年，贝尔图又一次来到伦敦。此时哈里森的处境比上次更糟糕，经度委员会要求他必须交出 H4 的“核心科技”，被迫在一干人等面前把 H4 拆了又装，受尽了窝囊气。贝尔图以为这次采用“攻心战术”能够成功，但哈里森依然不为所动。一方面，作为一个英国人，把 H4 这样的“战略机密”透露给法国岂不是等于卖国；另一方面，贝尔图的活动经费少到让人感觉不到丝毫诚意，只愿意付 500 英镑参观费，相比之下，只要哈里森听话就愿意批给他 10000 英镑的经度委员会简直太有良心了。

于是哈里森故意告诉贝尔图：想看也不是不行，请付参观费 4000 英镑。贝尔图一听这价钱就知道他是故意劝退，知趣地走了。

不过他的“间谍行动”也不算失败，哈里森这个硬骨头啃不下来，他就去找格雷厄姆的徒弟托马斯·马奇碰碰运气，毕竟都是圈内人，多多少少应该知道点，没想到这一去算是挖到了宝。上次哈里森拆表的时候，马奇就在现场，而且他的保密意识几乎为零，聊高兴了直接竹筒倒豆子，可以想象哈里森知道这件事之后恐怕要和马奇绝交。

带着“秘籍”回到法国的贝尔图，整整参悟了一年。想明白之后，他以胸有成竹的姿态告诉国王路易十五，自己要开发两台航海钟“6 号”和“8 号”，要求也只有两个：一大笔经费以及皇家制表师兼航海钟表师的头衔。路易十五可比经度委员会痛快多了，本着用人不疑的原则，他大笔一挥就批准了。贝尔图也没有辜负国王的信任，只花了 2 年时间就造出了自己的航海钟。不过后世认为，贝尔图虽然有“间谍行为”，但并没有抄袭哈里森的作品，而是做出了自己的特色，比如配备了恒定动力机制，以及带有枢轴棘爪的自由式擒纵机构，稳定且节能。

1768 年，国王命令法国探险家弗勒里厄伯爵携带这两台钟出海。旅程整整持续了 18 个月，其中“8 号”航海钟被用来确定船的实际位置对应在地图上的位置，这也是法国海军第一次以这种方法测试经度。

不过随船科学家的评估报告直到 1773 年才发布，贝尔图似乎也没有被颁发奖金，但他的收获并不小，不仅拿到了御用钟表师的称号，每年享受不菲的津贴，法国皇家海军还直接下了 20 台的订单，法国的盟友西班牙海军则订购了 8 台，可谓名利双收。短短 5 年后，英法海军在英吉利海峡的韦桑岛附近交火，也不知这批航海钟是否跟着上了战场。

除了直接交火，进行远洋航行也是彰显海军实力的方式。英国人把 H4 的复刻版 K1 航海钟交给库克船长探索太平洋，法国人为了比过他，准备由拉彼鲁兹伯爵[1]完成一次环球航行。1785 年，贝尔图一口气送了 5 台航海钟给他，结果 3 年后拉彼鲁兹伯爵的船队在所罗门群岛附近失踪，据目击者说是遭遇了触礁事故，航海钟也沉入了海底。

这似乎并不是什么好预兆。在 18 世纪末的最后 20 年里，英国海军的实力早已远超法国。拉彼鲁兹伯爵遇难 10 年后，拿破仑远征埃及，然而前来支援的庞大舰队却被英国的纳尔逊将军率舰全歼，法军陷入了孤立的境地；而 1805 年的特拉法尔加海战无疑更具决定性，英国海军付出纳尔逊将军战死的代价，对法国海军实施了毁灭性打击，而己方无一战舰受损。法国海军从此一蹶不振，英国正式成为海洋的霸主。

英国和法国在军事与科技上的竞争，最终以英国的获胜结束。回

---

1 拉彼鲁兹伯爵让–弗朗索瓦·德·加洛（Jean-François de Galaup, comte de La Pérouse，1741—1788？），法国海军军官、探险家，1785 年带领船队踏上环游世界之旅，最终在所罗门群岛失踪。北海道岛与萨哈林岛（库页岛）之间的海峡被命名为拉彼鲁兹海峡（日本称宗谷海峡）。

顾跌宕起伏的“经度之战”，故事中暗藏着人性的阴影，也闪烁着人性的光辉——而这是更值得颂扬的。面对世纪谜题，几代人孜孜不倦地进行着探索，虽然失败远远多于成功，依然不放弃。天文学家在孤岛仰望星空，钟表匠在陋室埋头耕耘，虽然走了不同的路，但骨子里却是一样的完美主义。

作为“经度之战”的第一男主角，哈里森的故事也依然能给人启发。从一个乡野小子到闻名天下的制表大师，他靠的不只是运气和才智，还有一颗大心脏。后人看到的大多是他的功成名就，其实在荣光背后，是长达 20 年陷入瓶颈的苦闷，是长达 40 年被排挤的不公待遇。而哈里森的可贵之处，恰恰在于他的“逆商”，不因贫苦而放弃理想，不因挫折而失去希望，不因被打压而出卖尊严。他从始至终都只有一个明确的目标——做出一块好表，赢得自己应得的。因此，用今天的眼光来看，约翰·哈里森不只是制表大师，还是一个励志偶像。

什么样的钟表能卖给乾隆皇帝？

从 17 世纪到 18 世纪，英国和法国不只在欧洲对战，也在世界范围内进行殖民地和商业利益的争夺，特别是收割来自东方的财富。

最明显的一点，就是英国和法国都开了一家“东印度公司”。英国的这家开得早一些，明万历二十八年（1600）就成立了，等到 64 年后路易十四下令开办自己的东印度公司时，英国人早就在印度扎下根了。在 18 世纪中期，英国和法国还在印度打了三次卡那提克战争，最终结果是法国人一度被迫从印度撤走，连经营多年的根据地都被英军占领。

相比之下，英国东印度公司的生意在亚洲越做越大，不仅深耕印度，也把生意做到了中国，早在明崇祯十年（1637），东印度公司的商船就从广州拉走了 112 磅（约 50 公斤）茶叶，此后茶叶也成了中英贸易的重要物资。1670年英王甚至以立法的形式授予英国东印度公司极大的权力，占地、铸钱、募兵、宣战、断案都可以“自行其是”，从而使之成为大英帝国在东方的一个“超级藩镇”。这一年是康熙九年，据《清通鉴》记载，此时的英国东印度公司还和郑氏政权达成协议，允许英国商船到中国的厦门和台湾从事贸易商务。

康熙二十三年（1684）开放海禁之后，广州十三行逐渐成为大清对外贸易的唯一窗口。在出口茶叶、丝绸、陶瓷等物资的同时，也进口了不少新奇玩意儿和“奢侈品”，西洋的钟表自然也是其中之一。这些好东西都流进了清朝宫廷和官宦豪绅家里，而其中最重要的买主不是别人，正是乾隆皇帝。

西洋钟成了中国皇帝的心头好

作为一个有着数千年文明史的国家，中国人开发计时器的历史可以说源远流长。从最早的日晷，到汉代张衡的浑天仪，一直有集天文观测、演示和报时于一体的特点，并且取得了辉煌的成就，北宋时期苏颂主持制造的水运仪象台更是水钟的登峰造极之作。

不过中国人与西方机械钟表的相遇，还要等到16世纪中期才开始，这时西方传教士开始来到中国活动。传教士们为了和中国的官员搞好关系，不少都把新奇的西洋钟表作为“敲门砖”。

比如，意大利耶稣会士罗明坚[1]就是送礼的高手。明万历九年（1581）他到广州的时候，就送给总兵黄应甲一块机械表，这件事情还被同事利玛窦拿小本本记了下来，说这是一种“用许多小金属齿轮安装成套的计时工具”。第二年罗明坚“得寸进尺”，在肇庆府向两广总

1　罗明坚（Michel Ruggier，1543—1607），意大利籍传教士，是明朝以来第一个进入中国内地的西方传教士。

督陈瑞献上了包括自鸣钟在内的贵重礼物，为了方便总督大人使用，他不仅把表盘的阿拉伯数字换成汉字，还把钟表改成按十二时辰报时，“正午一击，初未二击，以至初子十二击”，可谓极其用心了。陈瑞也收礼办事，当起了罗明坚在当地传教的“保护伞”。

罗明坚甚至还给同事们写了攻略，告诉他们送礼就要送钟表，而且最好是一座“装潢豪华且体积大的钟表”再配一只“小型的、可每点钟报时”的小表。

而传教士们把钟表送进皇宫的梦想，终于在 1601 年由利玛窦[1]实现了。这年是万历二十九年，英国东印度公司成立的第二年，利玛窦向万历皇帝进呈了礼物，其中就包括前文提到的《坤舆万国全图》，而皇帝对两座自鸣钟尤其感兴趣。据说其中一座楼式自鸣钟的高度甚至超过了内殿的房顶，万历帝为此专门在御花园建造了一座钟楼来摆放。另外一座台式自鸣钟则被皇帝放在自己的寝宫，只为每天听报时，还叫四个太监和利玛窦学习钟表知识。据利玛窦记载，有次太后叫皇帝把这座钟给她送过去看看，万历怕她借了不还，还故意不给钟上发条，果不其然，这座钟很快又被送了回来。

明清交替之后，欧洲客商、使节与中国之间的往来更加频繁，也经常携带欧式怀表、自鸣钟等来到中国。清朝入主中原后的几代皇帝，都和自鸣钟“交情匪浅”。顺治皇帝就很有时间观念，“得一小自鸣钟以验时刻，不离左右”，而他的儿子康熙皇帝就更爱钟表了。

在记录康熙训子之言的《庭训格言》里有记载康熙说自己小时候拿自鸣钟当玩具，为了显示勤政，还写诗说自己早上起得特别早，一边等着钟报时，一边问奏章怎么还没来。康熙皇帝还在端凝殿南边建了自鸣钟处，专门存放、研究自鸣钟。雍正帝也在诸多贡品里独爱钟

1　利玛窦（Matteo Ricci，1552—1610），意大利籍传教士，中西文化交流的先驱。在华传教 28 年，因潜心研究中国典籍，被尊称为“泰西儒士”。

表，曾写诗说“珍奇争贡献，钟表极精工”。

当时，进口的西洋钟表以英国产品居多，其次是法国、瑞士等国家的产品。如今，北京故宫博物院收藏的中外钟表仍有1500余件，而对这些收藏贡献最多的，毫无疑问是“大清第一钟表玩家”——乾隆皇帝爱新觉罗·弘历。

大清第一钟表玩家

爱新觉罗·弘历生于1711年，当时法王路易十四和英女王安妮的统治都进入了尾声，西班牙王位继承战争也打了整整10年，英法两国在这年签订了初步和平条约。3年后，英国议会通过了《经度法案》。

作为中国历史上最为长寿的皇帝，乾隆1799年驾崩的时候，欧洲依然因为法国打成一锅粥，这年英国参与了第二次反法同盟，而刚从埃及赶回国的拿破仑正准备策划雾月政变。

但对于乾隆皇帝来说，欧洲只是一个遥远的概念。不过他倒是和大自己一岁的路易十五有些交集，后者曾送给他一张壁毯，被放在了圆明园的远瀛观；而他之所以想修大水法，也是因为对从传教士那里看到的凡尔赛宫喷水池莫名心动。

有趣的是，乾隆皇帝的一生还恰巧与西方钟表大发展的时代完美平行，无论是瑞士制表因宗教战争兴起还是英法经度之战，都完整地发生在他生活的年代。

乾隆登基的1735年，贾汗-雅克·宝珀在汝拉山区的小镇上注册了自己的品牌；发兵出征准噶尔的1755年，江诗丹顿的创始人让-马克·瓦舍龙成为日内瓦“阁楼工匠”的一员；平定大小和卓之乱的1759年，约翰·哈里森做出了H4航海钟；下旨编纂《四库全书》的1772年，库克船长携带航海钟探索太平洋……

乾隆可能想不到，洋人们之所以能远渡重洋给自己送来奇异精巧的钟表，是因为背后发生了这么多故事，但这并不妨碍他享受红利，摇身一变成为18世纪中国大地上最厉害的钟表收藏家。

乾隆皇帝收藏钟表有三个明显的特点。

北京故宫钟表馆藏铜镀金珐琅转柱太平有象钟

其一是数量多，经常一年就收上百件。有记载称，光是乾隆二十一年（1756），他的各处宫殿行宫钟表陈设就多达286件，而乾隆四十九年（1784）两广总督与粤海关监督等累计进贡钟表也多达130件。据不完全统计，终乾隆一朝，进贡的钟表大约有2700件，其中大部分都是英国钟。[1]从平时居住的养心殿，到度假避暑的圆明园、承德避暑山庄，他所到之处几乎必有钟表作为装点。

其二是来源广。上有所好，下必甚焉。除了国外使团不远万里来送礼，近水楼台先得月的广东、福建官员，也会定期寻觅西洋钟表向皇帝大献殷勤。其中最厉害的一位名叫海存，是原粤海关监督德魁的儿子，乾隆四十三年（1778）他一口气进贡了63件钟表，结果被照单全收。除了收礼，乾隆皇帝也会派人帮他买钟表，而且每年采买支出不小，像1793年一年的采购费就高达十万两白银，甚至还会找西方定制。

其三是很懂表。每次官员进贡，都会变成他的钟表鉴赏大会，不满意的时候还会指斥“样款形式俱不好”“粗糙洋钟不必呈进”。而且光

1 数据来源：李泽奉，刘如仲，陆燕贞. 钟表鉴赏与收藏[M]. 长春：吉林科学技术出版社，1994：76.

北京故宫钟表馆藏彩漆描金自开门群仙祝寿楼阁式钟

靠进贡采买已经满足不了乾隆的需求，他开办做钟处，出品了众多“御制钟”，还招募了不少外国传教士和工匠，俨然在宫里搞了个制表厂。他甚至在养心殿长春书屋寝宫床的床顶上坠一根绳子，号称“拉钟线”，顾名思义，只要一拉绳子，隔壁连通的钟表就会报时。由此可见，乾隆已经是玩转“问表”的顶级玩家了。

乾隆的奢华做派与好大喜功，和远在欧洲的前辈路易十四不相上下。两个人在钟表上的审美也相当一致，都喜欢奢华繁复、奇技淫巧，各种机械装饰要像变戏法一样。

比如乾隆有一座爱不释手的“写字人钟”，是英国钟表匠蒂莫西·威廉森和瑞士制表商雅克德罗联手打造的。该钟共有四层楼阁，高2.3米，内部暗藏很多机关。最顶层是一个金灿灿的圆亭，圆亭内侧有两个金人手举一圆筒做舞蹈状，启动后，二人可以旋身拉开距离，将圆筒拉开，上书“万寿无疆”四字。从下往上第二层是钟表的正常计时部分，有一个非常复古的罗马表盘。第三层有一个敲钟人，每当时间报完3、6、9、12时后，敲钟人便会微微侧身，敲打面前的钟碗奏出乐曲。在钟表的最底层，周边环绕着亭台护栏和边角兽，在中间端坐着一位欧洲相貌的机械人，一手扶案，一手

铜镀金写字人钟

握笔做提笔状，每当上链后启动装置，这位机械人便可以在面前的纸上写下“八方向化，九土来王”八个汉字，写字时头还会随之摆动，引得乾隆皇帝甚是惊喜。[1]

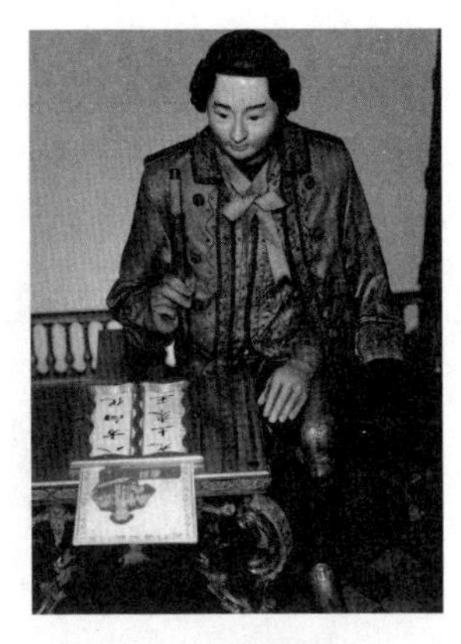
铜镀金写字人钟上的活动人偶

而乾隆养在身边的外国钟表匠，也都要为他的喜好服务。有人为他做出“能走三四十步的一狮一虎”，有人为他做了“两个捧着花瓶走路的机器人”。受命做这个“走路机器人”的法国人汪达洪就写道，“我虽然是以钟表师的身份被召入京，但不过是个机器匠罢了。皇帝需要的其实是奇巧机器，而非钟表”，一不小心说了大实话。

虽说欧洲的钟表商们把皇帝的喜好稳稳拿捏，但也有人因为过于耿直而吃亏。比如在乾隆五十八年（1793）来华的英国特使马戛尔尼，除了在不跪皇帝这件事上耿直，他带的礼物也很“实际”，如前膛枪、望远镜、地球仪，以及一座“天文地理音乐钟”。马戛尔尼觉得这座钟彰显了英国的现代化，但乾隆却对此并不感兴趣。

后来有人告诉马戛尔尼，乾隆皇帝对钟表的口味已经被各种奇巧机器“养”得很刁钻。有了写字人钟，哪里还看得上这素面朝天的天文钟。据说马戛尔尼很快也学机灵了，在乾隆大寿时送了一块镶嵌钻石的金表，不过在乾隆看来，应该还是不过尔尔吧。

把大玩具卖给皇帝

如果在瑞士的诸多腕表品牌中，找一个和中国最有渊源、把乾隆

1　资料来源：故宫博物院 . 铜镀金写字人钟 [A/OL]. https://www.dpm.org.cn/collection/clock/234721.html .

皇帝的喜好拿捏得最准的，那么雅克德罗可以说当仁不让。

雅克德罗的创始人皮埃尔·雅克–德罗（Pierre Jaquet-Droz）是个瑞士人，1721 年出生在制表重镇拉绍德封。在家族长辈的熏陶下，他对钟表产生了浓厚的兴趣，而且不拘泥于做表，更喜欢把自动玩偶等精密机械装置融合到钟表中。

皮埃尔·雅克–德罗（1721—1790）

1758 年，在纽沙泰尔总督的支持下，37 岁的雅克–德罗特制了一辆马车，带了 6 座钟，前往西班牙觐见国王费尔南多六世。雅克–德罗的到来在贵族圈子里引起了轰动，很快 6 座钟全部售出，收获了 2000 枚金币和更多订单的雅克–德罗一夜暴富。有钱之后，他看准了王公贵族们的猎奇心理，在儿子和养子的帮助下，开始大力研发自动玩偶。

1775 年，雅克–德罗在巴黎给路易十六和玛丽·安托瓦内特王后展示了三尊类人自动玩偶：作家、画家、音乐家。其中音乐家是一个演奏管风琴的女性人偶，通过用手指按下琴键来奏出音乐；画家是一个小孩的样子，能画出四种不同的图像；作家是最复杂的一个，手持鹅毛笔蘸着墨水能够写出长长的文字，眼睛还会跟着正在书写的文字移动。这三件作品在当时欧洲的上流圈一炮而红，后来两次回访巴黎展出，还去了伦敦、里昂等城市。

自动玩偶中的“作家”

虽说雅克-德罗成名是在法国，但真想把生意做大，还得靠英国人。1763年，英国在七年战争中战胜了法国，在北美和印度收割了大片法属殖民地；之后詹姆士·哈格里夫斯发明了珍妮纺纱机，第一次工业革命方兴未艾，伦敦也成为当时的世界工业和贸易中心。

雅克-德罗不只在伦敦办了工厂，还希望依靠英国人的贸易渠道把自家的钟表卖到东方的宫廷。于是在1783年，雅克-德罗在伦敦表厂和英国经销商詹姆斯·考克斯（James Cox）建立了联系。

詹姆斯·考克斯1723年生于伦敦，比雅克-德罗小两岁。考克斯15岁便开始学徒生涯，他的老师是一名金匠兼玩具商。受其影响，22岁出师后，考克斯也开设了自己的店铺。

1760年左右，考克斯开始制作钟表和自动机械玩偶，比较知名的作品包括一台由大气压力驱动的钟表（考克斯声称它是个永动机），还有大型自动机械孔雀钟，里面有三只真鸟大小的机械鸟，后来卖给了叶卡捷琳娜大帝，目前收藏在冬宫。

但他的主要市场还是远东，特别是中国、印度等地区。考克斯曾经向乾隆皇帝进献了两台自动机械玩偶钟，并因此受到喜爱，乾隆甚至曾经买下过他的整船货物。而他对中国的出口，甚至一度帮英国平衡了贸易逆差。到18世纪70年代初期，考克斯的工厂已经达到800~1000名工人的规模，而当时雅克-德罗才刚到伦敦办厂。

1778年，受到英国政府针对中国的出口禁令影响，考克斯家族遭遇资金困难而破产。1782年，考克斯让儿子来到广州开设商铺，结果起死回生，成功转型成为18世纪下半叶中国市场销量最高的英国钟表商。

当时雅克-德罗在欧洲已经成名多年，两家的合作可以说是双赢。经过接洽，考克斯在广州代理了雅克-德罗作品的销售，10年间进口了600多件，包括怀表、带音乐装置的鼻烟盒表、香水瓶表等等，而目前北京故宫一共收藏了13件雅克-德罗的钟表作品。

铜镀金转花自鸣过枝雀笼钟

其中最厉害的，就是卖给乾隆皇帝的一座鸟笼钟。

这座钟今天还收藏在故宫钟表馆，正式名称叫“铜镀金转花自鸣过枝雀笼钟”，据描述“机器启动，小鸟左右转身，展翅摆尾，在两横杆上往返跳跃，并发出抑扬不同的鸣叫声。随着乐曲声，笼内圆筒开启，内有水法转动，酷似瀑布，顶端的宝星花交错旋转，光芒四射”。

今天雅克德罗品牌的制表工坊里还收藏着另一款鸟笼钟，笔者2019年探访雅克德罗制表工坊时曾得一见。犹记得金色的鸟笼中有数只惟妙惟肖的小鸟，扭动开关，玻璃雕刻模拟的水柱缓缓旋转，就像清泉直下，而小鸟还会震动翅膀、开口发出叽叽喳喳的叫声，其精巧绝妙真的让人叹为观止。据说还有一座鸟笼钟已经被迪拜的富豪收藏了。

雅克德罗“鸟笼钟”

1799年2月7日，乾隆皇帝崩于养心殿，终年虚岁89岁。没过几天，嘉庆皇帝便下召赐死了乾隆的宠臣和珅，并抄了他的家。据野史记载，查抄的家产中还包括“大自鸣钟十九座，小自鸣钟十九座，洋表一百余个”，也不知有多少是乾隆赏赐的，而老皇帝的死也带走了中国宫廷钟表与中西钟表贸易最

扭动开关，玻璃雕刻模拟的水柱缓缓旋转，就像清泉直下，而小鸟还会震动翅膀开口发出叽叽喳喳的叫声

为繁盛的岁月。

乾隆去世 10 个月后，美国第一任总统乔治·华盛顿逝世，一东一西的两位大人物竟然于同年去世。说起来，华盛顿的崛起其实也是英法两国斗争的结果。英国为了打赢七年战争，搞得北美十三州民怨沸腾；法国为了报复英国，支持了美国独立战争，然而法国却因此出现国库亏空与经济危机，最终引发了法国大革命。

纵观 18 世纪这 100 年，英国和法国基本上从头打到尾，和平的年份屈指可数。无论是科技还是贸易，两国竞争虽然激烈，但最终的胜者还是国力更为强大的英国，航海钟的开发与东西方的钟表贸易就像两面镜子，折射出了背后这场强国对决。

法国人当然不甘心就此失败，当时间进入 19 世纪，一个来自科西嘉岛的矮个子皇帝将再度搅动欧陆风云，不只会改变整个欧洲的格局，也将深深影响未来的制表业。

第三章

CHAPTER THREE

从大革命到拿破仑战争，苦难造就王者

1789年7月14日，愤怒的巴黎民众攻占了象征王权专制的巴士底狱，彻底点燃了法国大革命的烽火。此后，革命的浪潮如疾风般席卷了整个法国，无数人头落地。而路易十六和玛丽·安托瓦内特王后双双殒命断头台，更是让整个欧洲的专制君主都感到彻骨的寒意，他们组成反法同盟企图阻止革命的进程，这也让新生的法兰西共和国走进了内战保王党、外御干涉军的动荡岁月。

乱世出豪杰，一位来自科西嘉岛的年轻军人拿破仑·波拿巴顺势登上了历史舞台。在未来的20余年里，他将结束法国国内各个派别你方唱罢我登场的局面，甚至登上帝位，率领大军把整个欧陆搅得天翻地覆，5次打败反法同盟，在50多场大型战役中取胜，把半个欧洲纳入法兰西帝国的麾下。然而这一切最终都成为法国强权的回光返照，兵败莫斯科、虎落滑铁卢，他最终只能在南大西洋的孤岛上了此残生。但拿破仑战争也深深改变了欧洲的格局，一个名叫民族主义的幽灵将在欧罗巴的大地上久久回荡，带来新的战争。

在这一章中，我们将会把目光转向激荡时代中的个体命运，讲述钟表界两位“王者”的故事。

他们一个是公认的“制表师中的王者”，一个缔造了被奉为“表王”的品牌。然而他们的命运如浮萍，被时代的洪流拍打，一个从巅峰跌落，死里逃生，一个国破家亡，流落异乡。他们却都在困顿中重新崛起，成为后人仰视的高峰，打赢了一场个人与时代的战争——苦难造就了王者。

“制表师之王”宝玑的传奇一生

如果要评选一位“现代时钟及制表之父”，可能很多人的选择都是相同的，他就是阿伯拉罕-路易·宝玑，称他是制表师中的“王者”也毫不为过。

现代时钟及制表之父——阿伯拉罕-路易·宝玑先生

他是制表史上的顶级发明家，自动上链表、三问打簧游丝、怀表防震器、宝玑摆轮游丝、自然擒纵、世界上首枚已知腕表……都是他发明或改进的。当然，其中最为知名的就是如今被视为高级制表标杆的陀飞轮，甚至有后人评说“未来的任何技术和设计都只是他的发明的变体”。宝玑表收藏家大卫·莱昂内尔·萨洛蒙斯爵士则说：“随身携带一枚精美的宝玑表，就好像你的口袋里装了一个天才的大脑。”

他的表是王公贵族们的最爱，超越了国界与时代，甚至超越了敌对关系。从法国玛丽王后到奥斯曼苏丹塞利姆三世，从沙皇亚历山大一世到英国首相丘吉尔……路易十六和乔治三世、拿破仑和惠灵顿公爵虽然都视对方为死敌，却不约而同地喜欢宝玑做的钟表。而司汤达、雨果、大仲马、萨克雷、普希金这些文豪，都在自己的作品中提到过宝玑表。

然而高光的人生也有 B 面。幼年丧父、中年丧妻，朋友和客户也有不少死在革命和战争中；同情革命，却差点被革命者推上断头台；白手起家创建的企业，遭遇充公而破败没落；那些影响后世的发明，很多构思于流亡异乡的路上……

宝玑的一生看似在时代的洪流中屹立不倒，但他深深地知道，只有活成一个巨人，活得坚定执着，才不会被巨浪击垮。

阴差阳错入表坛

1747 年 1 月 10 日，宝玑出生在著名的钟表城纽沙泰尔，其所在的纽沙泰尔州有着非常浓厚的制表文化，走出了无数制表大师。在宝玑出生的前几年，位于该州的力洛克就已经诞生了 41 位钟表匠、14 位金匠和表壳制作师、5 位珐琅工匠、6 位游丝制作师、1 位链条制作师、9 位雕刻师以及 600 名饰带工人。

宝玑的幼年和童年时期，正好处于奥地利王位继承战争的末尾至英法七年战争的开头，当时整个欧洲打成了一锅粥，但“天高皇帝远”的纽沙泰尔却保持了和平。

宝玑家族的先祖据说来自法国北部的皮卡第大区，1685 年，为了躲避路易十四取缔新教的《枫丹白露敕令》的迫害，举家逃难到瑞士西部的山区里。但这个家族并没有从事制表业的经历，像宝玑的父亲就是一个商人，平时做些小买卖，后来在位于瑞法边境的小镇莱韦里耶开了一间旅馆，不少前往勃艮第和巴黎的旅客会在这里歇脚。

如果一切如常，那么长大之后的宝玑，应该会顺理成章地继承父亲的旅馆，在小镇里平凡地度过一生。如果有点闲钱的话，他可能也会买上几座钟、几块表，权当生活情趣。然而变故发生在宝玑 11 岁这一年——他的父亲去世了，留下母亲苏珊娜和两个年幼的妹妹。

父亲的早逝，对年少的宝玑来说无疑是人生的悲剧，但也意外成为他人生的转折点。因为母亲第二年就再婚了，对象也不是外人，正是宝玑父亲的表弟约瑟夫·塔特（Joseph Tattet）。

小时候的宝玑不是什么学霸，12岁就结束了正规教育。来自一个钟表匠家族的约瑟夫眼看着继子整天无所事事，便寻思让他跟自己学制表。然而宝玑却拒绝了他的好意，因为他对制表这份枯燥的工作实在提不起什么兴趣。今天已经没有人知道，宝玑为什么会回心转意，也许是因为亲人们苦口婆心的劝说，也许当他拿起第一件工具时，就感受到了一种命运。

总之，约瑟夫的出现，让宝玑阴差阳错地进入了制表这一行。也许他的初衷只是让继子能有个糊口的手艺，没想到却培养出了一位震古烁今的大师。

小镇青年闯巴黎

约瑟夫的家族在瑞士算是制表世家，在巴黎还有一个销售办事处，也有些人脉关系。宝玑15岁这年，继父为了给他一个更好的前程，便把他送去法国深造，在凡尔赛的一家钟表厂里当学徒。

凡尔赛之所以闻名于世，当然是因为凡尔赛宫，路易十四在这里修建了辉煌的宫殿。因为国王常年住在这里，这里成了法国当时实际上的政治中心。

宝玑到凡尔赛时，住在宫里的是路易十五。这位国王生活的奢华程度虽然比不上他的曾祖父路易十四，但也足够奢靡。有次为了庆祝长孙的降生，光是举办一场烟火晚会就消耗了价值66万里弗尔的焰火。他还修建了小特里亚农宫，专门用来安置官方王室情妇蓬巴杜夫人。

路易十五还是个爱表之人，他相当宠爱费迪南·贝尔图，对他开发航海钟的事业鼎力支持。还有儒利安·勒鲁瓦、安德雷-夏尔·卡隆等制表界的名人，也都是他的御用制表师。像卡隆不仅做出了第一个镂空机芯，还为蓬巴杜夫人设计过一款戒指表，可以依靠转动的表圈上发条，十分巧妙。路易十五本人也是个制表票友，凡尔赛宫的一楼专门有个套房，供他研究钟表、制锁、车床等机械艺术。也正是在他的影响下，当时法国最好的制表师纷纷在凡尔赛宫周围建立工厂。

宝玑这个时候来法国，可谓正逢其时，他本人既聪明又努力，很快便崭露头角。在凡尔赛学习了3年之后，他选择去巴黎闯一闯，顺便进一步深造。

宝玑花了10年时间学习制表，拜御用钟表师们为师，被夸赞具有非凡天赋。与此同时，宝玑一改小时候的“厌学”倾向，变得求知若渴，利用晚上的时间又去马萨林学院[1]系统学习了物理、天文、机械等学科的知识，特别是数学，这些知识对他的事业也有莫大的帮助。

勤奋的宝玑在这里遇到了欣赏他的修道院院长、数学家约瑟夫-弗朗索瓦·马里（Joseph-François Marie）神父。神父不仅做了他的导师，在生活上也很照顾他，而且神父在上流社会是有头有脸的人物，还是昂古勒姆公爵与德贝里公爵的导师，在宫廷里颇有人脉。因此他也成了宝玑人生路上的又一个贵人，如果说继父带宝玑走进制表的世界，那么马里神父就手把手地教他如何在上流社会里闪展腾挪、如鱼得水。

然而，生活的变故也在此时发生了。1768年，继父逝世，母亲也已经不在人世，尚在学徒期的宝玑不得不肩负起养活妹妹的重任。但年轻的宝玑也收获了自己的爱情，他爱上了一个名叫塞西尔·吕利耶（Cécile L’Huillier）的姑娘。塞西尔是土生土长的巴黎人，也是一位实打实的“白富美”，爸爸是一位知名的资本家，哥哥是布鲁伊伯爵的管家，后来又成为阿图瓦伯爵的商业代理人，可谓家大业大。

1　马萨林学院又称四国学院（Collège des Quatre-Nations），是历史悠久的巴黎大学的学院之一，它是通过红衣主教马萨林的遗赠建立的。该学院的著名学生有物理学家达朗贝尔、画家雅克-路易·大卫、化学家拉瓦锡等。

1775年，28岁的宝玑终于结束了学徒生涯，迎娶了自己的心上人，而这段婚姻也成为他事业的发端。新娘的爸爸对这个女婿很满意，给了丰厚的嫁妆，这笔钱也成为宝玑的创业启动资金。

巴黎钟表堤岸39号宝玑工坊

在老丈人的支持下，宝玑很快就开了自己的第一家制表工坊，地址位于巴黎城岛的钟表堤岸，毗邻巴黎市中心的新桥，地理位置很优越。店铺位于一座气派的双面采光阁楼里，最初是找波利尼亚克公爵夫人租的，大革命后宝玑买下了这里，如今他的后裔仍在此处居住。

话说宝玑先生的孙子路易-弗朗索瓦-克莱芒·宝玑就完美继承了他的发明基因，设计了电报机、电同步时钟等科学仪器，以物理学家的身份成为在埃菲尔铁塔上留名的72人之一，还让钟表堤岸的老宅成了巴黎最早通电话的地方。而宝玑的玄孙则是著名的飞机设计师，“宝玑14型”飞机曾在一战中大放异彩。

说回宝玑，虽然有了一份自己的事业，但早期的生意并不好。有据可查的他的第一个客户是洛尔特伯爵，1778年买了一块珐琅表，此时距离宝玑开店已经过去3年了。而且这位主顾虽然贵为伯爵，但整整拖了两年才把款项付清，让宝玑很是头疼。

这期间宝玑当了爸爸，婚后一年，妻子便为他生下了长子安托万-路易·宝玑。然而不幸的是，后面几年里塞西尔流产了两次，她的身体健康每况愈下。

虽然家事令人烦忧，但宝玑在事业上却迎来了转机，其中离不开他的老师马里神父的牵线搭桥。

王室贵族皆拜服

马里神父在上流社会人脉深厚，他给宝玑介绍的第一个大客户是奥尔良公爵。

奥尔良家族和法国王室的关系非常近，第一代奥尔良公爵就是路易十四的弟弟，所以这个爵位极为显赫，也是法国最富有的家族之一。1780 年，公爵入手了一块宝玑制作的自动上链表。这块表的特殊之处在于，不需要上链钥匙或者其他辅助装备，只需要佩戴者动起来，比如日常步行时摆动手腕，便可以带动摆陀产生动力。

很多制表大师都曾挑战过自动上链，但经过宝玑改进的作品在当时最为可靠。他设计的摆陀是铂金材质，可靠性极佳。宝玑还别出心裁地设计了两个主发条盒，让动力更加均衡、持久。自动上链表被称为 Perpétuelle，在法语中的意思是“无止境的”“永恒的”，一直被沿用至今。

奥尔良公爵揣着这块表去参加上流聚会，就像是在大家都用大哥大的年代，突然掏出一部智能手机，瞬间引起轰动，凡尔赛乃至全欧洲的宫廷，都知道了有宝玑这么一号人。

虽然事业有了起色，但宝玑的家庭却在这一年遭遇了重大打击，妻子塞西尔撒手人寰，留下了一对“孤儿鳏夫”。宝玑丧妻时不过 33 岁，但用情至深的他直到 76 岁去世都没有再娶。为了治疗情伤，宝玑更是一心扑在了发明创造上。

宝玑 No. 28 三问日历显示自动上链时计

比如在制表技术史上颇具影响的三问表专用打簧游丝就发明于这一时期，采用了一种盘绕在机芯周围的圈形音簧，大大降低了报时表的厚度。他还创造出了著名的宝玑指针和宝玑数字，宝玑指针一反当时流行的繁复的花体针，指针针尖处为一个镂空形圆孔，简约而优雅。而表盘上的宝玑数字同样一改当时以罗马数字为主流的样式，让阿拉伯数字时标登入大雅之堂。

在商业方面，有了马里神父的牵线和奥尔良公爵的宣传，当时的法国国王路易十六和王后玛丽·安托瓦内特也成了宝玑的客户。

路易十六是路易十五的孙子，比宝玑小 7 岁。和祖父一样，路易十六也非常热爱机械，甚至有说法是他参与改进了断头台，提议用斜刃代替平刃，不过并未被证实。他和之前的国王也很不相同，不爱炫富，也不养情妇，最大的爱好除了打猎就是躲在小房间里摆弄锁具。路易十六是一位公认的制锁高手，和“鲁班天子”元顺帝、“木匠皇帝”明熹宗一样，本来可以成为一代大师级工匠，却偏偏被放在了帝王的位子上。

出于对技术的热爱，路易十六同样喜爱钟表，据说他的居所里除了制锁间还有一个制表间。1784 年，路易十六以 1680 里弗尔的价格从宝玑手中购买了一枚怀表，而国王的下单也为宝玑打开了通往上流社会的大门。这一年，37 岁的宝玑获得了“制表大师”的称号。

路易十六的妻子、有“绝代艳后”之称的玛丽·安托瓦内特，在那个时代堪称宝玑的骨灰级粉丝，早在 1782 年就向他订购怀表，比她老公还早了两年。大革命后，她身陷囹圄，被关在圣殿塔的监狱里，也依然在向宝玑订货。甚至在走上断头台之前，她还收到一枚“简洁的宝玑怀表”。

宝玑为玛丽·安托瓦内特王后制作的最为著名的作品，是一块超复杂的怀表，也就是传奇的“宝玑 160 号”，也被称为“玛丽·安托瓦内特怀表”。这块怀表被形容为“发条上的一首诗”“钟表界的蒙娜丽莎”，直到今天都是世界上最贵的表之一，价值近 2 亿元人民币。这块表订购于 1783 年，下单者身份神秘，有人说是王后卫队中的一位军官，也有人说是王后的仰慕者瑞典伯爵埃克瑟·冯·费尔森。

这位甲方给宝玑提的需求很简单，做到两个“最”就可以：第一，要最复杂，包括当时所有复杂功能，万年历[1]、三问、时间等式[2]、动力储存[3]、计时、温度计[4]、防震……只要能做就统统上，这难度相当于在用计算器的时代造一台电脑；第二，要最贵，材质能用黄金就别用普通平常的金属，预算无上限，也不限期交货，但一定要做到最好。

结果宝玑一做就是 44 年。在他做到第 10 年的时候，玛丽·安托瓦内特王后被送上了断头台；做到第 27 年的时候，传说中的订购者冯·费尔森伯爵因为阴谋暗杀瑞典王储，被一群暴徒打死。即便如此，宝玑依然没有放弃这个项目，中间他一度流亡海外，工作几经中断，他始终希望能在有生之年完成这一作品。但天不遂人愿，当这块表做到第 40 年的时候，宝玑自己也去世了，最后还是他的儿子安托万-路易带人在 1827 年完成最终版。

这块超复杂怀表被命名为“宝玑 160 号”，由 823 个零件组成，制作成本为 17000~30000 金法郎，这在当时是一笔巨款了。

这块表在未来的岁月里几经流转。至于最初的买主，有说法称是当过玛丽王后侍卫的拉格罗耶侯爵，也有说法称一直留在宝玑家族手里。1887 年，宝玑之孙路易·宝玑的遗孀将这块表出售，英国收藏家斯宾塞·布伦顿将它收入囊中。之后的表主是荷兰收藏家默里·马克

1 万年历是一种复杂功能，能够自动分辨大月（31 天）、小月（30 天）、二月（28 天），且每四年自动识别闰年。也就是说，平年的时候，日历会从 2 月 28 日直接跳到 3 月 1 日，而闰年的时候会自动多出一天，先跳到 2 月 29 日，然后再跳到 3 月 1 日。精密复杂的万年历装置每 100 年才需要手动调校一次，更厉害的 400 年仅需调校一次。

2 时间等式是一种复杂功能，能够显示平太阳时（经由人为的调整而显示在时钟上的时间）与真太阳时（太阳实际运行轨迹的时间）之间的差异。

3 动力储存是一种直观显示时计储备能量的装置，提示表主上链前表还能运行多长时间，相当于手机电量剩余显示。

4 温度计利用的是金属热胀冷缩的原理，推动相连指针位移，其机构一般由两种不同的金属构成。

斯，他收藏了20枚宝玑作品。再往后就是宝玑表超级藏家萨洛蒙斯爵士。萨洛蒙斯拥有当时世界上最大的宝玑钟表私人收藏，整整124件。他还在书里回忆过与玛丽·安托瓦内特怀表的相遇：

> 1917年5月3日，一个大雨倾盆的日子，当我经过一家商店时，注意力被一块奇怪的表吸引了，这块表显得如此与众不同，原来是宝玑为那位命运多舛的王后制作的，是他的杰作。它被标了一个高价。回家路上，我一路盘算着："买得起吗？"我一直在想，如果雨停了的话，这样一块表可能就已经不在了。于是我穿上雨衣，又折回了商店……

萨洛蒙斯去世后，这块表被他的女儿继承，最后又被收入耶路撒冷的L. A.梅耶伊斯兰艺术博物馆。然而在1983年，博物馆遭遇了盗窃，106件钟表藏品被盗，其中就包括玛丽·安托瓦内特怀表，当时的估价是3000万美元。盗案一直悬而未决，直到2007年这块表才被追回。此时人们才知道原来是大盗纳曼·迪勒（Na'aman Diller）当年趁着博物馆警报系统故障偷走了这块表，如果不是迪勒临死前娶的老婆拿出来销赃，可能这块表直到今天都会作为终极战利品被锁在他的保险箱里。

2004年，宝玑所属的斯沃琪集团的创始人尼古拉斯·海耶克决定通过原始技术图纸和资料，以古法复刻这块超复杂怀表。4年之后，他们最终做出了编号为1160的复刻款。亮相时，全新的怀表被装在一个由凡尔赛宫的橡树制成的木匣里。这棵橡树下曾经是玛丽·安托瓦内特王后最爱的乘凉所，在其死去后，木材变成了包装王后怀表的盒子。

宝玑复刻的No.1160
玛丽·安托瓦内特怀表

宝玑 No.1160 玛丽 · 安托瓦内特怀表的机芯细节

历史就是这么奇妙，兜兜转转，又回到了原点。

宝玑不只是制表天才，也是一个营销高手。他常常会出现在巴黎的时髦派对上推销自家的表。有一次宝玑去了法国外长塔列朗的招待会，拿出一块新表，当着达官贵人们的面把它扔到地上。在那个年代，普通的表会直接被摔坏不走，但宝玑把他的表捡起来，一切运转如常，因为这块表有他新做的“pare-chute”防震器——现代防震装置的先祖。第二天，宝玑的惊人之举就成为贵人们讨论的新闻，塔列朗甚至评价说：“谁也说不准那个天杀的宝玑下次会搞出什么名堂！”

除此之外，宝玑在经营企业上也很有一套。比如为了防伪，他采用了“隐蔽签名”的技术，只在光线以斜角照射时签名才显现出来；他还推出过名为“Subscription”的表款，因为性能可靠、价格亲民而很受欢迎，宝玑在这款表上还采用了预购模式，付售价四分之一的钱即可预订。宝玑还有一件很知名的事，他如果对手下工匠的工作表示满意，在开支票的时候，往往会把结尾的 0 改成 9，让工匠多赚 9 法郎。

大革命中险丧命

就在宝玑的事业蒸蒸日上的时候，法国大革命突然爆发了。

1789 年 7 月 14 日，巴黎市民攻占巴士底狱。一些眼见大事不妙的法国贵族，纷纷开始逃离。国王路易十六则被迫签署《人权宣言》并搬出凡尔赛宫，他内心的不满却越积越深，终于演化成了 1791 年的国王出逃事件。

宝玑的两位重要主顾——王后玛丽·安托瓦内特和冯·费尔森伯爵策划了出逃计划。王室一行人化装成平民逃出巴黎，结果走到半路就被拦截押送回巴黎。出逃失败后，国王名望尽失。随着新一轮革命高潮的到来，国王被废黜。1793 年 1 月 21 日，国民公会以叛国罪处死了路易十六，10 个月后王后也被送上断头台。

这段日子宝玑也很不好过，曾经的贵族客户们，死的死逃的逃，收入锐减。为了躲避动荡，他也把自己的儿子安托万-路易送到了英国。安托万-路易对父亲在法国的处境很是担忧，曾经写信拼命敦促他“离开那些该死的雅各宾派”。但宝玑本人是同情革命的，甚至加入过雅各宾俱乐部。这个俱乐部的正式名称叫宪法之友协会，成员估计有 50 万人或更多，是大革命时期最有影响力的政治俱乐部。

也正是在这里，宝玑和革命领袖让-保尔·马拉成了朋友，还为马拉的姐妹制作过怀表。1793 年初，雅各宾俱乐部中激进的山岳派和相对温和的吉伦特派斗争激烈。宝玑和马拉虽然在政治上存在分歧，但还是保持了友谊。当年 4 月，两个人一起在朋友家做客，不知道怎么走漏了风声，突然有一群人聚集在外面，声称要取马拉的项上人头。在危急时刻，宝玑突发奇想把马拉伪装成了一个脸上长满粉刺的老妇人，等到傍晚牵着他的手离开屋子，混进人群，来了一出暗度陈仓。

一个月后，马拉参与领导了推翻吉伦特派的暴动，逮捕清除他们在国民公会中的代表，开启了雅各宾派专政的“恐怖时期”。然而宝玑却因为曾经和王室贵族关系密切，被权力无边的公安委员会列入需要肃清的名单。对于激进派来说，国王的头都说砍就砍，何况一个小小的制表师。

生死关头，马拉回报了宝玑的“救命之恩”，为他一家安排了安全通行证。凭借此证，宝玑带着从英国回来的儿子以及一直照顾他家生活的小姨子苏珊娜，顺利穿过边境，回到了阔别多年的祖国瑞士。

宝玑是幸运的，在他逃走之后，雅各宾派通过了恐怖的《嫌疑犯处治法》，在法令施行的短短一年时间里，就有几十万人被处死，支持革命的奥尔良公爵菲利普·平等[1]、担任过税务官的“近代化学之父”拉瓦锡等名人都被送上了断头台。

马拉也没有那么走运，在帮助宝玑出逃后不久，他被政敌派来的女刺客夏洛特·科黛刺死在了浴缸里。这一幕经雅克-路易·大卫之手，成了传世名画《马拉之死》。

宝玑人虽然跑了，但在法国的产业却什么都带不走。他的家被洗劫一空，公安委员会还没收了他的工厂，工人也走了一半。宝玑刚到瑞士的时候，还想着收购一些零件运往巴黎，或者在力洛克东山再起，但后来越来越感觉希望渺茫。

不久之后，在朋友的邀请下，宝玑转道去往英国。他很快就在英国迎来了新的机会，成为英王乔治三世的座上宾，这位国王就是“大发慈悲”为约翰·哈里森争取到经度奖补偿的人。而且宝玑还能时常见到自己的终身挚友、制表大师约翰·阿诺德，这位也曾在经度之战的故事中出场过，是促进航海钟量产的重要人物。宝玑和阿诺德两个人志同道合、相互启发，关系好到分别把自己的儿子送给对方当徒弟。

在这段艰难岁月里，宝玑虽然在外流亡辗转多地，但一刻都没有停止思考，他的很多发明都诞生在这一时期。比如提升精准度并减缓摆轴磨损的宝玑游丝、在擒纵中使用红宝石，还有他一生中最广为人知的发明——陀飞轮。

永恒经典陀飞轮

在宝玑生活的年代，人们普遍佩戴怀表。而怀表在佩戴的时候，

1 奥尔良公爵路易-菲利普二世（Louis-Philippe II，1747—1793），在大革命初期支持革命，曾宣布放弃头衔并改名菲利普·平等（Philippe Égalité），支持处决自己的堂弟路易十六，但在雅各宾派专政时期亦遭到处决。

绝大部分时间都是垂直放置的，久而久之就会出现走时不准的情况，甚至一天的误差能达到十几分钟。作为一位对物理学颇有研究的制表师，宝玑意识到怀表的运行方式会受到其位置变化的影响，当怀表长时间处于垂直方向时，这种变化尤其明显，而导致这一情况的“元凶”，就是地心引力。

在引力的影响下，怀表摆轮游丝系统的重心与运动轨迹会逐渐出现位置偏差，从而导致计时误差越来越大。当然，表主不可能每时每刻地摆弄怀表，也不可能一劳永逸地消除重力，但宝玑认为一定有某种方法可以减弱重力的影响。

经过长时间的思考，宝玑认定最有效的方式就是让时计内对重力最为敏感的部件“动起来”。具体来说，就是把擒纵机构和游丝摆轮这整组调速系统装在一个活动“车架”（carriage）上，“车架”围绕着摆轮轴心以固定速率旋转，以每分钟 360 度最为理想。

这个设计的精髓，就在于误差的平均化。无论怀表处在什么位置，调速系统都会持续不停地以固定时间旋转 360 度，所有因受力不同产生的误差，都会有规律地重复出现，从而相互抵消。这虽然不能完全消除引力的影响，但依然极大地提高了时计的精准度。

宝玑把这个结构称为 tourbillon，在法语中有“旋风”“旋涡”的含义，笛卡儿还曾经用这个词来形容“行星围绕着太阳公转”，中文翻译“陀飞轮”也非常传神，既拟音又拟态。

其实宝玑早在 1795 年便已经构思出了陀飞轮，但真正要造出来却极富难度。整个陀飞轮结构既要轻盈，也要坚

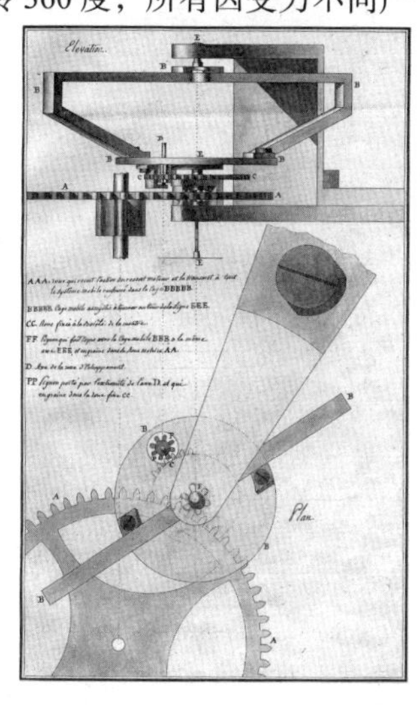

宝玑专利文件中的陀飞轮调节器水彩构造图

固，还要考虑配重平衡，非常考验制造和装配的工艺。

宝玑在研发上整整花了 6 年时间，直到 1801 年才正式给内政部长写信，向他们介绍了全新的“陀飞轮调速器”，并宣称“已经成功通过补偿方式，消除了调速机构处于不同重力中心位置时产生的误差，并提高了润滑效果以及消除了许多其他影响机芯精度的错误”。1801 年 6 月 26 日，宝玑成功获得为期 10 年的专利。但首款搭载陀飞轮的怀表又花了数年才生产出来，在 1805 年面世，此时距离宝玑构思陀飞轮已经过去了 10 年时间。

其中有一块实验表最为特别，是宝玑亲手改造的一块怀表。这块表是出自他的朋友约翰·阿诺德之手，宝玑给它装上了陀飞轮装置，送给了阿诺德的儿子，并且在夹板上镌刻了一段铭文“宝玑谨以此纪念阿诺德，并赠予其子。于 1808 年”，以此纪念这位在 1799 年去世的挚友。

宝玑 No. 1188 陀飞轮精密计时怀表及其机芯构造

宝玑一生大概只售出了 35 枚陀飞轮时计，每次推出都是王公贵族们争相抢夺的限量款，而最终的幸运儿也尽是英国摄政王、西班牙波旁王室、意大利主教……

在宝玑生活的时代，陀飞轮是纯功能性装置。由于这一功能能够提高计时精度，因此宝玑的陀飞轮作品中有四分之一用于海上航行和计算经度，很受科学家和航海探险家的青睐。

进入 20 世纪的腕表时代，由于腕表不会长时间垂直放置，陀飞轮在校准误差上的作用已经没有那么大了，但美学价值越来越被凸显，从深藏在表壳之中逐渐变成外露的招牌，并且出现了飞行陀飞轮、球形陀飞轮、双陀飞轮等多种变体。作为一项制作成本高、工艺复杂的装置，陀飞轮今天依然是腕表品牌炫技的重要手段。

钟表辅佐拿破仑

时间回到1795年，这年又是宝玑人生的转折点。他不仅构思出了陀飞轮，还重新拾起事业。此时“恐怖时期”已经过去，雅各宾派也倒台了。热月政变[1]之后，统治法国的换成了督政府，局势比之前安定了不少。宝玑看准时机重回巴黎，把钟表堤岸的店重新开起来。一开始几乎没什么人去买表，毕竟他的旧客户死的死逃的逃，乱世中也没心思在这种玩物上花钱了。但革命又创造了一批新的权贵，很快宝玑又跟这些人打成一片，而且手艺依然无比精巧，创意层出不穷。

比如当时法国实行一种特殊的共和历，目的在于切断历法与天主教的联系，以1792年9月22日午夜为“共和元年”的起点，12个月都以自然现象命名，历史上著名的热月党、雾月政变等名词就来于此，而且每个月都是30天，10天为一周。最奇特的地方是把一天分为10个小时，每小时为100分钟，每分钟为100秒。这个在今天看来十分反直觉的设计，宝玑不仅理解了，还依此造出了3块共和历怀表，并且能同时显示公历，这也可以看作他向新政权示好的行为。

这一时期，宝玑还做了交感子母座钟，由配套的座钟和怀表组成，座钟顶上专门有个插入怀表的装置，把怀表放进凹槽里，就会自动调校，时间显示和座钟同步。这种形式很像今天的手机和电脑连接同步，但宝玑可没有蓝牙或数据线，而是利用复杂的机械结构完成的，非常不可思议。子

---

1 热月政变发生在1794年7月27日，政变后罗伯斯庇尔被送上断头台，雅各宾派专政的恐怖时期结束。第二年，由5名督政官组成的督政府开始统治法国。

宝玑交感子母钟

母钟存量极少，终宝玑一生也只卖出去5座，买主都来自王室。

总而言之，不论甲方是谁，提出什么奇特的需求，他都能满足，这样的人没有理由不受欢迎。1798年，法国工业博览会召开，宝玑的作品获得了金奖，他重新建立起自己的声誉。而宝玑回到巴黎的这几年，法国风头最劲的人物无疑是拿破仑·波拿巴，他也在战争与政治斗争中经历了大起大落。

1793年12月，拿破仑在土伦港战役中率军成功击退了来犯的英国舰队，24岁便晋升准将。热月政变后，他因和罗伯斯庇尔的关系被穿小鞋，生活困窘；不久后因平叛有功，又被晋升为中将，成为军政两界的红人。

他很早就听说过宝玑，身边的不少将领如勒克雷尔将军、参谋长贝尔蒂埃都是宝玑的主顾。

1798年，由于功高震主，受到督政府猜忌的拿破仑主动提出远征埃及，督政府很快就批准了。在出发前的一个月，拿破仑向宝玑下了3张订单。其中最出名的是编号178的旅行钟，这也是世界上第一座旅行钟。

拿破仑购买的宝玑 No.178 旅行钟

这座钟被安放在鎏金青铜钟壳之中，三面玻璃，通过两侧的玻璃还可以看到机芯的运动。钟壳上方有一个提手，方便旅行时携带。表盘上有一个大月相显示窗，月亮的阴晴变化清晰可见。下方则是三个窗口，分别显示日期、月份和星期。

此钟不仅能储存长达8天的动力，一个星期只需要上一次弦，带去行军打仗可节约很多时间，还具有打簧报时功能。从法国到埃及，道远路迢迢，而且战争一打就是一年。宝玑的“行军钟”便携又可靠，给了拿破仑不小的帮助。

此外，作为一位处于权势上升期的将军，拿破仑也需要宝玑表来给自己提身价。因此除了旅行钟，他还入手了编号38的三问表和编号216的自动上链打簧表，这些都是上流人士的配置。

拿破仑不仅自己买宝玑表，也带动家里人购买，比如他的弟弟，还有妻子约瑟芬。路易十六和玛丽·安托瓦内特王后买表的故事，仿佛又重演了一遍。波拿巴夫人约瑟芬曾经购买过宝玑新发明的触摸表。触摸表和会报时的问表一样，都是“盲人表”，但买这种表的都是贵族和有钱人，以方便在黑暗或看表会显得失礼的场合读取时间。宝玑的触摸表就把指针放在了表壳外侧，仅凭触摸就能感知现在是几点，装饰性也极佳。

宝玑 No. 611 触摸表

1799年，拿破仑从埃及回到巴黎，此后几乎没有人能阻挡他地位的上升。他像救世主一样，平息内乱，中止外战，重建秩序，最终在1804年12月2日为自己戴上了皇冠。从此，宝玑的客人中，又多了一位皇帝。

坐看君王如流水

登基称帝之后，拿破仑的大军如洪流一般席卷欧洲，连宝玑那个平静的故乡小镇纽沙泰尔都受到波及。普鲁士国王将这个地方割让给了法国，而拿破仑则把此地交给了曾经的参谋长贝尔蒂埃统治，后者号为“纽沙泰尔亲王”，当年很可能就是他把宝玑的作品介绍给了拿破仑。

虽然整个欧洲因为拿破仑打成了一锅粥，但宝玑的生意更好做了。

拿破仑这边的新贵层出不穷，他的亲兄弟、好战友不仅能当元帅，运气好的还能分个国王当。比如若阿尚·缪拉，这个人和宝玑一样，家里是开小旅馆的，从1795年起就跟着拿破仑。在当年镇压保王党叛乱的葡月十三日之役中，靠着缪拉拉来的40门火炮，拿破仑的军队消灭了300多个保王党叛军，缪拉也从此走上了发迹的快车道。

虽然常被质疑智谋不足，但缪拉却天生一副好皮囊，是军中出了名的美男子，拿破仑的妹妹卡洛琳·波拿巴看上了他，无论如何都要嫁给他。拿破仑本来不愿意，但在约瑟芬皇后的劝说下还是同意了。横扫欧洲的战争开始后，缪拉被封为帝国元帅，后来又晋升为帝国亲王，参加了许多大战，1808年拿破仑还封他当了法国附庸国那不勒斯王国的国王。

成为那不勒斯王后的卡洛琳也是宝玑的狂热粉丝。在不到10年的时间里，她至少买了34块表，是VIP（贵宾）中的VIP。即便是在拿破仑战事吃紧，那不勒斯王国岌岌可危的情况下，她依然向宝玑订购了8块问表和4块普通表。

那不勒斯王后卡洛琳·缪拉

其中最为著名的，就是1810年订购的N° 2639手镯表。这块表被认为是史上已知的首枚腕表，在档案中记载为“售价5000法郎、可配搭手镯的打簧表”。设计也非常独特，表壳是鹅蛋形的，以黄金丝绒镶嵌在手镯上。

将近40年后，这块表被卡洛琳王后的小女儿拉斯波尼伯爵夫人送回宝玑维修。而在1855年之后，这块传奇的腕表便不知所终，但“那不勒斯王后”作为一个经典的系列，被今天的宝玑品牌延续了下来。

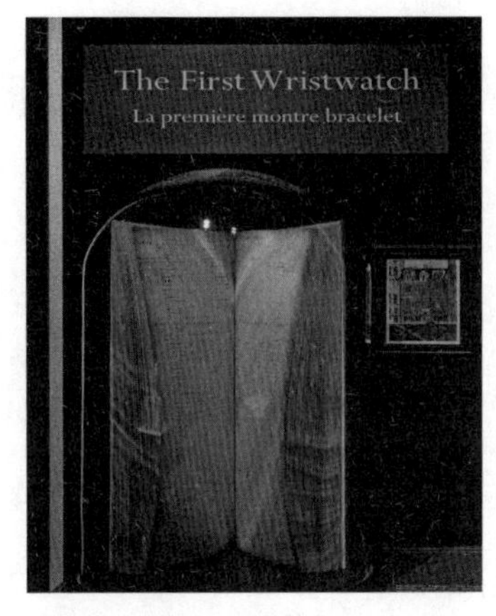

宝玑产品记录

光阴流逝，一代枭雄拿破仑终究难以与整个欧洲为敌，一步步走下神坛。然而吊诡的是，拿破仑战争中的一些战役，几乎是宝玑客户的“内战”。

曾经到访过宝玑的工坊并与他促膝长谈的沙皇亚历山大一世，其军队在冰天雪地中坚壁清野，带给拿破仑最惨痛的失败；同样怀揣着宝玑表的惠灵顿公爵，彻底让拿破仑失去了东山再起的机会，创造出了滑铁卢的典故。

有记载称，惠灵顿公爵曾经嘲讽拿破仑“丝毫不具贵族风度”，说自己有块宝玑怀表，表上绘有西班牙地图。这块表本来是拿破仑订的，准备送给当上西班牙国王的哥哥约瑟夫·波拿巴，后来他看约瑟夫打了败仗，就给宝玑写信取消了预订，这块表才落到惠灵顿公爵手上。最后他评论说：“一位真正有贵族风范的绅士，绝不会在这样的时候火上浇油，让可怜的约瑟夫在失去了西班牙王座后，又要失去一块早已预订好的怀表。”

1815年拿破仑第二次退位，6年后在圣赫勒拿岛身死。拿破仑倒台之后，路易十八[1]又来了。流水的帝王，铁打的宝玑，他挺过了革命、挺过了流亡、挺过了战争。在晚年，他又受命为法国海军打造精

1　路易十八（Louis XVIII，1755—1824），路易十六的弟弟，1795年在侄子路易十七死于狱中后，自立为王。1814年拿破仑退位后，路易十八在反法联军的拥立下复辟。1815年拿破仑回到巴黎，路易十八逃往比利时，拿破仑第二次退位后，他再次复辟。

密的航海钟，成为路易十八的“皇家海军御用制表师”。

1823 年 9 月 17 日，阿伯拉罕–路易 · 宝玑走完了传奇的一生。他是一个被时代成就的人，抓住了贵族社会的余晖。他也是一个活得通透的人，一生见过了太多的浮华，无数次处庙堂之高，也曾流亡至江湖之远。起起落落中，他保持住了成为制表师时的初心——做出一块好表，就是这样一个简单的心愿，让他成为能够抵御时代洪流的巨人。

他的太多发明，直到今天都在影响腕表的制作与审美。在他之前，在他之后，无数大师来来往往，但真正被深深卷入时代，又创造了属于自己的时代的，也许只有这位几经起落的“制表师之王”了。

毕竟，君王易逝，钟表永恒。

百达翡丽的“流浪者之歌”

如果要在众多的腕表品牌中选一个公认的王者，可能大部分人给出的答案都是：百达翡丽。

这个品牌被称作“腕表中的蓝血贵族”，维多利亚女王、托尔斯泰、爱因斯坦、柴可夫斯基、毕加索、曼德拉……数不清的贵族、富豪、名人热衷于购买百达翡丽的腕表，百达翡丽总裁泰瑞 · 斯登表示“有 100 位国王、54 名王后都曾是我们的客户”。世界上拍卖价最贵的一块表也来自他家，卖了约 2.2 亿元人民币，即便是最便宜的机械表也要 10 万元起。

这个今天看起来无比成功的品牌，历史上却是一路伴随着失败走过来的，创始人因国破家亡流落异乡、合伙人分道扬镳、遭遇过多次经济危机，最惨的时候账上只有 1.86 瑞士法郎……那么，百达翡丽是如何挺过这一切的呢？毅力、智慧与雄心，缺一不可。

好兵百达

要追溯百达翡丽的渊源，就不得不从拿破仑的“至暗时刻”说起。

1815 年 8 月，曾经控制过大半个欧洲的拿破仑，被他的敌人流放到了南大西洋的一座孤岛上。这座名叫圣赫勒拿的小岛，距离非洲西岸 1900 公里，距离南美洲东岸 3400 公里，是世界上最为偏远的地方之一，也是一座天然的监狱。拿破仑在这里憋屈地生活了 6 年，直到 1821 年去世，死因据说是砷中毒。

拿破仑虽然输了战争，但他留下的政治和军事遗产却对欧洲有着不可逆转的影响。简单来说有三点：播种了法国大革命的思想；带动了民族主义的兴起；还让很多小国建立起了庞大的军队。

这三大影响在哪个国家身上体现得最为明显？答案是：波兰。

波兰堪称欧洲近代史上最为悲惨的存在，虽然历史上的波兰立陶宛联邦也曾是欧洲强国，但其衰落之后波兰便陷入被强邻轮番欺负的境地，尤其是南边的奥地利、东边的俄国与西边的普鲁士。到了 18 世纪最后 30 年，俄普奥干脆联手瓜分了波兰的领土，让它从地图上消失了。

直到拿破仑在耶拿会战中把腓特烈 · 威廉三世打得跑回老家东普鲁士，波兰才算迎来了复国的机会。拿破仑就地组织了一个“华沙大公国”，虽然事事都得听法国人的，但波兰人起码又有了国家和军队，以及一部颇具革命性的宪法。

拿破仑失败之后，华沙大公国被俄普两国瓜分，大部分归了俄国。虽然国又没了，但拿破仑战争带来的三大影响却已经默默地扎根。

百达翡丽（Patek Philippe）这个名字，是两个合伙人姓氏的组合。排在前面的百达先生，是品牌最早的创始人，而他正是一个波兰人。1812 年，安东尼 · 诺贝特 · 德 · 百达（Antoine Norbert de Patek）出生在波兰卢布林附近一个叫作皮亚斯基 · 斯拉切克（Piaski Szlacheckie）的村庄，这个村子今天位于波兰和乌克兰的边境地区，只有 500 人。他来自一个

安东尼·诺贝特·德·百达（1812—1877）

颇有名望的家族，后来全家搬到了华沙。

从1岁到16岁，百达的少年岁月正好覆盖了波兰自由派和沙皇决裂的整个过程。

百达1岁那年，拿破仑已在与俄国的战争中失败。1815年，百达3岁，华沙大公国灭亡，沙皇亚历山大一世兼任波兰国王。这种联合形式，如同俄国娶了波兰做小妾。波兰一开始还是受宠的，有自己的宪法和军队，生活也很自由。但很快，俄国在政治上插手越来越多。当时的波兰总督是沙皇的弟弟康斯坦丁大公，在当地为所欲为的他是波兰人最讨厌的人。

1828年，16岁的百达选择参军，加入了波兰第一骑行步兵团。此时的沙皇已经换成了更加保守专制的尼古拉一世，他一上台就残酷镇压了十二月党人起义，对波兰的自由派也欲除之后快。而波兰军队也已经被康斯坦丁大公掺了不少沙子，关键岗位都换上了俄国人。

终于到了1830年，法国爆发七月革命[1]，沙皇准备派波兰军队前去参与镇压。此举严重违反了波兰宪法，军人们不再忍耐，揭竿而起。这年11月29日，皮欧·维索斯基中尉带领一群军人和军校生，趁着夜色夺取了华沙军火库。工人和青年学生也加入进来，猛攻康斯坦丁大公的官邸并夺取华沙，史称“十一月起义”，起义很快便蔓延全国，俄波战争随之爆发。

作为一名士兵，百达也参与了这场民族独立之战。在战斗中，他表现得十分英勇，先后两次负伤。因为作战勇敢，他被提升为少尉，

1　七月革命发生于1830年7月27—29日，法国民众推翻了专制的波旁王朝国王查理十世，由奥尔良公爵路易·菲利普登上法国王位，重新建立君主立宪政体。浪漫主义画家德拉克洛瓦的名作《自由引导人民》描绘的便是七月革命。

并且被授予了军事功勋勋章，是一个非常优秀的战士。

虽然波兰起义军在最开始屡创俄军，但却没有得到更多的外部支援，而沙皇一边改派名将伊万·帕斯克维奇指挥，一边又拉来普鲁士当外援。夹击之下，轰轰烈烈的十一月起义最终失败，波兰再一次亡国。

“攒表”起家

波兰亡国后，随之而来的是被称为“大移民”的流亡狂潮，大批贵族、起义军、知识分子逃往西欧，其中包括音乐家肖邦、作家亚当·密茨凯维奇等名人，百达也是他们中的一员。因为忠诚又勇敢，他还受民族英雄约瑟夫·贝姆的委托，指挥了一个战略中转站，来接应逃亡的起义者。任务完成后，刚刚20岁出头的百达，便定居在法国，在亚眠的一家印刷厂找了份排字工的工作。

但好景不长，在俄国的压力下，法国政府的态度来了180度的转变，指控波兰流亡者们支持革命，开始强迫他们离开法国。亡了祖国又丢了饭碗，百达只能去瑞士碰碰运气。

他落脚的地方叫作韦尔苏瓦，是日内瓦市区北边的一个小镇，坐落于日内瓦湖畔，风景宜人。

百达最开始做的是贩酒这样的小生意，同时还跟当地的著名画家卡拉姆学习绘画。这段经历也培养了百达的艺术品位，这将会对他今后的事业产生很大的影响。

百达先生本人的怀表，这是他30岁生日当天收到的礼物

不久，在表商朋友莫罗的介绍下，百达接触了日内瓦的制表业。19世纪30年代的日内瓦，制表业已经相当

日内瓦微绘珐琅怀表

发达，钟表工坊是这里的主要产业，雇用着几乎四分之一的人口。很快，百达就发现了商机。

他当时的生意简单说就是“攒表”，先从日内瓦制造商那里购买机芯，然后再找人做壳，组装好就拿出来卖，模式就像是21世纪初北京中关村遍地都是的“电脑装机”。客户也是现成的，因为有大批波兰人逃亡到瑞士，以百达的人脉，向来不愁卖。而且他不赚快钱，对每块表的工艺和艺术性都有很高的要求，还经常委托艺术家进行镀金、上釉、雕刻等装饰。几年干下来，他不仅赚了不少钱，还积累了好口碑。

也是在这段时间，他邂逅了未来的妻子玛丽-路易斯·德尼扎特，一位商人的女儿。而介绍他们认识的，是百达的一位波兰老乡——制表师费朗索瓦·沙柏（François Czapek）。

波兰合伙人

沙柏出生在捷克，年轻时随家人移民到波兰。他早年的经历和百达很像，也参与了十一月起义，并流亡到了瑞士。不过和生意人百达不同，沙柏是一个很有才华的制表师。来到日内瓦之后更如鱼得水，很快便与当地的钟表商莫罗合伙开了公司，和百达算是一个圈子的人。而百达爱上的德尼扎特小姐，正好是莫罗的外甥女。

波兰同乡、革命同志、钟表同行，再加上是媒人，百达和沙柏很快就亲近起来，并决定一起创业。

1839年5月1日，两人在日内瓦建起钟表厂。莫罗也有参股，他和百达一人出资8000瑞士法郎，沙柏则技术入股。百达和沙柏两人，一个主管经营，一个主管制表。新公司的名字定为 Patek, Czapek & Cie，分别取百达和沙柏的姓氏，Cie 则是法语 compagnie（公司）的缩写。

此时的日内瓦早已不是加尔文时期禁欲的“新教首都”，有钱又舍得花钱的人不少，还聚集了一大批波兰移民。百达和这群波兰同胞一直都没断联系，他还参与了一个互助组织“波兰基金会”，并且当上了财务主管。

“百达沙柏”早期的生意，也大多靠波兰人帮衬。他们的店铺开在日内瓦的贝尔格湖滨大道，一度成为同胞们聚会的地方。这家小公司最开始雇用了 6 名工人，每年大概生产 200 块表，工艺和艺术都延续了百达一贯的高标准。

怀念故国是这一时期“百达沙柏”作品的主题，他们经常会应邀在怀表上雕刻一些知名爱国者的肖像，比如诗人亚当·密茨凯维奇、波军最高司令柯斯丘什科、起义军领袖波尼亚托夫斯基亲王等等，也有客人要求刻天主教圣人的画像以及贵族的纹章之类。

“百达沙柏”时期的波兰主题怀表

百达对波兰籍的学徒也特别优待，当时的学徒是要交契约费的，而百达直接让波兰人免费入学。

“首席执行官”百达卖力推销，“首席技术官”沙柏则着力开发新表。报时表是公司的拳头产品，公司才成立 4 个月时就推出了第一枚，编号 81。

和很多创业公司一样，“百达沙柏”的发展也不都是一帆风顺的，在合作 6 年之后，这对“波兰合伙人”之间的裂痕变得越来越深。后人认为问题出在沙柏身上。有说法是，沙柏经常出去花天酒地，动不动就跑到波兰和捷克老家旅行，无心做表。“百达沙柏”的经营也逐渐陷入困难，一度账面上就剩 1.86 瑞士法郎，在破产边缘徘徊。

也有说法是沙柏身为技术主管却故步自封，完全靠经验和传统做事，不喜欢创新。而百达是个头脑灵活、求新求变的人，当时波兰客人已经变得越来越少，不做一些新东西出来，很难拓展市场。

不管怎样，在百达的心中，沙柏都已经不再是合适的合伙人，反而成了前进路上拖后腿的人，分道扬镳是不可避免的。然而问题是，劝退沙柏之后，谁来管制表？百达很快就有了答案，因为他偶然遇到了一个人才——法国制表师阿德里安·翡丽（Adrien Philippe）。

百达翡丽初相识

1844 年，法国工业博览会在巴黎香榭丽舍大道举办。这次大会非常成功，以至于欧洲邻国纷纷效仿，甚至直接影响了世博会的诞生。

百达本来是抱着开发新客户的心思从日内瓦赶到这里，结果却被一个法国制表师的作品吸引了。这个作品是一款带有转柄上链装置的怀表，通过表冠上链、调校时间，被后世称为“无匙上链机制”。

在当时，一般怀表上链都需要用到一种叫作上链钥匙（也称表钥）的工具，表体需要开孔。这样做的缺点有三：钥匙容易丢，操作不当容易损坏珐琅表盘，容易积灰积油。解决无匙上链问题是很多制表师的梦想，宝玑之前就曾做出同时搭配无匙上链和手动上链的时计，但并没有申请专利。相比于各位前辈，翡丽开发的机械装置比之前的任何一款效果都好，而且更适合当时流行的怀表款式

阿德里安·翡丽（1815—1894）

与大规模生产。

翡丽几乎把他所有的钱都投到了无匙上链装置的研发上，虽然最后获得了工业博览会的铜奖，但根本没有人愿意投钱。倒是百达慧眼识珠，觉得这个发明很有潜力。为表诚意，百达自己掏腰包买了一块翡丽的表，与他搭上了线。

翡丽比百达小两岁，出生在法国的一个制表师家庭，从小就跟父亲学做表，还去英国“留过学”。年轻、能创新、技术强，在百达看来，翡丽完美补足了沙柏的缺点，于是果断提出合伙的邀约。

不过那时翡丽的梦想，却是在巴黎开一家自己的店，面对需要背井离乡的邀请，他还是犹豫的。但当时的巴黎，对翡丽这种年轻制表师确实不太友好，他做出的表无人赏识，而那时他最大的客户还刚刚退出生意场。

人挪活，树挪死。翡丽最终还是决定跟百达去日内瓦，看看能不能闯出一番名堂。临走前，他给自己的无匙上链技术申请了专利。

翡丽先生设计的多种机芯

空降高管不好当

1845 年 5 月，百达和沙柏解除了合作关系，翡丽走马上任，成为新的技术主管。开掉沙柏，对百达来说其实是个艰难的选择，毕竟是老乡，多多少少都会在波兰人的圈子里引起非议。但公司严峻的经营状况，让他也顾不上那么多了。

而作为空降高管，翡丽一开始在公司里也不受欢迎。当年的百达公司，制表师主要是日内瓦本地人和波兰人，对翡丽这个“外来户”

有种天然的排斥。而且作为“首席技术官”，翡丽制定了严格的技术标准，这也让工匠们感到老板是找来了一个“挑剔鬼”。

在管理层面，百达和翡丽的磨合也并非一帆风顺。

翡丽刚来的那两年，公司又遭遇了一轮经营困难。究其原因，只能说他们时运不济。因为1848年，欧洲爆发的一系列武装革命猛烈冲击了各国的君主制度，也让贵族们人心惶惶。乱世之中，贵族们也便无心再收藏钟表了。

客户少了，百达公司便长期处于入不敷出的状态，还欠了不少债。最难的时候，百达只得写信给债主们求情，说“我以人格担保，我口袋里仅剩195瑞士法郎，可以给你100瑞士法郎，其余的留给我和妻子”，姿态很是卑微。而为了扭转颓势，百达不仅换了技术主管，还招来新的“首席财务管理”，也就是当时公司的第三个合伙人，一位名叫文森特·格斯特科夫斯基的波兰律师。

根据协议，格斯特科夫斯基和翡丽各获得公司利润的三分之一，但可能是由于经营困难，百达后来给了这位“财神爷”更多的权力，翡丽的待遇比他要差一些。本着强龙不压地头蛇的原则，翡丽也就忍了。

除此之外，还有一件事让翡丽有些郁闷，那就是品牌的名字。沙柏走了之后，百达把公司名字改成了Patek & Cie，在翡丽加入后的整整6年时间里，一直没有添加他的名字。虽然是合伙，但他的地位却只相当于高级打工人。

百达先生与翡丽先生

不过翡丽有耐心、有技术，人品也很不错。在他加入5年后，公司就已经能够生产半成品机芯了。几年下来，上上下下都对他很服气。终于在 1851 年 1 月 1 日，百达把公司名字改成了 Patek, Philippe & Cie，今天我们熟悉的“百达翡丽”正式诞生了。

皇家制表商

革命来得快也去得快，持续了一年有余，便大多以失败告终。心里踏实了的贵族们马照跑、舞照跳，表也要继续买，百达翡丽的生意慢慢好了起来。经过多年的默默耕耘，他们终于迎来了扬名立万的机会。

1851 年 5 月到 10 月，英国在伦敦海德公园举办了一场“万国工业博览会”，借此展现大英帝国的工业实力。博览会规格很高，由维多利亚女王的丈夫阿尔伯特亲王牵头。

对于百达翡丽来说，这是直接触达顶级用户的最好机会，因此他们带过去的都是当家产品，无论是在技术还是艺术上，都代表着品牌的最高标准。其中有一款黄金表壳的挂表，编号 4719。表背以天蓝色珐琅为底，绘有金叶，花蕊处全都镶嵌着钻石，气质典雅尊贵。这块表果然被维多利亚女王相中了，博览会结束后一个月便被送到了她的手上。

据说百达翡丽还赠送给女王一块更厉害的吊坠表，编号 4536。表背的青金石蓝色珐琅上，有一束由玫瑰式切割的钻石构成的花朵。打开表背，可以看到百达翡丽的签名，以及“INVENTION BRÉVETÉE”的字样，说明这块表采用了翡丽的专利柄轴上链系统。

在维多利亚女王的影响下，王夫阿尔伯特亲王也入手一枚猎表[1]。

1　猎表又称猎装怀表，是一种带有保护盖的怀表，以保护表盘和镜面免受灰尘、硬物和其他影响而损坏。其名起源于英国，也被称为 "savonnette"，来自法语的肥皂（savon）一词。

维多利亚女王订购的怀表

从此“皇家制表师”的名号一炮打响，欧洲的王室开始纷纷订购，百达翡丽一下成为非富即贵的身份象征。

不少王室贵族将他家的怀表当作“爱的礼物”。像丹麦的路易丝王后，就买了一块送给丈夫克里斯蒂安九世，作为结婚25周年的礼物；西班牙公主路易莎·费尔南达也购入带有万年历的复杂功能怀表，送给丈夫蒙庞西耶公爵。

沙皇亚历山大二世的第二任妻子叶卡捷琳娜·多尔戈鲁科娃，也有一块百达翡丽怀表作为爱情信物。她本来是沙皇原配玛利亚皇后的女官，后来成为亚历山大二世的情妇，甚至被带到冬宫居住，玛利亚皇后死后，立马被娶进宫。不过亚历山大二世没多久就被革命党人炸死，叶卡捷琳娜也被迫迁居法国。她的这块表，表壳上刻着多尔戈鲁科娃家族的纹章，打开则是亚历山大二世穿便服的画像，仿佛在祭奠逝去的爱人。

有趣的是，亚历山大二世的父亲尼古拉一世，就是镇压了波兰十一月起义、迫使百达流亡日内瓦的那位沙皇，有时候人与人之间的联结就是这样奇妙。

教皇庇护九世也爱百达翡丽，有一块带有半刻报时系统的怀表，金表壳上刻着专属盾徽。爱屋及乌，他甚至给百达封了一个伯爵的头衔，来表彰他作为虔诚的天主教徒为波兰社区做出的贡献。

百达翡丽后来也很注重维护和教廷的关系，庇护九世的继任者利奥十三世就曾收到过一枚怀表，这是他上任一周年的贺礼。到了1971年，教廷甚至订购了3588块带有定制“教皇紫”色表盘的手表，作为送给红衣主教和贵宾的礼物。

不过当年买百达翡丽怀表最疯狂的，还是泰国的朱拉隆功大帝。

1897年，他旅行到日内瓦，一次性就购买了56块百达翡丽时计。其中有一块背面定制了暹罗（泰国旧称）王室的徽章，目前收藏在百达翡丽博物馆。

匈牙利科索维茨女伯爵的腕表

在这一时期，百达翡丽还出产了一块名垂钟表史的表。1868年，他们为匈牙利科索维茨女伯爵做了一枚腕表，这也是瑞士钟表史上的首枚腕表。在19世纪，腕表几乎都是被女士当作珠宝来佩戴的。百达翡丽的这块腕表，看上去就像是一个金手镯，造型仿佛三联画一般，并排镶嵌着三颗巨大的钻石，并且以黑色珐琅装饰。打开中间的钻石表盖，就会露出白色的珐琅表盘，华丽又精致。

百达的美国探险

绘有华盛顿头像的百达翡丽怀表（右）

百达是一个很有环球视野的老板，在欧洲瞄准王室贵族的同时，也不忘开拓新兴的美国市场。之前参加博览会的时候，他就展出了一款绘有华盛顿画像的怀表，结果还真被一位芝加哥商人看中，以高价购入。

当时的美国正值西进运动的高潮，国内市场急剧扩大，无疑是一片蓝海。为了打开新市场，百达决定亲自去美国走一遭。这次旅行成果巨大，但过程也极为艰辛。

当时从欧洲去美国只能坐船横渡北大西洋，原本计划用时 10 天，结果百达的船遭遇风暴，延迟 4 天才到达。好不容易下了船，他又走进了黑帮横行的“罪恶之城”。即便他住了最贵的酒店，房间还是被撬了，行李自然没有幸免，值钱的金器被洗劫一空。

破财还是小事，更可怕的是要命。在周游美国的旅程中，百达遭遇了煤气罐爆炸、汽船撞船、陷入 4 米深的雪堆以及风湿病的侵袭，演出了一部美国版“人在囧途”。在写给同事的信里，他自嘲说“上帝是我受苦受难的唯一见证”。即便如此，百达还是克服困难，探索了纽约、波士顿、费城、华盛顿、新奥尔良、圣路易斯和芝加哥等多个城市才返回欧洲。

不过有趣又暖心的是，为了不让妻子担心，百达隐瞒了去美国这件事，一路上的家书全靠编。等他回到日内瓦，百达太太还以为老公去英国旅游了。

虽然一路上的遭遇仿佛西天取经，但百达也收获了一个至关重要的合作伙伴。

他在纽约见到了蒂芙尼（Tiffany）的创始人查尔斯·路易斯·蒂芙尼[1]，并签下了 150 枚时计的大订单。从此蒂芙尼成了百达翡丽在美国最大的经销商客户，合作关系一直持续到今天。蒂芙尼也是美国境内唯一被授权可以在百达翡丽时计之上落款的官方零售商。

表盘上有 Tiffany & Co. 字样的表如今是拍卖会的宠儿，之前一款

---

1 查尔斯·路易斯·蒂芙尼（Charles Lewis Tiffany）1812 年生于美国康涅狄格州，1837 年从父亲那里借了 1000 美元，在纽约市开了一家小型文具和礼品店。虽然第一天的总营业额只有 4.98 美元，但这家店之后却迅速成为知名精品店。1848 年欧洲革命时，蒂芙尼大量收购欧洲贵族的宝石，使美国精英阶层首次得以在国内购买大件珠宝首饰。1853 年，蒂芙尼纽约第五大道旗舰店入口处约 2.7 米高的 Atlas 时钟揭幕，这是纽约最古老的公共时钟。1866 年，蒂芙尼还推出了美国第一款计时码表。

蒂芙尼发行的 Ref. 2499 粉红金万年历计时腕表，曾以 2350 万港元的拍卖价成为当时亚洲拍卖史上最贵的腕表。

百达这边豁出命来拉生意，翡丽也没闲着。1856 年，百达翡丽第一款计时表诞生，计时精度达到 1/4 秒。据说翡丽做这款表的灵感来自百达的来信，他在信中说美国人需要“能把马的速度计时到 1/4 秒”的时计。此后的 35 年里，他完善了柄轴上链系统，发明了“滑动”弹簧，为精确调时装置和用于怀表的万年历机芯申请了专利，并且在 1867 年的巴黎世博会上收获了金奖。

1877 年 3 月，百达先生在日内瓦去世，享年 66 岁。他的儿子对于管理公司并没有兴趣，于是翡丽先生的儿子埃米尔·翡丽与女婿约瑟夫·贝拿希–翡丽接管公司，并主导了公司的全球扩张。

1887 年，百达翡丽启用了沿用至今的品牌标识，由骑士的剑和卡拉卓华十字组成。如果说宝剑象征着勇敢，十字象征着智慧，它们放在一起就好像百达和翡丽两位创始人的组合。

百达翡丽北京源邸的翡丽先生画像与百达翡丽品牌标识

这样的创业组合，直到今天都是一种很有代表性的模式。两个合伙人，一个懂得营销和推广，富有远见和洞察力，一个是技术高手，能够做出创新产品。如果要类比的话，百达就像是乔布斯，而翡丽则是沃兹尼亚克。

就像歌词里唱的——“没有人能随随便便成功”。和很多制表品牌的创始人相比，百达的起点是非常低的，他既没有出生在传承几代的制表师家族，也没有在一地建立深厚的根基，他是一个门外汉、一个流亡者，在机缘巧合之下闯入了制表业的领地。

但百达是一个能把烂牌打好的人，他有着精准的眼光，不论是看市场还是看人；在遭遇动荡和困境时，他永远是不被现实打垮、对未来抱有希望的那一个。最令人佩服的，还是他的行动力，不论艰难险阻，百达总是有办法克服。这些也是他从低谷逆袭的秘诀。

拿破仑战争之后，欧洲进入了一个相对和平的时期，瑞士在这段时间赢得了国家的中立地位，制表业也进入了一个“创业时代”。

第四章

CHAPTER FOUR

表坛诸侯烽烟并起，百年品牌如何打赢商战？

拿破仑战争最大的影响是什么？两个字：格局。

当然这并不是拿破仑想要的格局，恰恰是他的失败，给了对手们规划格局的机会，也就是“维也纳会议”。所谓的维也纳会议，并不是指一次会议，而是 1814 年到 1815 年间一系列会谈的总称，大佬们在谈笑间就把大事儿敲定了。

这些会谈中的一个重要议题，就是如何处置拿破仑建立的那些卫星国。比如百达的祖国波兰（华沙大公国），作为拿破仑的前线傀儡国，直接被宣判了死刑。瑞士其实也被拿破仑征服过。早在 1798 年，他的大军就打着解放瑞士人民的旗号，开进了这个横亘在法国和奥地利之间的战略要地，建立了一个“赫尔维蒂共和国”。

同样被强国环伺，同样当过拿破仑的附庸，然而瑞士受到的待遇和波兰有着天壤之别，不仅没有遭遇大棒，还争取到一块糖——被国际法承认的中立地位。直到今天，这都是瑞士的名片。

从此以后的两百多年，瑞士再也没有卷入任何一场外部战争，包括规模和毁灭性空前的一战和二战，只是在 1847 年发生过一场号称“独立联盟战争”的内战，这也是瑞士迄今为止发生的最后一次战争。

中立带来的和平，给瑞士制表业创造了完美的发展环境，而传统行会制度的衰落也带来了一个新的变化——做表不再只是为了制表师个人的生计，而是要形成品牌与传承。

所以 19 世纪堪称瑞士制表业的“大创业时代”，也是一个诸侯并起的“战国时代”。今天我们耳熟能详的众多品牌，都诞生在这一时期，按时间排序分别是：

1819 年，江诗丹顿创始人让-马克·瓦舍龙的孙子雅克-巴瑟米·瓦舍龙（Jacques-Barthélemi Vacheron）与商人弗朗索瓦·康斯坦丁（François Constantin）合伙。

1830 年，路易斯-维克多·鲍姆和塞莱斯汀·鲍姆两兄弟在瑞士的小村庄莱布瓦（Les Bois）创立钟表经销店，成为名士（Baume & Mercier）的前身。

1832 年，制表师奥古斯特·阿加西（Auguste Agassiz）和两位律师合伙人，一起开了一家名叫 Raiguel Jeune & Cie 的公司，后来改名叫 Longines（浪琴）。

1833 年，在汝山谷边缘的勒桑捷（Le Sentier），安托万·勒考特（Antoine LeCoultre）建立了一家集合各种钟表技术的小型制表工坊；104 年后，制表师爱德蒙·耶格（Edmond Jaeger）加入进来，于是便有了今天的积家（Jaeger-LeCoultre）。

1839 年，波兰商人安东尼·百达在日内瓦与同乡沙柏一同创业，后来又与制表师阿德里安·翡丽合伙，诞生了百达翡丽。

1846 年，23 岁的制表师尤利西斯·雅典（Ulysse Nardin）在汝山谷的力洛克创立了自己的公司，主攻航海钟。

1848 年，路易·勃兰特（Louis Brandt）在拉绍德封创立了 La Generale 钟表公司，后来他的两个儿子将公司改名为 OMEGA（欧米茄）。

1853 年，力洛克的查尔斯-费利西安·蒂索（Charles-Félicien Tissot）与儿子一起，把自己的房子改建成一个小小的工厂，天梭

（Tissot）由此诞生了。

1860 年，路易·尤利斯·萧帕尔（Louis-Ulysse Chopard），在汝拉山区的松维利耶建立起以自己名字缩写命名的 L.U.C 制造公司，也就是萧邦（Chopard）的前身。

1865 年，22 岁的乔治斯·法福尔–杰科特（Georges Favre-Jacot）在力洛克建立了自己的制表厂，后来他给这家公司起了一个浪漫的名字——ZENITH（真力时），意为“天空中的制高点”。

1868 年，来自美国波士顿的工程师佛罗伦汀·阿里奥斯托·琼斯（Florentine Ariosto Jones）不远万里来到瑞士的沙夫豪森，在莱茵河畔建立起机械制表工厂。公司的名字叫作国际钟表公司（简称 IWC），国内将之翻译为万国表。

1874 年，在汝拉山区的小村庄仙子坡（La Côte-aux-Fées），乔治·爱德华·伯爵（Georges-Édouard Piaget）开启了自己的事业，创立了以家族姓氏命名的品牌伯爵（Piaget）。

1875 年，两位自幼相识的伙伴决定在汝山谷的小镇布拉苏斯开设制表作坊，品牌的名字就取他们两个的姓氏：Audemars Piguet(爱彼)。将近 150 年之后，爱彼依然由创始人的后代经营，成为唯一一个至今仍由创始家族掌管的高级制表品牌。

1881 年，阿奇尔·迪茨希姆（Achille Ditesheim）在拉绍德封开办公司，20 多年后已经拥有 150 名工人，并用当时流行的人造语言世界语，将品牌名改为 Movado（摩凡陀），意思是“持续运动”。

1884 年，制表师里昂·百年灵（Léon Breitling）在圣伊米耶（St. Imier）创立了以自己姓氏命名的公司，他家的时计将在二战中及战后大放异彩，成为飞行员的挚爱。

1888 年，卡尔·弗雷德里希·宝齐莱（Carl Friedrich Bucherer）在瑞士中部的卢塞恩成立第一家精品店，销售手表和珠宝，宝齐莱家族开始经营他们的同名品牌直到今天。

1888年，阿道夫·库尔特（Adolf Kurth）和阿尔弗雷德·库尔特（Alfred Kurth）在索洛图恩州的格伦兴开办了一家只有3个人的制表小作坊，到1938年已经发展成有250名员工的工厂，并改名叫Certina（雪铁纳），取自拉丁语，意思是“放心”。

……

这些创立于19世纪的品牌，至今依然是瑞士制表业的支柱。在当年的瑞士西部制表带，制表工坊可谓遍地开花，但商场如战场，很多工坊都湮灭在历史的长河之中，在百年后依然能留下名字和产业的，都算得上是商战的胜利者、创业成功的典范了。

在这一章中，我们会重点探索江诗丹顿、积家和爱彼三个品牌的创业故事。这三个故事分别讲了三件事：什么样的组合搭配起来效率最高，开什么样的工厂能做大做强，家业怎么传才能屹立不倒。而通过这三个故事，我们也会发现创业成功的三个关键——找对人、做好产品、找准定位。

江诗丹顿：创业最重要的是找对人

在上一章中，我们提到百达翡丽这个品牌名字是创始人安东尼·百达和后来的合伙人阿德里安·翡丽姓氏的组合。这种起名方式，在瑞士制表界是非常常见的，比如后面会讲到的积家、爱彼的名字都是两个合伙人的姓氏组合。

江诗丹顿位于日内瓦Tour de l' Île地区的工坊（1843年）

那么江诗丹顿呢？有不少人会按惯常思维，觉得这个品牌就是“江诗先生”和“丹顿先生”一起搞起来的，其实并不是这样。江诗丹顿的全称是 Vacheron Constantin，粤语地区将之译为华沙朗 · 江诗丹顿。因此，江诗丹顿只是品牌名的一部分，而且从历史上讲，被省略掉的“华沙朗”才是真正的创始家族，而“江诗丹顿”其实是很多年之后才入伙的后来者。

那么“华沙朗”和“江诗丹顿”究竟如何相遇，“江诗丹顿先生”又是如何把自己的名字写入品牌的呢?

子承父业

在本书的第一章，我们认识了江诗丹顿的创始人让-马克 · 瓦舍龙[1]，卢梭的这位好朋友是日内瓦最具代表性的“阁楼工匠”，早在1755年就建立了自己的工坊，属于今天这些瑞士品牌里最早的创业者之一。

在当年的瑞士，制表师是一项父子相传的职业，产业也十分兴盛，从业者大约有 2 万人。让-马克 · 瓦舍龙的两个儿子长大后，也都进入家族的工坊工作。

1785 年，距离让-马克创业正好 30 年，他决定退休，让次子亚伯拉罕 · 瓦舍龙（Abraham Vacheron）继承家业。结果亚伯拉罕接手没多久，法国大革命就爆发了。作为法国的邻居，日内瓦也陷入了革命派和保守派的权力斗争，并引来了法国的干涉。1795 年成立的法国督政府就对日内瓦工坊的钟表下达了进口禁令，理由很是奇特——这些钟表使用了敌国英国产的钢。到了 1798 年，督政府更直接占领了日内瓦。

局势纷扰，但亚伯拉罕依然保持着乐观的心态，勉力维持工坊的运营，还制作了第一批珠宝时计。除了坚持做表，他还花大力气培养

1 因为 Vacheron 和 Constantin 既是品牌名又是姓氏，为了做出区别，下文中 Vacheron 作为品牌名时称“华沙朗”、作为家族姓氏时称“瓦舍龙”，Constantin 作为品牌名时称“江诗丹顿”、作为人名时称“康斯坦丁”。

了自己的继承人，也就是他的儿子雅克-巴瑟米·瓦舍龙，而他将成为江诗丹顿举足轻重的人物。

时间到了1805年，这一年拿破仑在战场上所向披靡，一度占领奥地利的首都维也纳，之后又在奥斯特里茨打败了俄奥联军。而此时的日内瓦，已经是“莱芒省”的首府，成为法国的一部分。

也是在这一年，瓦舍龙家发生了两件大事，一喜一悲。喜的是，亚伯拉罕18岁的儿子雅克-巴瑟米出师，做出了瓦舍龙工坊的第一枚闹响时计；悲的是，让-马克·瓦舍龙去世了。

江诗丹顿双面黄金怀表（首枚万年历怀表）

此后只过了5年，让-马克创立的工坊便交到了第三代的手上。和守成的父亲亚伯拉罕不同，雅克-巴瑟米在制表和经营两方面都表现出了相当的雄心。在他的带领下，工坊开始制作更多带有复杂功能的时计，比如能够发出两种不同音调的音乐表。与此同时，雅克-巴瑟米也始终关心着工坊的经营情况，不过他所面对的形势比父辈还要严峻。

乱世历险

1812年，拿破仑远征俄国失败，开始走下坡路，反法联盟多路出击，欧洲再次烽火遍地。被法国占领的日内瓦经商环境依然相当恶劣。

瓦舍龙工坊的日子自然也不好过，毕竟身处乱世，达官贵人们早就没了心思购买昂贵的时计。为了增加收入，雅克-巴瑟米不得不搞起副业。比如做布料生意，这倒是瓦舍龙家的老本行，在让-马克从事制表业之前，他家一直是织造世家。除此之外，雅克-巴瑟米还从奢侈品行业一步跨入快销行业，当起了酒贩子，售卖樱桃白兰地。

当然，除了副业，为主业拉投资、找销路也是他的主要工作。早期他主要靠在巴黎的舅舅巴瑟米·吉罗开拓市场，还和制表界大人物宝玑搭上了关系，成了他的供应商。和宝玑一样，雅克-巴瑟米也娶了一个富商的女儿，还把小舅子发展成了合伙人。从事冶铁业的岳父家把资金注入了他的工坊，加之不断外出推销，销路渐渐打开，除了法国的巴黎、诺曼底，他还拓展了米兰、都灵等地的市场，未来的撒丁王国国王卡洛·阿尔贝托也成了他的客户。

然而在19世纪初，外出推销依然是一件风险很高的事。那个年代没有火车，也没有汽车，乘马车出行带来的只有旅途劳顿。动乱的局势让治安也很堪忧，特别是意大利。当时的欧洲不仅没有一个叫作意大利的统一国家，亚平宁半岛更是在拿破仑失败之后重新回到了四分五裂的状态，很多地方盗匪横行。

据江诗丹顿官方史料的记载，雅克-巴瑟米曾经在信中这样形容自己的旅程：

“这段旅程充满了不安全因素。不仅如此，一路上我们总会不间断地发现钉在柱子上的四肢，这些是犯谋杀罪的强盗被执行死刑的地方……我们全副武装，并决心一直保护好自己，毫不犹豫、毫不退缩地前进。”

虽然在信中给自己打气，但雅克-巴瑟米还是感到害怕，怕自己遭受意外，一家老小无人照料，甚至越发强烈地想回到工坊，重新当一名工匠，好好教导自己的儿子。于是一个迫切的问题摆在了面前，他需要找到一个有能力又有探险精神的人来当“首席营销官”。想来想去，雅克-巴瑟米想到了一位熟人——弗朗索瓦·康斯坦丁。

这位后来成为品牌化身的“江诗丹顿”先生在1819年入伙时，距离品牌创立已经过去64年了，而且他从未见过创始人让-马克·瓦舍龙。能与之相比的，大概只有积家后来的合伙人爱德蒙·耶格了。

雅克-巴瑟米·瓦舍龙（左）与弗朗索瓦·康斯坦丁（右）

但康斯坦丁能把自己的姓氏写入品牌名，就说明他在品牌发展过程中起到的作用是巨大的，而历史上，他也确实是一位关键先生。

弗朗索瓦·康斯坦丁生于1788年，比雅克-巴瑟米小几个月，也是日内瓦的同乡。作为一个谷物商人的儿子，康斯坦丁年纪轻轻就开始了自己的推销事业，也锻炼了商业头脑。后来日内瓦的制表大师让-弗朗西斯·布特雇用了他。

因为身处同一个圈子，且都要经常出门销售钟表，雅克-巴瑟米和康斯坦丁一来二去就熟识了。对于康斯坦丁的能力，雅克-巴瑟米也非常认可，所以当需要挖人的时候，他马上就想到了对方。

正巧康斯坦丁当时已经从布特的公司离职，有自己创业的打算，但雅克-巴瑟米还是说服了他。原因很简单，瓦舍龙家的工坊虽然规模比不上布特的公司，但三代经营积累的口碑很不错，而且也打开了国外市场，正处在上升期。而另外一个理由，则让康斯坦丁彻底心动：只要来瓦舍龙公司，就能直接当合伙人，从此告别打工人的身份。

这正是康斯坦丁想要的，所以他很快就接受了雅克-巴瑟米的邀请。Vacheron et Constantin 公司正式成立（之后我们还是按习惯将之称为江诗丹顿）。

精益求精

江诗丹顿的创业史，可以说是一部制表技术与商业推广相辅相成的历史。只不过从雅克-巴瑟米的一肩挑，变成了两个伙伴的协同作战。

弗朗索瓦·康斯坦丁也没有辜负期望。从上任那天起，他在外奔波了30年。而当他1854年去世时，江诗丹顿的市场早已不止法国、意大利，甚至已经把表卖到了中国、美国、巴西、荷属东印度，为荷兰亲王做表，当俄国沙皇的供应商。

这一时期，江诗丹顿的成功离不开制表师与销售者的精诚合作，其中的秘诀总结起来不外乎三点。

第一点是品控意识，毕竟卖表也是卖口碑。

康斯坦丁在1819年7月5日写给雅克-巴瑟米的一封信里说："悉力以赴，精益求精，我们将成为市场的主宰。这是我的理想，让我们共同实现。"这句话的前八个字，后来被品牌奉为座右铭。

从早期的问表到后来的标准化生产，江诗丹顿不断摸索。以标准化为例，在他们生活的19世纪前30年，第一次工业革命正在如火如荼地展开，蒸汽动力迅速普及，旧有的行会师徒作坊式生产制度正在面临机器生产的挑战。雅克-巴瑟米意识到机械时代已经到来，而传统作坊标准不一的零件生产导致几乎没有两件机芯是完全相同的，这意味着极大的成本浪费。

因此早在1826年，江诗丹顿就开始研究标准化问题，但直到1839年才有了突破。而这次又是因为找对了人——制表师兼发明家乔治-奥古斯特·雷绍特（Georges-Auguste Leschot）成为技术合伙人。

雷绍特发明了很多当时的"黑科技"，比如1小时能生产150个发条盒的制造机、砂轮抛光机等等。但其中最重要的，是一种用于制表的比例绘图仪。这个仪器被安在一个工作台上，堪称那个时代的"3D

打印机”，可以以固定的尺寸“复制粘贴”各种零部件，无论是批量生产还是可替换零件，都能以更加简单快捷的方式实现。这个仪器不仅获得了“日内瓦工业最具价值的发明”称号，也对整个瑞士制表业的发展产生了非常深远的影响。

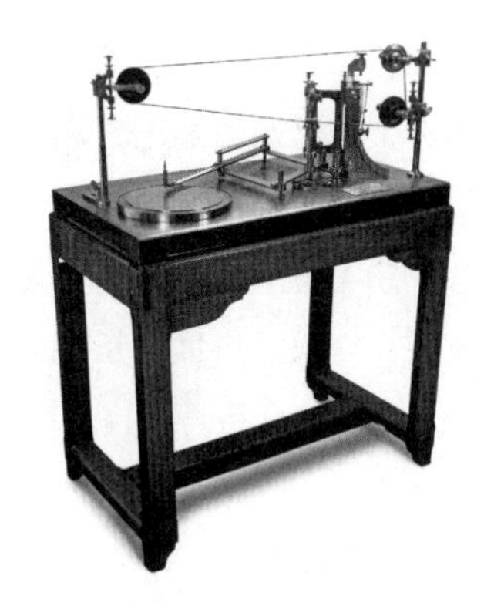

雷绍特发明的比例绘图仪

雷绍特还推动了江诗丹顿的制表使用杠杆擒纵机构，提高精准度，并开发了相应的生产机器。这些新产品日后也给弗朗索瓦·康斯坦丁提供了不少“炮弹”，当客户问起是否有新品时，他总能适时地推销出去，在市场上占领先机。

第二点是灵活的市场策略。

弗朗索瓦·康斯坦丁刚接手营销的时候，工厂就在时计线之外开辟了珠宝线，延续被加尔文中断的“日内瓦珠宝”传统，品类也多。即便有钱的客户不想买表，珠宝也能先把他们抓在手里。公司也会针对某一市场客户的喜好来开发产品，比如有一款黄金怀表，运用内填珐琅工艺和手工雕刻绘制了一幅意大利亚平宁半岛的地图，就相当对当地有钱人的胃口。这种做法其实和当下机械腕表奢侈品化、走高端路线十分相似，历史有时候更像是一种轮回。

19 世纪 40 年代前后还流行起女士佩戴的小型猎装怀表，是一种装饰性的时尚单品。这一股风潮刚起来时，江诗丹顿就顺势推出女士时计，尺寸更为小巧，以黄金点缀珐琅彩绘。可见当时产品开发与市场观察结合之紧密。

1889 年江诗丹顿推出的女士腕表

这种灵活也体现在国际视野上。当法国

的业务因为七月革命陷入低迷时，江诗丹顿和安东尼·百达又想到一起去了，那就是去开拓美国市场。他们通过钟表商约翰·马格宁（John Magnin）在纽约设立代理处，把精美的时计卖给美国精英。19 世纪 30—50 年代，正是美国西进运动的高潮期，一面是印第安人和黑奴的血泪，一面是迅猛增长的暴发户。新贵们也正需要来自欧洲的奢侈品装点身份，江诗丹顿这一次又正中顾客的下怀。

悉力以赴

成功要素的第三点则是一种精神。我们讲钟表史的时候，常常感佩于制表师那种精于钻研、精益求精的匠人精神，其实从品牌史的角度看，那些开拓市场的人所具备的“冒险家精神”，也同样值得敬佩。

弗朗索瓦·康斯坦丁就是这样一个“冒险家”，他代替雅克–巴瑟米，踏上了那些并不太平的旅途。

他的主要活动市场意大利，就是当时最为动荡的地区之一。维也纳会议恢复了拿破仑战争前封建邦国林立的状态，其中很多都受奥地利控制。民族主义者们则联合到一起，成立烧炭党等秘密组织，希望建立一个自由统一的意大利，并展开武装斗争。而在都灵，皮埃蒙特的革命者们也在 1921 年发动起义。驻军揭竿而起，迫使撒丁王国国王维托里奥·埃马努埃莱一世退位，当时弗朗索瓦·康斯坦丁就在城中，亲身经历了这场动乱。

没想到将近 30 年后，康斯坦丁又在意大利亲历了 1848 年的邦国革命。他的老客户、撒丁国王卡洛·阿尔贝托对奥地利宣战，之后爆发了佩斯奇拉围城战役，皮埃蒙特人从奥地利人手中夺取了这座城市，并进行了 6 周的艰苦防御，这些都被康斯坦丁看在眼里。

他的旅途也因此总是充满艰险。比如遭遇桥梁被毁，不得不坐着小艇横渡激流；也曾在路上遭遇暴风雨、泥石流，山上滚落的巨石让危险无处不在……

康斯坦丁就是在这样的不断冒险中奔走于各地，不断打开着新的市场。

所以说，创业找对人真的很重要，雅克-巴瑟米如果继续勉强自己，做不喜欢的事情，最后可能技术和市场都搞不好，瓦舍龙工坊也会渐渐消失。而正是因为他找到了康斯坦丁，他的技术和产品才有了销路，不仅卖进王室，还越过大洋，最终成为世界级的品牌。而康斯坦丁如果没有雅克-巴瑟米和雷绍特的好产品打底，也会像一个没有带枪和子弹就上战场的士兵，即便推销技巧再高超，也不可能真正打动目标客户。

江诗丹顿位于日内瓦 Quai de l' île 地区的工厂（1906 年）

这不禁又让人想起他写下的江诗丹顿的座右铭，如同对这对合作伙伴的完美总结：瓦舍龙与康斯坦丁“精益求精，悉力以赴”，他们合在一起，才真正造就了江诗丹顿这个品牌。

积家：制表界的“硅谷极客”

19 世纪的瑞士制表匠，和 21 世纪的程序员一样，做的都是高精尖的事，创业也爱扎堆。

就像今天美国的科技公司，主要集中在两个地方——西雅图和硅谷，前者有微软和亚马逊，后者更是集合了苹果、谷歌、脸书一众。如果要类比到瑞士制表界，日内瓦就像是西雅图，这里有百达翡丽和江诗丹顿，而汝山谷则是“制表业的硅谷”，大部分的知名瑞士表品牌都从这里起步。

硅谷和汝山谷相似的地方不仅仅是“谷”字，它们的兴起都离不开人才。这两个地方甚至在气质上都非常相似，都带着深深的“理工男”属性，“极客”遍地。硅谷的创业者们之所以成功，是因为做出了人人爱用的互联网产品，同理，汝山谷的制表师能成功，也离不开好产品。

如果要在汝山谷选一个“极客”代表，那就不得不提安东尼·勒考特，一位“制表界的发明家”，而他创立的品牌今天叫作 Jaeger-LeCoultre，有个寓意很好的中文名——积家，不禁让人想起《易经》中的“积善之家，必有余庆”。

才华初露

勒考特家族其实是汝山谷的老住户了，历史可以追溯到 16 世纪。

他家的祖先名叫皮埃尔·勒考特（Pierre LeCoultre），算是最早的一批“新教难民”，为了躲避宗教迫害，从法国逃到了加尔文执政的日内瓦，并在 1558 年获得了日内瓦的“居民”身份。不过“创业精神”似乎隐藏在这个家族的基因里，不安于现状的皮埃尔，拿到日内瓦“户口”的第二年，就跑去汝山谷“开荒”，获得了一块位于汝湖西南岸、被森林覆盖的土地。

他带人在这里砍掉树木、建造房屋、种植谷物、饲养家禽，慢慢就形成了一个小小的社区。皮埃尔的儿子在当地建立了一间教堂，从此这片荒地有了正式名字——Le Sentier（勒桑捷）。勒考特家族就在这里繁衍生息。时间一下就过了将近 350 年，此时的勒考特家，有一位叫作雅克-大卫的后代，是个铁匠，尤其擅长打造小型金属物件。

这位雅克-大卫正是安东尼·勒考特的父亲。作为铁匠之子，安东尼从小就心灵手巧，展露出打造精密机械的天赋，11 岁就能做削鹅毛笔笔头的刀片，16 岁学会做八音盒的组件。

安东尼 25 岁的时候，决定学习制表。他离开汝山谷，在日内瓦的制表学校学习了不到一年的时间，第二年回到故乡便开始了自己的制表师生涯。和普通的制表师不同，安东尼一出手就不同凡响，出品了一种以硬钢制作的齿轮，更重要的是，他在制作中采用了机械辅助制作与抛光的方式，这种机具可以切削出标准的钟表齿轮，从而规避掉手工制作中的不规范，极大提升了品质和生产效率。

1833 年，安东尼 30 岁。他离开了父亲的锻造工厂，白手起家在老家的一所旧房子里建立了属于自己的工坊，这也标志着积家的诞生。

大发明家

作为“发明达人”的安东尼·勒考特，对“精密”二字有着极为执着的追求。他的代表作很多，尤其值得一提的，是 1844 年发明的微米仪。

1 微米相当于 1 米的百万分之一，1 毫米的千分之一。人头发的平均直径大概是 100 微米，棉纤维的宽度一般为 10 微米，红细胞的直径约为 7 微米，有些细菌长度只有 1 微米。微米几乎是我们肉眼可见的微小的极限，而安东尼发明的微米仪，最小测量单位就是 1 微米。

这是一个划时代的发明，是当时世界上最为精确的测量仪器。曾经，微米只是一个理论上的概念，安东尼让这个度量概念具象化，这对钟表业更是意义深远。钟表业常以微米表示误差，微米仪的出现，极大地缩小了容限公差。钟表的零件不仅能够做得更小，还能够做得更

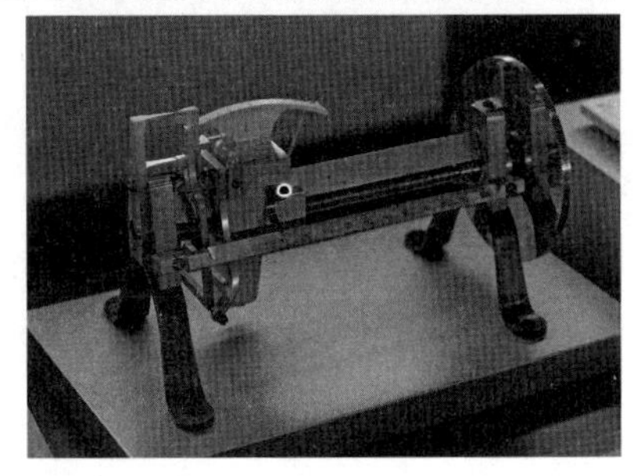

微米仪

精准。

安东尼的发明还直接影响了今天腕表的形态。今天腕表的上链系统一般分为手动上链和自动上链，很多爱表人士对手动上链情有独钟，认为这是把玩腕表的一大乐趣，亲手为爱表上链也成了一件很有仪式感的事情。

我们如今能享受到这份乐趣，也要感谢安东尼·勒考特。他在1847年发明了一种“表冠旋动式上链系统”。只需拨动一个表冠，就可以上链或调校时间，这个设定也一直被沿用到了今天。而在这两个功能之间切换时，也只需按动表冠旁的一个按钮，既简单又不容易损伤时计。

除了喜欢搞发明，安东尼·勒考特对钟表制造方式的改进也走在时代的前端。他很早就意识到齿轮是一块好表的灵魂，因此在创业之前，他就开发出了制造标准齿轮的机具，之后也不断改进。这也让勒考特公司成为瑞士制表业数一数二的齿轮供应商。而且他家生产的齿轮不仅质量好，还是规格化的，坏了随时可以找到替换品。在那个手工作坊的时代，安东尼无疑是工业化的先行者。

1851年，伦敦举办了一场万国工业博览会。在这场博览会上扬名立万的，不只有获得维多利亚女王青睐的安东尼·百达，安东尼·勒考特也获得殊荣，评审团颁发给他金奖，以表彰他在精密制表方面的成就。

不过安东尼的创业之路，也不都是一帆风顺的。他本人是个机械天才，但管公司管钱却不太灵。再加上1858年欧洲暴发了天花疫情，工厂近乎停工，一下子就到了破产的边缘，安东尼一度穷到要卖掉自己的金表来还债。

还好他在当地的声望很高，政府愿意帮他托底。但公司也必须重组，起码要有一个善于理财的人来管账。一如江诗丹顿的雅克–巴瑟米遇到弗朗索瓦·康斯坦丁，安东尼也找到了自己的合伙人奥古斯特·博尔戈（Auguste Borgeaud）上校，公司改名为LeCoultre-Borgeaud &

Cie。博尔戈是一个很有商业才能的人，对公司业务的扩张做出了很大贡献。

革新工坊

当然，勒考特公司的再度兴起，还离不开一个人，那就是安东尼的儿子埃利·勒考特（Elie LeCoultre）。

安东尼和埃利大刀阔斧地革新了生产方式，一边收购房舍扩建厂房，购置蒸汽机，把小作坊变成真正的大工厂，一边收编散落在汝山谷中的各种小工坊。我们讲瑞士制表地理的时候曾经提到，汝山谷的制表体系是家庭作坊式的，每一家术业有专攻，有的做发条，有的做齿轮。但到了安东尼父子这里，他们决心改变这种模式，让这些掌握不同制表技术的小工坊集中到一起，并在1866年开设了汝山谷第一家综合型制表厂。

后来，他家的表厂得了个称号，叫作汝山谷大工坊（Grande Maison of the Vallée de Joux）。能被叫“大工坊”也是有原因的。

第一，集中的工艺多。积家表厂将所有的工艺流程，从最初的零件加工，到最后的艺术修饰（如珐琅、宝石镶嵌），都统一到了一间厂房之内，到如今仍是为数不多能将180多种技艺汇聚在同一屋檐下的工坊。

再加上半机械化的加持，瑞士的制表业终于有了现代化的模样。很长时间以来，人们认为复杂手表的制作难度太大，无法通过快速方法制造，安东尼第一个克服这些障碍。1870年，勒考特工厂生产出了第一批以半机械化工序制作的复杂机芯，包括三问、计时等复杂功能。

第二，产量大。截止到1900年，勒考特的表厂研发出了350多枚机芯，光是三问报时机芯就制造出上百枚，而这个数字到今天已经超过1200款。如果说创始人的个性往往会奠定品牌的个性，那安东

积家早期专利文件

尼·勒考特这种爱钻研的理工男精神直到今天都依然被积家继承着。勒考特机芯的出口量很大，很多高级品牌也会采购他们的半成品机芯。

第三，工人多。1888年，表厂所在的沃州进行了一次行业统计，勒考特的大工坊在当时就已经雇用了480名员工，可以说是整个州首屈一指的大企业。进入20世纪之后，安东尼的孙子雅克-大卫·勒考特（Jacques-David LeCoultre）继承了公司，并和法国制表师爱德蒙·耶格成了合作伙伴，两个人一起在1907年打造了当时世界上最纤薄的怀表。1937年，勒考特公司正式改名为“积家”（Jaeger-LeCoultre）。

当然，如今这座工坊的占地面积变得很大，在老工坊的旁边又建起了现代化的新工厂，占地面积达到28000平方米。有趣的是，如今制表厂对面是一个养蜂场，积家在那里安置了10个蜂巢，在蜜蜂生长旺季会飞进50万~60万只蜜蜂，生产出“积家牌”蜂蜜。这是品牌的可持续发展措施之一，但钟表记者杰克·福斯特的看法更加浪漫，他在文章里写道：“人们不禁要问，为什么一个钟表制造商会有一个养蜂场，也许这是因为两者有着精神上的共性——勤奋的制表师与勤劳的蜜蜂。”

安东尼·勒考特在1881年去世，他的身份超越了制表师，既是发明家，也是革新者，后世有人称他为“瑞士制表之父”，这其实并不为过。虽然他不是最早制表的那一个，但却是最早走入现代的那个人。而他的经历也告诉我们，人应该努力把自己擅长的事情做到最好，且永远要想着比最好更好一点。

爱彼：两个家族四代人合作 150 年

“打虎亲兄弟，上阵父子兵。”这句话用来形容瑞士制表业再合适不过，绝大部分的瑞士表品牌都是以家族工坊起家的。但 100 年甚至 200 年的时光，足够改变很多事情。转型、收购这些商业操作，对于一个公司、一个品牌来说，都再正常不过了，于商业史上也屡见不鲜。在制表业，“城头变幻大王旗”也是经常上演的戏码，到如今很多品牌和创始家族的联系可能只剩下品牌名字本身。

然而在瑞士，却有一个格外特殊的品牌——爱彼。这个牌子真正在大众圈层里流行起来，也就是近几年的事情。各路运动明星、演艺明星的佩戴，也让人觉得这是一个在现代、运动、潮流中还带着些先锋感的品牌。

实际上，爱彼早在1875年就成立了，距今已经有近150年的历史，而且是一个传了四代的家族企业，爱彼（Audemars Piguet）这个名字就来自两个创始家族的姓氏。在经历了 100 多年的风云变幻之后，硬是坚持下来成了一根“独苗”——全球唯一一个仍由创始家族掌管的高级制表品牌，这算得上是一个奇迹了。

从这个角度看，爱彼当真是一个既不年轻又现代的牌子，论历史可以直追百达翡丽，论现代又不输宇舶、里查德米尔，这样的风格在瑞士制表界也堪称特立独行。

而爱彼的两个创始家族之所以能坚持到今天，当然首先要靠信念，但除此之外，找准自己的定位也很重要。在 150 年的发展历程里，爱彼始终是一个小而美的品牌，专注于表，在困难的时候能勒紧裤腰带坚持，在火爆的时候也不盲目扩张，真正配得上一句“不以物喜，不以己悲”。

下面，我们就走进这两个家族四代人的故事，探究他们 150 年亲密合作的秘密。

制表世家

构成爱彼的两大家族，一个是奥德马斯（Audemars）家族，一个是皮盖（Piguet）家族，他们都是汝山谷的名门望族。

据记载，奥德马斯家族的先祖早在1558年就定居于日内瓦，和积家勒考特家族的祖先在此定居正好是同一年。巧合的是，这个人之后也离开日内瓦跑到汝山谷扎下根来。

奥德马斯家从事钟表业可以追溯到19世纪初，由爱丽舍·邦雅曼和路易·邦雅曼两兄弟合伙建立起家庭工坊。皮盖家族则可能是在汝山谷居住了数百年的家族中最为古老的一支，同样以制表为业。

工作中的爱彼制表师

这两个钟表匠家族历史上都出过不少善于发明的能人。其中最出名的是路易·邦雅曼·奥德马斯（Louis Benjamin Audemars），他是爱彼创始人的祖父辈，和宝玑是同时代的人。早在拿破仑势力极盛的1811年，他就在布拉苏斯成立了自己的制表工坊，制造套件、齿轮等，后来改成Louis Audemars公司。

布拉苏斯位于汝山谷奥尔布河的左岸，靠近法国和瑞士的边境，行政上属于沃州管理，在冬天是个滑雪胜地。这个村庄其实非常小，直到今天也只有1000多人。15世纪的时候这里还是个放牧区，后来出现了炼铁厂，并在1567年建造了第一个高炉，到18世纪末又陆续建起了精炼锻造厂、炼钢厂和镰刀厂，这也为18世纪当地制表业的出现打下了基础。

路易·奥德马斯改良了宝玑机芯，将之扩展到了所有尺寸与厚度，而且生产的产品也多样化，比如超薄机芯、问表装置都可以做。他做的问表在当时的制表界很有名气，最知名的一款问表配备当时极其罕见的小时、一刻和半刻报时。他的公司还是开发无匙上链技术的先驱，路易的儿子埃克托曾制造出挂件式表冠上链的时计。翡丽加入之前的百达沙柏公司就一直从路易·奥德马斯公司订购半成品机芯，直到后来翡丽加入，才改用他的改进版无匙上链装置。

路易·奥德马斯虽然才华横溢，可惜天不假年，1833 年才 51 岁就离世了。这年安东尼·勒考特刚开始创建自己的制表工坊，如果路易还在世，后面的瑞士表坛不知又会变成怎样的格局。

不过奥德马斯的姓氏并没有因此湮没在历史里，因为这个家族又出了一位天才制表师，他就是爱彼的创始人儒勒·路易·奥德马斯（Jules Louis Audemars）。

横空出世

1851 年，儒勒·路易·奥德马斯出生在布拉苏斯。这年伦敦举办了万国工业博览会，安东尼·百达和安东尼·勒考特都在这场展会上获奖成名。

儒勒成长的时代，正是汝山谷制表业蓬勃发展，向品牌进化的年代。他的父亲弗朗索瓦就是一个典型的汝山谷山民，夏天种地、冬天做表，而且专做指针传动机构。受此影响，青少年时期的儒勒成为尼永的一名制表师的学徒，后来又成了一个非常优秀的刃磨工，还在家里有了自己的工作间。他在很年轻的时候，就展露出了精湛的技术。他完成学徒期出师时的作品是一个怀表，这块表不仅有星期、日期、48 个月的时间周期和月相显示，而且还有跳秒和二问报时的复杂功能。对于一个刚完成制表教育的学徒来说，这无疑是惊人的天赋和成就。

爱彼的另一位创始人爱德华·奥古斯特·皮盖（Edward Auguste

Piguet）出生于1853年，比儒勒小两岁，两个人在童年时期就是很好的朋友。和儒勒经历相似，爱德华后来也成了一名刃磨工。

爱彼创始人儒勒·路易·奥德马斯与爱德华·奥古斯特·皮盖

一开始爱德华是儒勒的供应商，随着合作越来越多，他们发现与其原地踏步地制作零部件，不如合伙一起做出更复杂的机芯和时计，干一番大事业。

于是在1875年，24岁的儒勒和22岁的爱德华在布拉苏斯联手开设了第一个工作坊，并且于6年后正式公证合作关系。儒勒提供18个已经完成的复杂机芯，爱德华提供10000瑞士法郎的股金，两个人共负盈亏。

爱彼公司早期标牌

除了明确股权的分配，在制表工作上，这对伙伴也有所分工。儒勒擅长制造复杂的机芯，爱德华则擅长调校。因此，两个人一个负责领导生产、监督产品开发，一个负责组装和品控，配合相当默契。

分工协作

创始人的个性往往能够决定品牌的个性，爱彼再次验证了这一点。在儒勒的领导下，爱彼并没有走当时流行的标准化批量生产的路线，而是从一开始就着力于开发复杂机芯与带有大复杂功能的时计。根据爱彼官方档案，从 1882 年到 1892 年，10 年间爱彼大约生产了 1600 枚时计，其中将近 80% 至少包含一项复杂功能。爱彼就是在此时找到了自己的定位，做高级精品而不是盲目扩张，直到今天都是如此，对于大复杂传统的坚持一直没变。

爱彼制表师当年的工作台

爱彼在 1897 年生产的一枚三问怀表

这一时期诞生了不少“史上第一”。比如世界上第一款具有三问功能的腕表机芯，后来被出售给了欧米茄的前身路易·勃兰特公司。

三问表是问表的一种，虽然“欧洲贵族夜里醒来，想知道时间却不愿点亮蜡烛”的说法并不一定真实，但是通过拨动表壳上的按钮带动报时装置，以小锤和簧条敲击发出乐音，具备打簧报时功能的问表，却早在 17 世纪末就由制表师们发明出来了。早期的问表包括二问表[1]、五分问表[2]等，而三问表要复杂得多，一般会在表壳侧面设置一个不显

1 早期的问表是“二问”，也就是可以报小时和刻钟。1687年，英国制表师爱德华·巴洛（Edward Barlow）和丹尼尔·奎尔（Daniel Quare）都声称自己发明了二问报时装置，并由此产生了专利权的争端，最终还是由国王詹姆斯二世裁定奎尔获胜。

2 1710 年，英国制表师塞缪尔·沃森 (Samuel Watson) 首次制造出五分问表，这个版本的问表按小时报时，但没有刻钟，而是以 5 分钟为增量来报时，在小时使用低音（咚），在 5 分钟使用高音（叮）。比如 2 点 25 分的报时音就是“咚、咚，叮、叮、叮、叮、叮”。

眼的拨杆，拨动拨杆，时计便会按照三种不同的声音来报出当前的小时、刻钟和分钟。

比如小时用低音（咚）表示，刻钟用高低组合的两个音（叮咚）表示，分钟则用高音（叮）表示。如果时间是 2 点 49 分，三问报时就会发出 2 次低音代表 2 小时，3 次组合音代表 3 刻钟（45 分钟），4 次高音代表 4 分钟，听起来就是“咚、咚，叮咚、叮咚、叮咚，叮、叮、叮、叮”，想要完美报时，就要设定 720 种不同的敲击音序。托马斯·马奇[1]、宝玑等制表大师，都曾致力于改进三问表。

一枚制作于 1909 年的爱彼怀表，具有万年历、大小自鸣、计时功能

三问怀表已经足够复杂，要小型化就更困难了。但爱彼还是在 1892 年将机芯做了出来，编号 2416，装配在路易·勃兰特公司的表上。这块表外观依然是怀表的样子，但却可以用细皮革表带固定在手腕上。

爱彼在 1882 年至 1892 年间制作的 1625 枚时计中，超过半数都具有报时功能，之后制造具有报时装置的时计也成了爱彼的品牌基因，包括三问、大自鸣[2]、

1　在很长一段时间里，马奇都被当作三问表的发明人。但后来专家又发现，早在 1710 年左右，德国弗里德贝格镇的某位不知名的制表师就已经做出了最早的三问表，马奇于是被认为在 1750 年改进了三问表的机制。

2　大自鸣被认为是报时功能中的巅峰，是传统三问表的升级，能够在无任何人力介入的情况下，以默认模式自动报小时和刻钟。当下能出产大自鸣腕表的品牌可谓凤毛麟角，爱彼在 1994 年推出首款大自鸣腕表。在大自鸣之外还有小自鸣，只在整点报时。

小自鸣等。而且爱彼求精不求多，直到今天，每年生产的三问表数量也不足40枚。

爱彼 Universelle 怀表

除了问表，1899年爱彼更是制造出了一枚超复杂功能怀表Universelle。机芯包含了1168个零件，集合了万年历、大自鸣、三问报时、双追针[1]、瞬跳秒针和直进式秒针、闹响等一系列令人目眩神迷的复杂功能。这不仅是爱彼制造过的最为复杂的时计之一，也是瑞士制表史上的一座里程碑。

爱彼也延续了"技术＋营销"的经典合伙人模式，儒勒负责技术研发，爱德华的重心则逐渐转向销售和管理。这对搭档的搭配，毫不逊色于江诗丹顿、百达翡丽。而随着儒勒作为制表大师的名声越来越响，爱德华也开始着手拓展市场，在世界范围内发掘客户。

1885年，爱德华就在日内瓦的莫拉尔广场13号开了一家分公司，毕竟相比于相对闭塞的汝山谷，日内瓦作为国际贸易中心，更容易做生意。3年后，爱彼在伦敦也开了分部，翌年爱彼凭借一枚大复杂功能时计在巴黎世博会中获奖，知名度大大提升。爱德华就顺势把生意做到了巴黎、柏林、纽约，甚至阿根廷的布宜诺斯艾利斯。

---

1 追针计时配备有两根计时秒针，可以同时进行两组（甚至以上）时间测量。例如在短跑比赛中，想同时测量A和B的跑步时间，就可以启动计时，两根计时秒针同时运作。A到达终点后可以暂停追针指针，另一个计时指针继续运行，在B到达终点后暂停，两针之间的差距即中间间隔时间。此时，再按下控制按键，记录A时间的指针便会"追上"记录B时间的指针，两根指针将继续同时运行。追针功能看似简单，但实际技术难度极高，甚至不逊于三问。如今的爱彼大复杂功能表款须兼备三问报时、双追针计时和万年历三项功能。

百年传承

爱彼在创业时和其他品牌不一样的地方，不只在于对复杂时计的专注，还在于对独立性的坚持，决策权始终掌控在创始家族的手里。

和前面提到的品牌一样，儒勒和爱德华首选的接班人，也都是自己的儿子。两个人的儿子都叫保罗——保罗·路易·奥德马斯（Paul Louis Audemars）和保罗·爱德华·皮盖（Paul Edward Piguet），都是从小接受制表教育，成了训练有素的钟表匠。

20 世纪第 2 个十年，两位创始人儒勒和爱德华都步入了晚年，对接班人自然要“扶上马，送一程”。1911 年，保罗·奥德马斯进入董事会；1917 年，保罗·皮盖被任命为厂长。

这期间，爆发了第一次世界大战，空前的战乱导致订购量骤降，爱彼陷入经营困难。即便是在这样的情况下，他们也不愿裁掉熟练工人。客户总有一天会回来，但人才一旦失去便难以挽回。将心比心，工人们也不愿意离开工厂。最后大家只能一致选择勒紧裤腰带干活，每周只做 4 天工，工资降 20%，终于挨过了战争时期。

然而告别的时候也到了。1918 年，儒勒·路易·奥德马斯去世，他的儿子接替他的工作，继续领导技术开发。第二年，爱德华·奥古斯特·皮盖也离开人世，其子同样承袭父业，接管商务。上一辈的合作与分工，就如此自然而然地传承到了第二代的身上。如此完整的继承，放眼整个制表业都是非常罕见的。

第二代继承人保罗·爱德华·皮盖与第三代继承人雅克·路易·奥德马斯

第二代接手后，爱彼继续坚持了走大复杂开发、追求超薄的精品路线，创造了很多世界第一：1915 年推出的史上最小的五分问怀表机芯，直径只有15.8毫米；1921年的第一枚跳时腕表[1]；有史以来最薄的怀表，机芯只有1.32毫米；第一枚镂空怀表；等等。而且它依然坚持“小而美”，在1950年之前，爱彼的制表师总数一直维持在10~30人。

更加神奇的是，爱彼的两个创始家族把这种传承与合作整整延续到第四代，直到今天。

这些继承者早早就进入公司，而且要从基层的岗位做起。像第三代掌门人之一，是创始人儒勒的孙子雅克·路易·奥德马斯（Jacques Louis Audemars），他1933年进入公司，就是从学徒做起，后来升任副厂长，直到1959年才接管技术部。

另一位创始人爱德华·皮盖的两个孙女也在公司工作。1962年，保罗·皮盖退休后，虽然选择了能力出众的老员工乔治·格雷（Georges Golay）[2]接管经营，但爱德华的其中一个孙女宝莱特·皮盖（Paulette Piguet）成为皮盖家族在董事会的代表。

目前，担任爱彼董事会主席的是创始人儒勒的曾孙女贾思敏·奥德马斯（Jasmine Audemars），她在1992年接过了父亲的职务。在此之前，贾思敏一直从事新闻业，当了12年《日内瓦日报》的主编，但她依然清晰地记得小时候看到的祖父和父亲的工作室，记得那些摆在架子上装满零件的盒子。现如今已经年过八旬的她，据说依然会每天自己开

第四代继承人贾思敏·奥德马斯

1 跳时表并非以时针显示时间，而是在数字视窗中显示，每到整点会从一个数字直接跳到另一个数字。

2 乔治·格雷生于1921年，24岁加入爱彼，1966年成为董事总经理直到1987年去世，他也是爱彼第一位不属于创始家族的总经理。

第四代继承人奥利弗·奥德马斯

着车，去公司上班。

她的搭档，是来自皮盖家族的奥利弗·弗兰克·奥德马斯（Olivier Frank Audemars），担任董事会副主席，60岁出头依然雄心勃勃。他虽然姓奥德马斯，但这其实是个巧合，奥利弗的母亲是创始人爱德华的孙女米歇尔·皮盖（Michele Piguet）。奥利弗之前是一位材料物理工程师，在2000年接替了他的姨妈宝莱特。制表是每一个爱彼继承人永生难忘的童年记忆，奥利弗也清晰地记得，小时候被外公带去公司，坐在制表师的旁边，亲手抚摸机芯的零件。

为什么爱彼的两个创始家族能够传承四代？除了每一代耳濡目染的家族传统，其实还有更深层的原因。第二代继承人保罗·皮盖曾告诉他的外孙奥利弗：我们不拥有爱彼这个品牌，我们只是它的管理者；我们考虑的是几代人，而不是季度报告。家族经营在很大程度上保证了爱彼的独立性，在延续传统的同时，对未来做出自己的判断。因此，即便现在品牌越来越知名，其销售额在2020年已经能排到瑞士钟表业的第6位，直逼百达翡丽，但其年产量却依然不到5万枚，要知道劳力士的年产量可是高达约100万枚，可以说爱彼是把“精致”坚持到底了。

回顾历史，爱彼面对的危机并不比任何一个品牌少。第一代时爆发了一战，第二代经历大萧条和二战，第三代则遭遇石英危机，但每一次都活了下来。奥利弗说，家族企业的核心就是人：你照顾他们，他们也照顾你。回顾历史，爱彼也是以这种管理者与工人互助的方式，挺过一战和大萧条。这大概就是两个创始家族经过四代所塑造出的品牌性格吧。

第五章

CHAPTER FIVE

南北战争助推工业化，瑞士制表遭遇“美国危机”

1863年11月19日，美国宾夕法尼亚州葛底斯堡，时任美国总统亚伯拉罕·林肯来到这座小镇，参加了葛底斯堡国家公墓的揭幕式。

在四个半月之前，葛底斯堡小镇经历了美国南北战争中最为血腥的一场战役。从7月1日到7月3日，战斗持续了3天。最终北军乔治·米德少将率领麾下的波托马克军团，抵挡住了南军罗伯特·李将军大军的进攻，从而终结了南军入侵北方各州的军事行动，这被认为是南北战争的转折点。

然而这场战役也留下了一个极为惨烈的战场，对战双方留下了超过7000具阵亡士兵的遗体，还有5000多匹战马的尸骸，腐烂的恶臭让当地居民难以忍受，时常作呕。于是在当地检察官大卫·威尔士的建议下，州政府建立了一个墓园来安葬这些阵亡者，并邀请以林肯总统为首的一众政要出席。揭幕式当天，林肯发表了一个简短的致辞，只有不到300个单词，时间不过两三分钟。致辞虽短，却名垂青史，像其中“民有、民治、民享”的提法，对后世影响至深。

而在这场演说之后，林肯还收到了一份礼物——Waltham William Ellery 1857怀表。这是史上第一款成功实现工业化生产的怀表，生产商是一家位于沃尔瑟姆（Waltham）的公司——美国钟表公司。

实际上，这场从1861年持续到1865年的战争，本身就被历史学家认为是“工业化战争的第一个成熟范例”“蒸汽时代的第一次大战”。北方的自由州和南方的蓄奴州，表面上的矛盾是奴隶制的存废，实际上这场战争也是两种经济模式、两种生产方式的交锋——北方的工业化经济对抗南方的农业种植园经济。

这场战争之所以被当作“工业化战争”，是因为它算得上是第一次工业革命成功的“检验场”。蒸汽舰船和铁路被用来运送士兵和武器配给，19世纪初发明的电报则被广泛用于通信。而新型武器的出现更是改变了战争的形态，线膛炮、来复枪等热兵器的大规模使用，使得南北战争成为美国历史上最为血腥的战争。四年的战争中，至少60万士兵战死沙场，一位英国战场观察员这样描述战斗过后的情景：“在大约七八英亩的土地上，没有一棵树，只有遍地的子弹和炮弹弹片。”

最终北方军队能够战胜南方军队，强大的工业化经济和军工生产能力也是重要条件。据估计，南北战争中政府的直接战争支出北方约为23亿美元，是南方的两倍还多。而南北战争也扫平了美国工业化进程的阻碍，此后美国经济迅速发展，为19世纪末成为工业资本主义大国奠定基础。

美国的工业革命，影响的不只是军工制造业，也深刻地影响了该国的制表业，使其自发展初期便带有深深的工业化烙印。

在那个年代，美国表与瑞士表的竞争，不啻另一场“南北战争”——表面上是产量战与价格战，实际上是工业机械式与手工作坊式这两种生产模式的碰撞。在这场不是战争胜似战争的交锋中，瑞士制表业将遭遇自诞生以来最大的危机，那么面对来势汹汹的美国表，瑞士人是如何化险为夷的呢？

美国“制表兵工厂”如何完胜瑞士？

如果让所有国家组成一个大班级，把各种经济产业当作教学科目，那么瑞士就像一个偏科生，把制表业这个学科考到了全班第一。相比之下，美国更像是一个“全面发展”的优等生，即便是在制表业这个偏门的学科，也能威胁到瑞士的“学霸”地位，而它的制胜法宝就叫作工业化生产。

“美国危机”是瑞士制表业面对的第一次大危机，他们在第一次感受到迫在眉睫的威胁时，也曾经惊慌无措，甚至想要“掩耳盗铃”。在这个危急时刻，为整个瑞士制表业敲响警钟，并打出反击第一枪的，是浪琴这个品牌，而他们的高管为了获取情报，还上演了一出“美国谍影”。

枪怎么造，表就怎么造

让我们再说说林肯在葛底斯堡收到的那块表，它的故事要从一位名叫阿隆·拉夫金·丹尼森（Aaron Lufkin Dennison）的钟表匠说起。

丹尼森出生在缅因州，是一个鞋匠的儿子。在鞋铺帮工的时候，他就曾建议父亲，做鞋不用一双一双地做，可以一批一批地做。1830年，18岁的丹尼森去了一个名叫詹姆斯·卡里（James Cary）的钟表匠那里当学徒。据说在这期间他尝试制作了一台切割钟表齿轮的机器，因为想一次性地把一批齿轮切成相同的尺寸。

后来的10年时间里，丹尼森先后去了波士顿和纽约，和最熟练的钟表修理工一起工作，并且学习了英国和瑞士制表师的方法。

正如我们前面反复提到的，19世纪中期之前是制表师个人作坊的时代，而零件生产则分给不同的工坊制作，在汝山谷等地甚至是农民们在冬季的营生。在前工业化时代，这是一种能够有效调动生产力的模式；但在19世纪30—40年代，第一次工业革命已经接近完成，机械化生产开始大规模取代人力和手工，生产也开始追求规模、标准、效率。因此，当工业化时代到来，传统手工制作的缺点便显现出来，包括标准不统一、耗时长、制作维修成本高等等。

美国的独立与发展，几乎是和第一次工业革命同步的，特别是在美国北方，工业资本主义迅速发展。在19世纪中期，很多瑞士的腕表品牌都把美国的新富阶层当作新的客户群体，百达翡丽的创始人安东尼·百达就曾亲自跑到美国来开拓市场。而在波士顿、纽约等大城市生活过的丹尼森，对工业化生产这一套并不陌生了。

1840年前后，还在从事钟表维修的丹尼森开始思考如何更有效率地制作钟表，而且思路和安东尼·勒考特、雅克-巴瑟米·瓦舍龙出奇地像——用机器量产手表，用可替换零件降低维修的费用。走在时代前沿的人，总是英雄所见略同。不过和那两位瑞士的同行相比，丹尼森有一个非常好的参考样本，那就是美国的军工业。

早期的枪支和钟表一样，都是由工匠手工打造的，如果单个部件需要更换，就必须把整支枪送到专业的枪匠那里维修，因为每个部件都会有细微的差别。18世纪末的时候，法国将军格里博瓦尔提出了标准化武器与可互换零件的想法，并在火炮系统上进行了实践。他还赞助了法国枪匠奥诺雷·布兰克（Honoré Blanc），实验可替换燧石锁的火枪。这个实验引起了当时担任美国驻法大使的托马斯·杰斐逊的注意，他甚至想邀请布兰克到美国发展，虽然没有成功，但他把这个想法带回了国。

法国大革命的爆发引发了美、英、法之间的新冲突，美国政府意识到要为战争做准备。1798年，美国陆军部找到了当时因为发明轧花机[1]而出名的机械工程师伊莱·惠特尼（Eli Whitney），向他下了制造

---

1 轧花机是一种把棉花纤维从棉籽上分离开来的机器，其发明促进了棉花加工和纺织业的发展。

10000 支火枪的订单。此时的惠特尼因为轧花机的专利官司濒临破产，虽然从未制造过枪械，但出于金钱的考虑还是接了。

他可能是从一本疑似源自布兰克的小册子获得的灵感，1801 年惠特尼带着 10 把枪在国会议员面前进行了拆解，这些枪具有完全相同的结构和零件，他把这些零件混在一起，然后重新组装了起来。这也让惠特尼获得了一笔资金，后世有历史学家认为他用了某种手段欺骗国会以赢得时间，资金也被他投入更赚钱的轧花机上，整整拖了 10 年才交付武器，而且产品也没有实现他所说的可互换性。不过他的制造系统影响深远，并且让军方对可互换零件的概念深深着迷。

成立于美国建国之初的斯普林菲尔德兵工厂[1]就成了大规模枪械生产的试验场。1819 年，受雇于兵工厂的发明家托马斯·布兰查德（Thomas Blanchard）开发了一种特殊的车床，能够大规模地生产步枪枪托；3 年后，他又发明了一种批量生产枪管的车床。这些发明大大推进了军工生产的标准化进程。到 19 世纪 40 年代，斯普林菲尔德兵工厂已经成为一个大型战争机器，美国诗人亨利·华兹华斯·朗费罗曾经参观过这家兵工厂，回来以后写了一首与工厂同名的诗，诗中有云：

这是国家兵工厂。从地板到天棚，
雪亮的枪炮矗立，像巨大的风琴
沉默的发音管还没有奏出乐曲，
以异样的恐怖震骇邻近的乡村。

在南北战争中，斯普林菲尔德兵工厂和其他 20 家分包商一共生产了 100 多万支 1861 型枪支。后来很多熟练的工程师和机械师都具有在兵

1 斯普林菲尔德兵工厂创立于 1794 年，位于美国马萨诸塞州斯普林菲尔德市，曾是美国政府的国营轻兵器生产和研发中心，已于 20 世纪 60 年代关闭。

工厂工作的经验，并且将可互换零件的制造技术传播到了美国其他行业。

丹尼森虽然没在斯普林菲尔德兵工厂工作过，但多多少少也对其生产方式有所知晓。兵工厂快速生产同型号枪支的方法让他茅塞顿开，这也算是战争与钟表的一种奇妙联系。

不过丹尼森并不是最早实践可互换零件的钟表匠。早在 19 世纪最初的 10 年里，来自康涅狄格州的钟表匠伊莱·特里（Eli Terry）就已经用可互换零件制造钟表。他买了一个磨坊，用水力作为动力，驱动车床生产木制钟表。他还发明了一些夹具和固定装置，用来加工标准化零部件。

1806 年，特里签过一份合同，要求他在 3 年内生产 4000 个木质钟表机芯，而当时一个熟练工匠每年只能生产 6~10 个，最终他用自己的机器完成了订单。他也被认为是美国历史上第一个在没有政府资助的情况下真正完成可互换零件生产的人。

不过丹尼森铺的摊子要大得多。他发现用生产军械的方法大规模生产钟表，除了使用可互换零件，还需要建立严格的组织系统、广泛使用机械车间、利用量具确保精确和统一尺寸以实现质量控制。因此丹尼森十分需要一笔资金来启动项目，好在他很快说服了富商爱德华·霍华德和大卫·戴维斯对这个项目进行投资。1850 年，他在波士顿的罗克斯伯里（Roxbury）建立了自己的工厂，聘请瑞士和英国的制表师，并在 1853 年上市了第一批新品。

1854 年，工厂迁到了沃尔瑟姆，这座小城位于美国东北部的马萨诸塞州，濒临查尔斯河，而且还有几座水坝可以发电，非常适合制表这种精密产业。因为钟表

沃尔瑟姆制表工厂里的女工

公司的存在，沃尔瑟姆也成了美国的“钟表之城”。

高产又廉价，美国表席卷市场

不过用“军械库模式”生产钟表既是机遇也有风险。因为要保证走时的精准，就必须非常严格地控制生产公差，这比制造枪械要严格得多。因此需要在机床等设备上投入大量研发成本，还要想办法降低劳动力成本。

搬到沃尔瑟姆3年后，美国爆发了因经济过度扩张而引起的金融恐慌，导致当年有近5000家企业破产，丹尼森的公司不幸就是其中之一。虽然公司在成立的7年间，已经制造和销售了大约5000个机芯和4000个表壳，并且还有1300块表没有组装完成，但公司还是因为缺乏资金破产了。

后来公司被新老板收购，丹尼森因为与他不和被踢出公司。新公司改名为“美国钟表公司”（为了方便，我们还是称之为“沃尔瑟姆公司”），并在当年推出了美国生产的第一只标准零件怀表：Waltham Model 1857。

然而刚走出破产危机，战争又来了。

1861年，在林肯宣誓就职总统一个月前，南方6个州宣布脱离联邦，成立美利坚联盟国，之后得克萨斯州加入。4月，南军炮轰萨姆特堡要塞，战争正式打响。沃尔瑟姆的生产也受到波及，被压缩到尽可能低的水平，先维持住工厂的运转。

不过危机也是机遇。他们开始生产一种廉价的怀表，以《独立宣言》签署人之一威廉·埃勒里（William Ellery）命名，这位先贤主张废除奴隶制。这种生产策略，在当时也算紧跟形势。

因为是流水线生产，这款表不仅产量高，价格也很便宜，只有13美元。经销商们甚至跑到营地里去推销，这款表很快便在北方军士兵群体中流行起来，甚至被称作“士兵表”，连林肯总统都有一块。到战争结束时，这款表的销售额占到公司销售额的45%。

1864年，南北战争结束的前一年，伊利诺伊州的芝加哥又成立了一家新的钟表公司——国家钟表公司（National Watch Company）。创始人有6位，是当地不同行业有头有脸的人物，比如当过芝加哥市长的本杰明·雷蒙德、药剂师菲洛·卡彭特、探险家乔治·惠勒等。公司一成立，他们就去了沃尔瑟姆的制表厂，说是去考察，其实是去挖人的。结果一下就带走了7位制表师，据说开出的条件是连续5年年薪5000美元、奖金5000美元，还能在公司即将收购的35英亩土地上分得1英亩。

土地的事情是这样的：当时位于芝加哥西北的小城埃尔金希望公司能在那里开工厂，几个创始人都是老油条了，表示来也可以，埃尔金必须捐赠35英亩（约合142000平方米）的土地给他们。最终几经波折，工厂在1866年建成了，后来公司也改名叫埃尔金（Elgin）。

埃尔金生产过一些顶级品质的钟表，但其成功还是因为大量生产中低档怀表，他家与沃尔瑟姆一起主导了美国中档怀表的巨大市场。1888年的时候工人多达2300名，在其生产高峰期每年生产超过100万枚，而在这个公司存在的100年时间里，它总共生产了大约6000万只怀表或腕表。

其实同时代的瑞士，已经出现了廉价表生产商，也就是著名的Roskopf。

Roskopf的创始人是乔治·弗雷德里克·罗斯科普夫，此人出生在德国，但十几岁的时候就去了拉绍德封谋生，最后成了一名钟表匠。罗斯科普夫是一个理想主义者，他想为普通劳动者生产质量好、价格低的怀表，并在1860年开始设计这款表。罗斯科普夫用和擒纵轮的齿啮合的垂直钉，代替擒纵叉上的宝石，导致成本大大降低，最后每块表的预估价格只有20瑞士法郎（相当于当时一个非熟练工人一周的工资）。

罗斯科普夫的工业化想法受到保守的拉绍德封制表商们的抵制，发出去的空白机芯订单都被拒收，以至于他不得不从外地购买各种零件，并交给法国公司组装。虽然经历重重阻挠，但罗斯科普夫还是成功在1867年将他的“无产者表”投入市场，因为坚固耐用又价格低廉，这种表大受市场欢迎。

而那时的美国表商为了和Roskopf竞争，就靠着大规模生产的优势，把怀表的价格一压再压。1880年，沃特伯里钟表公司的一块表的定价是3.5美元。10年后，英格索尔钟表公司就把价格压到了1.5美元。最后在1896年，沃特伯里推出了一款名为Yankee的怀表，定价只有1美元，成为当时最便宜的表。价格战打到这份上，也是够狠的。

当然，这一时期的美国制表业并不是一味地走廉价高产路线，也会生产对精密度有着极高要求的怀表，比如铁路工用怀表。

美国是世界上最早修建铁路的国家之一，由于南北战争，铁路发展更是迅猛。1869年，第一条横跨美国的铁路线通车，此后20年间，美国铁路里程增加了11万英里。日益繁忙的火车运输，对于准确的计时要求也越来越广泛和具体，而美国铁路计时标准却是被两次惨痛的事故逼出来的。

第一次事故发生在1853年8月，两列在同一轨道上相向行驶的列车发生碰撞，导致14名乘客遇难，原因是列车员手里的表时间不同，毕竟那时美国的各个城镇都坚持使用本地时间，整个国家恨不得能划出数百个时区。这次事故后来促使美国人统一了铁路时间标准，将美国大陆划分为4个时区，每个时区的时间分别以格林尼治以西75度、90度、105度和120度的太阳时为准，并在1883年11月18日正式启用。

虽然铁路时间统一了，但铁路用表的标准又各自为政。早期铁路工程师们大多使用沃尔瑟姆和埃尔金生产的怀表，成立于1870年的

“后起之秀”伊利诺伊钟表公司也以生产铁路表出名。美国铁路协会在1887年召开会议，推出了一套标准化的计时要求。然而，由于美国私营铁路公司众多，这套标准并没能够推行下去。

直到1891年4月19日，由于前车一名工程师的怀表意外停了4分钟，俄亥俄州发生了一起严重的火车追尾事故，造成数人死亡。此后，美国联邦铁路管理局委派珠宝商兼制表师韦伯·波尔（Webb C. Ball）担任首席时间检查员，牵头确立精准计时标准与可靠的时计检查系统，后来波尔的检查系统覆盖全美国75%的铁路，里程超过17.5万英里。

查看怀表的铁路工程师

根据新的系统，美国铁路公司的时间检查员开始使用统一标准的铁路表。这种表在尺寸上有16号（表径43毫米）和18号（表径45毫米），表冠在12点钟位置，机芯为17钻以上，采用钢质擒纵轮和宝玑游丝……特别是这种铁路表要求一周误差小于30秒，这甚至超过了当今很多品牌腕表的出厂检测标准。

波尔自己的公司就生产这种铁路表，使用的是来自沃尔瑟姆、埃尔金和汉米尔顿的机芯，当然这几家公司后来也跟上来，不得不说工业化真是让美国人玩儿明白了。

“钟表间谍”深入虎穴

如果单论产量，瑞士表在19世纪70年代之前还是远超美国表的。

1800年，世界钟表总产量为2500万只，其中三分之二产自瑞士。[1]而到了1870年，瑞士钟表产量已经占全球产量的四分之三，而按价值计算，则占了总价值的三分之二。[2]

在瑞士人眼中，美国的新富阶层"人傻钱多"，因此纷纷拓展美国市场。瑞士历史学家比阿特丽斯·维拉萨特（Beatrice Veyrassat）曾提出"瑞士出口的美国化"这一概念。特别是南北战争之后，瑞士对美国的出口总额从1864年的约850万瑞士法郎，增长到1872年的1800多万法郎。[3]

但在这之后，情况急转直下。美国市场对于钟表的需求，已经不是靠进口能满足的了。沃尔瑟姆和埃尔金作为美国两家最大的制表厂，在工业化生产的加持下，产量急速增长。其中沃尔瑟姆的产量在1872—1873年度还只有9.1万只，到了1889—1890年度已经高达88.2万只，同期埃尔金的产量也有50万只。相比之下，当时瑞士生产规模最大的浪琴表，在1885年也不过生产了2万只。这个对比实在是太过悬殊了。

这也导致了瑞士对美国钟表出口量的骤降，1872年的1800万瑞士法郎已经是高峰，仅仅5年之后，就断崖式下跌到了400万瑞士法郎，到1898年降到最低点340万瑞士法郎。[4]危机就这样爆发了，瑞士人必须打一场"钟表保卫战"。

这场"战争"爆发的导火索，是1876年的费城国际博览会。那个时代通信不发达，很多新发明、新商品想要出名，拼展会是必经的途

---

1 数据来源：中华人民共和国驻瑞士联邦大使馆经济商务处．瑞士钟表业发展趋势[R/OL].（2019-07-17）. http://ch.mofcom.gov.cn/article/ztdy/201907/20190702882528.shtml.

2 数据来源：瑞士形象委员会．钟表出口[R/OL].（2017-11-27）. https://www.eda.admin.ch/aboutswitzerland/zh/home/dossiers/einleitung…schweizer-uhren/exporte.html.

3 数据来源：TEICH M，PORTER R. The Industrial Revolution in National Context: Europe and the USA[M]. Cambridge: Cambridge University Press, 1996: 413.

4 数据来源：DONZÉ P Y. The Ups and Downs of the American Market [J]. Watch Around, 2010, 008:58-63.

径——“展场”如战场。

为了庆祝《独立宣言》在费城签署100年，美国主办了一场“百年博览会”（Centennial Exposition），有37个国家参加，场地内建造了200多座建筑，近1000万游客游览，堪称盛会。在这场博览会上，美国技术大秀“肌肉”：贝尔的第一部电话被设置在机械展厅的两头，爱迪生的自动电报机、日后大获成功的雷明顿（Remington）No.1 打字机也都在此展出。

沃尔瑟姆公司也来了。他们在展会上推出了世界上第一台能够生产精密螺丝的全自动机械，还有一条工业机芯装配线。不只如此，他们还在第一届国际钟表精密度大赛中获得了金奖。

这一年，瑞士人已经感受到了美国表崛起带来的威胁，他们成立了汝拉工业州际协会，这个组织的宗旨就是保护该地区的工业和商业利益。同时也派出队伍，前往费城参加博览会，浪琴公司则送来一块完全由机器制造的怀表作为展品。

看到大出风头的沃尔瑟姆怀表和制表机器，瑞士代表团大受震撼，领队特奥多·格里比（Théodore Gribi）在寄回国内的信里写道：“我们被来自新世界的竞争对手抛在了后面！”当这个令人不安的消息从美国传回来时，汝拉工业州际协会决定派出一名“商业间谍”，前往美国刺探情报。

这个艰巨的任务被交给了浪琴的技术总监雅克·大卫（Jacques David）。雅克·大卫1845年出生在瑞士洛桑，在巴黎中央理工学院完成学业后来到圣伊米耶，帮助表兄奥内斯特·弗兰西昂将浪琴表的制表车间改造成一家机械化制表厂。

浪琴表技术总监雅克·大卫

从 8 月中旬到 11 月，雅克·大卫在美国待了近 3 个月，在费城博览会之后，又参观了多家美国制表厂。而比他更早回国的代表团领队格里比，一到瑞士就迫不及待地讲述起自己在美国的见闻，试图促使同行采取行动，应对来自美国的激烈竞争。

相比之下，雅克·大卫就更加硬核了。他回国之后，写了一份长达 108 页的报告，在 1877 年 1 月正式提交。整个报告以沃尔瑟姆、埃尔金和斯普林菲尔德钟表公司三家为主进行分析，内容极为详尽，可以称得上是商业调查书的范本。

报告整整分了七章：第一章讲的是美国制表厂的数量、现状以及发展简史；第二章讲财务状况，对建立、经营制表厂的成本进行评估，分析为什么美国工厂造出的表更便宜；第三章讲内部组织，描述了美国工厂的规章制度、部门、工资、学徒、后勤等方面，探究它们是如何运转的；第四章讲产量和品控；第五章讲销售。

第六章是整个报告的重中之重，讲制造方法，重点介绍了机器生产的整个过程，每个步骤都极为详细，从切割车间到组装摸得一清二楚，还配上了多张手绘图，都可以当操作手册了。雅克·大卫还在第七章总结里表达了自己的担忧，他认为“除非立即采取行动，否则瑞士钟表业将被美国出口摧毁”，并建议全面学习美国。

作为本书中继费迪南·贝尔图之后的第二位“钟表间谍”，雅克·大卫究竟是通过什么样的手段刺探到如此详尽的情报，今天已经不可考了。但他的报告交上去之后，却没有受到多大的重视。对此雅克又气又急，紧接着又上了第二份报告。这份报告很简短，只有 12 页，但语气强烈，对同行们的鸵鸟行为进行了抨击。他在报告中大声呼吁：“美国工厂正在占领瑞士的所有市场，而瑞士的钟表销售量正在急剧下降。瑞士工业必须立即采用美国的组织和机器制造技术，只有这样才能求得生存！”

在“美国危机”到来之时，雅克·大卫扮演了一个敲钟人的角色。

他行事非常谨慎，警告协会不要宣传他的报告，甚至都没有印刷而是手抄了 8 份副本发给包括浪琴在内的主要制表商，怕的就是美国人知道后会把这视为商业间谍行为。直到 1992 年，浪琴才公开了这份报告，此时距离成稿已经过去了 115 年。

事实上，当“美国危机”来临时，瑞士的制表业并不是完全脱节于时代的。恰恰相反，有些佼佼者甚至是领先于时代的。

早在 18 世纪 70 年代，法国实业家弗雷德里克·雅皮（Frédéric Japy）就尝试过建立机械化制表工厂。在他的激发下，1793 年拉绍德封附近的丰泰内梅隆出现了另一家类似的工厂，只不过他们的机器是手工操作的，需要大量的人工返工。而我们前面提到的积家、江诗丹顿等品牌，也都对标准化零部件和机械化生产进行了探索与实践。而安东尼·百达在 19 世纪 50 年代参观过沃尔瑟姆的波士顿工厂之后也深受启发，后来翻新了自家的日内瓦工厂，引入了水力推动的机器。

但这样的先驱者与大品牌毕竟是少数，当时的瑞士制表业仍然以“由本土家庭工坊联合而成的分工协作制表体系”即 établissage 系统为基础，将制表划分成一个个小而专业的独立单元。这种形式的“企业制度几乎与钟表业本身一样古老”，可见这一传统的根深蒂固。

在这里就不得不提一位“倒霉蛋”——皮埃尔·英戈尔德（Pierre Ingold），这位瑞士制表师曾在巴黎的宝玑公司工作过，后来开发了用于切割齿轮、桥板的机器，是自动化机械制表的支持者和先驱。但他的发明却在家乡拉绍德封遭到了来自工人的敌意，他们担心机械化会破坏传统的生产体系，从而让自己失业。这些工人算得上是另一种“卢德主义者”[1]，只不过发泄愤怒的目标不是机器而是发明机器的人。

1　卢德主义者（Luddite）是 19 世纪英国民间对抗工业革命、反对纺织工业化的社会运动参与者。工业革命兴起，机器生产取代了人力劳作，导致众多手工工人失业，因此引发了失业者对机器的仇恨，常常发生失业者捣毁纺织机的事件。

重重压力之下，英戈尔德被迫离开了祖国，这种“流亡”甚至比遭遇战乱还要窝心。19 世纪 40 年代，英戈尔德移居英国，继续发明制表机器并申请了专利，这次英国工人们没放过他，直接捣毁了他的工厂。欲哭无泪的英戈尔德在 1852 年又去了美国建厂，结果惨遭合伙人排挤，直到 1878 年去世都壮志难酬。

所以说在当时，做一个敲钟人是很不容易的。纽沙泰尔州档案管理员让–马克·巴勒莱（Jean-Marc Barrelet）在其研究中就写道：“雅克·大卫、格里比等人，是推动瑞士钟表业现代化的主要力量，他们用勇气和毅力说服了迟钝的人们，使他们认识到从工作台走向工厂的必要性。”

瑞士表如何走出“美国危机”？

雅克·大卫的这份“间谍报告”也激发了瑞士制表业的危机意识，成为瑞士制表工业化的催化剂。有识之士们很快祭出了防守反击的策略。这些措施可以总结为三板斧：第一，学习美国，搞工业化转型；第二，变换赛道，在精密度和工艺方面做出人无我有的特色；第三，树立品牌，建好护城河。三管齐下，效果显著。

浪琴、欧米茄：以彼之道，还施彼身

要走出美国危机，学习美国的工业化制造技术与流程是反击的第一步，以浪琴和欧米茄为代表。

在今天的腕表市场上，浪琴被定位为中端品牌，也因此被国人大大低估了。历史上的浪琴在制表界是一个“领头羊”，也是瑞士最早一批“开眼看世界”的品牌之一，无论是在 19 世纪的“美国危机”还是在 20 世纪的“石英危机”中，浪琴都是对风向最为敏感、嗅觉最为敏锐的那一个。

奥古斯特·阿加西（左）及他的外甥奥内斯特·弗兰西昂（右）

浪琴的创始人名叫奥古斯特·阿加西，他接受过商业培训并且在银行业工作过一段时间。1832年，阿加西和两名合伙人在圣伊米耶创立了一家名为 Raiguel Jeune & Cie 的商行。在前工业化时代，商行的作用更像是中介，也是 établissage 系统中的重要一环。他们从各个家庭作坊收购零件，然后再分发给制表师进行组装，之后制表师把组装好的表送回商行售卖。就这样生意做了十多年，阿加西通过在纽约的表亲奥古斯特·马约尔（Auguste Mayor）代理美国市场，再加上他们的表得到了特别耐用的好评，因此在海外卖得不错。后来两位合伙人退休，阿加西一个人掌管了公司。

阿加西并不满足于只做一个中间商，而是希望建立自己的制表厂，摆脱传统模式的束缚。于是他把自己的外甥奥内斯特·弗兰西昂（Ernest Francillon）招进公司，成为合伙人。弗兰西昂拥有丰富的经济学知识，认为适应工业化新时代是瑞士制表业唯一的出路。他加入后很快就取代阿加西成为真正的决策者，做了几个重要的决定。比如，只生产技术更新的表冠上链怀表，而不是流行的钥匙上链怀表。

浪琴制表厂（1880年）

而他最关键的决策，还是建厂。1866年，弗兰西昂在圣伊米耶河谷位于苏兹河右岸的地方买了两块相邻的草场地，这片土地被称为 Les Longines，意思是“狭长之地”，直到今天浪琴表厂都还在这个地方，后来 Longines 直接变成了品牌的名字。

买地第二年（1867 年），浪琴表厂就建起来了，弗兰西昂聘请了表弟雅克·大卫担任技术总监，帮他一起管理工厂。工厂引入了不少机械化设备，还装了水力发电涡轮机。从时间上看，浪琴建立现代化工厂只比美国两大品牌之一的埃尔金晚一年。这年，浪琴生产了他们的第一款自制机芯 20A，采用创新的锚式擒纵机构和表冠上链，这为他们赢得了巴黎世界博览会的奖项，算是开了个好头。

雅克·大卫从美国回来后，连写两份报告呼吁改变瑞士制表业的生产模式。别家跟进与否他控制不了，但浪琴必须实践他提出的机械化生产理论。雅克·大卫在第一份报告中提出了美国制表厂运作的七项一般原则。前三项原则最为重要：第一，只要是能用机器做的东西就都用机器做；第二，尽可能避免手工作业的介入；第三，使所有的部件都可以互换，将维修人员的工作减少到最低限度。这也是他希望浪琴表厂能做到的。

1878 年浪琴表生产的第一枚计时秒表，搭载 20H 机芯

总之，在弗兰西昂和雅克·大卫的指导下，浪琴表厂进行了一系列的改革。1878 年，依靠全新的机械化流程，浪琴生产了自家的首枚计时怀表。这块表搭载的 20H 机芯，是浪琴制作的第一个可用于精准计时的装置。这个机芯拥有三项计时码表功能——启动、停止和重置，均可以通过表冠进行控制。

因为方便又精准，这款表推出后受到很多赛马运动相关人士的青睐，甚至还发起“反攻”，在 19 世纪 80 年代成为美国比赛的计时工具。因为当时的美国表虽然产量大，但在性能上还是落于下风。

从此浪琴开始在运动专业领域建立起自

己的声誉，到 1886 年就已经是纽约大多数体育官员的钟表供应商了。在 20 世纪第 2 个十年，浪琴还研发出首款精准至 1/10 秒、1/100 秒的高振频秒表。他家的计时表，遍及马术、高山滑雪、汽车、自行车等竞技赛事，在 20 世纪 30 年代还参与到飞行冒险之中，不过这些都是后话了。

向机械化的转变并非都是一帆风顺的，欧米茄的两位继承人就遇到了麻烦。

欧米茄称得上是瑞士表中知名度最高的几个品牌之一，还是奥运会的正式计时工具供应商。不过在建立之初，欧米茄并不叫现在这个名字，是位于拉绍德封的一家小工坊。创始人名叫路易·勃兰特，1848 年，23 岁的他建立了这个工坊，用从当地收来的零件组装钥匙上链怀表。勃兰特不仅自己做表，也负责销售，南到意大利、北到斯堪的纳维亚半岛都有他的客户，不过最主要的市场还是在英国。

路易·勃兰特

1879 年路易·勃兰特去世后，他的两个儿子路易-保罗·勃兰特（Louis-Paul Brandt）和恺撒·勃兰特（César Brandt）继承了企业（1880 年将公司改名为 Louis Brandt & Fils）。此时距离雅克·大卫提交考察美国制表业的报告已经过去了两年，作为业内人士，两兄弟对这份报告以及雅克·大卫的呼吁应该是有所了解，甚至是感同身受的。

他们也下定决心，把自家的工坊改造成现代化的工厂，但很快就发现这条路并不好走。

与浪琴所在的圣伊米耶相比，拉绍德封这个地方的制表传统更加源远流长，把表卖给乾隆皇帝的皮埃尔·雅克德罗就出生在这里。

欧米茄位于拉绍德封的工厂（1873 年）

马克思在 1867 年出版的《资本论》第一卷中，也曾提到这座城市。他在一条注释中写道：在 1854 年，日内瓦生产了 80000 块时计，这还不到纽沙泰尔州产量的五分之一。仅仅是拉绍德封，年产量就是日内瓦的两倍，我们可以把它看作一个“巨大的钟表厂”。[1]

虽然拉绍德封制表业发达，但对勃兰特两兄弟来说，在此地建立现代化工厂依然面临着两方面的困难。一方面是客观因素，主要是缺乏合格的劳动力，另外可用空间十分有限，容纳不下大型工厂；另一方面，当地的同行并不高兴看到两兄弟搞这种“离经叛道”的东西，反对之声一直没有停过。其实这也是老手段了，十多年前想要生产廉价表的乔治·罗斯科普夫，就是在这里遭遇了重重阻碍。

考虑再三，勃兰特兄弟决定迁厂。在考察了汝山谷的几个村庄之后，他们最终选择了伯尔尼州的比尔。此地位于汝拉山脉第一座山峰的脚下，濒临比尔湖，面积大、人口多，而且交通十分便利。1880 年，两兄弟在这里建起了规模更大的现代化工厂。

欧米茄制表工厂（1902 年）

5 年后，这座工厂就生产出了第一批量产机芯 Labrador。1892 年，他们

1　马克思. 资本论：上 [M]. 郭大力，王亚南，译. 南京：译林出版社，2014：339.

又发布了世界上第一款三问腕表。不过这一时期最具特别意义的，还是 1894 年推出的 19 令机芯（19 Ligne）。

令（ligne）是法国采用公制前的一种历史计量单位，1 令约等于 2.2558 毫米，而 19 令就是这款机芯的直径。19 令机芯相当具有革命性，它实现了雅克 · 大卫提出的目标——可批量生产、可互换零件。

生产 19 令机芯，是勃兰特兄弟第一次上马具有工业规模的生产流水线。这条流水线由不同环节组成，而在每一个环节里所有零件都是按照标准的规格生产的，这就意味着每个零件都是可互换的，不论全世界哪一个地方的制表师，都可以上手更换，极大地降低了维修成本。流水线化加标准化，带来的必然是批量生产以及装配效率的提升。

欧米茄 19 令机芯

而且 19 令机芯并没有因为是机器生产便降低精准度，反而在 20 世纪初被加拿大国家铁路局选为官方计时设备。得益于 19 令机芯的成功，到 1896 年勃兰特兄弟的工厂已经拥有近 800 名员工，每年生产 10 万只时计，被认为是“瑞士最重要的制表厂”。

早期欧米茄广告

19 令机芯还有一个正式的名字，叫作 Omega。这是希腊字母表的最后一个字母的英语读音，在勃兰特兄弟的心中，它象征着“完美、成就与卓越”——生产精准的量产机芯才是制表业的未来发展方向。1900 年，勃兰特兄弟在巴黎世界博览会上获得了大奖，3 年后他们用这个机芯的名字注册了公司和商标"OMEGA"，于是便有了今天的欧米茄。

欧米茄工厂大楼

勃兰特兄弟用自己的成功，让那些当初阻挠自己的人闭了嘴，他们的模式也在瑞士制表业推广开来。比如把两人"逼走"的拉绍德封，1892年也开设了现代化工厂。这间工厂是由阿奇尔·迪茨希姆创立的，他所在的迪茨希姆家族是一个犹太制表世家，20年内就拥有了80多名员工，并以制作种类繁多的怀表而闻名于世。在欧米茄定名两年后，这家工厂将自己命名为摩凡陀。

从欧米茄工厂大楼的玻璃地板向下望去，是深不见底的全自动仓库。仓库不仅防火，还设有超过3万个分装盒（盒中放置了品牌制表所需的所有零件），十分科幻

不过在浪琴、欧米茄这样认认真真搞改革、搞研发的企业之外，也有一些表商无底线赚快钱。比如在拉绍德封就有一家叫作Woog & Grumbach的表商，在引进美国机床之后，竟开始生产假冒的沃尔瑟姆表，成为业界笑柄。

面对危机，是埋下头去当鸵鸟，还是无视误解与排挤做自己认为正确的事，这是摆在当时瑞士制表从业者面前的大问题。答案也很明了，落后不丢人，甘于落后才丢人。浪琴和欧米茄所做的，就是一种看清潮流之后的顺势而为，找到了最适合自己的发展方向，从而获得了成功，一跃成为瑞士制表业的领头羊。

芝柏表、雅典表：拼精准、立品牌，建起护城河

除了“师夷长技”，瑞士制表业应对危机的方式还有一种叫“人无我有”。既然美国人以廉价表大杀四方，那么与之硬碰硬又有什么胜算呢？不如变换赛道，把自身的优势最大化。这个思路后来又在20世纪的“石英危机”中重演了一遍。

因此，稳住高端市场、创新功能、死磕精准度，就是另一些瑞士表商与美国廉价表做出区隔，建立自己护城河的方式。

有些品牌努力提升原有的制表工艺，其中不得不提的就是芝柏表及其经典的三金桥陀飞轮。

今天我们追溯芝柏表的历史渊源，可以一路上溯到法国大革命爆发的1791年，今天尚存的知名品牌里，只有宝珀、江诗丹顿与宝玑比它更早。这一年，未来的日内瓦制表大师让-弗朗西斯·布特（Jean-François Bautte）发布了自己的首款作品。布特不仅是手艺精湛的制表匠，也精于金匠技艺、机刻雕花等，更难得的是他有着超强的商业运作能力，与欧洲各地的精英圈子建立了密切的联系，知名度远超瑞士一国范围。

让-弗朗西斯·布特（1772—1837）

布特的名字不但出现在了大仲马、巴尔扎克和约翰·罗斯金等知名作家的著作和书信中，巴尔扎克、大仲马还到访过他的制表工坊。大仲马称布特的精品店是“日内瓦最时尚的珠宝名店”。同时，布特也和欧洲各国王室建立了服

布特制作的怀表作品

务关系，尤其是俄国和丹麦的王室，而未来的英国女王维多利亚也曾拜访过他。

随着生意越做越大，布特还开设了综合性的制表厂，成为瑞士制表生产方式变革的先行者之一，江诗丹顿的合伙人弗朗索瓦·康斯坦丁也曾是他的雇员。1906 年，这家制表厂成了芝柏表的一部分。

芝柏表品牌名的原文是 Girard-Perregaux，这是两个姓氏的组合，和百达翡丽、华沙朗·江诗丹顿、奥德马斯·皮盖（爱彼）、耶格–勒考特（积家）是一样的。后面提到的这些品牌，遵循的都是两个男人因为志同道合合伙开公司的模板，但芝柏却大大不同，组成品牌名字的两个姓氏，来自一男一女，可以说是一个因为爱情而诞生的品牌。

这个故事的男主角名叫康士坦特·芝勒德（Constant Girard）。

康士坦特·芝勒德（1825—1903）

1825 年，芝勒德出生在拉绍德封，年少时跟随一位制表大师修习，后来与哥哥开了一家名为 Girard & Cie 的公司。爱情也在这个时候悄然降临，一位小他 6 岁、名叫玛莉亚·柏雷戈（Marie Perregaux）的姑娘，成为他的心上人。玛莉亚出身于制表世家，父亲亨利·弗朗索瓦·柏雷戈是当时力洛克的制表大师。

1854 年，29 岁的芝勒德迎娶了玛莉亚·柏雷戈。两年后，他们共同创立了制表厂，也就是今天的芝柏表，玛莉亚成为制表界极为少有的拥有“冠名权”的女性。

婚后的芝勒德开始深入研究机芯构造，希望打造出一款与众不同的时计，他对宝玑大师开创的陀飞轮格外有兴趣。与今天高级制表品牌习惯外露陀飞轮提升腕表美感不同，在芝勒德生活的时代，陀飞轮还是一个对抗地心引力带来的误差的纯功能性部件，被封在表壳里默默发挥作用。

玛莉亚·柏雷戈(1831—1912)

然而芝勒德开了钟表界的一个先河，赋予实用为先的陀飞轮以美学价值，这在今天看来也十分具有先锋性，他的这项发明就是著名的三金桥陀飞轮。

1867年，芝勒德在巴黎世界博览会上展出了一枚采用陀飞轮的怀表，机芯摆轮、发条轮和传动轮的轴心呈直线排列，还配备三根平行布局的镍银材质板桥。这块表在一众作品中脱颖而出。后来，芝勒德又把镍银板桥改为黄金材质，形状则如同箭头，成为名副其实的“三金桥”。

三金桥陀飞轮

和很多制表大师一样，芝勒德也是一个为了做出完美时计可以投入一切精力的人。他的夫人玛莉亚对此没有怨言，始终默默支持丈夫实现自己的梦想，而柏雷戈家族的财力，也给了芝勒德继续研发的本钱。从某种意义上来说，三金桥也是“爱情之箭”。

三金桥陀飞轮表一问世，就被赞誉为表中的“蒙娜丽莎”，成为芝柏表的招牌。1884年，芝勒德向美国专利局提交了机芯设计的保护申请，而在5年后的巴黎世界博览会上，配置了三金桥陀飞轮的“La Esmeralda”怀表为芝柏表赢得了金奖，这块表后来被墨西哥总统波菲里奥·迪亚斯收入囊中。而到了1901年，巴黎世界博览会宣布，三金桥陀飞轮不能再参展，原因居然是：这一设计太过完美，让其他表厂无法超越。

三金桥陀飞轮制造工艺极为复杂，康士坦特·芝勒德直到1903

“La Esmeralda” 三金桥陀飞轮怀表

年去世，也只制造出 20 枚。1991 年，芝柏表厂 200 周年纪念日之际，品牌的制表师们又攻克难关，把这一经典带到了腕表上。

芝勒德去世后，玛莉亚又独自生活了 9 年，于 1912 年去世。他们的儿子小康士坦特接管了品牌，并完成了对布特制表厂的收购，形成了今天芝柏表的完全体。

而玛莉亚的娘家柏雷戈家族则以商业头脑破局。芝勒德的两个小舅子亨利与弗朗索瓦，一个在阿根廷的布宜诺斯艾利斯开店，经营南美市场，另一个趁着日本锁国政策终结带来的机遇在横滨扎根，打开了日本市场。与此同时，芝柏表也是早早就开始深耕美国市场的瑞士品牌之一。

也有些品牌去做“高精尖”的品类。比如曾经被英法垄断的航海钟，到了 19 世纪，就由瑞士人后来居上，其中成绩最突出的是一个叫尤利西斯 · 雅典的制表师。

尤利西斯 · 雅典（1823—1876）

尤利西斯 · 雅典 1823 年出生在制表重镇力洛克，从小就跟随父亲和两位大师学习制表。和路易 · 勃兰特一样，他也是 23 岁出来创业。虽然雅典从小在山里长大，却特别痴迷大海，不知道是不是名字叫尤利西斯的缘故。尤利西斯就是希腊史诗《奥德赛》的主人公奥德修斯，特洛伊战争后在海上流浪十年终于返乡。

创业后雅典的主攻项目就是航海天文台表和高精度航海仪器，目标客户是世界各地的商船船队和海军。那个年代对此类高精度仪器的需求量是很大的，而且客户越来越青睐袖珍便携款式。

不过当时做航海钟实力最强的，还是英国和法国的制表师，毕竟这个品类就是从他们那里兴起的。但雅典对此不服气，决定北上伦敦挑战英国那些最好的制造商，而赛场就是 1862 年的伦敦世界博览会。最终，雅典在展会上打出了名气，夺得“复杂表款及袖珍计时器”类别的大奖，这一奖项也是英国制表业的最高荣誉。后来，雅典表还在巴黎世界博览会上获得了金奖，算是在航海钟的两个老祖宗面前证明了自己。

这一时期，制表界还兴起了由天文台测评时计精度的潮流，后来慢慢演变成天文台竞赛这一“制表业奥运会”，同时也建立起相关的认证体系。当时最为权威的是四大天文台：瑞士纽沙泰尔天文台、瑞士日内瓦天文台、英国邱园天文台和法国贝桑松天文台。

早在 1867 年，雅典表的航海时计就获得了纽沙泰尔天文台颁布的首批天文台证书，此后就一发不可收。如果说天文台比赛是一场场考试，那雅典表就是个“学霸中的学霸”。1975 年，纽沙泰尔天文台发布了一份官方报告，显示雅典表从 1846 年到 1975 年获得了 4324 份航海时计天文台证书，而天文台总共也就颁发了 4504 份，雅典表的胜率高达 95%；它还获得过 2411 个特别奖，其中 1069 个是一等奖。[1]

雅典表的早期航海钟

只可惜天不假年，尤利西斯·雅典只活了 53 岁就去世了。之后他的儿子保罗–大卫·雅典继任，公司也继续扩张。自

1 数据来源：Ulysse Nardin. Ulysse Nardin, A Voyage Through Time[EB/OL]. (2017-08-09). https://www.ulysse-nardin.com/company/ulysse-nardin-voyage-through-time.

19 世纪 70 年代起，全球超过 50 个海军和国际航运公司都在用雅典表的航海天文台钟，其中也包括中国的近代海军。而为了拿下美国海军的订单，雅典表更是发挥了它擅长比赛的天赋，赢下了好几次华盛顿海军天文台的比赛，终于在 1902 年成为美国海军鱼雷艇部队的官方供应商，这是瑞士表反攻美国市场的又一成功案例。继美国海军之后，英国、俄国和日本海军也都找雅典表购买航海时计，打赢日俄战争的日本政府还增加了订单。

雅典表 175 周年概念款 UFO 座钟

甚至在卫星导航已经取代航海钟的今天，雅典表还在出航海钟，作为品牌文化的一部分。比如在 2020 年的“钟表与奇迹”表展上，他们就展出过一款 175 周年概念款 UFO 座钟，全透明玻璃罩里含有 675 个零件，一年动力储存，能显示 3 个时区，能在 120 度内来回晃动，表达的是对 2196 年航海时计器的畅想。

瑞士表虽然在 19 世纪中后期受到美国表的威胁，但在全球范围内依然很有市场和口碑。但随之而来的，就是假冒的问题。一块怀表可能做工粗糙，但打上“瑞士制造”“日内瓦”的标签，就能以次充好。这对于瑞士表来说，是比美国表还大的威胁。产量问题可以通过技术更新解决，但声誉倒了就难以挽回。

这也促使瑞士制表业越来越注重品牌建设。往小了说，打造单个品牌的形象，通过商标保护自身权益。比如浪琴就设计了一个带飞翼的沙漏作为品牌标识，并且于 1880 年和 1889 年先后在瑞士为品牌名称和标识注册，后来还在世界知识产权组织（WIPO）登记，成为该组织里沿用至今最古老的品牌名称。

往大了说，则是树立整个“瑞士制造”的形象。这就需要制定行业公认的标准，其中比较有代表性的就是著名的“日内瓦印记”。

当时面对日益严重的仿冒问题，日内瓦制表工会向官方提出了立法请求。终于在 1886 年，瑞士联邦议会和日内瓦州议会联合颁布了有关腕表自愿接受检测认证的法律条文，并成立了检测机构。通过了审核的机芯，会被打上印记。印记的主体是日内瓦州的州徽（左侧为帝国之鹰，右侧为圣彼得大教堂钥匙的盾徽），徽章下方有“GENEVA”字样。

日内瓦印记的审核标准相当严苛，而且具有很强的地域属性，要求机械机芯的组装和调校皆在日内瓦州进行。至于制造规范，演变至今已经变成 12 条极为严苛的法则，在日内瓦印记的官方网站上还可以看到更为细致的要求。而到了今天，要接受检测的早已不止机芯，整表的质量，甚至表厂的环境，都是被考察的对象。

百达翡丽腕表机芯上的百达翡丽印记

日内瓦印记不仅是日内瓦制表的象征，也是对产地、优良制作、可靠性能和工艺的保证。早年间，江诗丹顿、百达翡丽等品牌，都从中获益甚多。在后来的历史发展中，还诞生了 COSC 认证（瑞士官方时计检测机构认证）、QF 认证（弗勒里耶质量认证协会认证）、METAS 认证（瑞士联邦计量研究院认证）、百达翡丽印记等新的认证标准，不仅帮助瑞士制表业应对了未来的危机，甚至还成为腕表品牌之间相互比拼的工具，不过这些也都是后话了。

万国：一个美国人的瑞士创业史

在这场“美国危机”中，美国的大企业还曾经试图进入瑞士本土。比如蒂芙尼，1872 年就在日内瓦市中心建了一座现代化工厂，装配了蒸汽动力的机器。它打出的广告宣称，这是美国效率与瑞士工艺的联合，生产出的时计必然“复杂精美而价格优于他人”。不过这家工厂仅仅撑了四年便办不下去了，原因依然是强大的établissage传统，瑞士的工匠们不能习惯每天去工厂上班的生活。

不过美国制表师到瑞士创业也不是没有成功的案例，其中最知名的就是万国。

佛罗伦汀·阿里奥斯托·琼斯（1841—1916）

万国的创始人名叫佛罗伦汀·阿里奥斯托·琼斯，1841年生在新罕布什尔州，和丹尼森一样，虽然父亲也是个鞋匠，但他自己却走上了制表师的职业之路。琼斯职业生涯的第一个老板是丹尼森的合伙人爱德华·霍华德（Edward Howard），1857年霍华德离开沃尔瑟姆之后，带着琼斯在罗克斯伯里创立了E. Howard Watch & Clock Company，后来发展成了美国最好的制表公司之一。1861年，20岁的琼斯参军，在经过三年的战争历练后，他又回到了霍华德的公司，一路干到工厂主管。

不过比起按部就班地上班，琼斯真正想做的是实践自己的一个想法，他认为用美国技术代替人工生产精密的零件，再由瑞士一流的钟表师装配调校，会是一种双赢的合作模式。

1867年，琼斯辞去工作来到瑞士。这年弗兰西昂的浪琴工厂刚建成，尤利西斯·雅典也才获得首批天文台证书，而欧米茄还是窝在拉绍德封的小工坊，琼斯这个美国人几乎是和当地同行在同一起跑线上展开较量的。

不过琼斯没有选择制表业根基深厚的“西部制表带”，而是去到了一座叫作沙夫豪森的小城。

这座城镇位于瑞士东北部与德国接壤的地方，南靠莱茵河，西邻博登湖，水力资源十分丰富。19 世纪 50 年代，亨利慕时的创始人、在俄国卖表发家的制表商海因里希·莫塞尔（Heinrich Moser）建立了沙夫豪森第一个水力发电站，为未来的工业化奠定了基础。而对琼斯来说，沙夫豪森就像是专门为他定制的，要资源有资源，要人力有人力。于是他说干就干，与他的朋友、美国制表师查尔斯·基德（Charles Kidder）一起创办公司。

那时候的美国表商起名字都突出一个大气，比如沃尔瑟姆叫“美国钟表公司”、埃尔金叫“国家钟表公司”，琼斯比它们都厉害，直接开了个国际钟表公司（International Watch Company），后来中文被翻译成“万国”，言简意赅又颇显雄心壮志。

1870 年的万国表工厂

1875 年——震惊瑞士制表业的费城博览会举办前一年，琼斯在莱茵河畔的“Baumgarten”（苗圃）建立了新的工厂，并且雇用了 196 名员工。在瑞士人认识到美国表厂的威胁之前，美国人就已经“深入”瑞士本土了。

这一时期，万国的代表性产品是“F. A. 琼斯机芯”，带有非常具有标志性的快慢针[1]。比一般的快慢针要长得多，能够从平衡轮夹板延伸到四分之三主夹板上。这一用于精准调校的纤长微调针，后来也被称为“琼斯针”

F. A. 琼斯机芯

1　快慢针是一种比较常见的机芯调速装置，调整快慢针时可以改变游丝的可转动长度，从而实现调整精准度的目的。

或“琼斯之箭”。

当时的美国市场竞争十分激烈，万国这种新牌子想要立足并不容易。但琼斯坚信增加产量会让产品更具竞争力，因此需要更多资金。为此他成立了一家股份公司，并从瑞士当地银行贷款。此外，他还与一家名叫 Schwob Frères 的公司谈判，后者同意购买万国生产的全部约 9000 只时计。

但这一冒进举动却引发了他和董事会的严重冲突，董事会指控琼斯欺诈，甚至怀疑他在与 Schwob Frères 的合作中存在利益输送。此时的万国生产成本超支，销售业绩不如预期，现金流也告急。

虽然沙夫豪森政府的独立审计认为万国未来还有希望，起码每年可以生产 10000~15000 只时计，但董事会已经等不及要把琼斯赶下台。就这样，琼斯的瑞士创业之旅在 1876 年倏然终结，之后他返回美国，直到 1916 年逝世，都没有再涉足制表业。

不过他开创的事业并没有因此荒废。1880 年，实业家出身的劳申巴赫家族收购了万国，后来又传给家族的女婿厄恩斯特 · 鸿伯格（Ernst Homberger），他的连襟就是心理学大师卡尔 · 荣格。无论是劳申巴赫还是鸿伯格，都延续了琼斯的愿景：将美国机械技术的优点与精湛的瑞士手工工艺结合，制造做工精良、功能无可挑剔、结实可靠、精准度高的时计。虽然琼斯没有看到他的梦想实现，但他开创的事业还是成功了。

和后来“石英危机”的灭顶之灾相比，“美国危机”更像是一场风浪。瑞士人不能说赢得了这场对抗赛，毕竟直到 19 世纪结束，瑞士表在产量上都没能超过美国表；但这场危机也不是全无益处，警钟的敲响促使他们睁开眼睛看世界，一些人迅速适应了新的潮流，一些人找到了属于自己的赛道。

而瑞士表之所以能挺过危机，其实也是因为瑞士人把制表业当成了自己安身立命的行业，作为一个“偏科生”，只有把自己擅长的科目考到第一才有价值。但对美国人来说，制表只是诸多科目中可选的一个，还不是自己最喜欢、最擅长的那个，生产钟表也只是生产一种工业产品，讲究的是薄利多销，自然也不必像瑞士人那般执着。

正是因为美国人没有乘胜追击，瑞士人才有了调整的时间与反击的机会。而就在美国危机发生的同时，另一场变革也在悄悄酝酿。这场变革堪称翻天覆地，也给了瑞士人弯道超车的机会。因为这是一个全新的时代——属于腕表的时代。

第六章

CHAPTER SIX

远在南非的布尔战争，奏响了腕表时代的先声

正如我们在楔子中提到的，伴随着技术的进步和工艺的提升，有两个趋势贯穿了几百年来钟表技术发展的始终：一个是体积重量逐渐从庞大进化到小巧，最终成为便携式钟表；一个是计时性能逐渐从模糊进化到精准。

而便携式钟表在历史上也经历了漫长的演变过程，逐渐从王室和教廷的贵族器物，走入寻常百姓家，成为平民日常佩戴收藏的物件。这个变化的过程，也是从怀表占据主导地位，到腕表逐步崛起替代的阶段——当然，腕表也从女人的专属变成了男人的好物。而实现这一巨变的催化剂，毫无意外，还是战争。

其中最为关键的两场战争，分别是布尔战争和第一次世界大战，前者激发了曾经看不起腕表的男人们对腕表的需求，后者则进一步扩大“战果”，让腕表走入千家万户。

战争如何让男人戴上腕表?

如今，虽然女性腕表的种类与日俱增，但不可否认的是，在很多人的认知里，腕表更多被看作男性的爱物。事实上，在当下的腕表市场，男性腕表也确实占据着市场更主流的位置。

不过，时尚潮流的涌动从来都难以定向，很多人想象不到的是，腕表在诞生的初期，只有贵族女性才会佩戴，而那时的男人们只使用怀表，一直对腕表不屑一顾。在他们看来，一块小到可以戴在手腕上的表，怎么可能准确地计时？而以骑士精神自夸的男性，又怎么可能佩戴那种看起来像女人手镯一样的腕表？两种时计的对立，竟演变成了一场性别之争。这其中既有源自对腕表技术的疑问，也有在社会观念影响下人们固化的认知。

这个时候，战争就显示出了其催化剂的作用。毕竟在极端的环境中，生存的压力让人们已经无暇顾及所谓的体面。如果说使用腕表比使用怀表更能提高生存概率，那么为什么不选择前者呢？

发生在南非的布尔战争，就给所有军官和士兵出了这样一个选择题。等到后人回顾这场战争时，不禁发出这样的感慨：第二次布尔战争中，唯一的赢家貌似只有腕表。

战场上需要更好用的表

每一场战争，都是“时间的战争”，从计算上膛装弹的时间，到规划部队突袭的时间，最后则是战略层面战争打多久的时间。在《孙子兵法》中就有“兵贵胜，不贵久”的名言，时间也是决定战争胜败的要素。

要打赢“时间的战争”，就不能没有计时器。比如，《隋书·天文志》中就记载过一种便携式水钟“马上漏刻”，作为骑马行军用的袖珍计时工具，此外还有以数珠计时的辊弹漏刻、以人的行程计时的更牌等等。在西方，拿破仑远征埃及的时候也带上了宝玑制作的旅行钟。

而随着战争形态的变化，军队对于计时器的需求也发生了变化。

这还是要从拿破仑说起。在他纵横欧陆的时代，一支军队主要是由步兵、骑兵、炮兵三个兵种构成的。拿破仑对于骑兵的使用，主要是冲击敌方步兵队伍的侧面，以及突袭敌方的炮兵阵列，作用与现代战争中的坦克相似，都是以冲击力撕开对方的防线。而当时的炮兵，在野战中主要使用加农炮和榴弹炮两种火炮。其中，加农炮主要用于直射，射程比较远；榴弹炮弹道是弯曲的，可以越过障碍打击敌军，射程比较近。

拿破仑在战争中大量运用先以火炮集中轰击，再由骑兵纵队和步兵突击的战法。由此，炮兵成了军队中必不可少的兵种，拿破仑对炮兵也给予了一个至高的评价："炮兵是战争之神。"而对于骑兵和步兵来说，滑膛枪、击发手枪等枪械也逐渐替代了刀剑，成为驰骋战场的主要武器。这一点我们在前一章也提到过，正是这些工业化生产的热武器的普及，造成了美国南北战争中的巨大伤亡。

近代战争形态的改变，对战争中时计的使用提出了更高的要求。一方面，战场的节奏变得越来越紧凑，对于各兵种的协同性和机动性要求越来越高，统一作战时间变得很重要。另一方面，在紧张的战斗中，使用怀表确认时间的操作难度也变得越来越高。

对于士兵来说，在急行军或者跨越障碍物时，口袋中的怀表随时有丢失的可能。更严重的是，在紧张的战斗中，步兵很难有时间空出一只手来扳开怀表的盖子看时间，而骑兵要想在一边控制战马一边用手枪射击的战斗中拿出怀表，更是难上加难。

这种困难，作为战斗指挥者的拿破仑也有所感受。据说，他曾因为难以忍受作战期间频繁开合怀表盖，用刀将怀表的表盖砍掉一部分，直接开"天窗"看时间。结果，这个操作还引来了很多人的模仿，市场上随后也出现了类似设计的怀表，被称为“半猎表”。

这些生死攸关、胜负悬于一线的战争，直接催生了军队对于腕表的需求。不过，我们今天的读者站在上帝视角，也许会觉得奇怪，既然军队需要腕表，为什么不直接把当时已有的女性腕表拿过来用呢？事情远没有这么简单。

怀表与腕表的“性别隔离”

不可否认的是，即使在今天追溯最早的腕表，各种观点依然众说纷纭。其中的一个关键点，就是16世纪开始出现的那些供女性使用的时计，到底应该算是腕表的雏形，还是只是一种时髦的首饰？

无论怎样，我们谈论腕表尤其是女士腕表的时候，英国女王伊丽莎白一世在1571年从莱斯特伯爵罗伯特·达德利那里收到的新年礼物，即一个镶嵌着钻石和珍珠吊坠、由一个弹簧驱动、可以佩戴在手腕或者前臂的“臂章表”，都被认为至少是当今腕表的始祖。虽然这枚表如今已经无迹可寻，只能见于文字记录，但有了女王的加持，加上其本身所蕴含的16世纪中后期的时尚设计风格，这类手镯式时计逐渐在贵族女性中流行起来。

手镯表多用钻石、珠宝和珐琅进行装饰，这一时期的女士腕表与其说是计时工具，倒不如说是一种时尚配饰。此后的17世纪，欧洲进入巴洛克风格兴盛的阶段，新兴强国荷兰首先引领了欧洲的时尚潮流，到了17世纪后半叶，法国风又成为主流。在巴洛克艺术追求富丽堂皇、复杂夸张风格的影响下，这一时期的女性服装也变得宽松、繁复，不但整体越来越膨大，还加入了流动变换的裙褶设计，以及样式华丽的缎带、蕾丝、刺绣等装饰，而时计也被宽大的缎带悬挂在腰间作为装饰。

到了18世纪，欧洲进入洛可可风格主导的阶段。这一时期的女性

古典戒指表

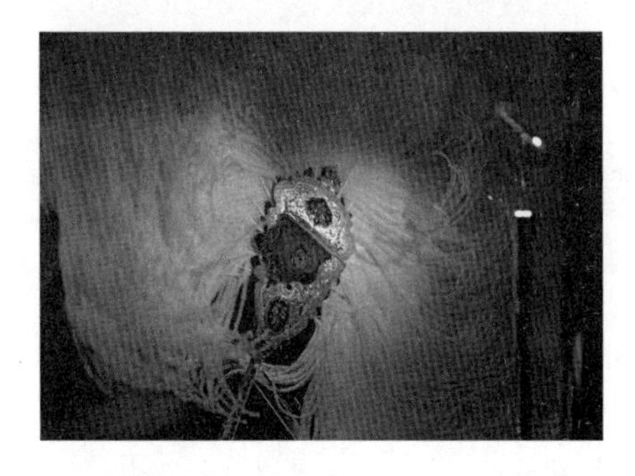

贵妇人使用的羽毛扇子表

服饰更加强调优雅，下半身的裙撑变得越来越大，而上半身则是紧身胸衣，以此让腰身显得更加纤细。此时的女性时计又经常作为配饰被悬挂在外套的镶带上。

正是由于这种类似创意珠宝的定位，虽然这些时计在走时上存在巨大误差，甚至很难说具备有效的计时功能，但贵族和精英阶层的女性佩戴便携式时计的需求依然延续百年。制表大师雅克-德罗在1790年的一本账簿中，就对合作伙伴让-弗雷德里克·雷索（Jean-Frédéric Leschot）提到“需要固定在手镯上的表”；1809年，拿破仑的养子欧仁·德·博阿尔内与巴伐利亚的奥古斯塔·艾米莉公主结婚后，皇后约瑟芬还送给她的儿媳妇一对由巴黎珠宝商尼铎制造的手镯，一个内藏时计，另一个则包含日历。

这之后，更多的制表大师开始了腕表的制作。其中最知名的两块在前文提到过。

其中一块是1812年宝玑花费两年半时间为那不勒斯王后卡洛琳制作的N° 2639手镯表。这块腕表为椭圆形，还配备了报时功能和温度计，被认为是目前已知的世界上最早的腕表。而在1868年，百达翡丽为匈牙利科索维茨女伯爵制作了一块手镯表，表盘隐藏在一个可以通过小铰链打开的宝石盖下，并使用单独的钥匙上链。

1889年，来自瑞士比尔的阿尔贝·贝尔托莱（Albert Bertholet）就“简化手表”提出专利申请，他所申请的技术可以通过转动直接连接到主发条盒的表圈来上链。贝尔托莱并没有具体说明他的专利是为男性还是为女性设计，但将其命名为“手镯手表”。

到19世纪中叶，大多数制表商都开始生产女士腕表。只不过，这些通常用钻石或者精美的珐琅、蓝宝石、红宝石来装饰的手镯腕表，更多被看作类似珠宝的装饰品。在当时的男性看来，这些腕表实在太小了，根本无法准确计时，毕竟女士们也不需要知道准确的时间。更重要的是，在男性的视角中，真正的爷们儿怎么可能佩戴如此“女性化”的物件？

带盖怀表、带怀表链的怀表与早期女士腕表

那么，那时候的男性是怎么戴表的呢？在楔子中，我们曾讲过英国国王查理二世带动了马甲这一服饰的流行，也改变之前在脖子上挂表的习惯，表被放进口袋，成为真正的怀表。

到了19世纪英国维多利亚女王在位期间，她的丈夫阿尔伯特亲王推出了一种特制表链，被称作“阿尔伯特链”。这种表链在一端有一根T形的横杆，可以插进马甲的扣眼，以便于在拉动时抓住怀表并防止滑落。另一端有一个小旋转扣，可以连接到怀表上。阿尔伯特链的造型也非常美观，包含了维多利亚时代流苏、心形、钥匙等典型的设计图案，给怀表带来了更加时尚的高级感。一个男人想成为绅士，也要先从穿衣打扮做起。

与男装不同，上层阶级女性所穿的精致连衣裙没有设计口袋，那时的人们认为，女装的任务是具备观赏性而不需要功能性。所以女人们没有存放怀表的地方，因此只能把表戴在手上了。除此之外，男装大衣的口袋相对温暖、干燥且不易受冲击，无疑更有利于怀表的保养，这也是男人们看不上腕表的原因，毕竟表戴在手上太容易被灰尘和湿气侵蚀，或者一不小心就撞坏了。

从16世纪开始的数百年间，男戴怀表、女戴腕表，在社会上已经成为一种“常识”。当时的很多男性对于腕表有着天然的排斥心理，比如拿破仑就是其中之一。因此，当战争需要更加便携的时计时，在这种固化的社会观念下，人们一开始想到的解决方案，还是如何将怀表固定在身体上，或者是对怀表进行一定程度的改造，这也就催生了男士腕表的诞生。

比如德意志帝国皇帝威廉一世在听到海军军官抱怨怀表难以操控之后，就希望找表商开发一种能解决这一痛点的表。这一年是1879年，当时柏林正在举办一场工业博览会，西门子展出的电力机车无疑是其中最受欢迎的。芝柏表也参展了，带来几款技术含量较高的时计，这些产品引起了威廉一世的注意。

他召见了芝柏表的创始人康士坦特·芝勒德，要求他开发一种新的更适合战场需要的表。据说，芝勒德在经过研究后，大胆提出不再使用怀表，而改用腕表，用14K金制作以避免生锈，他还在手表上安装了一个金属格栅，用来遮住表盘，防止其在佩戴时受到损坏。这可能是历史上的首款军表，也是最早的实用型腕表。威廉一世很喜欢这个原型，一下子就定制了2000枚。

不过，这些腕表并没有被保存下来，而芝勒德的创意也并未因此流行起来，因此这个说法并非历史定案，只能作为腕表产生的来源之一供后人参考。

时间进入19世纪下半叶以后，虽然欧洲本土保持了相对和平的状态，但由于欧洲列强在海外大肆扩张殖民地，全球各地仍然不断出现战争冲突。因此，对于制表企业来说，不但要设计出便于在各种战场上使用的手表，还要让这些设计耐用且能够量产。

这一次，推动钟表行业变革的力量，又一次从战争中产生。从1899年到1902年，为争夺南非领土和金矿、钻石等资源，英国同南非的布尔人建立的德兰士瓦共和国和奥兰治自由邦进行了一系列战争。正是在布尔战争中，腕表出人意料地登上了历史舞台。

“改装腕表”登上历史舞台

我们说到的布尔人，今天已经被称作阿非利卡人。虽然生活在南部非洲，但布尔人并不是非洲的原住民，而是荷兰人到南非殖民留下的后裔。从1652年起，当时被称为“海上马车夫”的荷兰人来到南非，经过100多年的殖民，布尔人逐渐成为当地的主要民族，并形成了自己的语言。

但是，在18世纪末期，英国人的舰队也来到了南非的开普敦，并因为殖民地的开拓与布尔人产生了冲突。当时，英国正处在鼎盛时期，殖民地遍及北美、亚洲、大洋洲、非洲等地，面积总和超过英国本土100多倍，号称“日不落帝国”。

面对实力强大的英国人的步步紧逼，布尔人虽然顽强抵抗了数十年，但最终还是只能被迫向北部地区迁徙。在向英国人妥协后，布尔人在1852年和1854年分别建立了德兰士瓦共和国和奥兰治自由邦。

就在布尔人以为双方可以相安无事的时候，意外出现了。1867年，奥兰治河地区发现了钻石矿藏，随后的1886年，更是在德兰士瓦共和国发现了世界上最大的金矿——兰德金矿。兰德金矿的黄金储藏量占到世界总量的四分之一左右。如今的南非第一大城市约翰内斯堡，正是建立在兰德金矿的开发之上。兰德金矿的矿区，以约翰内斯堡为中心，向东南和西南两翼扩展，形成了长约500公里的金弧带。

面对如此巨额财富，英国再也按捺不住。1895年，英国政府秘密指示开普殖民总督罗得斯吞并德兰士瓦共和国。但是，与英国人针锋相对的德国知悉了这一计划，并透露给了德兰士瓦政府。第二年 1 月 2 日，布尔人成功伏击英军，并迫使战败的罗得斯辞去了总督一职。

此后，布尔人开始计划把南部非洲地区联合起来，并夺回失去的土地。而不甘心失败的英国政府，下定决心以武力解决与德兰士瓦的争端。

1899 年，在双方都不肯再做任何退让的情况下，第二次布尔战争爆发。英国虽然在战争初期取得优势，攻陷了德兰士瓦的首府比勒陀利亚，但布尔人随后转入游击战，与英国人展开了旷日持久的对抗。

英军的优势在于拥有更先进的武器装备，并且受过更好的军事训练。面对作战勇猛、熟悉地形且高度机动的布尔人，英国军队需要面对他们设置的各种伏击和突袭。因此英军被迫发展一种战术，即利用精确的时间来协调部队，并同步对布尔人阵地进行攻击。对军事用表的需求，因此提升到了一个前所未有的层次。不过好在因为工业化生产，怀表已经从只有少数人能买得起的昂贵物件变成了日常用品，配发怀表不是问题。

但问题是戴着怀表上战场真的太烦了，用怀表看时间需要三步：把表从口袋里掏出来，打开盖子看时间，再把表放回口袋里。看时间的时候可能一不留神命就没了。骑兵就更难受了，还必须空出一只手来操作，人为降低生存概率。

但军人们还是舍不得怀表，这也是有客观因素的。因为即使是在战场上，怀表对比腕表还是有其优点，比如质地非常坚固，表盘大而清晰，还有戴着手套也可以操作的大表冠。于是有人开发出一种“懒人戴表法”，也就是把怀表找个带子系在手上。从 19 世纪中后期开始，在英国军队参与的各种海外战争中，就已经开始有人这样干了。1885 年开始，参加演习的英国军人首次使用了皮革腕带，在手腕上佩戴小型怀表。据说，第一批用于怀表的腕带可能还是一次性的。

有需求就有市场，一些嗅觉灵敏的表商，开始生产一种叫作“腕套”（wristlet）的东西。今天我们跑步骑行的时候，可能会买个能绑在胳膊上的手机套，“腕套”其实就是那个时代的“手机套”，只不过它套的是怀表。这种套子一般由皮革制成，中间是一个很宽的圆形保护套，正好能装进一枚怀表。保护套上下延伸出皮带和表扣，和今天的腕表表带差别不大。

有记载称最早开始生产腕套的是英国公司 Garstin，可以追溯到 1893 年。关于腕套的灵感来源，有观点认为是军官的定制，也有观点认为在此之前就有运动爱好者这样干了，比如狩猎、射击或骑马等运动都需要腾出手来。

另一家英国表商 Mappin & Webb 则推出了腕套怀表套餐，他们称之为“战役表”，曾经出现在 1898 年镇压苏丹马赫迪起义的恩图曼战役战场上。该公司宣传说这款表“绝对防尘防潮”，并配有“在最黑暗的夜晚显示时间的发光表盘”，在“最恶劣的沙漠条件下经受了考验”。

美国记者、作家 理查德·哈丁·戴维斯佩戴腕套表

除了使用腕套，英国士兵还在他们的怀表上焊接金属表耳，然后用皮表带穿过，制作了最简单的腕表，从而解放了双手。相比怀表，这种“腕表”不但查看方便，对环境的适应性也更好。英军在提交的总结报告中这样写道：“能够抗御寒冷和酷热、暴雨及沙尘的手表，理当成为大英帝国士兵基本配置的一部分。”

很快便有表商开始生产这种“改装腕表”。1900 年，距离第二次布尔战争结束还有两年，当时欧米茄生产出第一批带有“OMEGA”

字样的手表，在战场上被英国军官使用。这款手表搭载 Lépine 12 令机芯，还有两种版本可供选择：一种带有右侧表冠，可佩戴在左手手腕上；另一种带有左侧表冠，可佩戴在右手手腕上。战争结束后，欧米茄在杂志上刊登了一则广告，广告内容是一位英国炮兵军官的证言，说他的欧米茄腕表“在严寒、酷暑、暴雨和无情的沙尘暴中表现出色……”

那个时代表商的广告，特别喜欢让军官们现身说法。比如另一家叫作 Goldsmiths 的表商，就引用了一位英军上尉的话：“我在南非一直把它戴在手腕上长达三个半月。它的走时保持得非常好，而且从未让我失望。”

第二次布尔战争持续了三年，英国耗资 2.23 亿英镑，投入 45 万人的军队，阵亡 2.1 万人，最终迫使布尔人签订和约，成功兼并了他们的土地，占有了兰德金矿，并将南部非洲的殖民地连成一片。但是，这场战争也严重地削弱了英国的实力，迫使英国在全球范围内开始战略收缩，英国的海外扩张史就此终结。

更为深远的影响在于，在布尔战争中，由于欧洲大陆国家并不愿意英国独自获取巨额的黄金利益，因此几乎一致谴责英国在南非的政策。法俄德三个欧洲大陆最强的国家还一度谋求联合，共同对抗英国。为了打破外交僵局，英国不得不与法国、俄国签订协议，成立“协约国”集团，从而为第一次世界大战的爆发埋下了伏笔，而在这次大战中，腕表也将扮演更为重要的角色。

不过，这些都是后话。对于制表业来说，布尔战争最大的意义，就是让腕表第一次真正地登上了历史舞台。在军人成为第一批佩戴腕表的男性之后，腕表开始不再仅仅作为女性的饰品存在。

一个习惯的形成可能经历了很长时间，但被打破可能只要一瞬间。“战地腕表”的出现，又是一出适者生存的活报剧，而战争带来的生死危局，就是进化最大的推手。

到 20 世纪初，在这场关于时间的战争中，以科技文化发展迎来大爆发为契机，又一款造型新颖的腕表出现了，它还有一个听起来非常潇洒的名字——飞行表。

戴腕表上天的冒险家们

1870 年，拿破仑的侄子、法兰西第二帝国皇帝拿破仑三世对普鲁士宣战，普法战争开始。然而，仅仅一个月后，法国就在色当战役中彻底失败，拿破仑三世还成了普鲁士的俘虏。普鲁士国王威廉一世甚至在巴黎凡尔赛宫镜厅宣布登基，成为德意志帝国皇帝。

有趣的是，在普法战争后，虽然新生的统一德国与意图复仇的法国明争暗斗，但出于各自实力的考虑，两个国家都不约而同地选择了通过签署政治与军事协议扩大盟友，制衡对手。欧洲大陆百年不断的战火硝烟，意外地平息了。从 1871 年到 1914 年第一次世界大战爆发，欧洲大陆竟迎来了长达四分之一个世纪的和平年代。

在这一时期，由于地区和平、经济繁荣，贵族之外的新富阶层开始出现。社会精英群体对于美好生活的追求，推动欧洲的科技、文化取得了巨大的发展。高级时装、高档餐厅、红磨坊这些至今让我们耳熟能详的流行文化与时尚的代名词，都是在这一时期出现的。在经历了两次残酷的世界大战后，法国人回顾历史，把这一时期称作“美好年代”（Belle Époque）。

与文化上的繁荣相同，“美好年代”也是人类历史上科技大爆发的时期。电灯、汽车、摩托车、电话、电影等许多关乎人类生活质量的伟大发明都诞生于这一时期。其中，承载着人类飞天梦想的飞机，无疑是其中最为闪亮璀璨的一个。

和赛马、赛车乃至行军打仗一样，飞行也是一个对于计时需求格外强烈的项目，而普通怀表操作不便的属性，也给飞行家们带来了同样的苦恼。因此，能戴着上天的腕表也应运而生，而且这款表还不像“腕套表”那样把怀表系在手上就了事，而是兼顾了功能和美学，甚至一直流传到了今天，毕竟设计出这款表的是“国王的珠宝商”——卡地亚。

国王的珠宝商，珠宝商的国王

很多人了解卡地亚，是因为他家的奢华珠宝，其实在钟表史上，这个品牌也占据着重要的位置。

卡地亚的创始人名叫路易–弗朗索瓦·卡地亚（Louis-François Cartier）。他 1819 年出生在法国，家里其实是做军火的，拥有一个生产火药瓶的小作坊。但路易–弗朗索瓦对家族生意不感兴趣，而是喜欢艺术，因此父亲就把他送到了巴黎著名的珠宝匠阿道夫·皮卡尔（Adolphe Picard）那里当学徒。在这里他渐渐成长为一个珠宝大师，还在 27 岁那年用自己的名字注册了商标，标志是 L 和 C 环绕组成的菱形。第二年（1847 年），师父皮卡尔决定退休，把自己位于巴黎蒙特伊路 29 号的珠宝工坊留给了他，卡地亚的历史也从这年开始。

路易–弗朗索瓦·卡地亚开店的这一年，正是法国七月王朝的最后一年。1848 年，法国爆发了二月革命，建立起法兰西第二共和国。同年，拿破仑的侄子路易·波拿巴以绝对优势当上了总统，4 年后如法炮制了他伯父的登基之路，经全民公投成为皇帝拿破仑三世，法兰西第二共和国被法兰西第二帝国取代。

拿破仑三世上位后，法国进入了一段政局稳定、经济繁荣的发展时期，巴黎经过大规模改造，也俨然成为一个现代都市。皇帝竭尽全力想要重现朝廷昔日的辉煌，而随着新贵新富阶层的崛起，上流社会又恢复了奢侈浮华做派，巴黎成为时尚之都。

这样的社会环境给了路易-弗朗索瓦·卡地亚大展拳脚的机会，他还把店搬到了巴黎最时尚的街区意大利大道9号。他的作品很快受到了拿破仑三世堂妹玛蒂尔德公主的青睐，公主又将其推荐给自己的嫂子——欧仁妮皇后。

欧仁妮皇后是那个年代真正的“时尚女王”，她对“断头王后”玛丽·安托瓦内特崇拜到近乎痴迷的地步，希望恢复路易十六的“帝国风格”。她的行事做派也向偶像看齐，一件礼服从来不穿第二次，而且每天上午、下午、晚上和深夜都要穿不同的衣服。查尔斯·蒂芙尼视她为灵感缪斯，帕斯卡尔·娇兰为她调制香水，她还提携了一位名不见经传的箱包匠当她的御用制箱师，而这个人的名字叫作路易·威登。

和路易·威登一样，卡地亚也受惠于欧仁妮皇后，她购买了一套卡地亚的银质茶具。从此卡地亚在法国上流社会出了名，这些贵族在三年内就购买了约150件卡地亚的珠宝，让他的名气越来越响。

随着生意越做越大，路易-弗朗索瓦·卡地亚把他的儿子阿尔弗雷德·卡地亚（Alfred Cartier）培养成了接班人。1874年，阿尔弗雷德接管公司，他的商业头脑比他父亲的要先进得多，有着把卡地亚推向全世界的雄心壮志，而他的三个儿子则成了卡地亚迈向全球的急先锋。

玛丽·波拿巴公主佩戴的卡地亚冠冕

其中老三雅克·卡地亚（Jacques Cartier）去了英国，并于1902年开设了伦敦卡地亚店铺。这年，当了整整60年王储的英王爱德华七世正在筹备自己的加冕礼，为此向卡地亚订购了27顶冠冕，并在两年后向其颁发了皇家委任状，还留下一句名言：jeweller of kings and the king of jewellers（国王的珠宝商，珠宝商的国王）。此后王室订单纷至沓来，截至 1939 年卡地亚共获得了 15 张皇家委任状。据卡地亚传记作者汉斯·纳德尔霍夫介绍，曾经狂买百达翡丽的泰国国王朱拉隆功，仅在 1907 年就购买了价值 45 万美元的卡地亚手镯。

卡地亚 INDRA 高级珠宝腕表，沿袭了水果锦囊轻快活泼的设计风格

雅克·卡地亚善于交际，曾多次前往亚洲收购宝石。他和印度当地土王的关系密切，还把他们发展成了卡地亚的超级大客户。卡地亚著名的“水果锦囊”风格高级珠宝的设计就是来自印度王公喜欢的风格。

老二皮埃尔·卡地亚（Pierre Cartier）最有商业头脑，因此去了美国。他在那里不仅娶了密苏里州大富豪的女儿，还在纽约第五大道上抢走了一座令人垂涎的豪宅，据说是他用一条价值 100 万美元的天然珍珠双链项链换来的。在这里，洛克菲勒、范德比尔特、福特、摩根等巨富家族又成了卡地亚的客户。

大哥路易·卡地亚（Louis Cartier）则是灵魂人物，他坐镇巴黎，继续经营欧洲的名流市场。1899 年，路易说服父亲把店铺迁到了巴黎新的时尚中心和平街 13 号，这里邻近大牌扎堆的芳登广场，也是那时候巴黎最昂贵、最优雅的街道。

路易这个人既懂设计，也很有经营才华，今日卡地亚的地位、设计风格很多是由他来奠定的。而他的另一大成就就是在钟表领域。

对于钟表业务，卡地亚其实很早就涉足了，1853 年就开始出售女士吊坠表、胸针表和腰链表。1888 年，卡地亚推出了三款镶嵌珠宝并搭配金质表链的腕表，开始了腕表的制作。

路易·卡地亚 1898 年加入公司，在他的领导下，各式各样的精美装饰艺术被运用到钟表的制作中，卡地亚钟表开始变得数量繁多、样式丰富，逐渐成了高级制表的设计中心，水平也达到了前所未有的高度。只不过，当时男戴怀表、女戴腕表的社会风气依旧根深蒂固，并且腕表更多还是作为装饰品出现，计时的准确性也难以保证。

卡地亚古董钟表

直到 1904 年，路易·卡地亚在一场宴会上接受了一个朋友的请求，他开始真正研究起实用型腕表的设计和男性佩戴腕表的需求。而他的这位朋友，就是大名鼎鼎的飞行家阿尔贝托·山度士-杜蒙（Alberto Santos-Dumont）。

飞行家与他的腕表

1903 年 12 月 17 日，美国人莱特兄弟驾驶“飞行者 1 号”飞机，在北卡罗来纳州基蒂·霍克海岸的“斩魔山”沙丘上进行了四次试飞。其中，第四次飞行约 260 米，滞空 5.9 秒。

在大多数的历史记录中，这次飞行都被视作人类航空史上最早的可操纵动力飞机的首飞。然而在巴西，人们却普遍认为，莱特兄弟的飞机并非完全依靠自身动力起飞，因此巴西人阿尔贝托·山度士-杜蒙才是正牌的“飞机之父”。不过，对于制表业来说，这个第一是谁并不重要，真正重要的是，山度士-杜蒙是第一个戴着腕表飞

阿尔贝托·山度士-杜蒙（1873—1932）

上蓝天的人。

1873年7月20日，山度士-杜蒙出生于巴西米纳斯吉拉斯州的帕尔米拉，这座市镇如今已经以他的名字命名。父亲是法国移民二代，职业是工程师，负责当地的铁路建设。山度士-杜蒙的童年是作为一个富二代度过的，当时他父亲看到巴西咖啡行业的前景，买下了一块土地，成为一位咖啡种植园园主，并在之后快速积累了大量财富，成为巴西著名的三位咖啡大王之一。

由于家境殷实，山度士-杜蒙自幼接受了良好的教育，小时候就对机械十分着迷，他还是儒勒·凡尔纳的粉丝，在自传中曾经描述自己“在种植园阳光明媚的午后，在巴西的广阔天空下，飞行的梦想萌芽”。不过他真正接触飞行，还是在跟随家人前往法国为父亲治病之后。

当时，正值世界飞艇热，巴黎更是号称“世界航空的首都”。山度士-杜蒙因此顺理成章地留在法国，开始了自己的航空设计事业。他拜著名的气球研究专家让·夏勃罗教授为师，制作了自己的第一个热气球“巴西号”，并于1898年飞上了天空。就在这一年，法国石油大亨亨利·多伊奇·牧德设置了12.5万法郎的奖金，奖励能在30分钟内驾驶飞行器从圣克劳德公园飞往埃菲尔铁塔并环绕一周的人。

如果简单回顾一下航空史，我们可以看到，从1784年法国人布朗夏尔发明航空螺旋桨开始，到1804年英国人乔治·凯利发明滑翔机模型，再到1883年德国人戴姆勒和迈巴赫——两位名垂汽车史的大家——成功研制出体积小、转速高、功率大的车用汽油内燃机，实现人类飞行梦想所需要的硬件，已经逐渐“准备”完全。

于是，在让·夏勃罗教授的指导下，山度士-杜蒙第一次采用汽车内燃机作为动力，开始尝试制作飞艇。这一过程并非一帆风顺，他不但曾遭遇生命危险，还在1901年试飞第5号飞艇时撞上大树。不过，即便被挂在树上，他也并未因此沮丧，还在消防队员赶来救援之前，在半空中享用了一顿午餐。功夫不负有心人，山度士-杜蒙终于在1901年10

月 19 日这一天，成功驾驶第 6 号飞艇环绕埃菲尔铁塔飞行一周，全程飞行了 12 公里，用时 29 分 30 秒，从而一举拿下牧德的大奖。

这次成功让山度士-杜蒙声名大噪。总是穿着一身深色条纹西装、戴着一顶圆顶阔边绅士帽的他，成为法国最具知名度的人士之一。他不但会驾驶飞艇前往巴黎的酒店，还曾把飞艇降落到朋友家的院落，走下来与朋友一起喝咖啡。

在莱特兄弟飞行成功的消息传到欧洲后，法国掀起了一场飞机热，山度士-杜蒙也开始关注飞机的制造。然而，在研发飞机的过程中，他却被飞行中的一个问题深深困扰：和飞艇相对从容的驾驶不同，飞机的操作要严密复杂得多，对时间准确度的要求也更高，但在驾驶飞机的过程中，操纵杆必须由双手操控，不可能冒着坠机的危险把放在衣袋中的怀表取出来确认时间。

虽然身为机械专家，但这一问题显然是山度士-杜蒙无法解决的。不过，好在成为名人后，他与法国各行业的精英都已经熟识，还是法国航空俱乐部的成员，而路易·卡地亚为了拓展业务，经常参加他们的活动，一来二去和山度士-杜蒙也成了朋友。

1904 年，在巴黎马克西姆餐厅举行的一次庆祝活动上，山度士-杜蒙在觥筹交错之间，向路易·卡地亚抱怨了飞行时查看怀表的困难。路易·卡地亚听到后，脑海中不由产生了一个大胆的想法。从此，腕表世界又一扇新的大门打开了。

当时第二次布尔战争刚刚结束两年，市面上流行的男性腕表依然是“腕套表”和“系带表”，都还没有完全脱离圆形怀表的样子。但路易·卡地亚的想法与众不同，他要设计一块方表。

据说路易是受到了卡地亚之前生产的一款方形怀表的启发，这块新表高清晰度的表盘设计已经有装饰艺术风格的意味，罗马数字时标的样式则致敬了奥斯曼男爵改造巴黎市中心时的辐射设计。表圈上还有独特的外露螺丝（比以外露螺丝闻名的爱彼皇家橡树早了将近 70

年），仿佛飞机的铆钉。

这款腕表还被设计成表壳两端延伸出表耳的造型，再搭配皮革表带系住表耳佩戴，从而将表固定在手腕上，让山度士-杜蒙可以在双手操控飞机的同时确认时间。为了表示对朋友的尊重，路易·卡地亚将这块腕表以好友之名命名为“Santos”。

1906年11月12日，山度士-杜蒙在巴黎参加了一个直线飞行比赛。他佩戴卡地亚腕表，驾驶自己的14号机“14-bis”在距离地面6米的高度完成飞行，创下了每小时41.29公里的国际航空联合会承认的第一个直线飞行速度纪录，山度士-杜蒙用腕表确认自己在21.5秒中飞行了220米。

当时，山度士-杜蒙可以说是整个欧洲的名人，而卡地亚也闻名遐迩。因此，当人们看到报纸上山度士-杜蒙的照片后，很多人开始询问：“绑在山度士-杜蒙手腕上的是什么？”他没有佩戴笨重的“手戴怀表”，而是戴了一块优雅的腕表。当得知这个答案后，追求时尚的巴黎新富阶层，自然而然地开始效仿山度士-杜蒙的穿戴。

路易·卡地亚决定趁热打铁。1907年，他与机芯制造商爱德蒙·耶格签订协议，准备量产Santos腕表。

爱德蒙·耶格1858年生于法国阿尔萨斯，这个地方在普法战争后于1871年被割让给了德国，都德那篇《最后一课》讲的就是这件事。耶格有可能在家乡被吞并之前就搬到了巴黎，他在1880年开了自己的工厂，后来主要为法国海军生产航海钟。耶格精于超薄机芯，他还向瑞士制表商发出挑战，要求制造出自己设计的超薄机芯。接招的正是前面讲过的积家勒考特家族。有个故事说，当年积家的继承人雅克-大卫·勒考特从制表厂骑了20公里自行车才找到离他最近的电话接受挑战。不过也有说法认为没这么玄乎，两个人就是在巴黎认识的。

不管怎样，1903年耶格正式和勒考特达成合作关系。4年后，耶格和路易·卡地亚签了合同，规定所有耶格机芯在14年内都将独家卖给卡地亚，而这些机芯自然由耶格的合作伙伴勒考特生产。这也成为1937年“积家”品牌诞生的契机之一，真让人不由得感慨历史的环环相扣。

SOCIÉTÉ DE VENTE DES PRODUITS
JAEGER-LE COULTRE S.A.
CAPITAL SOCIAL
ACTION PRIVILÉGIÉE
AU PORTEUR, 5% CUMULATIF
DE
CINQ CENTS FRANCS
ENTIÈREMENT LIBÉRÉE

1937年Jaeger-LeCoultre S.A.公司的股权证书

如今回顾这段历史，我们可以确定的是，无论卡地亚Santos是否被认为是第一块“真正的腕表”，它第一款飞行腕表的地位都毋庸置疑。1911年，卡地亚Santos腕表首次上市销售就大获成功，以此为开端，实用型腕表开始进军男性市场。

当代Santos de Cartier系列腕表

不得不说，路易·卡地亚是一个既有创造力又很有市场眼光的人，毕竟在那个时代能跳出怀表的窠臼，并且意识到“腕表即将取代怀表”的人，可以说寥寥无几。而能为人所不敢为的魄力，也是一个成功的经营者必不可少的素质。

冒险家成为腕表代言人

与山度士-杜蒙同时代的飞行家中，还有一位因为腕表而留名，他就是路易·布莱里奥（Louis Blériot）。如果说前者是初代“腕表带货王”，那布莱里奥则可以说是早期“腕表代言人”了。

1908年，在山度士-杜蒙创下直线飞行速度纪录两年后，英国

《每日邮报》设立了一个悬赏，谁能驾驶飞机飞越英吉利海峡，谁就能获得 500 英镑的奖励。第一年无人参与，到了 1909 年，主办方直接把奖金额度翻了一番，设为 1000 英镑（相当于 2018 年的 11.5 万英镑）。当时的人都把这当成《每日邮报》为了提高销量搞的营销手段，不过也有几位飞行家跃跃欲试。

报名的人中就有法国人路易·布莱里奥。他毕业于巴黎中央理工学院，是个成功的汽车前照灯生产商。不过在上大学的时候，他就迷上了飞机，之后更是把赚来的钱都投入了飞行器的开发。

早在 1900 年，布莱里奥就制造了一架扑翼式飞机，从此开启了他屡飞屡败又屡败屡飞的追梦史。从 1905 年到 1909 年，布莱里奥连续开发了至少 11 架飞行器，有成功，但更多的结果是坠机，他和合伙人在鬼门关前转了好几圈，差点被淹死、摔死、砸死、烧死……

历经失败，布莱里奥还是开发出了一个比较成功的型号 Blériot XI，他决定驾驶这架飞机参赛。

当时布莱里奥最大的对手是另一位航空先驱休伯特·莱瑟姆（Hubert Latham）。莱瑟姆比布莱里奥早几天发起挑战，但中途遭遇了发动机故障，虽然成功进行了人类史上第一次海上迫降，但挑战却失败了。

布莱里奥飞越英吉利海峡所佩戴的真力时腕表

两天后，布莱里奥带着团队来到加莱，当时海峡上空连续两天狂风大作，直到 7 月 24 日夜里风力才减弱。当时陪同布莱里奥参赛的朋友勒布朗因为太过兴奋，始终睡不着觉，在 7 月 25 日凌晨 2 点多就起来了。当时他发现天气已经转好，连忙叫醒了布莱里奥。7 月 25 日凌晨 4 点 41 分，布莱里奥驾驶飞机起飞。此时莱瑟姆的团队还在呼呼大睡，从而错失先机。

这次冒险，布莱里奥也佩戴了一块腕表上天，品牌则是真力时。

真力时诞生于1865年，当年22岁的乔治斯·法福尔-杰科特在纽沙泰尔的力洛克创立了这家公司。他创业这年，美国公司沃尔瑟姆已经在用机器大规模生产价格合理、质量可靠的怀表，而据雅克·大卫发表“美国危机报告”还有两年时间。

但法福尔-杰科特对此已经有了不少了解，他不惜投入大量资金，创建了一个采用整合式管理方式的表厂。1900年巴黎世界博览会上，公司凭借ZENITH机芯获得了大奖。ZENITH的意思是“天空中的制高点”，这样起名是因为法福尔-杰科特觉得这枚机芯代表了最精确的计时。和欧米茄用名产品当公司名的思路一致，ZENITH后来也成了公司的名字。

而早在1888年，法福尔-杰科特就注册了“PILOTE”[1]商标，随后又注册了“PILOT”以及他认为在其他领域具有远大前景的商标名称，这使得时至今日真力时依然是唯一一个可以在其表盘上标注PILOT字样的腕表品牌。黑色表盘、大型夜光阿拉伯数字及大指针、镀铬表壳、防磁游丝、大洋葱状的表冠，具有这样特征的真力时腕表，也被称为“布莱里奥风格”。

在飞越英吉利海峡的过程中，由于没有指南针，布莱里奥一度差点迷失。他回忆说：“在10多分钟里，我独自一人，孤立无援，迷失在茫茫大海上，看不到地平线上的任何东西，也没有看到一艘船。”不过他最终还是在海峡对岸找到了降落点，用时大约37分钟。

后来，布莱里奥给真力时写了一封感谢信，说：“我非常满意我日常佩戴的真力时腕表，并强烈希望推荐给寻求精准腕表的人士。”

布莱里奥对真力时腕表的使用，巩固了该品牌在法国人心目中的地位。从1939年开始，真力时Montre d’Aéronef Type 20成为法国空军的机载计时器，这样看来，布莱里奥算得上是最早的腕表代言人了。

1　PILOTE即法语中的“飞行员”。

当时间来到20世纪的第2个十年，战争催生的腕表需求已经让人不得不重视其存在了。也是在这个十年里，人类将爆发一场规模空前的世界大战，腕表从此将牢牢地占据军人们的手腕，进入第一个兴盛期，而逐渐没落的怀表怎能甘心失败，也会诞生当世最强的作品。这“本是同根生”的二者，必将在之后上演一场“相煎何太急”的决战。

第七章

CHAPTER SEVEN

第一次世界大战开启了“腕表大爆炸”

1914年到1918年的第一次世界大战，是人类历史上的一个标志性事件。它是首次真正意义上的全球性军事冲突，15亿人被卷入战争，参战国家达33个，投入军队超过7000万人，也深刻地改变了世界的格局。而在钟表史上，第一次世界大战就像一道分水岭。在这之前是怀表称王称霸的时代，在这之后则是属于腕表的时代。

布尔战争后尚处于萌芽阶段的腕表，经由一战的“推广”，被戴到了更多士兵的手腕上，等到他们踏上回乡的旅途，腕表也跟着被散播到了全世界，成为一股新的风尚。同时，一战也开创了全新的世界格局，引出繁荣、喧嚣的20世纪20年代，为了满足一部分新潮的有钱人的需求，各大表商在设计上大做文章，卡地亚Tank、积家Reverso等经典表款都诞生在这一时期。同样，为了满足两位美国大富翁对于复杂功能极致的痴迷，百达翡丽在怀表的末世造出了那个时代登峰造极的作品，上演了一出最绚烂的回光返照。

腕表的流行从一战开始

1914 年 6 月 28 日，萨拉热窝的一声枪响，点燃了第一次世界大战。开战之初，几个主要参战国从上到下都认为，对手会在己方的重拳下迅速倒地。然而打着打着，参战各方就发现，第二次工业革命带来的火器的飞跃，已经改变了古典作战的形态，在当时的战争条件下，防守要比进攻更容易。

于是，在 1914 年 9 月马恩河战役结束后，德军和协约国军沿着瑞士边境各挖掘了一条战壕，并且一直延伸到了比利时的北海海岸。此后一直到 1918 年 3 月 21 日德国发动最后的春季攻势之前，西线战场上的作战双方几乎都在壕沟内对峙，这就是极具一战特色的“堑壕战”。

随着时间的推移，双方的战壕变得日渐复杂，形成了大面积的防守工事。在阿尔卑斯山地区，壕沟甚至修到海拔 3900 米以上的地方。而在实战中，军人们发现，随着近代化战争对时间节点的要求越来越高，怀表已经无法适应新的战场了。

想活命，戴腕表

西线的对峙局面形成后，参战双方形成了 400 多英里长的筑垒堑壕系统。部署在广阔战场上的上百万士兵在战壕中对峙，这是历史上第一次指挥官在无法看到前线的后方司令部部署战斗，以往通过视觉观察双方移动和部署的作战模式已经不再适用。

不过，由于电报的普及，指挥官可以方便地从远端对前线下达指令，“几点几分开始攻击”的时间指令，成为部署战斗的主要形式。前线的军人也逐渐习惯通过时间执行命令，进行协调机动和攻击。因此作战时常常出现这样的情景：士兵们先对表，然后跳出战壕，向敌人的阵地冲过去。而且当时的战术讲究“炮步配合”，因此炮手和步兵之间的时间同步需要精确到秒，否则炮弹可能会落在战友头上。同时，他们还学会了通过准确记录敌方炮击时火光与声音之间的时间差，来计算战壕与敌军之间的距离。

一战战场上的堑壕

总而言之，时间在战争中变得更加重要。方便可靠的时计，也就更加举足轻重。

虽然从第三次英缅战争[1]到第二次布尔战争，英国军人已经开始使用给怀表系带的“腕套表”，但这样的表佩戴起来厚重累赘，玻璃表壳也很容易碎裂。由于24小时里不知道什么时候会发生战斗，如果表没有夜光功能，晚上就需要划火柴看时间，这又很容易引来狙击手的子弹。

还是那句话，有需求就有创新，于是战壕表（trench watch）应运而生。

得益于表带制作水平的提升，新型的战壕表大多是在小型怀表表壳上焊接金属丝环，使皮表带更容易连接。而随着战场需求的反馈，战壕表的制作也越来越凸显出独有的风格。首先，表盘从罗马数字改为阿拉伯数字，并且数字和指针都进行了放大，使得时间更一目了然。在英国，还出现了24小时制的腕表，从而更好地帮助军人确认时间。

其次，为了保护玻璃表镜，表商们也绞尽脑汁。士兵们出战壕时常常要匍匐前进，因此腕表极其容易损伤。一开始表商经常使用一个开孔的金属护罩来保护表盘，就像罩了一个笼子。后来又有赛璐珞材

1　第三次英缅战争发生在1885年。

料、防碎玻璃等新技术应用到战壕表上。

再次，表商开始将镭等带有发光属性的放射性元素涂抹在表盘数字和指针上，方便在黑暗中读取时间。在 1916 年出版的《战争知识：写给前线每位军官的手册》一书列出的军官套件清单里，“夜光手表”被排在第一位，超过了“左轮手枪”和“野外护目镜”等装备。

在第一次世界大战期间，包括欧米茄、浪琴在内的众多公司都开始为军队生产。其中，欧米茄凭借多次在天文台测试中创造精准度纪录，加上能够大量生产，成为英国国防部及其他参战协约国的首选军用腕表。

1916 年的欧米茄腕表广告

根据 1916 年英国战争办公室“进攻行动师训练指导”文件显示，战争期间手表的重要性已经得到特别提示。为避免延迟，战争办公室要求必须同步手表时间，“所有军官都必须养成每天以官方时间看表的习惯，这可以从信号处获得。指挥官在训练中必须特别注意这一点”。

当然，在战争中需要计时的不止地上的步兵和炮兵。随着飞机技术的进步，第一次世界大战首度将空战导入人类战争，各大参战国也都加大了对飞机生产的投入，整个一战期间生产了 18.2 万架。与此同时，飞行员们对于时计的需求也水涨船高，把握住了准确的时间，才能让协同攻击成为可能。

而在一战中唯一能横跨飞机制造和钟表制造两个领域的，是一个我们很熟悉的名字——宝玑。只不过这次的主人公是宝玑大师的玄孙路易 · 查尔斯 · 宝玑（Louis Charles Breguet），但他的主业不是制表，而是造飞机。

路易·查尔斯·宝玑（1880—1955）

1880年出生的路易·宝玑毕业于法国最好的电气工程学校，早在1905年就开始和兄弟雅克一起造飞机，并在1909年制造出自己的第一架固定翼飞机“宝玑1型”，还在1912年制造了他的第一架水上飞机。

路易·宝玑不只是设计师，还亲身参与了一战。1914年7月，他被分配到一个中队担任中士飞行员。当时正值马恩河战役前夕，德国正在执行意图集中优势兵力在6个星期内打败法国的“施里芬计划”，巴黎城防压力很大。8月底的时候，路易·宝玑主动要求执行一次危险的空中侦察任务，确定了当时正向巴黎推进的德国第一集团军的位置，这份情报甚至最终影响了马恩河战役的结果，为法军带来了胜利，他本人也因此获得了战争十字勋章。

作为一名侦察兵，路易·宝玑只能影响一场战斗，但作为飞机设计师，他却影响了整个战局。一战期间，他最出名的设计就是“宝玑14型”飞机，这是第一批大量使用铝材而非木材的量产型飞机，机身更轻、更坚固。

“宝玑14型”飞机

路易·宝玑为法军设计了侦察机和轰炸机两种机型，并在1917年3月收到了第一笔订单，总共250架。后来因为表现优异，又大量增产，比利时陆军和美国陆军航空队也订购了。整个一战期间，“宝玑 14 型”总共制造了近 8000 架，销往约 15 个国家。还有资料称，截至 1918 年 11 月 11 日停战，“宝玑 14 型”飞机投掷了 1887600 公斤以上的炸弹。[1]

作为钟表世家，宝玑战斗机自然也离不开宝玑的表。此时宝玑公司早已被转手交给英国的布朗家族经营，为了和路易的航空公司并肩前行，宝玑在 1918 年生产了第一批飞行员手表（当时还是比较简单的大三针，到 1935 年加入了计时功能），并且在法国海军航空兵部队的宝玑战斗机座舱仪表板上安装了配备计时器的钟表。这些设备被用于计算距离、燃料消耗和导航细节。

虽然当时有卡地亚 Santos 这样被戴着飞上天的腕表，但它们用来作战却有很多硬伤，比如表盘太小、没有计时功能、难以应对飞行中的极端环境等等。因此和陆军不同，大表盘的怀表在空军这里还有一席用武之地。法国飞行员主要靠宝玑飞机上的仪表板表，那么英国飞行员则大多带着 Mark Ⅵ. A（1914）和 Mark Ⅴ（1916）怀表上天。

这些怀表由 Doxa 公司生产，表壳背面刻有象征航空的字母 A，而且表壳上方的表冠都很长，目的是方便装入仪表板，让飞行员不用空出手去掏表也能掌握作战节奏。

后来飞行表的一些标准也在这一时期确立，比如表盘必须足够大，读数必须足够清晰，让飞行员即便处在极端条件下也能够快速读时。而为了在黑暗中一眼就能读出，夜光涂层要非常清晰明亮；为了方便飞行员戴着厚重的皮手套调时，表冠要做得非常大……不过从飞行怀表进化到飞行腕表，还有赖于技术的进步，直到第二次世界大战时才

---

1 数据来源：BRUCE, NOEL. The Breguet 14[M]. London and Hatford: Profile Publications. 1967: 11.

发展成熟。

腕表成为“铁血新时尚”

第一次世界大战彻底扭转了男人们对于腕表的审美。一战之前，虽然卡地亚 Santos 实现了量产，但在普罗大众心中，戴腕表的男人依然是“受鄙视”的，特别是在美国。

美国当代作家克里斯托弗·克莱因还专门研究过这个现象，他发现一战之前手上戴腕表的时尚人士会被嘲讽为“腕表男孩”，而久经考验的怀表才是真男人的选择。媒体更是助长了这种偏见，比如 1914 年 5 月的《阿尔伯克基日报》就说：“戴腕表的家伙经常被怀疑会在内衣上镶有花边，在晚上梳头发。”1916 年，新奥尔良的一家剧院还向观众保证，他们排演的戏剧的主角不是“银幕上戴腕表的奶油小生，而是由一个真正的爷们儿扮演的”。

生活在一战时期的美国作家玛丽·罗伯茨·莱因哈特则对此更加感同身受。1915 年初，她在法国比利时前线当了两个月的战地记者，后来在一篇文章中讲述了从欧洲回来后的生活，里面有一个细节提到：我丈夫把我从伦敦带回来的腕表藏在了抽屉里，因为美国人仍然认为这种物件是娘娘腔的……

结果一战爆发后，美国的“铁血真汉子”们傻了眼，在他们眼中，没有什么比参加战争更能体现男性的魅力，然而万万没想到，欧洲战场从军官到士兵全戴着被他们鄙视的腕表。这种震撼，不啻一场审美地震。

很快，对腕表的追求就漂洋过海到了美国。1916 年，大批士兵开进墨西哥，和该国北方的农民起义军作战。上战场前，他们纷纷抢购起腕表，据得克萨斯州埃尔帕索的一家经销商估计，他在短短两个月内就卖出了 2.5 万块腕表。

1917 年 2 月 24 日，美国驻英大使佩奇收到破获的齐默尔曼电报，这份电报建议墨西哥和德国结盟，如果它们对美国宣战，德国就将协助墨西哥夺回割让给美国的新墨西哥州、得克萨斯州和亚利桑那州等土地。以这份电报为依据，美国于 4 月 6 日向德国宣战，并在一个月后派出由约翰·潘兴担任总司令的远征军。

一战时期的腕表

第一批被送往堪萨斯城进行战前演练的远征军士兵，就得到了一块腕表和一磅烟叶作为奖励。后来他们大多投入西线战场，更是免不了“入乡随俗”地佩戴起了腕表。而美国的商人们还借此发起战争财，在广告里宣传“士兵最珍贵的财产是他的腕表”，以此鼓动美国人购买腕表，寄给在海外作战的亲人。

1918 年 11 月 11 日，第一次世界大战结束。于是，身经百战的军人终于得以退伍回家，重返平民生活。在英国，几乎每个年轻人都在战争期间被征召服役。因此，在战争结束后，公众可以看到成千上万退伍军人佩戴着腕表回家。英国《钟表杂志》就在文章中写道：“腕表在战争前被严格限制在女性群体当中，但现在无论是穿制服的军人还是那些穿便装的普通人，从他们的手腕上都可以看到腕表。”

到 1918 年底，协约国士兵们得胜归国时，几乎已经是人手一只腕表。腕表的实用价值已经得到了证明，战争的铁与血的洗礼，也让“佩戴腕表等于没有男子气概”的观念发生了转变，腕表反而变成了阳刚之气的象征，体现了军人的精神，成为新的时尚宣言，腕表面向大众的销售也开始腾飞。

对于腕表的发展而言，第一次世界大战让各国认识到腕表是战争不可或缺的物资，延续了因战争而开始的腕表的量产，并对军表的功能提出了更高的要求和类型细分，促进了军表的完善和丰富。同时，海报也成为当时各大钟表品牌的主要宣传手段，腕表在战争中体现出的优越性，借由当时这一主流宣传渠道迅速传播到公众当中。

一战爆发时，腕表产量在钟表年产总量中仅占到 7%，而到 1930 年，腕表的市场份额已经是怀表的 50 倍。在美国，1920 年腕表仅占所有时计的 15%，但到 1935 年，腕表的占有率已经飙升至 85%。[1] 1937 年的巴黎世博会上，一位评论员写道："在几年前谁能想到，腕表有朝一日会以如此多的形式呈现，种类如此之多？"

现代男士腕表可以说是"战争的儿子"，从"腕带表"开始，它走的每一步都是被战争推动的，每一点改变背后都是无数的鲜血，可谓"一表功成万骨枯"，反过来腕表也是士兵们的护身符，这种奇妙的共生关系，也不禁令人唏嘘。

二十年休战，腕表野蛮生长

1919 年 1 月，一战战胜国召开了巴黎和会，建立起世界新秩序——凡尔赛体系。这个体系为了维护主要战胜国的利益，对战败国领土及其殖民地进行再分割，尤其是对德国进行了严厉的惩罚。法国陆军元帅福煦在听到和约内容后就做出了一个神奇的预言，说："这不是和平，这是 20 年休战。"结果不到 20 年，凡尔赛体系就在大萧条和纳粹党崛起的轮番冲击下摇摇欲坠，最终在德国闪击波兰的战斗中土崩瓦解，而这一年是 1939 年，距离《凡尔赛和约》签订正好整整 20 年。

1　数据来源：FOULKES N. REVERSO[M]. 蓝思晴，译. 纽约：Assouline Publishing, 2020: 35.

不过“凡尔赛体系”也确实带来了短暂的和平。随后的20世纪20年代，欧美迎来了又一个经济和文化繁荣爆发的黄金十年。在当时世界上人均最富有的美国，这十年被称为“咆哮的二十年代”，大都市高度发展，全新的“消费社会”时代到来，整个社会都沉浸在喧嚣、狂热、绚丽多彩的气氛中；在法国，这十年被称为“疯狂年月”，艺术文化大繁荣；就连输得最惨的德国，都有一个“黄金的二十年代”。

这十年里，财富的快速积累诞生了很多“盖茨比式”的人物；代表新技术的汽车、收音机、电影开始走进普通人的生活；代表新审美的装饰艺术大行其道，影响了建筑、家具、珠宝、时装等设计的方方面面。

在这个“咆哮的二十年代”中，靠着一战从鄙视链底端成功“逆袭”的腕表，为了巩固主流时计的地位，不得不在新的战场上继续拼杀。然而时代变了，人们需要的不再是坚固耐用的战壕表，而是更加精美、更加时尚的腕表，因此表商们也必须迎合新的审美风潮、新的富裕人群的需求。

新的审美：源自坦克的卡地亚Tank

“咆哮的二十年代”是装饰艺术的时代，而装饰艺术也像它所处的时代一样热闹、喧嚣，它不是一种风格，而是不同风格的集合。装饰艺术“不加辨别便欣然接受各种来源的装饰、色彩、丰富的材料”，是“机器时代的设计运动”，是一种对社会技术进步保持信念的乐观情绪，也是一种“鼓励消费的奢华感”。

在这个时代，卡地亚、尚美、宝诗龙、梵克雅宝等巴黎最著名的珠宝商，都在以装饰艺术风格创造珠宝；时装也发生了剧烈的变化，保罗·波列和可可·香奈儿让女装变得更具线条感和实用性；帝国大厦、克莱斯勒大厦以及纽约市在20世纪二三十年代建造的其他摩天大楼，都是这种风格的纪念碑；从家具到收音机，从火车到汽车……似乎只要有设计，就有装饰艺术。

腕表设计自然也无法逃离这一潮流，而是要积极迎合新的审美。这一点在表壳形状的变化上体现得尤为明显，无论是怀表时代还是腕表出现早期，圆形表壳都占到绝大多数。但装饰艺术是线条的艺术，因此在 20 世纪 20 年代，方形和更具艺术感的酒桶型（Tonneau）表壳变得尤为流行。

特别是酒桶型。早在 1906 年，卡地亚就在 Santos 腕表问世两年后，推出了 Tonneau 腕表。有观点认为，表壳设计成略微弯曲的酒桶型，是为了打造和圆形怀表完全不同的腕表印象。而且当表壳弯曲时，可以更好地贴合手腕的形状。后来江诗丹顿、欧米茄、浪琴、爱彼、百达翡丽等知名表商都纷纷推出了酒桶型的腕表。不过在随后的几十年里，酒桶型腕表归于沉寂，直到 20 世纪 90 年代才在法穆兰、里查德米尔等新品牌上得到复兴。

1911 年的卡地亚 Tonneau 腕表

接下来再说说方表。如果我们要寻找与装饰艺术的新审美结合得最完美的腕表，那么必须提到卡地亚 Tank（坦克）系列腕表。

卡地亚 Tank 也是路易 · 卡地亚的手笔，是他在 Santos 之后又一个名垂钟表史的作品。它的故事还要从一战说起。1916 年，索姆河战役爆发。当时，路易 · 卡地亚也从法国媒体上关注着战事。9 月，坦克作为绝密军事武器登场，而当时投入战场的坦克是英国人制造的 Mark I，看上去像是一个移动的巨大菱形钢铁，破坏铁丝网、越过战壕是它的主要任务。

第二年，法国人设计了雷诺 FT-17。和英国人的“大菱形”不同，这款坦克是世界上第一款安装旋转炮塔的坦克，这一布局方式对后来的坦克产生了深远影响，直到今天仍然是主流模式。作为战争史上的“名作”，这款坦克曾经出口到至少 27 个国家，就连张作霖和吴佩孚打仗的时候，都有雷诺 FT-17 的身影。

路易·卡地亚从报纸上看到了雷诺 FT-17 坦克在西线战场的照片，对其简约、严谨的几何形状印象深刻，决定以此作为新男士腕表系列的灵感。方形的表壳仿佛坦克的车身，两侧的垂直表耳则模拟坦克的履带，有着强烈的几何感与线条感。Tank 的设计也延续了 Santos 留下的经典元素，比如轨道式分钟刻度、放射状的罗马数字、蓝钢宝玑指针、折叠式表扣以及表冠上的一颗蓝色宝石。

一战战场上的法军坦克

1918 年 11 月，第一次世界大战结束后，路易·卡地亚将 Tank 腕表的原型赠送给了美国远征军在欧洲的指挥官约翰·潘兴将军。有趣的是，潘兴的名字也被用来命名了一款坦克，就是美军二战时制造的 M26 潘兴坦克。

现代卡地亚 Tank Must 腕表，延续经典轮廓与表盘

卡地亚 Tank 进入全面生产是在 1919年，不过最初的版本只生产了6枚，在几个月内就全部售出，1920 年的产量上升到了 33 只，在整个 20 世纪 20 年代年平均年产量为 104 只。

虽然产量不高，但路易·卡地亚却

热衷于改设计，从 1921 年开始进入了疯狂迭代期。这年他首先推出了更加细长和富有曲线美的 Tank Cintrée，使手表的框架更圆润、柔和和便于佩戴；第二年又诞生了比例更加协调、装饰风格更为浓厚的 Tank Louis Cartier——如今被当作这款表默认的样子，以及受中国寺庙门楣这种建筑形式启发的 Tank Chinoise；1928 年的 Tank à Guichets 则是第一款配备复杂功能的 Tank 腕表，其特点是应用了复杂制表技术“跳时”，从金属表盘上的两个窗口可以看到小时和分钟数，这在当时也是很有奇思妙想了，爵士乐传奇艾灵顿公爵曾经买过一块。

卡地亚 Tank 为人津津乐道的，还有它星光熠熠的名人主顾。著名钟表专家弗兰科 · 科洛尼在他的《卡地亚：坦克手表》一书的序言中写道，这款手表“是那些与最著名的人为伍的 V.I.O.（非常重要的物品）之一”。

1926 年，好莱坞初代性感男星鲁道夫 · 瓦伦蒂诺出演了他的最后一部电影《酋长的儿子》。鲁道夫是 20 世纪 20 年代最火的男明星，算得上是那个时代的莱昂纳多 · 迪卡普里奥，被称作“拉丁情人”。在这部电影中，他一人分饰双角，扮演了一位阿拉伯酋长以及他那个爱上舞女的儿子。虽然和影片背景看上去很不搭，但鲁道夫在拍摄时全程都戴着他的卡地亚 Tank 手表，这应该算得上是在电影中植入腕表广告的滥觞了。

鲁道夫 · 瓦伦蒂诺《酋长的儿子》剧照

而年仅 31 岁的鲁道夫在影片上映前一个月因腹膜炎去世，更增加了其传奇属性，之后卡地亚 Tank 几乎成了好莱坞男主角的首选腕表，征服了包括克拉克 · 盖博、加里 · 格兰特、加里·库珀等在内的一众经典影星。也难怪时尚历史学家詹姆斯·舍伍德有这样的评语："如果有一款手表定义了好莱坞的黄金时代，那一定是有鳄鱼皮表带的卡地亚 Tank。"

自 1919 年 11 月 25 日推出到 1969 年 12 月底的 50 年里，其实只有不到 6000 枚 Tank 表被制造和销售，但买主中名人众多。由于卡地亚 Tank 的中性风设计，它也受到女性的青睐，伊丽莎白·泰勒、凯瑟琳·德纳芙、美国前第一夫人杰奎琳·肯尼迪、戴安娜王妃都留下过佩戴 Tank 的经典影像。佩戴它的男性名人则包括阿兰·德龙、拳王阿里、时尚设计师伊夫·圣罗兰，波普艺术传奇人物安迪·沃霍尔也是 Tank 腕表的拥趸，他表示："我佩戴 Tank 腕表不是为了看时间，其实我从不为它上链。我佩戴 Tank 是因为它就是最合适的选择！"

1994 年，法国时尚大师让-夏尔·德卡斯泰尔巴雅克在杂志上亲笔手绘一枚 Tank 腕表，并对其致以极高的敬意："若所有的坦克皆由卡地亚制造，我们就能享受无忧生活与和平世界！"

虽说卡地亚 Tank 是一款诞生于战争、灵感来自武器的腕表，但它却用"美"征服了世界。而那简单的线条，却拥有了穿越时光的魔力，即便过了 100 年，也依然不过时。

新的运动：为马球而生的积家 Reverso

运动场是没有硝烟的战场，而"咆哮的二十年代"正是现代体育的爆发期。随着传媒的发展，人们被激发起空前的观赛热情，而赛场上的体育明星也大受追捧，不亚于战斗英雄，比如美国棒球传奇贝比·鲁斯，就被誉为"棒球之神"。而且运动不仅成为人们生活中的一部分，更衍生为时尚的象征，例如法国网球运动员勒内·拉科斯特就是运动场上的时尚偶像。

作为法国获得七次大满贯的网球冠军，拉科斯特认为过去的长袖网球装过于烦琐且不适合运动，于是设计了一种半开襟短袖套头衫，有着更长的衣服后摆和可以竖起的加衬衣领。1926 年，拉科斯特夺得美国网球公开赛冠军时首次穿着这件全新的网球服，第二年又在套头衫的左胸部位绣了个鳄鱼标志，因为他的外号就是“鳄鱼”。

而当时流行于上流社会的另一项运动就是马球，它在 20 世纪 20 年代甚至是奥运会的比赛项目。此时马球运动也在进行时尚变革。20 世纪初，马球运动员还穿着厚厚的长袖牛津布棉衬衫比赛，直到 1923 年路易斯 · 莱西为赫林汉姆马球队设计了全新的短袖运动衫，左胸部有一个马球运动员的形象。网球衫和马球衫虽然并不相同，但后来被拉夫 · 劳伦（Ralph Lauren）给结合到了一起，就成了今天的POLO衫。

印度新德里斋浦尔马球场举办的一场马球比赛

钟表专家尼克 · 福克斯曾说：“网球衫或马球衫在改变人们的着装态度方面，起到了至关重要的催化剂作用，它的现代化效果可以与腕表的影响相提并论。”运动时装风格转变，也促进了配饰风格的转变，现代风的着装当然要配现代风的腕表，而积家 Reverso 就是为马球运动而生的。

马球被称为“国王的运动”，其历史可以追溯到公元前 6 世纪，曾被波斯骑兵部队当作训练项目，在中国古代则叫作“击鞠”，唐朝时很流行。马球运动对抗激烈，非常考验骑手与马匹、骑手与骑手间的默契配合，一场比赛打下来，就像是把骑兵作战挪到了球场。

现代马球运动则兴起于英属印度，当时驻扎在此的英国军官对其尤为热衷。1930 年，来自瑞士的钟表销售塞萨尔 · 德 · 特雷（César de Trey）在印度旅行时，参加了一个英国军官俱乐部举行的马球比赛，结果有名军官在比赛中佩戴的腕表玻璃表镜被打碎了，这位军官当下便向特雷提了个需求，请他想办法制造一款能够抵御马球比赛激烈碰撞的结实腕表。

从这件事可以看出，当时腕表确实是时髦物件，有钱人在运动时都爱戴。然而那时的腕表工艺水平，却承受不了网球或者马球这种手部动作猛、碰撞激烈的新型运动，相比于日渐增长的运动需求，显然落伍了。

这位特雷先生最开始是卖假牙的，后来才转行卖表，并不太懂技术。不过他的朋友却在漫不经心中给了他提示，据说那位友人随口问他："能不能把腕表加个盖，或者设计成可以翻面的，这样就能避免打球时敲碎脆弱的玻璃表镜了。"特雷一听，茅塞顿开。

加盖腕表并不稀奇，早年的战壕表就是靠加盖保护表镜，而江诗丹顿还把保护盖做成了滑动百叶窗的样子，号称"快门腕表"。相比之下，翻转就有意思多了。

回到瑞士，他和积家的第三代继承人雅克-大卫·勒考特讨论了这个想法。二人又委托雷内-阿尔弗莱德·沙沃着手设计。这款翻转表的设计十分巧妙，在表面上下装有滑轨，从侧面轻轻一推就可以将表面推出，翻转之后再推回来即可，优雅又轻松。

早期积家 Reverso 腕表

1931 年 3 月 4 日，"通过支撑结构可完全翻转的腕表"在巴黎申请专利，同年 7 月特雷购买了沙沃的设计版权，并于当年 11 月注册了"Reverso"（翻转）这一名称。急于将这一革命性设计推向市场的特雷和雅克-大卫·勒考特结成商业合作伙伴，并立即开始投产。在专利申请提交后不到 9 个月，第一件作品开始上市发售，积家的 Reverso 翻转系列腕表由此诞生。

积家 Reverso 是功能与美学的结合体，表面翻转之后空白金属表

积家“超卓复杂功能系列 185 型机芯四面翻转腕表”，史上首款以四面表盘呈现时间显示的腕表，具有 11 项复杂功能

积家 Reverso 上的彩绘肖像画

背裸露在外，再戴着打马球，就不用担心表镜被打碎了。就算不戴着运动，空白表背还可以变成画布，通过珐琅、镌刻、微绘等工艺定制图画，比如英国国王爱德华八世就刻了他的皇家徽章，美国将军麦克阿瑟则把自己的名字首字母印在上面，而 1936 年的 Maharani 腕表背面则绘制了一位美丽印度女士的肖像。

Reverso 在美学上也是可圈可点的。装饰艺术时期，一种被称为简约古典主义的建筑风格兴起，这种风格追求减少外部装饰以强化简洁纯粹的线条设计。Reverso 也借鉴了这一风格，如果把长方形的表壳想象成建筑，那表盘上下的横向刻纹就是“大楼”上的装饰线条，简简单单就抓人眼球，是装饰艺术时代难得的佳作。

积家 Reverso 很快就成为畅销的奢侈运动手表，在这一领域开了先河。在它之后，卡地亚于 1933 年推出了可以上下翻转的 Tank Cabriolet，也是特雷和勒考特一起做的。

积家 Reverso 的诞生再次验证了一个道理，解决需求是腕表进化的动力。在这条路上，能力与动力缺一不可，如果说解决问题依靠的是技术能力，那么发现问题则需要敏锐的嗅觉。如果说战争年代腕表的出现是被逼出来的，那么在和平年代，谁先发现商机，谁就在商战中抢先一步。

新的交通：从日常开车到漂洋过海，都有腕表的陪伴

“咆哮的二十年代”，交通工具的发展也日新月异。以汽车为例，在第一次世界大战之前，汽车是极少数人才能拥有的奢侈品，但在20世纪20年代，随着流水线生产的日趋成熟，普通人也买得起的汽车开始出现在市场上。而那个时代最火的就是福特T型车，截止到1927年，卖出了1500多万辆。

汽车的普及还导致腕表演化出一种新的形态，也就是专为驾驶员设计的“司机表”，这其中以江诗丹顿的American 1921最为出名。

其实早在1919年，江诗丹顿就推出过一款司机表，American 1921也是那一款的变形。这两款表的共同点就是表壳既非圆形也非方形，而是介乎两者之间的枕形；表盘呈45度倾斜，1919年版本的表冠和12点时标放在表壳的右上角（普通表2点钟的位置），1921年的版本则是反过来放在了左上角（普通表10点钟的位置）。这样设计的目的，是方便司机在驾驶时看时间，手不用离开方向盘，斜眼一瞧便能清楚地读时。100年后，江诗丹顿还在历史名作系列里复刻了这个款式。

江诗丹顿历史名作系列American 1921腕表

交通的发展使得整个“咆哮的二十年代”全球各地之间的连接前所未有地紧密，为了方便在不同国家乃至不同大洲之间往来，火车、远洋渡轮等成为更多人出远门的选择。而随着时区概念的深入人心与洲际旅行的兴起，20世纪30年代开始出现“世界时”腕表，以满足旅行精英们的需求。

做世界时最出名的制表师是路易·柯蒂耶（Louis Cottier），他在

学徒时期便赢得过百达翡丽的两个重要奖项，劳力士创始人汉斯·威尔斯多夫还委托他来修复自己的珍贵藏品。柯蒂耶的父亲曾致力于开发世界时功能，但成效不大。受此影响，柯蒂耶也执着于世界时装置，平时他就在妻子在卡鲁日开的文具店里工作。据说他还曾给江诗丹顿写信求职，但因为当时正处在大萧条时期就没有被雇用，不过江诗丹顿还是为他提供了一些帮助。

终于在 1931 年，柯蒂耶为卡鲁日当地的一家珠宝商 Beszanger 制作了一枚世界时怀表，可同时显示全球 24 个时区的时间。这一年柯蒂耶 46 岁，而此时距离华盛顿会议确定时区也已经过去了将近半个世纪。

百达翡丽 Ref. 605 HU 世界时怀表

百达翡丽 Ref.515 HU 世界时腕表，产于 1937 年

柯蒂耶的创作吸引了江诗丹顿、百达翡丽、劳力士等知名品牌的兴趣，它们纷纷与之展开合作研发。柯蒂耶又开发了世界时的腕表结构，并在 1937 年和百达翡丽一连推出了三款世界时腕表，每一款的编号都有一个“HU”，代表 Heure Universelle（世界时间）。

“HU”的设计十分精妙，由一个带有指针和 12 小时标记的中心表盘、一个带有 24 小时刻度的可旋转内表圈和一个印有城市名称的外表圈组成。运行方式也简单明了，24 小时内表圈与中心表盘的时针分针是同步的，当主指针顺时针转动时，内表圈则逆时针转动。24 小时表圈的每一个数字都会与代表各自时区的城市对齐，可以轻松判定所在地的时间。使用者每到一个新城市旅行，把外圈的地名和本地时的12点对齐，就可以看到其他所有23个时区的时间，而且24小时内表圈还标记有昼夜，一目了然。

这个设计也成为世界时腕表的经典设计，百达翡丽在1959年获得其专利，那时候的民用航空变得更加发达，世界时腕表也真正有了用武之地。从1939年至1964年，百达翡丽共制作了95枚由柯蒂耶设计的时计，无论是在技术还是艺术方面都达到了很高的造诣。

新的冒险：从飞天到渡海，腕表性能大飞跃

“咆哮的二十年代”是一个充满挑战精神的时代。单是在1927年，就发生了两件足以名垂青史的挑战，一个是查尔斯·林德伯格（Charles Lindbergh）驾驶飞机飞越大西洋，一个是梅赛德斯·格莱茨（Mercedes Gleitze）游泳横渡英吉利海峡，而这两位冒险者在完成他们的壮举时，都有腕表相随。

人类航空史在经历一战的洗礼之后进入了新的阶段，一批又一批冒险家挑战着各种纪录。查尔斯·林德伯格就凭借着首次单人不着陆横跨大西洋飞行的成就，成为20世纪20年代最出名的飞行家之一。

在林德伯格之前，法国飞行王牌勒内·丰克（René Fonck）、美国海军飞行员诺埃尔·戴维斯（Noel Davis）、法国战争英雄查理·南热塞（Charles Nungesser）等人都挑战过飞越大西洋的壮举，但无一不以失败告终，有些人坠机，有些人失踪。而当时的林德伯格还是一个无名小卒，想要挑战纪录，却只能靠借钱买一架单翼飞机。

1927年5月20日早上7点52分，林德伯格驾驶他的“圣路易精神号”从纽约罗斯福飞行场起飞。这次飞行他携带了450加仑的燃料，满载的飞机重达2.7吨，为此还放弃了携带无线电，这让他获取时间变得更加困难。

起飞时纽约就下着雨，很快林德伯格就遭遇了恶劣的天气状况，风

查尔斯·林德伯格与他的“圣路易精神号”

暴云、结冰和大雾接踵而来。他就这样迷航了好几个小时，只能依靠指南针、机舱驾驶仪器和一块腕表来通过航位推算法导航。好在林德伯格足够幸运，飞到大西洋上空的时候天气晴朗，风向漂移基本为零，可以说是老天爷帮忙。5 月 21 日晚上 10 点 22 分，林德伯格成功降落在巴黎附近的勒布尔热机场，数以万计的群众开车到这里迎接他，汽车的灯光照亮了半个天空。

这场飞行由浪琴负责计时，总共花了 33.2 小时，飞行了 5850 公里，国际航空联合会承认林德伯格的纪录，这也让他一时间声名大噪。

但林德伯格的成功并不意味着飞越大西洋是安全的，光是在 1927 年就有 15 位飞行员在飞越的过程中死亡，主要的原因就是导航技术不发达。而林德伯格自己第二年也在古巴附近遭遇了迷航事故。经历此事之后，他决心改进导航，并向海军舰长菲利普·范·霍恩·威姆斯（Philip Van Horn Weems）求教。威姆斯是著名的航海教育家，也有很多飞行员跟随他学习。他还曾经根据一战时的经验，设计出一种“停秒”腕表，能够通过旋转中心刻度盘和无线电时间信号对时，精确可达到秒。

连拔时间角度腕表

在威姆斯的指导下，林德伯格构思了一种可以作为空中导航的计时器，能够计算经度和精确的地理位置。在与浪琴美国公司的高管约翰·海因米勒（John Heinmuller）交流后，这款时间角度腕表的实际开发便被委托给了浪琴，并在 1931 年推出第一个版本。

这款表的表盘上有着大量的刻度，混合了时分秒的时间度数和作为坐标的度数，在使用时通过计算 0 度子午线所在的格林尼治时间和当下所在位置的时间，来推算出经度，一般需要搭配航海历和六分仪使用。因为这款表由林德伯格设计，因此也被称为“连拔腕表”（连拔是林德伯格的旧译名之一）。

1931 年，浪琴连拔时间角度腕表的广告海报

在林德伯格创下飞越大西洋纪录的一年之后，女飞行员阿梅莉亚·埃尔哈特（Amelia Earhart）成为第一位飞越大西洋的女性。不过那一次她只是记录飞行日志的乘客，真正执飞的是威尔默·斯图尔茨。虽然这次飞行让埃尔哈特成名，但却不能让她感到自豪，她说自己“就像一个包裹、一袋土豆”，是被运到大洋另一边的，而她真正的梦想，是自己驾机飞越大西洋。

飞行家阿梅莉亚·埃尔哈特（1897—1937）

为了实现这个目标，埃尔哈特不断提高自己的飞行技艺，并在 1928 年成为第一位独自飞越北美大陆并返航的女性。1932 年，又是一个 5 月 20 日，34 岁的埃尔哈特驾驶飞机从纽芬兰出发，14 小时 56 分之后降落在北爱尔兰的一座牧场上，当时有个农场工人问她“你飞了很远吗”，埃尔哈特回答说“我从美国飞过来的”。

Postal Telegraph

JUNE 1932

WITTNAUER
NEWYORK (A WITTNAUER CO 402 5TH AVE)

MISS EARHART WRITES PLEASURE TO SAY I CARRIED LONGINES STOPWATCH ON ATLANTIC FLIGHT THIS PARTICULAR TIME PIECE MADE TWO AIR CROSSINGS BESIDES MANY OTHER FLIGHTS LAST 10 YEARS STOP HAVE FOUND ITS RELIABILITY AND ACCURACY AN ASSET ALWAYS.

LONGINES WATCH CO.
FRANCILLON LTD.

埃尔哈特飞越大西洋后拍给浪琴的致谢电报

两次飞越大西洋，埃尔哈特都戴着一块浪琴的单按钮计时表，度过那些“独自与星星在一起”的夜。这块表被她当作回礼送给了伦敦百货公司老板小哈利·戈登·塞尔福里奇。

1937 年 6 月 1 日，埃尔哈特踏上了全球首次环球飞行的征程，只不过这一次她再也没有回来，她的失踪也成了一个未解之谜。

整个 19 世纪 20—30 年代，人类航空的历史就是破纪录的历史，不论是 1931 年艾莉诺·史密斯（Elinor Smith）飞至 32576 英尺（约 9926 米）打破飞行高度纪录，还是 1932 年艾米·约翰逊（Amy Johnson）创下用时 4 天 6 小时 54 分钟从伦敦飞往开普敦的纪录，这些挑战不可能的飞行家都戴了浪琴的飞行表上天。

霍华德·休斯（Howard Hughes）在 1938 年驾驶洛克希德 L-188 飞机创造了 91 小时环球飞行纪录时，飞机上也专门配备了浪琴的测距仪和计时码表，其中测距仪是浪琴 1936 年的新发明，显示的是根据地球自转来计算的恒星时（一种天球子午圈值，并非时间单位），能够帮助导航员在夜间或海上确定飞机的位置，堪称那个年代的 GPS（全球定位系统）。

除了飞上天空，大海也是人类挑战的对象。

1927 年 10 月 7 日，职业是速记员的梅赛德斯·格莱茨向英吉利海峡发起挑战，这也是她第八次尝试横渡英吉利海峡。当天，她在凌晨 2 点 55 分下水，下午 6 点 10 分完成横渡，在极度寒冷的条件下，持续了 15 小时 15 分，上岸后格莱茨昏迷了将近两个小时。

然而没过几天，又有一位名叫多萝西·洛根的女性声称自己仅用 13 小时 10 分钟就游完了英吉利海峡。然而她的说法遭到了大众的怀疑，在严格审查之下她不得不承认这是一个伪造的骗局。结果连带着格莱茨也被怀疑，不得不为了证明自己再游一次。

这时，劳力士的创始人汉斯·威尔斯多夫（Hans Wilsdorf）找到了她，表示将在接下来的挑战中为她提供一块腕表作为礼物。就这样，一次载入史册的营销事件开始了。

劳力士是今天瑞士腕表中最为知名的品牌之一。创始人汉斯·威尔斯多夫出生在德国，十几岁就去了瑞士谋生，在拉绍德封一家名为Cuno-Korten的英国钟表公司当文员。这家公司做的是出口瑞士钟表的生意，当时每年出口大约100万瑞士法郎的钟表到英国和美国。在这里工作时，威尔斯多夫还要负责每天给上百枚怀表上发条，这样让他对钟表产生了浓厚的兴趣。

劳力士总部

1905年，24岁的威尔斯多夫和妹夫合伙在伦敦开了自己的钟表公司，企业目标是以负担得起的价格生产高质量的手表。为了给品牌想一个好名字，他绞尽脑汁，尝试用各种方法组合字母表中的字母，组了几百个却没有一个满意的。然而在一个早晨，当他坐在公共马车上路过伦敦齐普赛街时，突然感觉耳边仿佛有个小精灵在低声说：Rolex。几天后，汉斯就把Rolex（劳力士）提交注册商标，他说“这个名字本身完全没有任何意义，但是它非常吸引人”，这一年是1908年。1919年，为了规避一战后英国政府的高关税，他又把公司搬到了日内瓦。

威尔斯多夫是坚定的“腕表未来论”者，曾写道“怀表将几乎完全消失，腕表将彻底取代它们”，而让劳力士一举打响知名度的，正是世界上第一只防水腕表——劳力士蚝式腕表。

其实早在腕表随着布尔战争与一战开始普及的时候，防尘防水就已经成为亟待解决的问题。要解决这个问题，就必须改善表壳的密封性。

比较早着手解决这个问题的是日内瓦表壳制造商弗朗索瓦·博热

尔（François Borgel）。早期的怀表表壳多是压盖式的，密封性很差，而博热尔设计了一种螺纹表壳，将机芯旋入两个螺纹环之中，后盖再旋紧。将压盖式改为旋入式之后，密封性就大大提升。他先后在1891年和1903年申请了两项专利，浪琴、万国等品牌早年都采用过博热尔表壳。

劳力士当时也有一个防水腕表项目Hermetic，设计理念其实就是给腕表加一个“防水套”，除去表耳表带部分的腕表主体会被整体嵌入一个外层表壳里，然后再在上面拧上密封圈。这个表壳虽然可以达到防水的效果，但使用起来极其麻烦，比如每天拧开密封圈，把表抠出来才能上链，然后还要装回去。

威尔斯多夫对此并不满意，但要解决这个问题，必须克服表冠这个防水的薄弱点。后来他发现，1925年保罗·柏雷戈（Paul Perregaux）和乔治·佩雷（Georges Perret）两位制表师提交了一个旋入式防水表冠的专利申请，这是一种利用弹簧和螺管防止水汽进入表壳的表冠密封技术。虽然这项发明在实践中还存在问题，但威尔斯多夫看中了它的潜力，迅速买下专利，花费了一年时间进行改良，之后再结合从博热尔螺纹表壳那里得到的灵感，全新的蚝式表壳在1926年诞生了。

劳力士蚝式恒动腕表

汉斯·威尔斯多夫对密封性很有执念，曾说：“我们必须成功地把表壳做得非常紧，以至于我们的机芯将永远不会受到灰尘、汗水、水、热和寒冷造成的损害。只有这样，劳力士手表的完美准确性才能得到保证。”

最初的蚝式腕表有4款，八边形外框套住螺丝旋筒，外圈与底盖通过旋紧的方式与旋筒相连接，再拧死在外框上。表冠也通过与外壳相连的小螺丝筒锁定，如潜水艇的舱门。外圈上带有明显的坑纹，后来演变成了标志性的三角坑纹。

而之所以给表壳取名蚝式（Oyster），有说法是汉斯在一次宴会上吃牡蛎时获得灵感，希望新的防水腕表也能像牡蛎一样，就算在水下待无限长的时间，内部也不会被侵袭。

在发布蚝式腕表之后，汉斯·威尔斯多夫想了很多营销妙招。比如在英国每个城镇选择独家经销商，帮他们设计特殊的橱窗展示，核心是一个有植物和金鱼的水族箱，当然水族箱里还放着一只劳力士蚝式手表。

当然最火的，还是和梅赛德斯·格莱茨的合作。

前文说到，格莱茨1927年10月7日成功横渡了英吉利海峡，但这个成绩却遭到质疑，为此她决定再游一次。威尔斯多夫赠送了一块蚝式腕表给她，条件就是格莱茨游完后要帮忙为腕表的性能背书。

10月21日凌晨4点21分，格莱茨再次下水。但这次的水温变得更加寒冷，她在刺骨的寒冷中坚持了10小时24分，甚至多次陷入短暂昏迷，最终在离目的地7英里的地方被救起。虽然这次挑战没有成功，但人们都认可了她上一次创下的纪录。

而记者们也发现格莱茨的脖子上始终挂着一枚小金表，并且一直保持着准确的走时。

4天后，格莱茨给劳力士写了一封信，信中写道："我在英吉利海峡游泳时携带的劳力士蚝式表被证明是一个可靠和准确的计时伙伴，即使它在温度不超过58华氏度、经常低至51华氏度[1]的海水中完全浸泡了数小时，更不用说它所受到的持续冲击了。甚至当我被人从水中抬起来时，船舱内温度升高的快速变化似乎也没有影响它走时的准确

1　58华氏度约为14摄氏度，51华氏度约为11摄氏度。——编者注

性。报社的人很惊讶，我当然也很高兴……”

劳力士蚝式腕表就此一炮走红。一个月之后，劳力士又在《每日邮报》上刊登了大幅广告，大力宣传陪格莱茨横渡海峡的壮举，广告语说：

> 劳力士蚝式腕表——无惧各种元素的神奇腕表：防潮、防水、防热、防震、防寒、防尘。

与蚝式腕表差不多同一时期，卡地亚也在 1931 年做了一款叫 Cartier Tank Étanche 的防水手表，由爱德蒙 · 耶格设计。有“亿万宝贝”之称的女继承人芭芭拉 · 赫顿（Barbara Hutton）曾在 20 世纪 30 年代送给过霍格维茨 · 雷文特洛伯爵一块。

当然，关于卡地亚防水手表流传最广的传说，还是 Pasha 腕表的诞生。据说在 20 世纪 30 年代初，路易 · 卡地亚的终身客户、摩洛哥马拉喀什的帕夏[1]萨米 · 格拉维（Thami El Glaoui），要求卡地亚为他制作一块独一无二的金表，必须完全防水，方便他不论是平时游泳还是处理公务时都能佩戴。

帕夏得到了他想要的手表，但没有人确切地知道这块手表是什么样子的。有人根据一张 1943 年的档案照片推测，这块防水表是直径较大的圆表，配置了表冠盖，表盘上罩着金属网格，这和现代的卡地亚帕莎系列腕表 Pasha de Cartier 很相似，而后者是 20 世纪 80 年代由设计师杰罗 · 尊达（Gérald Genta）重新设计的。但也有观点认为卡地亚送给帕夏的就是 Tank Étanche，毕竟前面提到的圆表在当时过于先锋，也不满足帕夏对于优雅的要求。

不难发现，从 20 世纪 20 年代开始，腕表的工具属性与专业属

---

1 帕夏（Pasha）是奥斯曼帝国军政高官的头衔，也是敬语。因奥斯曼帝国雄踞阿拉伯世界，帕夏一词广泛应用于阿拉伯世界。——编者注

性变得越来越强，这就要求表商在更加细分的领域里深耕细作，用专业的方式解决专业的问题。在这一时期诞生的工具表类别还有计时表和潜水表，不过这两者与二战有着更为密切的联系，我们放到后面再说。

两大富豪的“怀表斗富”

虽说在第一次世界大战之后，怀表的地位由盛而衰，然而，多年的积淀让怀表不会轻易地退出历史舞台，而是逐渐转入了收藏界。同样，对怀表心存钟爱的也仍然大有人在。在美国，两位狂热而富有的收藏家的出现，让怀表迎来了最后的辉煌。

这两位收藏家分别是汽车大亨詹姆斯·沃德·帕卡德（James Ward Packard）和银行家小亨利·格雷夫斯（Henry Graves Jr.），他们都是百达翡丽、江诗丹顿的顶级 VIP，他们都只从瑞士定制购买最好的怀表，最关键的是，他们都想成为拥有世界上最复杂的怀表的那个人。

因此，他们的关系常常被描绘成一对竞争者，为了最复杂的怀表而“决斗”。1999 年苏富比在拍卖百达翡丽亨利·格雷夫斯超级复杂功能怀表（Patek Philippe Henry Graves Supercomplication）时就提到这个故事：

> 这两位先生都从百达翡丽订购具有多种复杂功能的钟表。帕卡德先生走在了格雷夫斯先生的前面。在 1916 年的 1 月，帕卡德先生收到了一块由百达翡丽制造的包含 16 种复杂功能的怀表；1927 年 4 月，百达翡丽又向帕卡德先生交付了一块令人惊叹的作品，其中包括一个天体图和 10 项复杂功能。对格雷夫斯先生来说，他必须接受这个挑战，毫不犹豫地怀着新的决心重返“比赛”。在严格保密的情况下，他再次向百达翡丽提出了一个要求：设计并

制造“有史以来最复杂的怀表”。

人人都爱看故事，毕竟一个是豪华汽车大亨、一个是富得流油的银行家，痴迷钟表的他们为了超越对方不惜一掷千金，只为了将时计的复杂性推向极致。这样的故事，光是听起来就很有戏剧性。

而且历史呈现出的事实也是，百达翡丽给帕卡德做了一块超复杂怀表，小格雷夫斯就要他们做一块更复杂的，哪怕当时帕卡德已经不在人世了——颇有些石崇王恺式斗富的感觉，也让人联想到当年希腊船王尼亚科斯造游艇，指定要比宿敌奥纳西斯的更大。

然而，近年来的研究却发现，这个斗富的故事疑点多多，作家斯泰西·珀曼（Stacy Perman）还写了一本书——《大复杂：打造世界上最具传奇色彩时计的竞争》来还原历史。百达翡丽前董事艾伦·班伯里（Alan Banbery）在被问及对这本书的评论时，终于承认原来他才是第一个“讲故事的人”。他最早在20世纪90年代初提出这个版本，而目的是帮百达翡丽宣传新出的超复杂机芯Calibre 89，毕竟当时才熬过石英危机，需要这样的故事提振一下人心。

那么，帕卡德和小亨利·格雷夫斯到底是什么样的人，又有着怎样的关系呢？他们花大价钱定制的超级怀表到底是什么样子？接下来我们就一探究竟。

白手起家的汽车大亨与坐拥财富的银行继承人

帕卡德和格雷夫斯的年纪其实只相差5岁，但生活经历却大相径庭。

詹姆斯·沃德·帕卡德是一名锐意进取的工程师。他1863年出生在美国俄亥俄州，他的父亲沃伦·帕卡德是一位成功的五金和木材商人。在理海大学完成学业之后，帕卡德在1890年与哥哥一起创立了帕卡德电气公司，生产白炽灯，因为当时他们的家乡俄亥俄州正在建设电网。

后来帕卡德将注意力转向了新兴的汽车行业。1893 年，在研究了戴姆勒和奔驰的发动机以及勒瓦瑟的车身制造法之后，他有了一个制造汽车的计划。但接下来几年的经济萧条，使他无法实现这个计划。直到 1898 年，帕卡德买了一辆温顿（Winton）汽车，开着它进行了多次长途旅行，结果不得不经常返厂维修。工厂都已经厌烦了，直接告诉他“像你这么聪明，也许可以自己造一台更好的”，结果帕卡德还真的说服温顿派人来帮助他制造汽车。

一年后，第一辆帕卡德汽车问世。这辆编号 Model A 的车轻松通过了道路测试，订单也陆续到来。帕卡德品牌也成为那个年代豪华汽车的代表。

如果说帕卡德前半生都在努力创造财富，那小亨利·格雷夫斯可谓生下来就躺着数钱。格雷夫斯 1868 年出生在新泽西州，出身于银行世家。父亲老亨利·格雷夫斯是麦克斯韦·格雷夫斯银行公司的创始人和合伙人。他继承父亲银行家的身份，又靠在房地产、铁路和水泥等行业的投资赚了大钱，积累了数百万美元的财富。

格雷夫斯热衷于享受生活，他平时住在位于纽约第五大道的公寓，在欧文顿和萨拉纳克购置了乡间别墅，别墅里装饰着奢华的家具、艺术品和银器，上面刻着格雷夫斯家族的徽章和座右铭，冬天则搬到查尔斯顿。平日里他不仅喜欢骑马，还爱开着摩托艇“鹰号”驰骋在萨拉纳克湖上，从他为数不多的照片里，可以看出格雷夫斯是一个精致的绅士。

格雷夫斯也喜欢收藏艺术品，他珍藏的一幅阿尔布雷特·丢勒的《亚当和夏娃》于 1936 年拍出了 1 万美元，在那个年代是相当高的价格。相比之下，身为汽车工程师的帕卡德，爱好就非常像理工男了。据说他痴迷于机械，家里到处都是电动装置，还收藏了无数打字机以及加法机（一种机械计算器）的原型产品。

机械狂人与讲究绅士，收藏风格大不同

虽然帕卡德和格雷夫斯有着不同的出身与人生经历，但他们都成了钟表收藏家，并且与百达翡丽关系紧密。

先说说帕卡德。1899 年 11 月，在制造出自己的第一辆汽车后，也许是为了庆祝这项成就，他买下了自己的首枚百达翡丽，此后便一发不可收，在长达 27 年的时间里，他都是百达翡丽最忠实和要求最高的顾客之一。

1905 年，帕卡德购买了他的第一块百达翡丽大复杂表（编号 125009），结合了计时、三问、万年历和大小自鸣功能。或许是工程师的天性使然，从那之后，帕卡德在定制时计时，特别喜欢给百达翡丽出难题，经常要求对复杂功能进行组合，充满了挑战性。

正如约翰 · 里尔登在他的著作《百达翡丽在美国》里所写的：帕卡德在他的一生中大约收藏了 14 块百达翡丽时计，其中大部分是定制的……他对钟表的兴趣更多地来自其机械结构，而不是表壳的美学，他一直在追求最为复杂和精确的钟表。

比如在 1910 年左右，帕卡德从百达翡丽定制了一枚拥有 16 项复杂功能的怀表，这块表于 1916 年交付。他还定制过一枚金戒指表以及一根黑檀木手杖表，手杖顶部是一个可拆卸的银钟，趣味确实很独特。

百达翡丽为帕卡德定制的高复杂怀表，背后有其姓名缩写：JWP

帕卡德还曾在 1927 年收到百达翡丽为他制作的一枚特殊的时计。在定制时，他要求这块表必须能够完整奏出本杰明 · 戈达尔（Benjamin Godard）歌剧《乔瑟琳》中的“摇篮曲”旋律，因为这是他母亲最喜爱的曲子。为了满足这

个苛刻的要求，百达翡丽的制表师不得不使用两套发音簧片。

除了百达翡丽，帕卡德也向江诗丹顿订购。比如1919年收到的一枚20K金表，除了同时具有二问、半刻问报时、计时码表、大小自鸣功能，还特别搭载了纪尧姆平衡摆轮，其发明者夏尔·爱德华·纪尧姆（Charles Édouard Guillaume）在1920年因发现镍钢合金于精密物理中的重要性而获得诺贝尔奖，很符合帕卡德一贯的收藏思路。

江诗丹顿为帕卡德定制的 Ref. 11527 怀表

小亨利·格雷夫斯进入钟表收藏圈要比帕卡德晚一些，直到1919年51岁时，才开始对复杂时计感兴趣，不过后来他收藏的势头却很猛，堪称“大器晚成”。而且格雷夫斯比帕卡德多活了25年，从1922年到1951年间，他委托百达翡丽制作了30款时计，也比帕卡德多了一倍。

但和钟爱“挑战不可能”的帕卡德不同，格雷夫斯的收藏风格更为稳健，尤其喜欢在天文台竞赛中获奖的时计。比如他1933年委托百达翡丽制作的一款一分钟陀飞轮怀表，就曾以创纪录的872.2分获得日内瓦天文台比赛一等奖；而江诗丹顿为他定制的一款具备陀飞轮、月相和动力储存显示功能的万年历计时码表，则在1934年同样获得一等奖。

格雷夫斯很喜欢在定制的时计背后刻上自己家族的徽章以及格言“Esse Quam Videri”（求真务实），是个讲究人。

百达翡丽为小亨利·格雷夫斯定制的一款怀表，背后刻有其家族徽章

史上最复杂怀表“争夺战”

帕卡德和格雷夫斯在个人成就之外，都是以腕表收藏家的身份留名青史，而他们收藏的巅峰，分别是两枚当时最为复杂的怀表。

事实上，这两位故事里的“一生之敌”，现实中可能一直没有见过面，他们唯一的交集就是一同出现在百达翡丽的客户名单上，而他们也许只是碰巧在相同的时间段里订购了不同的超复杂怀表。

百达翡丽 The Packard 怀表

百达翡丽 The Packard 怀表上的星空图

1927 年，帕卡德收到了他的最后一枚百达翡丽定制时计，这是他一生收藏的巅峰，是当时无可超越的最复杂时计。这枚后来被称为“The Packard”的怀表，融合了三问、万年历、时间等式、日出日落时间等那个时代美国富豪所追求的 10 项复杂功能。

最特别的是，打开表盖底盖还可以看到一幅独一无二的星空图，描绘的是帕卡德的故乡俄亥俄州沃伦市的星空，一片深蓝中点缀着大大小小 500 颗金色的星星。可能只有这样，才能缓解帕卡德的思乡之情，那时的他早已病入膏肓，搬去了克利夫兰疗养。

为了制作这枚超复杂时计，百达翡丽整整花了 5 年时间，而花费了 12815 瑞士法郎订购的帕卡德，真正拥有这枚怀表也不过短短一年时间。1928 年 3 月 20 日，一代汽车大亨与世长辞，他建立的帕卡德汽车公司在 1958 年倒闭，这个品牌也逐渐消失在历史的长河中。然而帕卡德的声名，却以钟表收藏家的身份流传了下来，成为传奇的一部分。

时间回到1925年，那时帕卡德的生命只剩不到3年，而小亨利·格雷夫斯也要求百达翡丽为他打造一枚有史以来最复杂的时计。我们不知道格雷夫斯此举是否受到了帕卡德的刺激，但就现象而言，两个人确实呈现出了一种竞争的态势，都想要将最复杂时计收入囊中。

为此，格雷夫斯投入了6万瑞士法郎的巨额资金，据估算相当于2019年的21.9万美元，更是比帕卡德的出资高出了近5倍，一掷千金莫过于此了。不过这块表让格雷夫斯整整等了8年，直到1933年才拿到手，此时帕卡德已经去世5年了，没了“对手”，格雷夫斯的感受可能只剩“无敌是多么寂寞”。

这枚作品被后世称为“百达翡丽亨利·格雷夫斯超级复杂功能怀表”，整个表包含920个部件、430个螺丝、110个齿轮、120个可拆卸零件和70颗珠宝，直径74毫米，重量达到536克。

百达翡丽亨利·格雷夫斯超级复杂功能怀表

复杂功能比帕卡德的那块多得多，一共拥有24项功能，包括可运行到2100年的万年历、月相、恒星时、日出日落时间、时间等式、追针计时、三问、大小自鸣、动力储存、星空图等等。其中星空图尤为值得一提，帕卡德把自己故乡城市的星空镌刻在他的怀表上，格雷夫斯干脆绘制了纽约曼哈顿第五大道834号自己大宅上方的星空，把定制感推向了极致——给人的感觉就是要处处压帕卡德一头。

在1989年百达翡丽自我超越式地推出包含33项复杂功能的Caliber 89之

前，这枚怀表一直保持着“世界上最复杂机械时计”的头衔。而且即便在功能数量上被超越，它也依然是“在没有计算机辅助的情况下做出的最复杂时计”。

格雷夫斯怀表的诅咒

这块时计虽然给格雷夫斯带来了荣耀，却没有给他带来快乐，甚至还成了一个“诅咒”。

这块表因为过于奢华，收到之后反而让格雷夫斯陷入了恐慌，因为他想起了前一年发生的“林德伯格小鹰绑架案”。

1932 年，前文提到的飞越大西洋第一人林德伯格只有 20 个月大的儿子小查尔斯·林德伯格（昵称“小鹰”）在家中被顺梯翻入卧室的绑匪带走，并索要 7 万美元赎金。这个案件甚至惊动了当时的美国总统胡佛，出动 10 万军警搜索，但最终林德伯格被歹徒愚弄，交付赎金之后小鹰还是惨遭撕票。这个案件在当时影响极大，后来还成为阿加莎·克里斯蒂小说《东方快车谋杀案》的灵感来源。

想起此事，格雷夫斯心中一寒，他担心这枚超复杂怀表会引来不法之徒，给自己的家庭招来灾祸。更何况当时正值大萧条时期，无数人陷入饥饿和贫困，格雷夫斯的奢侈行为无疑会招来公众的极大怨恨。

而“诅咒”也在此时显现：收到怀表 7 个月后，格雷夫斯最好的朋友死了；第二年 11 月，他的小儿子乔治在加利福尼亚撞车身亡，而他的长子哈里在 12 年前也死于车祸。这些接踵而至的不幸，给格雷夫斯带来了极大的痛苦。

作家斯泰西·珀曼在《大复杂：打造世界上最具传奇色彩时计的竞争》一书中还讲了一个故事。

在巨大的心理压力下，有一次格雷夫斯把心爱的快艇停在湖上，呆呆地望着水面，问女儿格温多伦：如果结果是这样，那么拥有财富和这样的宝物又有什么意义呢？说着便要把这枚惊世骇俗的怀表丢进湖里。还好格温多伦及时阻止了他，慢慢地把表收进了自己的口袋。

从那时起，格温多伦就成了这枚时计的守护者。1953年，格雷夫斯在纽约去世，享年85岁。

1960年，格温多伦把这枚传奇时计传给了自己的儿子雷金纳德·富勒顿。结果只过了9年，富勒顿就把它以20万美元（约合今天的150万美元）的价格，卖给了实业家赛斯·G. 阿特伍德（Seth G. Atwood）。这位收藏家也是钟表史上的名人，不仅建立了一座时间博物馆，他的定制还直接促使乔治·丹尼尔斯发明了同轴擒纵。

格雷夫斯怀表就这样在阿特伍德的时间博物馆里陈列了整整30年，直到1999年博物馆关闭。同年，这块传奇时计以破纪录的超1100万美元的价格被一位匿名买家买走，后来证实买主是卡塔尔王子谢赫·沙特·本·穆罕默德·阿勒萨尼。这位王子曾担任卡塔尔文化、艺术和遗产部长，作为狂热的艺术收藏家蜚声国际。

2014年7月，苏富比宣布将在同年11月拍卖这块怀表，结果11月9日王子就在伦敦去世了，仿佛“诅咒”再次应验一般。王子去世3天后，格雷夫斯怀表在日内瓦以2400万美元（约1.5亿元人民币）的天价成交，创下了当时钟表拍卖的最高价格。[1]

就这样，两位当时的顶尖富豪在大萧条到来的前夜，在钟表史上演出了一场最为华丽的“竞赛”，并以此长留史册。

无论这二位是否真的存在着相互竞争的关系，他们都在某种意义

---

1 数据来源：ADAMS. $24,000,000 Patek Philippe Supercomplication Pocket Watch Beats Its Own Record At Auction[EB/OL]. (2014-11-12). https://www.forbes.com/sites/arieladams/2014/11/12/24000000-patek-philippe-supercomplication-pocket-watch-beats-its-own-record-at-auction/?sh=63020afe20dc.

上帮助了处在经济困难时期的百达翡丽。而两位收藏家对于复杂计时功能的狂热追求，也推动了制表工艺的不断突破，给行将就木的怀表带去了最后的辉煌，或者说一次最为耀眼的“回光返照”。

制表业遭遇大萧条，绝处逢生靠自救

“咆哮的二十年代”是经济增长与持续繁荣的时代，道琼斯工业指数在这10年增长了10倍，于1929年9月3日达到最高峰的381.17点。然而，就在“美国梦”似乎永远不会醒的时候，危机却已经在路上。1929年10月29日，华尔街历史上著名的“黑色星期二”降临。股灾终结了20世纪20年代的喧嚣与繁华，取而代之的是哀鸿遍野——大萧条开始了。

大萧条的影响波及全世界，除了像苏联这样游离在国际贸易体系之外的国家，很多国家都受到重大打击，全球GDP下降了15%，国际贸易几乎被腰斩。美国的失业率在1933年达到25%的峰值，5000家银行倒闭，华尔街精英们到街上摆摊卖起了苹果，数十万人无家可归。总统胡佛也名誉扫地，在1932年大选中惨败给富兰克林·罗斯福。但大萧条不只让罗斯福上台，也导致了希特勒的崛起，最终把全世界拖入了第二次世界大战的深渊。

1929年10月，美国各大报纸的头版都报道了华尔街股市大崩盘

覆巢之下，岂有完卵？在经济的黄金期扶摇直上的各大钟表品牌，在大萧条中也面临突如其来的经营困局，财务链条突然断裂，市场需求大幅降低。有数据显示，1929年瑞士手表出口额为

3.07亿瑞士法郎，到了1932年急剧下降至8600万瑞士法郎，而机芯的平均价格从13瑞士法郎降至1935年的7瑞士法郎。[1]

这是比面临“美国危机”时还要危急的局面，能不能赚钱已经不重要了，活下去才是最大的目标。大萧条危机又一次倒逼瑞士制表业进行改革，整个行业进行了体制重组，而很多历史悠久的家族经营品牌也不得不做出改变，引入新的资方，放权给专业的管理人才。如果说美国危机促成的是生产体制的变革，那么大萧条则带来了管理体制的变革——穷则变，变则通，通则久。

政府出手，制表业抱团取暖

对于大萧条带来的冲击，瑞士纽沙泰尔大学的弗朗索瓦·朔伊雷尔（François Scheurer）教授在研究中写道：“头几个月，（腕表和机芯的价格）上涨并超过最高点。接着，紧缩开始了，起初缓慢，随后加剧。与此同时，行业内释放出减缓生产的信号，订单也很快纷纷被取消。那是一段可怕的危机时期，惨烈程度前所未见。”

其实瑞士钟表业在20世纪20年代的产业结构中，早就埋藏着危机的种子。早些年为了应对人工成本和某些市场的高额进口关税，一些瑞士制表商开始大量出口未组装的机芯（被称为chablonnage），并由进口国组装后作为瑞士腕表销售。这种做法则进

1920年的欧米茄工厂

1 数据来源：DOENSEN. The History of the Most Important Watch Manufacturers [EB/OL]. (2012-05-22). https://doensen.home.xs4all.nl/s1.html.

一步导致了瑞士表价格下跌、本土工人失业以及技术流失，甚至还在美国和日本市场为瑞士表养出了竞争对手宝路华（Bulova）和西铁城（Citizen）。这些半成品机芯在国外还经常被用于品质不佳的“垃圾手表”，然后被冠以瑞士制造之名，直接影响了瑞士表的声誉。

为了整合混乱的机芯制造业，卡特尔[1]Ébauches SA在1926年成立了。参与这个卡特尔的制表师在生产、定价、出口等方面都需要遵守集体协议，并且禁止出口未组装机芯和组件。这个组织的成立，说明瑞士制表业开始进入一个保护主义时代。

大萧条开始后，瑞士制表业遭到严重削弱，更加强化了这种保护主义，而且瑞士联邦政府也介入其中。

1931年，瑞士钟表工业总公司（ASUAG）成立，这是一个由瑞士银行投资，联邦政府、瑞士制表商会、Ébauches SA以及许多零部件制造商组成的组织。与此同时，瑞士联邦政府还颁布了《钟表法令》，设立出口与生产许可证与企业主定价政策，进一步打击出口未组装机芯和组件的行为。

这些举措对于瑞士制表经济影响深远，史学家皮埃尔–伊夫·东泽（Pierre-Yves Donzé）就指出：“直到20世纪60年代初，瑞士制表企业的经营环境都不是自由市场，而是处在政府干预型经济中。”这使得瑞士制表业通过限制竞争加强了自身地位，在大萧条和战争年代具有积极意义，但在70年代初的石英危机中却狠狠拖了后腿，不过这都是后话了。

创始家族含泪退出，新资方入场救火

大萧条的到来，直接让很多品牌都陷入经营困境，一些直接关门

1　卡特尔（cartel）是垄断集团的一种形式，是一系列生产类似产品的企业组成的联盟，常通过某些协议来控制该产品的产量和价格。

倒闭，另一些比较知名的大品牌也不得不寻找出路，找到新的资方入场救火。

比如江诗丹顿就在大萧条中陷入了商业上的最低点，公司产销量急剧下降。经济危机中的世界市场充斥着过剩商品，豪华手表成了消费者最不需要的东西。1931 年，公司董事被迫采取严厉措施，削减工资并将工作时间缩短到每周 18 个小时，将产量降至最低限度，还试图通过降价和推出纯银表壳来吸引新客户。

虽然江诗丹顿开发了新型号、新表壳和各种复杂功能，但经济不景气还是没有结束的迹象。到了 1932 年，公司仅存的几家工作室只生产了 211 枚机芯，而从 1933 年初起，所有的工匠都失去了工作，如果难得接到订单，就召个别人回来做，甚至还安排一些工人去老板家的葡萄园里摘葡萄，这不禁让人想起家族第三代传人雅克-巴瑟米 · 瓦舍龙在困难时期卖樱桃白兰地的经历。

1936 年，查尔斯 · 康斯坦丁成为公司总裁，这是自 19 世纪 40 年代以来，弗朗索瓦 · 康斯坦丁的后代首次执掌江诗丹顿。然而，财务危机的不可解，让查尔斯也无以为继。他甚至还写下这样的话："虽然我对未来仍抱有希望，但是解决日益严重的财政困难已迫在眉睫，而我们却对此束手无策。"

相比于江诗丹顿的窘迫，积家在大萧条的几年却过得还不错。他们的"大工坊"生产方式一直是"将所有制表工法、工艺与流程集中起来，减少对供应商和承包商的依赖"，产品也一直紧跟时代潮流。

一只 20 世纪 90 年代的积家空气钟

在大萧条最初的几年，他们甚至还在生产一种叫"空气钟"的奇妙钟表，被瑞士联邦政府当作国礼。"空气钟"是 1928 年由工程师让-莱昂·罗伊特发明的，利用环境中的温度和大气压力变化获得运行所需的能量，为钟表上链，可以在没有人干预的情况下运行多年，几乎是个“准永动机”。

此时勒考特工坊和巴黎的耶格公司已经紧密合作了30多年，为了统一产品名称，两家在1937年联合成为积家。此时的积家财务实力雄厚，在愁云惨淡的瑞士制表业算得上是一枝独秀，而江诗丹顿为了走出危机，很需要积家的资金支援。

1938年4月，查尔斯·康斯坦丁在洛桑约见了积家销售总监乔治·凯特勒（Georges Ketterer），最后达成协议。积家收购江诗丹顿，作为积家股东之一的凯特勒成为江诗丹顿的公司董事会成员。江诗丹顿的品牌自主权得以保留，以延续工艺和传统，但是机芯和零件的生产要受积家的监督，销售和管理也归积家领导。

1940年，乔治·凯特勒从查尔斯·康斯坦丁手中购买了大部分股票，创始家族从此退出了江诗丹顿。好在乔治·凯特勒被证明是一位卓有成效的领导者，他不但带领江诗丹顿走出危机，还使公司保持活力和盈利。

百达翡丽也遇到了同样的问题。就在他们正为亨利·格雷夫斯超级复杂功能怀表做最后调试的时候，大萧条发生了。据《百达翡丽传记》记载，当时的美国股灾导致“历来相当稳定的秋季业务几乎完全瘫痪，所有市场都受到冲击”。然而在大萧条之初，出于对自家产品品质的自信以及对销售前景的乐观，百达翡丽并没有及时做出调整部署。

随着经济危机的深化，尽管百达翡丽竭力压缩开支，但由于零售商资金链断裂，无法再向他们支付款项，而且“由于没有秋季或节日交易，库存量的积压已高到令人担忧”，员工工资在1931年7月被直接削减了25%。创始人翡丽的孙子阿德里安·翡丽甚至不得不每周从库存里挑出一些黄金表壳熔化，以支付员工工资。

糟糕的局面迫使百达翡丽不得不寻求出售，当时积家及其控股公司就对此表现出浓厚的兴趣，不过其收购条件却不被阿德里安·翡丽接受。这时候，百达翡丽的表盘供应商斯登兄弟（Stern Frères）的老板查尔斯·斯登和让·斯登伸出了援手，在1932年收购了这个深陷困境的品牌。作为长期合作伙伴，斯登兄弟承诺保护和发展百达翡丽品牌。

斯登家族是做表盘起家的，两兄弟的父母都出身于伯尔尼的珐琅微绘世家。他们的公司最初只是一个小型家族工坊，只有6名员工，由两兄弟的妈妈露易丝带着他们经营，到20世纪20年代已经发展成大型的现代化工厂，在瑞士制表界也是数一数二的，亨利·格雷夫斯怀表的表盘就是百达翡丽委托斯登兄弟制造的。

斯登兄弟也知道自己的专业是做表盘，因此收购百达翡丽之后，立刻邀请在制表界备受尊敬的经理人让·菲士德（Jean Pfister）领导公司的运营，请专业的人做专业的事。也是在菲士德的力主之下，百达翡丽投资了新设备，开始自主制造机芯，摆脱对积家供应的依赖，并且放弃生产品质较次的机芯，仅在1934—1939年就推出10款自产机芯。菲士德还大力整顿了公司的库存和营销策略，果断以黄金铸料的价格出售过时的表壳，迎合市场设计简约的时计，比如经典的卡拉卓华 Ref. 96，至今都受到藏家的追捧。

与此同时，查尔斯·斯登还大力培养自己的儿子亨利·斯登。亨利1935年在结束雕刻师的培训之后，便进入公司担任董事长助理，两年后又被派往美国。他在美国工作了20多年，开辟了整个北美与拉美地区的市场，直到1958年回到瑞士接替菲士德担任首席执行官。之后他的儿子菲

斯登家族三代：已故名誉总裁亨利·斯登先生（中）、荣誉主席菲力·斯登（右一）、总裁泰瑞·斯登（左一）

力·斯登和孙子泰瑞·斯登掌管百达翡丽直到今天。

我们今天回首看，阿德里安·翡丽当初能放心地把百达翡丽交给斯登家族，不仅仅是因为钱的关系，更重要的是他知道斯登家的人是真心爱表，愿意把百达翡丽当成自己的孩子来呵护。

他们还在日内瓦建了一座百达翡丽博物馆，笔者几年前参加日内瓦表展的时候，就专门前去参观了一番。博物馆所在的建筑之前是一间宝石切割师和珠宝工匠的工作室，1975 年被菲力·斯登买下，用来为百达翡丽制作表壳、表链、项链等。2001 年，他又将这里建成私人博物馆，馆内有 2000 多件展品和 8000 多本著作，都是斯登家族多年来的私藏。比如，给维多利亚女王制作的怀表、为匈牙利女伯爵制作的腕表以及格雷夫斯的许多定制，都被他们买了回来。

百达翡丽博物馆还保留着亨利·斯登的办公桌和他收藏的烟斗

虽然名字叫百达翡丽博物馆，但这里展出的并不都是自己的作品，也会展出 16 世纪到 19 世纪的其他精美时计，比如早期的纽伦堡蛋、宝玑的同步时钟、日内瓦微绘珐琅作品、卖给中国富人的核桃表等等。逛完整个博物馆，就像在钟表史的长河里走了一遭，也能感受到斯登家族对制表历史的尊重以及对制表工艺的包容。

后来去逛百达翡丽上海源邸的时候，我又得知为了修复这栋本来已经破败的英

百达翡丽博物馆中收藏了大量珍贵时计

国驻上海总领事馆官邸，斯登家族的成员亲自考察建筑，并请教历史学家，查阅英国国家档案馆的大量资料，以确保建筑的外观可以恢复原本的维多利亚风格。内部的装修则是由总裁泰瑞·斯登的母亲歌蒂·斯登一手操办，使其拿破仑三世的装饰风格与日内瓦的百达翡丽博物馆和沙龙一脉相承，每个细节都非常讲究，也许这就是表王的腔调。

百达翡丽上海源邸内部低调华丽的装潢

临危受命的表坛铁娘子

除了引入外部资本，也有品牌选择从内部提拔让人放心的自己人。能够带领公司度过大萧条的企业家本就不多，女性企业家更是凤毛麟角。但在瑞士制表业，就有这样一位女性掌门人格外令人瞩目，她就是宝珀的贝蒂·费希特（Betty Fiechter）。

宝珀早期的历史我们在第一章中就讲过，1735 年创立，在之后的 200 年时间里，一直由宝珀家族的后人经营。19 世纪初，创始人的曾孙弗雷德里克–路易·宝珀对制表工坊进行了近代化改造，可以说是瑞士制表工业化的先行者。此外，他还对钟表擒纵机构进行了革新，用工字轮擒纵机构代替了冠轮机构，并研发出一种超薄机芯结构。

不过弗雷德里克–路易的身体不太好，因此他的儿子弗雷德里克–埃米尔才刚满 19 岁便接手了公司。在埃米尔的领导下，宝珀成为维莱尔最大的制表企业。他去世后，公司交给三个儿子联合经营。三兄弟在苏兹河边建起了一座两层楼的工厂，开始使用水力发电。当时的瑞士制表业正经历美国危机，大批表厂倒闭，三兄弟接管公司时维

20 世纪初的维莱尔小镇

宝珀早期的工坊

莱尔尚有 20 家企业，最后只有 3 家成功活到了 20 世纪。

进入 20 世纪后，三兄弟中大哥的儿子弗雷德里克–埃米尔（和祖父同名）成为家族第七代传人，也是执掌公司的最后一代。1915 年，弗雷德里克–埃米尔雇用了一位刚刚做满三年学徒期的女职员作为他的助理，她就是宝珀未来的总裁贝蒂·费希特。

1896 年，贝蒂女士出生在维莱尔。她的父亲雅各布和妹妹一起经营一家规模很小的复杂功能机芯工坊。父亲很早就有让贝蒂接管家业的意思，因此送她去上了当地的一家商贸学校，这所学校还提供制表学徒的兼职工作，而宝珀作为当地最大的制表企业，自然就成了她的首选。

因此，贝蒂在宝珀的职业生涯是从 1912 年开始的。在贝蒂学徒生涯的第二年，第一次世界大战爆发了。虽然瑞士作为中立国没有被卷入战火，但贝蒂还是报名前去照顾法国伤员，在这里她还认识了自己未来的合伙人安德烈·莱尔（André Léal）。

虽然整个欧洲的战争正在步向白热化阶段，但在风平浪静的瑞士，贝蒂顺利完成了学徒生涯，正式成为宝珀的一员，担任老板弗雷德里克–埃米尔·宝珀的助理。

贝蒂这个助理一当就是 13 年，弗雷德里克–埃米尔对她也悉心栽培，甚至让她担任了工厂的主管。在那个女性权利还没有被充分重视的时代，像贝蒂这样坐上高管位置的职业女性可谓极为稀有。

贝蒂的目标也很简单，就是做好产品。在她的监督下，宝珀在1930年生产了世界上第一枚女士自动上链腕表The Rolls。其实在1926年，宝珀就和英国制表师约翰·哈伍德（John Harwood）合作，推出了第一款自动上链腕表。哈伍德将一个厚厚的上链摆轮放进机芯底端，使其能够在预留的空间中做180度的运动，为了防尘防水，表冠也被移除。

贝蒂·费希特（1896—1971）

世界第一款女士自动上链腕表 The Rolls

不过哈伍德式的自动上链机芯并不适用于尺寸小巧的女表。为此，宝珀又和法国制表师莱昂·阿托（Léon Hatot）合作，开发了一种新的自动上链机制：在表壳内设置一条轨道和滚珠轴承，让整个机芯能够在这个框架内前后摆动。正是因为这个巧妙的设计，宝珀才将这款长方形的女表命名为The Rolls。好莱坞传奇女性琼·克劳馥就拥有这款腕表，并将之称为“永恒在其中”（eternity in a box）。

1932年，大萧条已经持续了3年，宝珀公司又遭受了打击——弗雷德里克-埃米尔·宝珀去世了。他的女儿无意继承家族企业，转而邀请贝蒂接管公司。她在给贝蒂的一封信中写道：“对我父亲来说，您是一位难得的好伙伴。我将看到宝珀的宝贵传统在各个方面得到遵循和尊重。”

就这样，宝珀家族结束了持续近两百年对家族企业的执掌，贝蒂·费希特正式成为宝珀的掌门人。

当时的瑞士有一条奇怪的法律规定，如果一个公司的名称是家族姓氏，那么当不再有创始家族的成员参与公司运营的时候，新的所有者需要更改公司名。而弗雷德里克–埃米尔除了女儿之外没有留下男性继承人，这就导致贝蒂不得不把公司名改为 Rayville S. A.（这个名字是 Villeret 的变体），为了打开美国市场，还故意弄得很美国化。不过还好表盘和机芯上仍可以使用宝珀的名称。

贝蒂女士接手宝珀的时候，正是大萧条余波震荡的时期，整个瑞士制表界都面临着巨大的危机，江诗丹顿跌入低谷，百达翡丽转交斯登家族，更多的小企业干脆倒闭，宝珀同样困难重重。

面对困难，贝蒂女士展现了她的洞察与决断，选择让宝珀主攻女士腕表及腕表机芯，同时深耕美国市场，销售可以定制表壳的半成品腕表，还成为 Guren、埃尔金和汉米尔顿等美国品牌的供应商。

玛丽莲·梦露就收藏了一枚宝珀鸡尾酒腕表，这是她为数不多的珠宝配饰收藏之一，虽然在大众的印象中她总是唱着《钻石是女孩最好的朋友》。这枚腕表是梦露第三任丈夫阿瑟·米勒送给她的礼物，出产于 20 世纪 30 年代，正是贝蒂女士执掌公司的时期，那时的梦露还只是一个少女。这枚腕表具有典型的装饰艺术风格，采用铂金打造，上面镶嵌着 71 颗圆形切割钻石及两颗橄榄形切割钻石。

玛丽莲·梦露珍藏的宝珀鸡尾酒珠宝腕表

贝蒂女士可以说是一个铁娘子，带领宝珀挺过了大萧条和二战。在流传最广的一张肖像照片里，她挽着干练的发髻、目光坚定、黑色的衣服搭配四圈白色的珍珠，是很经典的女企业家的形象。同时，她和员工们的关系也同家人一般，她很受尊敬，如今的维莱尔小镇还有她的一座半身像纪念碑。

贝蒂女士终身未婚，没有子嗣。1950年，她邀请自己的侄子让–雅克·费希特（Jean-Jacques Fiechter）协助她一起管理公司，就像当年弗雷德里克–埃米尔·宝珀先生培养她一样，手把手带这个没有制表与商业经验的年轻人入门。

在这对姑侄的合作下，1953年初宝珀推出了经典的潜水表五十噚（Fifty Fathoms）系列，1956年又推出了Ladybird女士腕表。后者虽然是女士腕表，但在技术上依然很有突破性，搭载的机芯是当时世界上最小的圆形机芯，机芯直径只有11.85毫米。以前的超小型机芯为了追求尺寸，只能放弃坚固性，因此特别容易损坏。而宝珀创新地在传动机构齿轮组中增设了一枚额外的摆轮，有助于控制到达擒纵机构的力，让运行更加稳定，再加上为摆轮配置了防震保护，使得机芯能够兼顾娇小尺寸与坚固性能。

1956年问世的Ladybird腕表

Ladybird腕表推出后也在商业上取得了巨大成功。到1959年，公司的手表产量达到了每年10万只以上。为了满足不断增长的生产需求，宝珀在1961年加入了瑞士钟表业协会（SSIH），并在1971年达到了年产22万只手表的历史高峰。

贝蒂女士的一生经历了大萧条和二战两次危机，在她生命的最后几年，石英危机又一次深深地打击了瑞士制表业。1971年9月，贝蒂·费希特在瑞士比尔离世，虽然她没有等到危机过去的那一天，但如果她知道宝珀是因为继续坚持做机械表而赢得复兴的机会，应该也会感到欣慰吧。

在整个钟表史上，作为主顾名留史册的女性数不胜数，但作为品牌经营者取得巨大成就的女性却屈指可数，而贝蒂·费希特无疑是其中最为闪耀的一颗星。

说了这么多大萧条危机的故事，其实每一个故事都是在讲“信任”二字，信任自身的价值、信任员工的忠诚、信任合作伙伴的担当。信任，就像是一艘大船的黏合剂，有了它，不论风浪多高，都让人有乘风破浪的信心。

度过风雨飘摇的20世纪30年代，随着经济的逐步回暖，瑞士各大制表品牌开始准备重装上阵。然而，世界并未选择平静，又一场新的世界大战开始了。这一次，腕表史无前例地深度参与其中。

第八章

CHAPTER EIGHT

第二次世界大战：最宏大的“时间战争”

从 1918 年《贡比涅停战协定》签署，到 1939 年纳粹德国闪击波兰，这段时间按照法国元帅费迪南·福煦的“预言”，是“休战的二十年”。但是他可能想不到，二十年后再次爆发的世界大战会如此惨烈。

这场战争是人类历史上规模最大的战争，动员的军人超过 1 亿人；这也是人类史上死伤人数最多的战争，直接死于战争或者死于由战争引发的灾难的人数高达 7000 万。战争中参战各国纷纷进入总体战状态，动用一切可以动用的资源，工业和科技都成为隆隆开动的战争机器的一部分，民用与军用的分野也被打破。

在二战中，对制空权的争夺空前激烈，军用飞机的用途更加多元化，航空技术得到了长足的发展；而在海上，航空母舰和潜艇成为主角，战列舰逐渐没落；除此之外，计算机与原子弹也发端于二战，在之后深深地改变了世界格局与社会形态。

和这些“明星”相比，腕表就显得太过不起眼了，然而不论陆战、空战、海战，甚至爆破原子弹，没有一个行动能脱离计时存在，军表的重要性坐着火箭般蹿升，诞生了一系列经典之作。今天很受欢迎的飞行员腕表、计时表、潜水表等品类，都在经过二战的洗礼之后日趋成熟。

而作为总体战的一部分，制表业自然也被绑在了战争机器之上。等到大战结束，德国制表灰飞烟灭、美国制表一蹶不振、日本制表陷入低谷，这几个国家虽然在二战战场上分出了胜负，但在“时间的战争”中却都成了输家。

有输家便有赢家，苏联表的产量飞速提升，中国人也造出了自己的腕表，不过获利最大的还是瑞士——作为中立国，表商们接单接到手软，而且两边通吃，而战争又帮他们清除了威胁最大的两个对手美国和德国，因此瑞士表在战后又迎来了一个黄金时代。

上天入海的“腕表战争”

1939 年 9 月 1 日清晨 4 点 40 分，纳粹德国空军的战机侵入了波兰领空，将边境小城维隆几乎夷为平地；几乎在同一时间，停留于但泽港的德国军舰，向维斯特布拉德半岛上的波兰守军开炮。很快德国陆军便兵分三路，从北、南、西三个方向全面入侵波兰，第二次世界大战爆发了。闪击波兰，也成了一场海陆空协同的“立体战争”，仿佛二战的一个缩影。

在陆路和空中战场，凭借飞机和坦克技术的成熟，德国采用了通过机械化步兵与飞机、坦克快速协同作战，在战争局部创造压倒性的战斗力优势，从而击败对手的“闪电战”战术。而要使用和破解这种战术，就要求从步兵到飞行员都能够准确掌握时间，应对瞬息万变的战场形势。由此，军用手表迎来了自己的黄金时代。

而在海洋战场，德国和美国都在努力让航海天文台时计实现量产，以匹配急速扩大的海军舰队、潜艇编队；除了规模宏大的海战，意大利海军还另辟蹊径地发起蛙人对战舰的特种作战，潜水表也开始杀入战场。

陆军军表百家造，瑞士表商加入二战

相比于一战时期的战壕表，二战时期军用腕表的生产规模更大，质量也更好，同时各国还纷纷制定统一的标准，使得军表迅速发展为一个品类。而且由于专业军表大多是很大批量的订货，因此要求：成本低廉，制作工艺要简单，以便于维修；零件要通用，以降低保养费用；采用合金材料的表壳要耐摔禁撞，适应战场需求。

以德军为例。二战中，德国陆军大量配发小巧且功能简单的腕表，这些表直径通常为 31~34 毫米，大多是铬或不锈钢的材质，具有带夜光数字和指针的黑色或白色表盘，多用 AS 1130 机芯，制造价格不超过 22 帝国马克。

这些手表通常被收藏家称为“DH 手表”，因为它们的底盖标记通常是一个“D”，后跟一个序列号，然后是一个“H”。

英国的“十二金刚”（The Dirty Dozen）军表就更出名了。在英国向德国宣战之后，本国原有的制表企业都被要求转而进行军工生产，因此军表的订单大多委托给了中立国瑞士，而为了统一不同制表厂的产品，英国国防部特别制定了军表标准。

因此所有接到订单的瑞士厂商，产出的产品都像是一个模子刻的。其中盘面刻度的标准被称为 Army Trade Pattern（简称 A. T. P），具有清晰的阿拉伯数字时标，外侧为简洁的轨道分钟圈，6 点钟位置设置秒盘，时标指针带有夜光功能。

制表标准上也有硬性要求，比如，手表的直径应为 35~38 毫米（不包括表冠），机芯为稳定性好的 15 钻，尺寸为 11.75~13 法分，走时精准，日误差每天不超过 30 秒，采用不锈钢表壳，必须防水防震。

最有标志性的其实是表壳背面，底盖上印有象征英国政府财产的“阔剑”（Broad Arrow）标志——形象是一个三条线组成的箭头，以及“W. W. W”，意为 watch wrist waterproof，代表具有防水功能的腕表。

那么，这些由英国政府委托瑞士生产的腕表，为什么会被叫作“十二金刚”呢？这是因为当时接下订单的厂商正好是12家，包括Buren、Cyma、绮年华（Eterna）、Grana、积家、Lemania、浪琴、万国、欧米茄、Record、Timor与Vertex，后来收藏界就以1967年上映的二战题材电影《十二金刚》（*The Dirty Dozen*）来称呼这些军表，便有了这个名字。

据统计，这12家厂商总共向英军交付了大约15万枚手表，其中生产最多的是欧米茄（25000枚）、积家（10000枚）和万国（6000枚），而一些小厂商的产品因为存世量少，后来反而成了藏家眼中的香饽饽。不过这些表交付时已经临近二战的尾声，很多并没有真正被投入二战，反而在冷战时期的一些局部战争中出现。

而因为珍珠港事件而加入战局的美国，从1941年开始生产了大量能够经受住严酷战斗的手表给军队，其中最具标志性的就是A-11腕表。

A-11并非腕表的系列，而是美国军表规格标准的统称。该标准要求腕表需防尘防水、耐极端温度、采用至少15钻的高质量停秒机芯，动力储备为30~56小时，误差也是一天不超过30秒。

与英国委托瑞士表厂制造“十二金刚”不同，A-11完全由美国本土制表企业负责生产，这个任务被分配给了当时美国最大的三家制表公司——埃尔金、沃尔瑟姆和宝路华。由于为盟军配发数量高达数万枚，A-11也被称为“赢得战争的手表”。

欧米茄万国制霸空战，百年灵上演虎口脱险

1940年5月10日，德国入侵比利时、卢森堡和荷兰，开始对法国发动攻势。德军左翼A集团军群参谋长曼施坦因提出，实施新的闪电战战术，向荷兰、比利时进攻，诱使英法军队主力北上，同时集中

使用装甲部队快速机动，穿越防守薄弱的阿登山区，绕过马其诺防线，将英法军队切断在北部。

5月20日，德军第二装甲师推进到大西洋沿岸，完成了对英法军队的合围，马其诺防线崩溃。将近40万名英法联军被堵在法国北部靠近比利时的港口敦刻尔克，背后的英吉利海峡是唯一的生路。

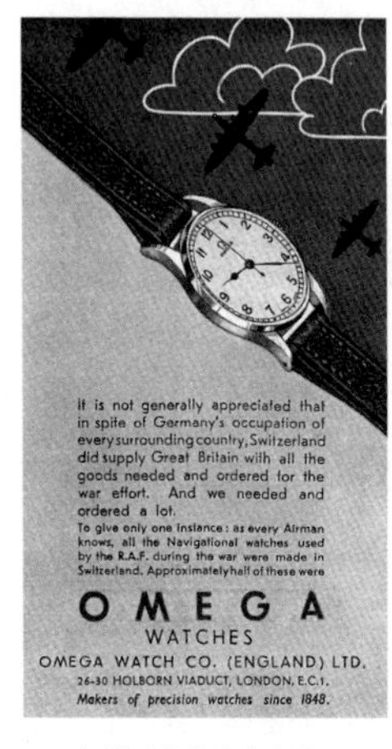

1945年的欧米茄腕表广告

为了接应被围困的联军渡海，除了军舰，当时还有超过850艘平民船只参与了行动，顶着德军飞机的轰炸与潜艇的威胁，穿梭于海峡之间，上演了一出英雄剧。为了掩护军队撤退，英国皇家空军总共出动2739架次战斗机，和德国空军展开了激烈的空战。

克里斯托弗·诺兰导演的电影《敦刻尔克》就展现了这一历史事件。电影中的战斗机飞行员法雷尔佩戴了一枚欧米茄CK 2129腕表。在燃油表损坏的情况下，法雷尔靠着这枚腕表以及队友报出的油表读数，顺利估算出油量，得以继续战斗。

早在1940年1月，英国政府就紧急向欧米茄订购了2000枚带有可旋转表圈的飞行员腕表，3月交货。CK 2129就这样成了二战初期英国皇家空军最常佩戴的手表。

欧米茄CK 2129腕表

CK 2129奶油色的刻度盘、蓝色指针、大阿拉伯数字时标非常易读，两个大表冠方便飞行员戴手套操作。这款表还有一个旋转表圈，4点位的第二个表冠可以锁定表圈，防止意外移动造成误读。搭载Calibre 23.4 SC机芯，40小时动力储存，中置秒针可以测算一分钟之内的事件。

随着战争的推进，欧米茄又向英国军队提供了使用更加广泛的 CK 2292 腕表。CK 2292 在继承上一代的易读性的同时，把机芯升级为更复杂的 Calibre 30T2，不仅具有天文台级别的准确度，还带有防磁特性。驾驶飓风战斗机和喷火战斗机的飞行员非常喜欢这枚腕表，因为他们驾驶的战机引擎往往会产生巨大的磁场。

整个二战期间，欧米茄总共向英国国防部交付了超过 11 万枚手表，其中比较出名的还包括防水性极强的军表 CK 2444。欧米茄也是二战时期瑞士制表业供应军表最多的品牌，几乎占据了出口量的半壁江山。

欧米茄 CK2444 腕表

与英军飞行员交战的德军飞行员，手上戴的飞行表则是鼎鼎有名的 B-Uhr，全称“Beobachtungs-uhren”，意思是“观测表”。

早在 1935 年德国空军重新武装起来的时候，帝国航空部就设计了这款手表的规格。与陆军选择小型腕表不同，德国空军使用的是定制设计的 55 毫米大型腕表，并且要配备带有停秒功能的手动上链机芯、宝玑游丝、防磁保护，而且即便是在零下 20 摄氏度的环境也要稳定运行；超大菱形或洋葱形表冠，确保佩戴飞行手套时也可轻松操作；阿拉伯数字标示，12 点钟位置有三角形或箭头，风格明显。

这些手表按照天文台标准被高度规范，并且使用德国海军天文台的无线电信号来精确同步时间。B-Uhr 在军表史上占有重要的地位，其确立的飞行表标准后来也被盟军采纳，并延续到战后。当时德国最为主要的几个制表厂，包括朗格、Laco、Wempe、Stowa 等，都被抓来生产 B-Uhr 军表。有部分订单还被万国承接，而他们同时也为盟军生产腕表。

万国大飞行员腕表

根据康拉德·克尼里姆（Konrad Knirim）所著《德国军表》一书的数据，万国在1940年向德国空军提交了1000个B-Uhr的样品。因为B-Uhr的尺寸巨大，直径达到55毫米，所以也被称为Grosse Fliegeruhr，即“大飞行员腕表”。

当时B-Uhr有两种基本的刻度盘配置，A型表盘的数字时标是从1到11，12点位则是一个左右各有两个圆点的三角形标记，万国当时生产的就是这种。2002年，万国复刻了这个历史文物，将之命名为“大飞行员”（Big Pilot）。这款表保留了B-Uhr的关键细节，比如三角形加两点的12点钟标记以及“洋葱头”表冠，只不过直径从55毫米缩减到46.2毫米。

万国在二战期间非常活跃。他们不仅为德国空军生产B-Uhr，也为英国空军生产Mark Ⅹ（马克十型），一大一小构成了万国飞行员腕表最重要的两条产品线。

英军使用的Mark系列历史比B-Uhr更早。1936年，万国就推出了一款“飞行员专用腕表”（Spezialuhr für Flieger），配备有黑色盘面、高对比度的夜光指针和旋转表圈，表圈设有指示箭头，可以用于记录起飞时间。机芯也根据飞行需求进行了特殊改进，增强了抗震性和极端温度适应性，还具有防磁擒纵装置。

这款表由当时万国所有者厄恩斯特·鸿伯格的两个儿子设计，他们都是优秀的飞行员，深深地知道飞行员需要什么样的腕表。而它的俗称Mark Ⅸ（马克九型）并非万国当时起的名字，而是根据后来推出的著名的Mark Ⅺ（马克十一型）反推过来的。夹在两者之间的则是Mark Ⅹ（马克十型）。

Mark Ⅹ表盘的形式和其他“十二金刚”军表没有太大区别，从 1944 年一直生产到 1948 年，主要提供给英国空军飞行员。1948 年，万国推出了 Mark Ⅺ（马克十一型），它被认为是史上最好的军表之一。这个型号的制造标准更为严苛，采用高精度的 89 型机芯，以停秒功能进行精确的时间设置，甚至还打造了一个软铁内壳，以法拉第笼[1]原理来防止磁干扰。

搭配 NATO 表带的万国 Mark XI 飞行员腕表（1948 年）

交付后，每只手表都被送到皇家格林尼治天文台进行为期 44 天的严苛测试，而且需要在 5 个位置和至少零下 5 摄氏度到 46 摄氏度的温度下进行 14 天的评级，还需进一步测试以确保每块表的防磁和防水性能。通过这些测试后，每只手表还有 12 个月的“实习期”，之后需要再次测试。

1949 年，Mark Ⅺ正式在英国皇家空军和陆军航空兵部队服役，第二年被引入澳大利亚皇家空军。英军一直采购这款腕表直到 1953 年，但 Mark Ⅺ正式退役却已经是 1984 年。由于这款表太过经典，万国在 1994 年正式推出了 Mark Ⅻ（马克十二型），基本上复刻了 Mark Ⅺ，只不过改用自动上链机芯，并添加了日历窗，之后 Mark 系列也成为万国的一个主要系列。

二战中为盟军生产飞行用计时器的还有瑞士品牌百年灵。这个品牌的主攻方向是计时功能，在赛马、赛车、飞行等场景有着广泛的应用，横跨民用和军用两个领域。

---

1 法拉第笼是一个由金属或者良导体形成的笼子，由于金属的静电等势性，可以有效防止外电场的电磁干扰。

今天的计时表是一种结合了计时功能和秒表功能的时计，由单独的按钮来启动、停止和重置秒表。相比于万年历、三问等复杂功能，计时功能反而是较晚出现的。1816 年，法国制表师路易 · 穆瓦内（Louis Moinet）创造了第一款计时表，旨在辅助天文观测。他的计时器可精确测量 1/60 秒的时间，这在当时是无与伦比的精确度，被认为领先了一个世纪。[1]

不过穆瓦内的这枚作品，直到 2013 年才被发现。在此之前，历史学家普遍认为计时表是法国人尼古拉 · 里厄塞克（Nicolas Rieussec）为法国国王路易十八发明的“墨水计时器”[2]，用来记录国王心爱的赛马的单圈时间。

里厄塞克的计时器因为太过依赖墨水并没有得到广泛的应用。1844 年，瑞士钟表制造商阿道夫 · 尼科尔（Adolphe Nicole）对计时表进行了进一步的改良，添加了重置复位功能。这次升级对计时表意义重大，不久之后就被军方用于定时炮击，以及各种田径运动。因为圈速的计时越来越精准，因此运动员们也开始有了打破纪录的意识。

到了 20 世纪初，随着腕表的兴起，计时功能也开始小型化并集成

1　穆瓦内的设计已经非常接近现代秒表，计时秒盘置于中心位置，配有两个推杆，一个用来启停，另一个用来重置。1 点和 11 点分别有两个子刻度盘，记录秒和分。

2　里厄塞克设计了一款由两个表盘组成的计时表。相比于穆瓦内的计时表，里厄塞克的设计从外面完全看不出钟表的形态，而是装在一个矩形木盒子里。打开之后可以看到两个带有刻度的珐琅盘，圆盘之间架起一个两头都是笔尖的部件，下方有两个凸起的按钮。这款计时器最特殊的地方就在于“墨水计时”。当赛马比赛开始时，计时码表将通过那两个旋转的珐琅盘启动——一个测算 60 秒的时间，另一个测算 30 分钟的时间。当一匹马冲过终点线时，操作计时码表的人按下一个按钮，便使一个装满墨水的笔尖落在旋转的圆盘上，标记出马过线的确切时间点。通过这些标记，使用者便能够读取每匹马的准确奔跑时间。里厄塞克还为他的发明申请了专利，并将其命名为 chronographe，这个词来自古希腊语，意思是“写下时间”。虽然后世的计时表早已用不到“墨水书写”，但这个单词一直传了下来，用来指代计时功能。

到腕表之中，不仅军队的计时需求提升，飞行员和赛车手们也加入了用户行列。1913 年，浪琴使用 Calibre 13.33Z 机芯制造了一款单按钮计时腕表，通过表冠启动计时，能够精确记录到 1/5 秒。两年后的 1915 年，百年灵的老板加斯顿·百年灵（Gaston Breitling）开发了第一款带有独立按钮的计时腕表，按钮设置在这款表 2 点钟位置，可以控制计时的启动、停止与归零，与负责上链的表冠各司其职，操作更为便捷。

加斯顿·百年灵是品牌创始人里昂·百年灵的儿子。里昂在他 24 岁那年（1884 年）创建了自己的工坊，一开始就以生产计时器为主要业务，比如可以测量每小时 15~150 公里的任意时速的维特斯（Vitesse）怀表。瑞士历史上的第一张超速罚单，就是借助百年灵的时计开出的。

加斯顿在父亲去世后继承了公司。在发布独立按钮计时表之后，这位发明家又在 1923 年研发了一种新时计，将归零和启动停止的功能分开。之前三种功能都是由一个按钮操作，每计时一次都会强制归零，使用上依然不便。按照加斯顿的设计，表冠承接归零的功能，那么只按计时钮就可以想动就动、想停就停，这样就可以连续测量多个时间，应用场景更广泛了。

不过加斯顿还没有把这项技术落地就于 1927 年去世了，当时他儿子威利·百年灵（Willy Breitling）只有 14 岁，五年后才继承父业。

百年灵第三代掌门人威利·百年灵（1913—1979）

威利虽然年轻，但很快就扛起了家族企业的大旗，后来他执掌品牌长达 47 年。1934 年，威利推出一个对未来计时表影响极为深远的设计——表壳右侧有三个按钮，除了表冠，还在 2 点位和 4 点位分别设置了一枚计时按钮，一个负责启停，一个负责复位。这个设计看似简单，但直到 90 年后的今天，计时表的基本形态都是如此，足见其经典。

威利也注意到了军用航空兴起带来的计时需求，开始关注这一领域。他在二战爆发的前一年，成立了名为 Huit Aviation 的飞行部门，专注于研发生产飞机驾驶舱计时器和计时腕表。Huit 在法语中是“八”的意思，源自百年灵计时表的八日动力储存功能。百年灵为这个部门投入了大量的资金和精力，建立了采用新技术的测试实验室，进行严格品控。他们的产品很快吸引了英国皇家空军的注意，在二战爆发的 1939 年，英军就从百年灵订购了大量驾驶舱计时器，之后又有多个国家的军队下订单。

然而当时的欧洲形势已经十分危急。瑞士虽然是中立国，但却被法西斯势力包围，北边和东边是纳粹德国，南边是墨索里尼领导的意大利，西边在 1940 年又新添了纳粹傀儡维希法国。这些势力阻挠瑞士产品的出口，特别是可用于战争的物品，其中也包括百年灵的计时器。

威利为了向英军交付产品，每次都要演一出“虎口脱险”，刺激程度不亚于谍战片。

当年他会和几位朋友一起，趁着夜色分别开几辆车前往弗朗什山区附近的牧场。这个地方在拉绍德封的北面，离百年灵的工厂不算远。等他们按约定的时间开到，就会亮起汽车大灯。这时会有一架飞机从天而降，而车灯就成了跑道的照明灯。飞机装好货物之后，就直接起飞。

完成交易之后，为了不引起当地纳粹间谍的怀疑，威利就会故意去到一家热闹的酒吧，当着所有人的面喝个酩酊大醉，当作自己的不在场证明。

在冒险之余，威利也没忘了搞研发。20 世纪 40 年代，百年灵推出了一款带环形飞行滑尺的计时码表 Chronomat[1]，就像是个手腕上的计

---

1 Chronomat 是法语 chronographe mathématique（数学计时码表）一词的缩写词。

算器，能够处理多种数学运算，比如乘、除、三分律、产能计算等，在实际中可以帮军人计算距离、帮工程师计算产量、帮车手计算速度，深受专业人士的喜爱。

除了以上提到的这些，浪琴还在1936年推出了具有飞返功能的计时腕表机芯13ZN，也深受飞行员的喜爱。

浪琴 13ZN 机芯

百年灵发明了双独立计时按钮之后，实现了腕表多段计时，但要完成停止、归零、再启动，还是需要按三次按钮。而飞返功能则可以将“停止”与“归零”合二为一，只需按一下，计时便可以停止，同时指针归零，松开按钮，计时指针会马上继续运动。飞返便捷的计时方式，能大大减少按压计时码表的次数，提高效率，同时也方便飞行员同无线电台对表，这一功能也在第二次世界大战中大放异彩。

航海钟实现量产，潜水表初入战场

二战期间，大西洋和太平洋都是海战的主战场，英德与美日在这两片大洋上进行了激烈的交锋。

航海离不开钟表，而如何大规模生产高度精密的航海钟又是一个大问题。其实早在20世纪初，雅典表等瑞士制造商就在研究如何采用现代生产方法和使用完全可互换的零部件生产航海钟，但真正付诸实践还是要等到第二次世界大战。

战前，美国海军和商船使用的航海钟都是进口的，只有少数几家美国公司能从欧洲进口零部件进行组装。因为制造航海钟需要很高的制表水准，每年也只生产几百台。等到 1941 年太平洋战争爆发时，美军一下就陷入了航海钟短缺的窘境。

20 世纪 40 年代汉米尔顿制造的 AN 5740 航海天文台表

其实美国海军天文台早在 1939 年就动员美国本土表商参与大规模航海钟生产的实验，但当时只有汉米尔顿能够按照美国海军的标准，进行大规模生产。

汉米尔顿 1892 年成立于宾夕法尼亚州的兰开斯特，前身是一家名为 Keystone Standard 的制表公司，汉米尔顿最初的名字 James Hamilton，来自兰开斯特创立者安德鲁·汉米尔顿之子。在美国铁路扩张时期，汉米尔顿的市场份额迅速增长，以精密的铁路怀表闻名，1917 年制造了第一块腕表。

从 1942 年起，汉米尔顿停止了所有民用产品的生产，全力支持军事需要。

用于大型船舶的 Model 21 航海天文台表首先被制造出来，这款表在技术上类似于雅典表的设计，但汉米尔顿开发了一种新的温度补偿摆轮，并且使用了预先成型合金游丝，不需要耗时费力进行调校。汉米尔顿在战争期间为海军生产了 8900 个 Model 21，为商船生产了 1500 个，为陆军生产了 500 个。从 1942 年到 1944 年，航海钟的单只价格从 625 美元降到了 390 美元。

在量产航海钟这件事上，德国人和美国人几乎同频了。同样是在 1939 年，德国海军司令部和航空部也把本国的各大表商找了过来，要求研制一种精确而廉价的航海钟。最终由 Wempe 与朗格合作开发成功，也于 1942 年开始量产，所有部件都是德国制造的，可互换——战后这条生产线被搬去了苏联。

除了航海钟，潜水表也在二战期间被投入战场。1940—1941 年，意大利曾多次试图用蛙人攻击英国在地中海的军事基地，最著名的一战发生在1941年12月19日，六名蛙人戴着潜水表、坐着载人鱼雷发起了对亚历山大港的突袭，这次袭击导致“伊丽莎白女王号”“英勇号”战列舰以及一艘驱逐舰、一艘油轮瘫痪。

潜水装备的发展经历了漫长的变迁。直到1864年，法国人奥古斯特·德奈鲁兹（August Denayrouze）与伯努瓦·鲁凯洛尔（Benoît Rouquayrol）才发明了第一套可以根据潜水员的需要提供空气的潜水服，搭载了压缩空气罐和压力调节器，并实现了批量生产。他们的发明在三年后的世界博览会上赢得了金奖，也让到场参观的儒勒·凡尔纳大受启发，几个月后便将之写入了他的小说《海底两万里》。而到了1926年，法国海军军官伊夫·勒·普里厄尔（Yves Le Prieur）改良推出了一种全新的潜水装置，让潜水员不再依赖连接到岸上的软管，而是靠自备的水下呼吸器呼吸。

技术设备的提升，延长了水下活动的时间，增加了下潜深度，也让潜水变得更简单、更安全，于是很多品牌意识到为潜水活动打造专用腕表的价值。虽然当时劳力士的蚝式腕表具有良好的防水性，但它并不是为了深潜设计的，也没有经过水压的考验，这就给了其他品牌抢占新赛道的机会。

1932年，欧米茄推出了Marine腕表，它被认为是第一款商业化的“潜水手表”。这款腕表整体呈矩形，采用了一种双层表壳，以软木塞密封，以此来防止水渗入机芯。此外还首次采用人造蓝宝石水晶表镜，并配备可调节表扣，方便潜水员佩戴。

虽然在设计上不如蚝式腕表新潮，但其防水性却十分值得称道。这款表的防水测试在日内瓦湖进行，测试中成功下潜至73米的水下，并在5摄氏度的湖水中待了30分钟依然运行无碍。

五年后，这款表接受了更为严格的实验室测试，判定其能够承受1.37MPa的压力，防水深度可达135米。虽然与现代潜水表相比相差甚远，但在20世纪30年代，这绝对是一个了不起的成绩。海洋学先驱威廉·毕比（William Beebe）也曾佩戴欧米茄Marine潜水。

潜水表诞生没多久，就被军方看中。当时的意大利皇家海军新建了一支水下战斗部队，也是最早的一批蛙人突击队。新的战斗形态也产生了新的需求，1935年海军要求当时的精密仪器供应商沛纳海，制造一种可在水下稳定运行且读时清晰的腕表。

沛纳海的历史可以追溯到1860年，这一年乔凡尼·沛纳海（Giovanni Panerai）在佛罗伦萨的“感恩桥”开设了第一家钟表店，后来企业传到他的孙子古朵·沛纳海（Guido Panerai）手里，成为意大利皇家海军的供应商，为海军提供海战瞄准器等精密仪器。

古朵·沛纳海与卡洛·尤科尼（Carlo Ronconi）中尉合作，开发了一种具有高度自发光性能的镭基浆状物料，并在1916年申请专利，被称为镭得米尔（Radiomir）。1918年，这一技术应用在了由保鲁奇和罗塞蒂改装的载人鱼雷上，当时他们潜入奥匈帝国海军基地，成功击沉了一艘战列舰。作战过程中，由于镭得米尔的夜光过于强烈，突击队员不得不在刻度盘上涂抹泥浆或海藻，以免被发现。

而在为意大利海军蛙人部队制造潜水表时，沛纳海结合了自家的镭得米尔专利和劳力士的蚝式表壳，制造出第一款镭得米尔手表原型。

这款手表在当时也是个异类，表径长达47毫米，有粗犷的超大全钢垫形表壳、焊接表耳、夜光时标与指针，表盘也极简抽象，只在3点、9点位有一个横杠，6点位有一个竖杠，12点位有两个竖杠，其余时标都用点表示。

实际上，最初的镭得米尔原型表是由劳力士生产的，再由沛纳海负责调试

二战期间意大利海军蛙人突击队的宣传海报

改良，在 1936 年也只生产了 10 块。在之后的两年里，沛纳海、劳力士和意大利当局合作完善了这款手表，形成了经典款式 Ref. 3646，直到 1956 年都是意大利海军的重点采购对象。

二战期间，意大利军队在北非战场时常沦为笑柄，但 1941 年奇袭亚历山大港、瘫痪两艘战列舰的战果，即便以六名蛙人全部被俘为代价，却也证明他们的水下突击队确实不是吃素的。

意大利蛙人突击队的水肺面罩、潜水表等装备

当时的意大利蛙人部队统一配备由沛纳海制造的潜水腕表。由于腕表在水下停留的时间越来越长，海军还要求沛纳海改进设计。经过重新设计，1940 年产的镭得米尔表壳改为由一整块钢铣制成，不再使用焊接表耳，表盘变得更加清晰和明亮，表冠的形状也由圆锥形改为圆柱形。

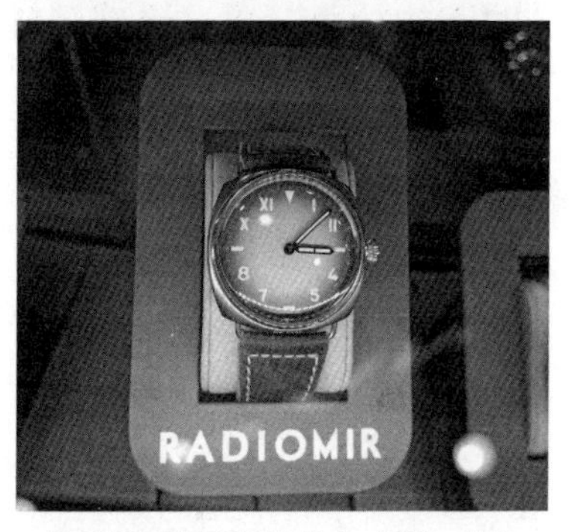

一枚现代沛纳海镭得米尔腕表，复刻 20 世纪 30 年代的风格，采用了著名的“California Dial”（加州盘），其特点为表盘时标一半为罗马数字，一半为阿拉伯数字

受到二战的影响，当时的盟军难以取得沛纳海先进的潜水表制造技术，只得自行研发。汉米尔顿曾生产过一种被称为“Canteen Watch”或“BuShips”的手表，表冠有一个固定的旋入式盖子，用一条小链条固定，并用铅焊料焊接，具有极佳的防水性能。

当代沛纳海 Luminor Submersible 专业潜水腕表

英国也曾委托浪琴制作过一款潜水表，供负责绘制海图的水

文测量局使用，上链表冠与汉米尔顿的“Canteen Watch”颇有相似之处，不过仅生产了 50 枚。二战时期的潜水战还处于雏形阶段，而真正的现代潜水表诞生还要等到 20 世纪 50 年代。

不得不说，第二次世界大战狠狠地助推了工具表的发展，如果说战前的腕表还是审美优先，那么战争则把腕表的功能提到第一位，并且实现了空前的拓展，变得上天入海无所不能，当真是“文能测算，武能防身”。即便是战后，这样的发展势头也没有停止，演变成了今天运动表中最火的几大品类，成为被战争塑造的新鲜事物。

“时间的战争”里，谁成了输家？

1945 年 9 月 2 日，随着日本无条件投降，第二次世界大战画下了句点。此时，欧洲的战事已经结束了快 4 个月，德国早已被苏美英法四国分区占领。

虽说第二次世界大战从客观上促进了腕表的发展，但从行业的角度来看，这场战争对一些国家的制表业而言，依然是一场灾难。战败国自然要吞下苦果，但战胜国也未必好到哪里去：德国的制表业中心在轰炸中被夷为平地，百年基业一夜归零；美国表商普遍遭遇经营和转型困难，连曾经坐头把交椅的沃尔瑟姆都关门大吉；英国制表业就更别提了，二战接近尾声时，有名的表商只剩 Smiths 一家奄奄一息。

我们把目光聚焦在这些输家身上，从另一个角度感受一下“时间的战争”有多残酷。

德国制表：百年起高楼，一夜楼塌了

1945 年 5 月 8 日，《德国无条件投降书》正式签署，结束了欧洲

大陆的战争。然而，就在德国投降这一天，位于德累斯顿南边不远处的一个小镇，却遭遇了突如其来的空袭。

这座名叫格拉苏蒂（Glashütte）的小镇，位于德国东部的萨克森大区[1]，是二战时期德国军表的生产中心。整个二战期间，小镇都平安无事，没想到却在战争的最后一天，被苏联轰炸机炸成了一片废墟，那里的制表工厂几乎被夷平了。格拉苏蒂与德国制表的荣光，也都随即成为历史的灰烬。

德国的制表业，生于纽伦堡，兴于黑森林[2]，集大成于萨克森。而萨克森制表的兴起，离不开一个人，他就是费尔迪南多·阿道夫·朗格（Ferdinand Adolph Lange）。

费尔迪南多·朗格1815年出生于德累斯顿。虽然从小在寄养家庭里成长，但经商的养父经济条件很不错，还送他进入德累斯顿的技术教育学院念书。技术学校的上课方式不同于普通学校，学生们除了理论学习，还很重视实操，会有专门的课时安排师父带徒弟。朗格就是在这里遇到了他的老师兼未来岳父、制表大师约翰·古特凯斯（Johann Gutkaes）。

朗格创始人费尔迪南多·阿道夫·朗格（1815—1875）

古特凯斯是萨克森王国的宫廷制表

1 萨克森历史悠久。萨克森公爵在神圣罗马帝国时期是地位崇高的七大选帝侯之一。这里1806年被拿破仑提升为王国，在拿破仑战败后遭遇严厉制裁，被迫割让了57%的领土和42%的人口给普鲁士，后加入德意志帝国。1918年成为魏玛共和国的“自由州”，纳粹德国时期被改组为大区。

2 1505年，纽伦堡工匠彼得·亨莱因制作出了早期便携式时计纽伦堡蛋，而到了18世纪60年代，黑森林地区的普福尔茨海姆（Pforzheim）逐渐发展成德国西部的钟表重镇，二战时期的军表生产商Laco与Stowa都在这里建厂，同样在战争中被摧毁。

森帕歌剧院的五分钟数字钟

华语表坛昵称“猫头鹰”的LANGE ZEITWERK。这是朗格史上首枚以跳字显示小时与分钟的机械腕表，标志性的时间桥和显示窗让人联想起森帕歌剧院的数字钟

师，以森帕歌剧院的五分钟数字钟闻名于世。这是一座醒目的舞台时钟，采用了新颖的数字钟形式。[1] 从今天朗格（A. Lange & Söhne）腕表标志性的大日历窗，就能看到这座钟当年的影子，而费尔迪南多·朗格本人，据说也跟随师父参与了设计和制作。

在朗格生活的年代，工匠学徒还有一种被称为 Wanderjahre、类似“游学”的学习方式。他在完成古特凯斯门下的学业之后，便在 1837 年前往法国，来到奥地利制表师约瑟夫·华纳尔（Joseph Winnerl）手下学艺，而这位华纳尔正是宝玑大师的徒弟。在磨炼技艺的同时，朗格也如饥似渴地学习物理、天文等方面的知识。之后，他又先后前往瑞士和英国，进一步提升自己的水平，为之后的创业打下了坚实的基础。

1841 年，结束游学的朗格回到德累斯顿，准备创立自己的品牌。此时的萨克森，在贸易、交通、工业等方面都有了长足的发展，钟表制造业总体呈上升趋势，对钟表和航海钟的需求量很大。然而朗格最后看中的，不是德累斯顿、莱比锡这样的大城市，而是濒临破产的采矿业小镇——格拉苏蒂。

格拉苏蒂位于德累斯顿以南大约 30 公里的地方，坐落在山谷之

1　这座钟有两个方形视窗，视窗内是两个印有数字的织物内衬鼓轮。鼓轮直径大约 1.6 米，数字显示格大约 40 厘米见方。左边视窗是从 I 到 XII 的罗马数字，表示小时；右边视窗是从 5 到 55 的阿拉伯数字，以 5 分钟为间隔，“五分钟数字钟”也因此得名。

中，被群山和森林环绕，和瑞士的汝山谷颇为相似。小镇的历史可以追溯到1445年，镇名的意思是“玻璃工厂”。早期的主业是采矿和冶炼，不过这里的银矿产量相当低，很难吸引到投资，再加上连年战乱，逐渐陷入贫困的境地。

但朗格却想在白纸上绘出蓝图。从1843年起，他就屡次致信萨克森政府，阐述自己在这个穷乡僻壤建立制表工厂的构想，就这样争取了两年，才终于拿到许可以及一笔政府投资，但这也是有代价的。简单说，朗格来格拉苏蒂就好像参与了政府的“扶贫工程”，除了建厂，还要在三年内培训15名制表学徒，帮助解决当地的就业问题。

不管怎样，1845年12月7日，30岁的费尔迪南多·朗格还是在格拉苏蒂开设了他的第一家制表厂。

费尔迪南多·阿道夫·朗格的第一家制表厂

此时的格拉苏蒂制表业一切都要从零开始，朗格招的最早一批学徒职业五花八门，有采石工、伐木工、编篮子的，而为了办厂，他几乎把全部身家都投入进来，还欠了不少债务。

朗格在工作中也非常拼命，经常加班到午夜两点，第二天又继续回公司组织生产。度过最初的艰难岁月，一切也都向好的方向发展。朗格是一个眼光长远的人，他鼓励自己的学徒在学成之后自立门户，一起把格拉苏蒂的制表业做成产业集群，“德表教父”的称号他受之无愧。他还在1848年当选格拉苏蒂镇长，一做就是18年。

在这一过程中，朗格引入了公制系统作为测量单位，统一零件标准，甚至比萨克森政府全面推行公制还要早。他还在生产中引入分工

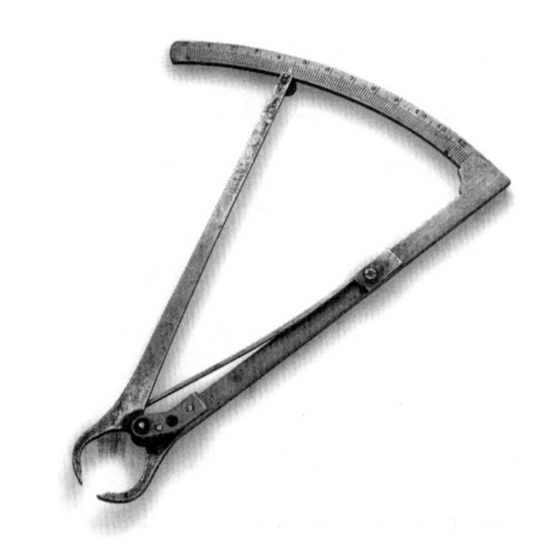

朗格的十进计

20 世纪初的朗格制表工坊

原则，每位制表师各有负责的工序，大大降低了失误率，并且开发了一种双脚驱动的车床，这种车床能够保持平均的转速，提高了产品质量和生产效率。

今天德系表中被刻入基因的元素，也可以追溯到朗格。比如最为典型的就是四分之三夹板——当年为了解决夹板松动影响走时的问题[1]，朗格减少了夹板的数量，尽可能把重要的齿轮枢轴结合在一起，最后在长达 20 年的不断改进中，形成了面积覆盖机芯四分之三的夹板，可以容纳轮系的所有心轴，只有摆轮露在外面。虽然组装需要特殊的对接技巧，但熟练之后能大大提高制表效率；虽然维修起来比较费周章，但也让结构更加稳定，减少了误差。看似笨重，却很实用，也算是德国民族性格的一种体现。

随着朗格表的声名鹊起，很多外地的制表师也慕名来到格拉苏蒂

1　夹板的作用主要就是支撑固定零部件，保证各部件相对位置的准确。一般的夹板是分离式的，机芯所有的轴承和齿轮都会被置于独立的板桥和夹板之下。当时的车床技术不发达，这就使得制表师在处理时必须极其细心，只要一个夹板位置出现误差，与之关联的夹板都需要调整。时间长了，夹板位置也会松动，从而影响走时的准确。

定居，其中不乏高人，在当时有“四大元勋”[1]之说。其中莫里茨·格罗斯曼（Moritz Grossmann）于1878年在格拉苏蒂创立了德国第一所制表学校，学校教学理论与实践并重，并且设立了专业的实习工厂，很快便吸引了全欧洲的有志青年慕名前来，成为制表人才的摇篮，走出了发明“飞行陀飞轮”的阿尔弗雷德·海威格等制表大师。

在一战之前，格拉苏蒂的制表业以手工作坊为主，出产华丽且精准的怀表。像朗格的怀表，就曾经被德意志皇帝威廉二世当作礼物送给奥斯曼帝国的苏丹。但一战不仅摧毁了显赫一时的德意志第二帝国，也摧毁了德国的经济。战后的萨克森有大约600万人失业，朗格甚至成为格拉苏蒂唯一一家在战后经济危机中存活下来的公司。同时一战也终结了怀表的辉煌时代，无论是朗格，还是格拉苏蒂重新组建的制表厂，都不得不面对艰难的转型。

朗格最高规格1A标准机芯

这一时期值得一提的是恩斯特·库尔茨（Ernst Kurtz）博士，他当年被银行派到格拉苏蒂来收拾残局，因为之前接受该银行贷款的公司破产了。库尔茨到来之后成立了两家新的公司——UROFA和UFAG，按照瑞士

朗格大复杂怀表第42500号

1 “四大元勋”包括费尔迪南多·朗格、阿道夫·施耐德（Adolf Schneider，他是朗格的师弟兼连襟，也是他工厂的第一个领班）、尤利乌斯·阿斯曼（Julius Assmann，朗格的女婿）以及莫里茨·格罗斯曼。

模式组建工厂，开始以高效率的生产方式制造腕表，并且做了一个名叫“拓天马”(Tutima）的品牌，取得了很大成功。

朗格威廉皇帝怀表

但是好景不长，从1938年开始，库尔茨的两家公司都必须为军队工作，被迫停止了自己的生产。拓天马也成为B-Uhr军表的制造商之一，到1945年德国无条件投降为止，大约生产了30000枚。与此同时，朗格表在一战后也经历了一定程度的复兴，出品了很多优秀的航空和海洋时计，但二战时同样被绑在纳粹的战争机器上。

朗格航海天文钟

但这些都是格拉苏蒂制表“最后的辉煌”了。就在纳粹德国无条件投降前几个小时，从天而降的苏军炸弹结束了这一切。此时，距离费尔迪南多·朗格建立起第一家制表厂，还差几个月就整整100年了，是真正的“百年基业毁于一旦”。

战后，根据《波茨坦协定》，苏联占领了德国东部，其中就包括萨克森州，当然也包括格拉苏蒂。不久之后，苏军就开进了满目疮痍的小镇，任务只有一个，就是“搬迁”。作为战争赔偿，格拉苏蒂幸存的制表设备、样品、图纸都被“打包装车”运往了苏联，比如朗格就被迫交出了Caliber 48机芯的设计图，这是战争时期用于飞行员腕表的重要机芯。

这些物质与知识财产，很多都被用于莫斯科第一制表厂的重建，也影响了苏联制表的发展。不过苏联人并没有把格拉苏蒂的制表人才全部带走，局势稳定之后，留下的人仍然决定重建格拉苏蒂制表业。其中工程师卡尔·尼茨施（Karl Nitzsche）发挥了至关重要的作用，他依靠记忆复原了大量的机器图纸，还因此被授予了“国家奖”。

1949 年 10 月 7 日，德意志民主共和国在苏占区成立。随着计划经济体系的建立，大量企业开始国有化进程，形成了具有民主德国特色的“人民企业”。从此格拉苏蒂小镇的制表品牌统统消失了，包括朗格在内的 7 家制表厂被合并改组为国营企业，于 1951 年成立了 VEB Glashütter Uhrenbetriebe（人民企业格拉苏蒂制表厂）。从无到有，再从有到无，德国制表业仿佛走过了一个轮回，而它的再次复兴，还要等上 40 年。

美国制表：心比天高，命比纸薄

制表业被二战“打垮”的不止战败的德国，作为战胜国的美国也很惨。战争期间开足马力为军方服务的各大制表厂，在战后普遍遇到了经营和转型困难，比如在 19 世纪曾经引领工业化生产风潮的沃尔瑟姆，就在 1949 年宣布破产关门。

回顾美国制表业的发展，可以看到一条明显的高开低走的曲线。它一开始也有过自己的辉煌时刻，其高效率的生产方式甚至曾经还是瑞士表业学习的对象。不过长期以来，美国表就像那个时代的美国外交一样，表现出孤立主义的倾向，两大巨头沃尔瑟姆和埃尔金，更乐意把市场限制在美国和加拿大。

进入 20 世纪之后，瑞士的制表工业已经迎头赶上，而且积极应对了从怀表到腕表的转变，甚至大举进攻美国市场。像百达翡丽在 30 年代由斯登家族接手之后，“太子爷”亨利·斯登就被派往美国担任分公司总裁，一做就是 20 年。

反观美国本土的制表业，在整个 20 世纪的前半段多少显得有点

“慢一拍”。特别是在腕表兴起的浪潮中，只有埃尔金、汉米尔顿、天美时（Timex）的前身沃特布里（Waterbury）、Gruen 等少数几个品牌成功实现了转型。其中做得最好的是 1908 年才成立的 Gruen，成立当年就推出了一款女士腕表，到 20 年代销售额已经超过了 500 万美元，成为美国最大的腕表公司。Gruen 在 1935 年推出 Curvex 男士手表，其纤薄的长方形表壳、弯曲贴合手腕等特征，在当时比较有创新性。

不过 1929 年大萧条的到来，使得腕表成为一种奢侈品，大多数人无力购买，这也让几乎所有美国制表公司都遭受了损失，那些没有向腕表转型的公司更是难以为继，要么被收购，要么就直接倒闭。有些公司为了自救也剑走偏锋，比如沃特布里就和沃尔特·迪士尼达成了一项协议，以旗下的英格索尔品牌生产带有米老鼠形象的腕表和钟表，靠着这个大 IP 躲过了经济危机。

不过二战的到来彻底打乱了这些企业的商业计划，面向消费者的生产被中止，一切都要为军队服务。二战期间汉米尔顿有超过 100 万块手表被送往海外战场；埃尔金转而生产军用手表、精密计时器、炮弹引信、高度计和其他飞行器仪表；Benrus 则生产军火中使用的计时系统；沃特布里还专门盖了一座新工厂，用 88 天时间大量生产精密计时器，并因此获得了军方的表彰。

美国的钟表公司为二战盟军的胜利做出了很大的贡献，然而军用生产的过度消耗却让它们在战后再次陷入困境。这些企业不得不花时间重新调整生产线，而此时凭借中立国优势获得极大发展的瑞士表，不仅在工具表与复杂功能领域日趋成熟，也早已在美国市场占尽优势。

据史料记载，“1947 年和 1948 年瑞士钟表出口美国的水平按当时价值计算是 1938 年的 6 倍”。而在一份名叫《百达翡丽在美国》的官方史料中，曾任百达翡丽美国公司总裁的汉克·埃德尔曼（Hank Edelman）表示：“从 20 世纪 40 年代到 60 年代初期，大约一半的手表都卖给了美国人。”

美国的制表公司曾经试图游说国会，希望能针对瑞士腕表提高关税、限制进口、补贴出口市场，但成效不大；而且朝鲜战争也没有帮助美国人获得更多的订单，反而便宜了日本人。

但也有一些美国公司，找到了突围的方向。比如天美时在 50 年代就开始生产一种精准耐用的廉价手表，并以此赢利。这种手表甚至是“一次性”的，采用完全密封表壳，虽然不能修理，但也十分防尘，用一种军用合金 Armalloy 代替宝石轴承，虽然易磨损，但也更加坚固。就像它的广告词所说：Takes a licking and keeps on ticking（即便遭遇撞击，也依然嘀嗒作响）。

另一派则寄希望于新技术，也就是电子表。

所谓电子表，顾名思义就是以电力代替发条作为动力源的手表。因为机械表不论手动上链还是自动上链，都要依靠机芯内的发条产生动能，来驱动摆轮游丝运动，而电子表的动力来源则是电池。

20 世纪 50 年代初，埃尔金公司和法国的 LIP 公司合资，生产了一款机电手表，这款表的特点是用电池提供动能。这款表虽然只生产了原型机，但却成了电子表的原型。1957 年，汉米尔顿真正生产出了第一款电池驱动的手表，不过却不太成功，差点害得公司破产。而宝路华生产的 Accutron 音叉表虽然颇具革命性，但后来还是被更先进的石英技术取代。

石英表本来是美国公司翻身的一次好机会。1969 年第一批石英表问世时，在军事和太空领域同苏联争霸的美国，在微电子研究上有着很大的领先优势。当时以得州仪器、仙童半导体公司、美国国家半导体公司为代表的美国企业都在大量生产廉价的数字石英手表，但最终还是没有竞争过东亚地区的生产能力。

许多传统美国手表公司纷纷破产关门，比如经典美国老牌汉米尔顿就在 1969 年停止了在美国本土的生产，把生产线搬到瑞士，最后卖身给了瑞士钟表业协会，如今成了斯沃琪集团旗下品牌。

后来的美国品牌里，也只有天美时和宝路华还比较坚挺，不过后者也在 2008 年被日本的西铁城收购了。

反观天美时的发展之路，倒是很有意思。这家公司的前身是 1854 年成立的沃特布里钟表公司，之后几经重组，在 1969 年改名天美时。20 世纪 70 年代，在石英表的冲击下，天美时关闭并整合了全球业务，将 3 万名员工削减至 6000 人，最终把战略定位在“耐用”上，为此努力改进质量，提供石英表中更长的电池寿命、更好的防水性能，还赞助铁人三项赛事，以此获得成功。1993 年 2 月 26 日，世贸中心发生爆炸事件，当时一个办公室职员举着天美时前一年推出的 Indiglo 背光手表，在黑暗中引导疏散人员走下 40 层楼梯，此事之后，天美时更是销量起飞。这也显示出找准定位的重要性。

战争是不可抗力中最为极端的一种，死亡如影随形。被摧毁的德国制表业有如猝死，但被拖垮的美国制表业却像是久病难治，回天乏术。美国表曾经领风气之先，带给瑞士人深深的危机感，但后来却自己缩小了格局，放慢了脚步，被别人迎头赶上。机不可失，时不再来，很多时候走慢了一步，可能就再也追不上了。

制表业大洗牌，能吃苦才能赢

“时间的战争”里有输家就有赢家，纵观整个二战，最大的赢家除了瑞士，就是苏联了。苏联的制表业是个吃“百家饭”长大的苦孩子，捡过美国人的“剩饭”，也从德国人手里“抢食”，活生生地演绎了一出制表界的弱肉强食。

新中国制表业也诞生在这一时期，完美诠释了“自力更生，艰苦奋斗”的精神，在腕表的战场上实现了“零的突破”，从白纸一张一路发展，中国变成了如今腕表出口量最大的国家。

德国跌倒，苏联吃饱

纳粹投降的前夜，苏联人把德国的制表中心格拉苏蒂小镇夷为平地。战争结束后，一队又一队士兵把残存的制表机器、图纸以及技术人员“打包装车”，统统运往了莫斯科。苏联依靠绝对的强势，生生吃掉了发展百年的德国萨克森制表业。

随着冷战的到来，苏联制表业长期远离主流视线，其实他们也有很多故事。

在沙俄时期，俄国只有几个比较小型的制表工坊，通常使用国外制造的部件组装腕表，而达官贵人们用的怀表都是从瑞士、德国进口的。也有一些外来的独立制表商在沙俄开设企业，并且得到帝国宫廷的认证。

其中名气颇大的一位叫作海因里希·莫塞尔。他 1805 年生于瑞士沙夫豪森，和父亲学习了基本的制表工艺，并到力洛克深造。学成后的海因里希没有留在瑞士，而是在俄国圣彼得堡创办了 H. Moser & Cie（亨利慕时）公司。

海因里希·莫塞尔（1805—1874）

经过 20 年的经营，海因里希在俄国已经是颇有名气的钟表匠，俄国不少皇室成员都是他的客户，甚至连革命领袖列宁都有一块亨利慕时表。海因里希回到家乡沙夫豪森建立了自己的制表厂，还帮助过来这里创业的美国人佛罗伦汀·琼斯建立万国。1874 年海因里希去世，遗憾的是，他的孩子没有一个人愿意继承父亲的事业，公司只能出售。

新的管理层在俄国经营到十月革命爆发，一年后整个苏俄的工业基础设施国有化，国家没收了这些独立制表的工坊，亨利慕时也迫撤

亨利慕时怀表

离。不过在 1923 年，诗人马雅可夫斯基还为亨利慕时写过广告词："男人必须有块表，要买就买慕时表！只在国家百货商场有售。"

1927 年，为了解决钟表短缺的问题，苏联政府决定建立自己的制表工业，并且将之作为第一个五年计划的组成部分。同年 12 月 21 日，劳动国防委员会通过一项题为《关于如何在苏联组织钟表生产》的决议，提出目标是制造精确、可靠、不逊色于瑞士或美国的手表，并派出工程师团队出国考察。

苏联国家第一钟表厂直到 1930 年才成立，也就是后来的莫斯科第一钟表厂，但令人意外的是，这家表厂的家底是从美国买来的。原因在于当时的欧洲对苏联十分敌视，没有一家表企愿意合作，考察团之后前往美国参观了 8 家制表企业，对其机器化生产印象深刻，并且发现了两家已经破产的表厂。

虽然是"残羹冷炙"，但也只能咬牙吞下。1929 年，苏联在美国设立的贸易代理公司 Amtorg 购买了已经倒闭的迪贝尔–汉普登（Dueber-Hampden）和安索尼亚（Ansonia）钟表公司的资产，三名苏联专家前往美国，将生产材料和机器打包运往莫斯科，整整装了 28 辆货车。苏联人还聘请了汉普登的 21 名员工作为技术专家，前往莫斯科培训工人。

一年后的 11 月 7 日，国家第一钟表厂生产的首批时计在革命剧院展出，献礼十月革命。当时他们生产的是 50 只怀表，被命名为 Type–1，也被称为 K–43[1]，机芯改造自汉普登 Size 16 麦金利机芯。到

1　K 指的是 карман（口袋），43 指的是机芯的直径。

1940年，第一钟表厂已经生产了270万只Type-1怀表和腕表。

1935年，为了纪念前一年被暗杀的领导人谢尔盖·基洛夫，国家第一钟表厂改名为“基洛夫钟表厂”。同一年早些时候，根据指示，第二钟表厂组建起来作为辅助。这一时期，苏联还和法国机芯生产商LIP签订了允许购买机芯和零部件的协议，从而获取更为现代可靠的制表技术，LIP的工程师也来到奔萨的工厂培训苏联技术人员。据统计，二战前后，苏联生产了大约1000万个由LIP设计的机芯。

1941年6月22日，300万德军突袭苏联，苏德战争爆发。早期的德军势如破竹，9月30日发起“台风行动”进攻莫斯科。为了保存有生力量，苏联的很多军工企业向东撤离。其中国家第一钟表厂就撤往乌拉尔地区的兹拉托乌斯特（Zlatoust），总共搬迁了大约1260件设备、296名钟表匠和技术人员，继续为前线生产军表，重点转向航空计时和飞行员腕表。

第二钟表厂则在战争早期改为制造弹药引信和定时器，因为男性工人大多上了战场，很多生产都是由妇女甚至儿童完成的。1941年，第二钟表厂迁往鞑靼斯坦的喀山，后来又搬到距离喀山140公里的奇斯托波尔（Chistopol），恢复生产Type-1手表。

战争结束后，国家第一钟表厂迁回莫斯科，改名为莫斯科第一钟表厂。此时的苏联作为战胜国，实现了从“捡剩饭”到“夺大餐”的逆袭，而格拉苏蒂小镇所有的钟表库存，连同生产线、库存零部件、测试设备，都是那份大餐，统统作为战争赔款被没收运往莫斯科。

而且里面“好吃的”真不少。比如二战期间，总部位于格拉苏蒂的拓天马生产过一款高精度飞返计时表，让苏联军人“一见倾心”，据说还有士兵从被击落的德国飞行员身上拿走这款表。结果拓天马飞行表的原始部件就在“格拉苏蒂赔款”里，而得到这一宝藏的莫斯科第一钟表厂很快就以此为基础造出了Kirova计时码表。

莫斯科制表厂的女工

1945年，经斯大林亲自批准，苏联开始生产胜利牌（Pobeda）手表，于1946年卫国战争胜利一周年纪念日发行。这时候10年前和法国制表巨头LIP签署的协议发挥了作用，新表以LIP R26机芯为基础，更加现代化。要知道，上一个当家产品Type-1的机芯还是19世纪开发的。胜利牌手表最早由奔萨钟表厂制造，后来转为由莫斯科第一钟表厂生产。1954年之后，苏联很多制表厂都曾生产过胜利牌，这个牌子的表在苏东国家十分常见。

撤退到鞑靼斯坦的莫斯科第二钟表厂，一部分原地组建为奇斯托波尔钟表厂，后来生产了著名的东方牌（Vostok）手表。此外还有一家光荣钟表厂，主要生产民用腕表。光荣牌（Slava）曾是苏联出口量最大的手表，在某些年份甚至能占到总出口量的50%，还曾自行研制过石英表。

苏联制表业的根基建立在“拿来主义”的基础上，但又发展出了独特的风格。作为一种计划经济产物，苏联表和瑞士表完全不同，几乎不会考虑珠宝装饰或者复杂功能，一切以实用为先，具有极强的工具属性。有评论说：“苏联的时钟和手表是太空中的第一批计时器，它们为苏联战略飞机和海军舰艇的导航与瞄准提供时间信号，它们为国际象棋比赛计时，它们控制着北冰洋上的灯塔和海上浮标，它们协调着世界最长铁路线上的交通”。

苏联制表业的鼎盛时期是20世纪50—60年代，当时的产量仅次于瑞士，苏联也是一个被长期忽视的制表大国。

自力更生，造中国人自己的腕表

接下来，我们把目光转向东方，来看看我们国家的制表业。

早在乾隆时期，中国就是西方表商眼中的重要市场。为了迎合中国客户，当时有很大一批时计都具有明显的中国特色。笔者之前在参观百达翡丽博物馆的时候，就见到过不少。

专供中国市场的怀表，在1780—1911年间形成一种独特的类型——“大八件”怀表。这里的“大八件”不是京味糕点，也不像“蟹八件”那样真的有八件，其学名叫作“大三针中国市场怀表”，也被称作“Chinese Watch”。这种表的机芯是在欧洲传统机芯的基础上改装而来，突出雕工纹饰，被称为中国式机芯（Chinese Caliber）。[1]

广西桂林收藏家收藏的一块大八件古董怀表

“大八件”表壳多用金、银、黄铜镀金、钢等金属打造，表壳上绘制着带有人物、花卉、鸟兽等中国元素的珐琅画，有的还会镶嵌上珍珠、钻石等，自然价格不菲。而且，“大八件”除了传统的圆形表壳，还有椭圆、扇形、梨形、果实和昆虫等巧思妙想的设计，更是为整体价值加成不少。百达翡丽博物馆就展出过一款文玩核桃表，很是精巧。

直到清末，“大八件”始终都是宫廷里的珍藏器物。据说末代皇

1 至于“大八件”说法的来源，中国制表大师、钟表收藏家矫大羽先生在《大八件怀表》一书中将之解释为“这种供人欣赏而艺术化了的精美机芯，被认为是由八个主要部件组合而成（指一个发条轮和约七块夹板等八件），而八字谐音为发，寓意吉祥发达”，而收藏家黄嘉竹先生则曾撰文提出不同的观点，认为“八”其实是英语bar（条块、条板）的音译。

百达翡丽博物馆收藏的一枚文玩核桃表

百达翡丽博物馆收藏的古董怀表，表盘上标注着十二时辰

帝溥仪作为战犯从苏联被遣返回国后，曾试图贿赂抚顺战犯管理所的管教，就拿出过一只瑞士产的“大八件”怀表。

然而随着近代中国在洋枪洋炮的威逼之下被迫打开国门，洋钟洋表也在国内大行其道。在很长的一段时间里，中国人都只能修表而不能造表，这一情况也反映了当时中国工业的羸弱。

1843年，根据清政府和英国签订的不平等条约《南京条约》，上海作为通商五口之一开埠。两年后，《上海租地章程》的签订又打开了设立租界的大门，英法美相继在上海建立租界，成为“国中之国”。对中国来说，这是一段屈辱的历史，但不可否认的是，上海经济的发展使之在之后的100年里成为中国最为发达的城市、20世纪初的“东方巴黎”。

与此同时，随着近代化的展开与市民社会的出现，时间观念越来越深入人心。特别是在上海这样的大都市，市民对于钟表的需求倍增。其实早在清末，中国就出现了钟表专营的商号或洋行，代理西方品牌的销售业务。

以上海为例，最为知名的两家便是亨达利与亨得利，虽然名字相近，但它们却是完全不同的两家机构。

亨得利是国人的产业，由宁波人应启霖、王光祖等人创立，其前身是1874年创立的二妙春钟表店，主营钟表、眼镜、唱机维修。据说后来应启霖买彩票中得头奖，遂有本钱将店开到镇江、上海，取名“亨得利”，吉利又洋气。之后又在多地开设分号，1928年成立亨得利钟表总公司，以“行遍全国、各地联保”大打广告。

而亨达利洋行创立于同治初年（19世纪60年代），前身一说为洋泾浜三茅阁桥的霍普兄弟公司，早期主营欧美进口商品，1891年被德国人开的礼和洋行（Carlowitz & Co.）收购，定名亨达利。第一次世界大战爆发后，亨达利被转让给中国人虞芗山与孙梅堂。

孙梅堂号称中国的“钟表大王”，生于光绪十年（1884），其父孙廷源早在1876年就在上海创立了美华利钟表行。制造中国人自己的钟表是孙氏父子的理想，他们招募能工巧匠，于1905年在故乡宁波鄞县（今宁波鄞州区）开办了美华利制钟厂。

上海市历史博物馆展出的一枚亨达利镀金挂表

民国元年（1912），工厂迁到上海并进行了扩建，员工多达百余人，尤其以制造建筑大钟闻名，上海集成图书公司、吴淞丰华纱厂、杭州沪杭铁路车站、上海电话局等单位的大钟都出自美华利制钟厂。他们的产品还曾获得巴拿马万国博览会优等奖和金质奖章这样的国际荣誉。

说回亨达利钟表行。一战结束后，主营颜料产业的虞芗山逐渐退出了亨达利的经营，钟表行因此被纳入了孙梅堂的美华利旗下。因为和洋商关系密切，亨达利一直保持着充足的货源，也以货品精良著称，有“远东第一”之称。那时候，欧米茄、浪琴、天梭、劳力士等品牌，都能在市场上买到，只不过买得起的人非富即贵。雅典表甚至还出现在了民国二十五年（1936）出版的第一版《辞海》的“计时表”词条里，成

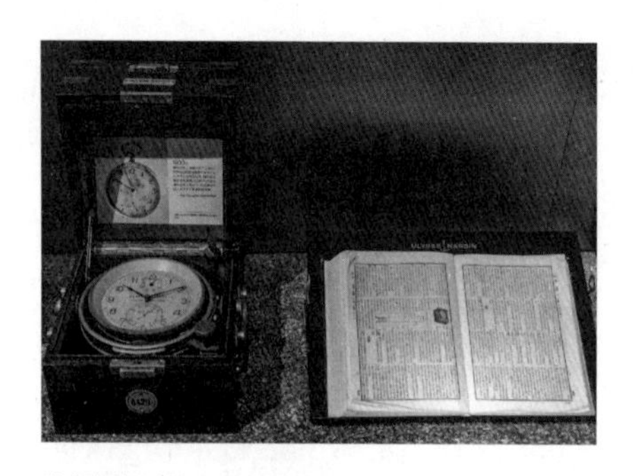
雅典表航海钟与记录其词条的《辞海》

为《辞海》中唯一记录的瑞士钟表品牌。

在20世纪20—30年代，亨达利与亨得利可谓一时瑜亮。两者不仅名字只差一字，主营业务也高度重合，难免竞争激烈，不仅曾因为“店名权”争议闹上法庭，还花重金打广告，从这也可以看出当时上海气氛活跃的商业环境。

除了上海的美华利，其他城市也出现了中国近代第一批制表厂。1915年，李东山在烟台开办了宝时造钟工厂，创业之初由于技术薄弱，只能靠拆解日本钟表学习、实验，终于在1918年造出了第一批“宝”字牌机械摆钟。

民国时期，烟台是中国的制表重镇，除了宝时，还诞生了永康、永业、盛利、慈业等钟表厂。烟台钟表当时还打出了“国货牌”的旗号，一时蔚为风潮，并行销海外。1934年，爱国将领冯玉祥来到烟台，参观了永康工厂，当即大发感慨：“无论钟，无论表，大家都说外国物件好。到烟台看钟表，装置既辉煌，机件又灵巧，谁说国货没有洋货好。”

随着十四年抗战的开始，中国的民族制表工业经历了很长一段困难时期。1932年日本策划了“一·二八事变”，侵略上海淞沪铁路防线，遭到国民革命军第十九路军的坚决抵抗，淞沪会战爆发。

在日本加快侵略步伐与抗日战争全面爆发的背景下，钟表业也转入低谷。

例如美华利制钟厂，其位于闸北的工厂就在淞沪抗战中被日军炸毁。之后孙梅堂迫于形势，不得不将美华利的分号相继出售。当时敌伪政府曾邀孙梅堂出任上海商会会长等伪职，都被他果断拒绝。

李东山也遭遇和孙梅堂一样的命运。1938年占领烟台的日本侵略者要求入股德顺兴造钟厂（1931年宝时造钟厂与顺德兴五金行合并，改名为德顺兴造钟厂），并邀李东山出任伪商会会长。他同样拒绝了敌伪的要求，保持了民族气节，但家族生意从此一落千丈。抗战胜利后第二年，李东山在烟台病逝。

直到1949年新中国成立，中国的制表业才迎来复兴的机会。民国时期的“老钟企”都经历了工商业的社会主义改造，而新中国的第一块秒表和第一块腕表，都在天津诞生。

天津早在洋务运动时期就有了近代工业，在民国时期发展为中国第二大工业城市和北方商贸中心，有着良好的轻工业底子，也汇聚了很多表厂和修表工人。为了响应周恩来总理“填补工业空白”的号召，天津制表业的工人与资方都被动员起来。当时主要有两支团队，一支以原美华利旗下表店为主，成为“美字号”，另一支是亨得利牵头的“亨字号”。

“美字号”主攻秒表，由八位修表师傅作为主力研发，终于在1955年4月做出了中国第一只秒表，同年5月国华秒表厂成立。

在“美字号”的激励下，“亨字号”提出要做腕表，改变“中国人只会修手表不会造手表”的历史。1954年底，天津市轻工业局牵头成立了手表试制组，研发骨干为江正银、孙文俊、王慈民、张书文。

由于中国制造腕表的经验完全是一张白纸，他们只能从仿制瑞士表做起。当时经费只有局里拨发的100元，没有任何图纸、数据，机器也极为简陋，只能做出毛坯，绝大多数零件都是用手抠制出来的。试制组在一个小房间里奋战了上百天，终于做出了第一块国产机械腕表，1955年3月24日5时45分就是它诞生的时间。

这款“中国第一表”，表盘12点下方有五颗金星，下面写着15钻，6点位的上方则是“中国制”三个字，虽然看起来颇为简陋，但却有着非凡的意义。这款表被定名为“五星牌”，1957年改为五一牌。

五星牌手表诞生后，上海钟表行业的代表联名致信上海市委，希望能够制造中国人自己的细马手表。所谓粗马和细马，指的是钟表中擒纵机构的差别，例如粗马的擒纵叉上用的是钢丝钉，而细马用的是人造红宝石等。粗马工艺简单、成本低，但精密度明显不如细马。

1955 年 7 月 9 日，上海市第二轻工业局牵头组织了 29 家钟厂和其他单位，联合组成了共 58 人的试制小组。上海的试制小组同样通过仿制瑞士表的方式做表，也同样面临原料短缺、机器简陋的问题，同时还要赶在国庆节之前完成作为献礼，时间紧任务重。

当时条件的艰苦超乎想象。机芯轴是用雨伞钢丝骨做的，轮片是口琴簧片改的，甚至连缝衣针都被当成材料；工作机也是旧机器七拼八凑而成的，“用大的机床加工小的零件，再用手工调整调整弄出来”；而最关键的擒纵的制作，则是靠工程师自己设计铣床，自己制作铣刀，不知道反复了多少次。

即便条件再艰苦，研发小组还是在两个月内完成了 150 多个零件的制作，最终在 1955 年 9 月 26 日完成了第一批 18 只细马手表的制作，为国庆献上大礼。

时间到了 1958 年，在国家的统一规划下，北京、广州、吉林、辽宁、南京、青岛、上海、天津先后成立手表厂，新中国初步建立起了自己的制表工业体系。

这一年 7 月 1 日，首批 100 只上海牌手表在上海市第三百货商店试销，结果当天就被抢购一空。当时上海表每块 60 元人民币，在那个年代算得上是奢侈品了，和永久牌、凤凰牌自行车及蜜蜂牌缝纫机一起，被称作“三大件”，再加上收音机，又有“三转一响”的说法，成为衡量家庭生活水平的标准。周恩来总理也购买过一块上海牌 A623 日历表，一直佩戴到逝世。

到了 20 世纪 60 年代，我国还有了自己生产的航空手表。1961 年，根据第一轻工业部的要求，天津手表厂开始代号为“304”的任务。这个任务在当时属于国家机密，内容便是为中国空军飞行员生产带有计时功能的航空表。经过四年三批的反复开发测试，1965 年底产品通过多项严苛测试，并于第二年投产发往军需一线。

此后，我国的制表业也逐渐脱离了仿制瑞士表的阶段。1966 年 8 月，天津手表厂成功自主研发出 ST5 机芯，并推出“东风牌”手表，1973 年以海鸥商标出口，于是便有了今天的海鸥牌手表。当时一块海鸥全钢手表（不含表带）价格高达 120 元，普通工人攒三个月工资才能买一块，甚至不输当时某些进口手表。

1970 年，轻工业部提出对手表生产进行统一规划，之后根据统一机芯设计标准生产的腕表被称为“统机表”，产量大幅提高，我国从此也逐渐告别了手表依赖进口的历史。如今，我国已经成为全世界最大的腕表出口国。据行业统计，整个 2021 年仅中国内地便出口了 4.279 亿只腕表（而这一数字在 2019 年更是高达 6.443 亿），中国香港仅次于内地，出口了 1.601 亿只。[1]

中国也诞生了具有代表性的制表大师，例如原籍苏州后定居香港的矫大羽先生。他开发了“矫氏神奇飞轮”，这是一种全新的陀飞轮结构，同时取消了固定支架和旋转框架，重量只有普通陀飞轮的一半。凭借在 1991 年制作出第一枚“天仪飞轮”陀飞轮腕表，矫大羽成为中国乃至亚洲首位独立制作出陀飞轮腕表的大师，也打破了欧洲制表师对这一高级制表领域的垄断。他一生创造并制作了 15 种各具特色、互不相同的陀飞轮腕表，是全世界唯一一位获得瑞士、美国、中国陀飞轮发明专利的人。

矫大羽（1948—2020）

做好一件事，需要工匠精神；做好一项事业，则更

1　数据来源：P. Smith，Global watch market: main export countries based on number of units 2019-2021[EB/OL]. (2022-07-21). http://www.statista.com/288265/leading-watch-exportling-courtries-based-on-number-of-units/.

需要奋斗者的精神。白手起家，从零开始，没有谁是容易的。正所谓，有志者事竟成，有信念的人终究会成功。

日本制表业的逆袭

1945 年 8 月 6 日与 8 月 9 日，美国在广岛和长崎分别投下一枚原子弹；8 月 8 日，苏联对日宣战；8 月 15 日，日本宣布无条件投降。

战后日本制表业的毁灭程度，和德国不相上下。由于战争期间被军队征用，本应避免损耗的机器却不得不开足马力生产，性能都大为下降。此外，日本制表业还面临着原材料不足、电力不足等问题，远远落后于海外先进技术。当时的劳资矛盾也很尖锐，像东方表（Orient）的前身东洋时计就在 1946 年发生了“上尾争议”，冲突中导致 1 人死亡，超过 100 人受伤，东洋时计直接停业，四年后才借壳复活成立了今天的东方表。

日本投降后的几年里，虽然钟表产量有所增长，但质量惨不忍睹。在 1948 年日本商工省举办的第一届钟表质量竞赛中，高达 34% 的腕表不合格，第二年不合格率依然有 21.6%。[1] 此外，1949 年美国占领军还在日本实行了以财政紧缩为重点的“道奇计划”，使得日本国内购买力下降，同时还对腕表征收高税率的商品税。1949 年 9 月的英镑贬值，也打击了日本的钟表出口。

虽然深陷困境，但日本制表业当时也有一个优势，就是人多，资料显示当时有近 50 家公司、70 家工厂、约 1 万名员工。而 1950 年朝鲜战争的爆发，也给了他们一个翻身的机会。

日本作为当时美军的“大后方”，瑞士的高精度机器被进口到该

1　数据来源：Japan Clock&Watch Association. History of the Japanese Horological Industry [EB/OL]. (2015-05-04). https://www.jcwa.or.jp/en/etc/history01.html.

国，让其本土制表厂来了一次设备的更新换代。朝鲜战争也刺激了日本经济的复苏，到1954年日本表的产量已经达到560万件，甚至超过了战前。同时，进口限制和高关税的保护，也给日本制表创造了一个低调发展的环境。

但此时瑞士的制表技术经过二战的洗礼，无论是自动上链、防尘防水、防磁耐震等实用功能，还是各种复杂功能，都早已把日本远远甩在后面，而日本的制表师们能做的，只能是默默追赶。

在这一时期，依然承担着领头羊角色的就是精工（Seiko）。

精工的创始人名叫服部金太郎。1860年，服部出生在江户京桥采女町，也就是今天的东京中央区。他从小就在私塾里学写字、算数，11岁便去了家附近的杂货店帮工，这时他已经有了将来要自己开店的想法。至于开什么店，他觉得修表店就很不错，“不仅可以卖，之后的修理也能赚钱”。于是他在14岁那年去了钟表店当学徒，三年后便回到采女町的家，开了一家“服部时计修缮所”，一边在家里修表，一边在其他钟表店打工，积累经验与创业资金。

1881年，21岁的服部金太郎正式创业，开设“服部时计店”，两年后就把店搬到了银座。他最初的主营业务是从横滨的外国商馆进口西洋钟表，因为守时守信，提交货款从不拖延，很快便获得了合作伙伴的信赖，生意也越做越好。

然而服部金太郎已经不满足于做一个中间商了，他的理想是自己做表。1892年，服部创立了有10余名员工的制表工厂“精工舍”，与天才技师吉川鹤彦合作，开始生产挂钟，并在三年后制造出了第一块怀表，服部时计店也进入了自产自销的时期。这期间，他还在银座的和光百货建起一座钟塔，这座钟塔一举成为地标性建筑。

虽然创业时间不长，但服部金太郎很有眼光。一方面肯花大价钱引入美国的最新机械设备，一方面也重视员工的培训。在培养熟练工之外，精工舍有一个夜校制度，教员工学习日语、数学、习字等科，员工素质也因此大大提高。到了创业 20 年的时候，日本国内大约 60% 的时计都是精工舍生产的，其中最畅销的 Empire 怀表甚至远销海外，到 1934 年整整生产了 26 年。

精工舍生产的 Laurel 腕表

20 世纪初怀表转向腕表的潮流，精工也没有错过，比不少瑞士大牌反应都要快，1913 年就推出了日本最早的国产腕表 Laurel。

第二年，第一次世界大战爆发，精工舍迎来了一个发展高峰期，向英法出口了约 90 万个闹钟。服部金太郎还在大战爆发后，快速囤积了生产物资，迅速超越国内的竞争对手，拥有了在亚洲市场与欧美大牌争锋的实力，他本人也被称作“东洋钟表王”。

然而 20 世纪 20—30 年代，形势急转直下。先是日本遭遇了关东大地震，后来精工又成为日本军国主义对外侵略的战争机器中的一环，走上了不归路。精工舍以及专攻腕表生产的第二精工舍逐渐转向军工生产，并在日本无条件投降前彻底停止民用生产。

然而战后新的历史机遇的到来，给了精工“复活”的机会。那时候他们的主要动力有两个：一个是 1954 年东京申奥，精工想成为官方计时器供应商；一个是日本计划在 1961 年解除腕表进口限制，到时外国腕表的涌入可能会对本土制表业造成极大冲击。因此，加快技术研发和品质提升迫在眉睫。

而事实上，精工赶超的速度也相当快。1956 年生产出日本第一只自动上链腕表，同年开发出抗震装置 Diashock；1960 年创立高端线 Grand Seiko；1964 年东京奥运会举办同年生产出带秒表功能的腕表；1965 年首款潜水表问世。

做到这份上，精工已经不满足于追赶瑞士表，而是想和这位“老大哥”掰掰手腕了，而战场就是瑞士纽沙泰尔天文台比赛，一个始于1866年、堪称“制表业奥运会”的赛事。

天文台竞赛始于美国危机时期，是瑞士表商树立高精准度品牌形象的重要手段，也是它们“秀肌肉”的舞台，获奖象征着权威对于其产品品质的认证。其中最重要的比赛有两个，即日内瓦天文台竞赛和纽沙泰尔天文台竞赛，像百达翡丽就在1900—1950年这50年间拿下1728个奖项[1]。

一般来说，天文台竞赛包含4个组别，航海天文台表是A组，大型怀表是B组，小型怀表是C组，1944年又加入了“小机芯腕表”组，机芯直径在30毫米以下才有参赛资格。天文台比赛需要进行为期45天的测试，参赛表经历5个方位、3个温度、9个周期的考验，必须要达到或超过11个类别的标准，最后按精准度排名，最高的就像是拿了奥运会金牌。

数据显示，从1944年到1967年，有5093块腕表提交了认证，只有3253块通过了认证，约占64%[2]，标准还是相当严苛的。各大腕表厂商为了参赛，也会像培养奥运选手一样打造自己的参赛作品，而“精确调时大师”无疑是王牌教练，堪称制表师界的金字塔尖。

不过在1959年之前，纽沙泰尔天文台竞赛还只是“全运会”，瑞士人自己玩儿，直到这年才演变为国际赛事，但国外参与者寥寥无几。毕竟之前还能挑战一下瑞士表的德国表和美国表，已经一毁一废。所以，当1962年答应来自日本的精工参赛时，瑞士主办方应该不会想到最后自己竟会颜面无存。

1964年，精工旗下的诹访精工舍和第二精工舍首次送出腕表参

---

1 数据来源：尼克·福克斯. 百达翡丽传记 [M]. 陈燕儿, 等译. 伦敦: Preface, 2019.

2 数据来源：SteveG. Be-Ba Competition chronometer, Peseux 260 [EB/OL]. (2001-12-20). http://ninanet.net/watches/others04/Mediums/mbeba.html.

赛，最好成绩分别是第 144 名和第 153 名，虽然排名不算高，但也不是很差。之后这两家表厂年年都来参赛，排名也稳步提升，到 1967 年，第二精工社送去参赛的腕表机芯中，成绩最好的一个已经杀进前五。

1968 年的纽沙泰尔天文台比赛尤为特别，本来正常进行，后面却突然宣布取消当年的腕表组别比赛，让人一头雾水。直到第二年，原因才揭晓，原来是那年精工送去参赛的腕表作品一下子拿下了第二、第四、第八名，让主办方乃至瑞士钟表业都面上无光，只能祭出近乎耍赖的下策。

纽沙泰尔天文台比赛没了，精工又去参加了日内瓦天文台比赛。日内瓦比赛的规则是给机芯打分，得分越高，表现越好。最后精工的腕表机芯包揽了第四至第十名。那么前三名都是谁呢？全部是来自瑞士电子钟表中心的石英原型机芯。也就是说，瑞士人这次为了面子连规则都改了，让机械表和石英表同场竞技，而石英表的精准度自然更高。如果按旧的规则，精工已经是机械表第一了。

日本制表业的逆袭既有赖于历史机遇，也和从业者们的危机意识密不可分。至此，瑞士人终于感受到了日本制表业崛起带来的危机，不过那时他们还不会想到，这个“新人选手”未来会成为自己最大的敌人。

第九章

CHAPTER NINE

瑞士表的黄金时代，终结于“石英战争”

第二次世界大战毁掉了一个旧世界，也造就了一个新世界。

在这场战争中，瑞士制表业凭借着中立国的优势获得了最大的利益。在其他国家的制表业重心转向生产军用时计的时候，它依然稳坐钓鱼台，军表可做，面向大众的消费品亦可做，还借着工具表兴起的东风，实现了一波技术迭代。

在二战后的20年时间里，瑞士制表业在世界上几乎处于独孤求败的地位，到20世纪60年代末达到顶峰，有1500家公司、近9万名员工[1]，用黄金时代形容这一时期也毫不为过。

盛世的背后却潜藏着危机，而危机往往来自最不起眼的敌人——在战争中被打得千疮百孔的日本制表工业，找到了被认为不成熟的石英表当作武器，二者的组合将给骄傲的瑞士人一记重击，让他们从云端跌落到泥土里。维持着恐怖平衡的冷战时代，上演了一出制表业的内战。

---

1 数据来源：JABERG, TURUBAN. Swiss watchmaking: where things stand[EB/OL]. (2020-07-13). https://www.swissinfo.ch/eng/business/swiss-watchmaking--where-things-stand/45896950.

从海洋到太空，瑞士表征服全球

纳粹德国投降数周后，为了庆祝盟军的胜利，日内瓦人民一致认为，应该通过瑞士引以为傲的制表技术，来向盟军的四位领袖——杜鲁门、丘吉尔、斯大林和戴高乐表示感谢，而为了彰显他们在全球的影响力，世界时这一复杂功能便是最为合适的表现形式。

作为世界首屈一指的世界时大师，路易·柯蒂耶当仁不让地成为这个项目最为主要的参与者。

这四枚怀表的表壳上都绘制了被V字母分割的世界地图，代表着胜利，同时每一枚又都进行了专门的定制。比如，送给杜鲁门的那枚，表盘上绘有自由女神；丘吉尔的则绘有圣乔治杀死恶龙；戴高乐那枚绘有圣女贞德；而送给斯大林的怀表，表盘则是工人站在燃烧的工厂前，头顶是斯大林格勒的天空。同时，柯蒂耶也制作了一座世界时座钟，送给了罗斯福的遗孀。

这个送表的操作，也很能显示当时瑞士制表业的精气神，自信、大气、格局大开，世界时不仅代表四位领袖的全球影响力，仿佛也意喻着瑞士腕表的目标是征服全世界。

来自中国香港的钟表大师锺泳麟曾经说过："一个男人必须要有三块手表，日常佩戴的休闲表、运动款表和一块适合正式场合的华丽腕表。在此基础上，有实力的人再把每个系列乘以三，这一辈子就够了。"

1950—1970年的瑞士表黄金二十年，就是这"三块表"开枝散叶、蔚为大观的时代。从办公室到运动场，从水下到太空，各大品牌也纷纷推陈出新，彼此竞争。

腕表的商务范

和平年代，生意场上的"战争"取代了真刀真枪的战斗，如果说西装是商战中的铠甲，那腕表无疑是彰显身份的徽章。因此，正装表和商务表在战后变得越发流行起来。

正装表具有简洁优雅的特点，大小适中的贵金属表壳、没有额外装饰的表盘，再加上一条高品质的皮质表带，能衬出佩戴者的格调，又不会抢镜。

皮埃尔·雅宝腕表

1949 年，梵克雅宝的继承人皮埃尔·雅宝（Pierre Arpels）就为自己设计了一款正装表。这块表很能凸显他的绅士品位，盘面素雅，表壳十分纤薄，最为特别的是表带与表盘由两个中央支轴相连。之所以做成超薄款式，是因为皮埃尔·雅宝认为，与朋友或客户相处时被发现看时间是不礼貌的，如果表壳超薄的话，腕表的存在感也会降低，藏在衬衫的袖口之下滑出滑进更加行云流水，不会动作过大引起注意。

皮埃尔·雅宝设计这块表的初衷其实就是给自己用，后来为家人和密友复刻还有点不情愿。不过 1971 年，梵克雅宝还是将这款表商业化，以 PA 49 的名字推出，也就是皮埃尔·雅宝名字首字母与 1949 年的组合，至今这款表依然是梵克雅宝经典的正装表款式。

百达翡丽的卡拉卓华（Calatrava）系列在这一时期依然是正装表的经典。这款表最早于 1932 年推出，此时正值斯登家族收购百达翡丽后不久。为了稳定百达翡丽的营收，斯登兄弟决定简化产品风格，扩大百达翡丽的市场影响力，同时保持品牌的高品位与高品质，于是便有了卡拉卓华系列 Ref. 96。

卡拉卓华得名于 Calatrava 十字，这个符号最早见于 1158 年抵抗摩尔人进攻的卡拉特拉瓦要塞，1887年百达翡丽将其注册为商标。卡拉卓华Ref. 96被后人看作正装表的终极经典，由英国钟表设计师大卫·彭尼（David Penney）设计，在风格上受到当时由建筑师沃尔特·格罗皮乌斯发起的包豪斯艺术运动的影响。

第一只卡拉卓华系列腕表 Ref. 96

符合人体工学的圆形表壳、整洁的象牙色表盘、不起眼的指挥棒小时标记和6点钟位置方便阅读的小秒表盘，处处体现了“少即是多”的设计理念，直到今天都不过时。Ref. 96的生产更是超过40年。

1953年，百达翡丽为其自动上链装置Caliber 12-600at申请了专利，当时百达翡丽的一份通讯将其描绘为“18K金摆陀，像天鹅在清澈的湖面上滑翔”。而这一机芯的首次使用，就是用在卡拉卓华Ref. 2526之上。

为了和百达翡丽卡拉卓华竞争，江诗丹顿也推出一系列优雅现代的正装表，成为今天传承（Patrimony）系列的灵感来源。战后对于更薄腕表的追求成为一种潮流，江诗丹顿在当时也以超薄手表闻名，1955年的Cal. 1003机芯厚度仅为1.64毫米。

随着战后经济的复苏，腕表逐渐走进千家万户，日常佩戴的需求不断提高。这一时期，自动上链腕表逐渐发展成熟。在1931年劳力士发明恒动摆陀之后，1948年瑞士品牌绮年华又发明了五珠轴承系统，减少了内部零件的磨损，提高了手表的准确性和使用寿命。技术的进步，也加快了自动上链普及的速度。

另一方面，腕表也逐渐成为一种商务场合必备的工具，一些实用的功能颇受欢迎。比如劳力士就在1945年推出一枚日志型（Datejust）腕表，这是首款在3点钟位置设置日历窗的自动上链防水天文台认证腕表，蚝式表壳、外圈带有三角坑纹、日历窗上有小窗凸透镜，以及辨识度很高的五格链节纪念型表带，都使其成为世界上最为知名的表款之一。

1947年，劳力士创始人威尔斯多夫曾将这枚腕表赠送给丘吉尔，这枚表还是劳力士第10万枚获得天文台认证的时计；1951年，劳力士又送给艾森豪威尔一块天文台认证的日志型腕表，背面还刻上了他名字的缩写DDE[1]、代表五星上将军衔的五颗星星，以及1950年12月19日——艾森豪威尔就任北约最高指挥官的日期。后来当上总统的艾森豪威尔把这块劳力士戴了十几年，最后送给了他的贴身勤务员约翰·莫尼中士。

1956年，劳力士又推出一款星期日历型（Day-Date）腕表，这是世界上第一款在表盘上同时备有日历和星期显示的腕表，也是唯一一款在12点钟位置设置弧形窗显示星期全写的腕表，按照威尔斯多夫的说法，“星期与日子均非常重要”。之后星期日历型的星期显示还发展出不同语言文字的版本，以体现佩戴者的文化背景，比如汉字、阿拉伯文等等。

这款表还特别设计了元首型（President）表带，仅以贵金属金或铂金打造，颇受权势人物的青睐。美国总统肯尼迪就曾拥有过一块，据说是玛丽莲·梦露所赠，表背还刻上了“杰克，一如既往的爱，来自玛丽莲”的字样。不过为了避嫌，肯尼迪直接把这块表送给了助手，从未公开佩戴过。这块表在2005年的拍卖会上以12万美元的价格售出。

---

1 艾森豪威尔的全名是德怀特·戴维·艾森豪威尔（Dwight David Eisenhower），缩写为DDE。

肯尼迪遇刺后转正的约翰逊是第一位正式佩戴星期日历型腕表的总统。1966 年劳力士还出过一则广告，上面是一只佩戴着星期日历型腕表的手握着五角大楼的红色电话，还有“The President’s Watch”标语，这款表从而得名“总统表”。

与日历腕表几乎同时兴起的还有闹响腕表。这种表相当于一个手腕上的闹钟，会在预设时间闹响，这对于商务人士来说也是非常实用的功能。

1787 年，美国人李维·哈钦斯（Levi Hutchins）发明了一个机械闹钟，不过只能固定在每天凌晨 4 点响起；直到 1847 年，法国发明家安托万·雷迪耶（Antoine Redier）才首次为一种可调式机械闹钟申请了专利；绮年华于 1908 年获得了最早的闹响怀表的专利，又在 1914 年推出了最早的闹响腕表。

20 世纪 40 年代末，瑞士制表商 Vulcain 推出了 Vulcain Cricket 蟋蟀闹响腕表。这款腕表和美国总统也渊源很深：1953 年杜鲁门离任的前一天，白宫新闻摄影师协会就送给他一块；艾森豪威尔在出席一次鼓励提高瑞士进口商品关税的会议时，还曾被 Vulcain 发出的闹钟打断；约翰逊曾经给品牌写感谢信，说“我非常重视这块手表，没有它我会感觉不自在”；尼克松则说，“在过去的五年里，Vulcain 提供了卓越的服务。无论去哪儿，它都是我的闹钟”。

积家则在 1950 年推出了 MEMOVOX 闹响腕表，采用标志性的“学校铃声”，而 MEMOVOX 也有“记忆的声音”的意思。由于其功能和优雅的外观，这款手表相当受欢迎。1953 年，举家定居到瑞士沃韦的查理·卓别林也被赠送了一枚 MEMOVOX。

20 世纪 50 年代，也是民用航空不断普及的时代，1953 年首批洲际航班启航，国际航线也在迅速发展。飞行员、商人和其他穿梭于不同时区的飞机乘客，很多都需要同时知道地球上不同地点的时间，因此双时区腕表、GMT（格林尼治标准时间）腕表、世界时腕表等“旅行腕表”也开始受到一些人的喜爱。

总部位于瑞士比尔的钟表商 Glycine 在 1953 年首先推出了 Airman 系列，配备日历、一个带有锁定装置的 24 小时可旋转外圈，以及标有上午、中午、下午的 24 小时刻度表盘，能够帮助飞行员追踪两个时区的时间。在越南战争期间，许多美国空军飞行员都佩戴这款飞行员表，“双子星 5 号”飞船的宇航员皮特·康拉德则戴着这款腕表上过太空。

日本收藏家宫崎泰成私人珍藏的劳力士格林尼治型古董表

不过它的光芒还是被劳力士于 1955 年正式推出的格林尼治型（GMT-Master）掩盖了。后者最初也是专为满足航班机师的需求而设计，推出后便受到该行业的青睐，成为泛美航空公司等航司的指定腕表。第一代格林尼治型带有双色 24 小时刻度字圈，红色表示白昼时间，蓝色表示夜晚时间。表盘在传统的 12 小时时针、分针、秒针之外，还配备一根红色的长时针，每 24 小时绕表盘旋转一圈，指向 24 小时刻度字圈，这些指针均同步运行。飞行员在使用时可以通过调节指针、旋转外圈来快速读取第二时区的时间。

这款表推出后影响力很快超越机师群体，同时受到飞行常客们的青睐，就连大画家毕加索也有一枚。初代的红蓝表圈因为和百事可乐配色相同，被藏家们昵称为“百事圈”，之后也有红黑、棕金、蓝黑等不同配色。1982 年劳力士又推出格林尼治型 2，设有可独立调校的时针，能够读取三个时区的时间。

与 GMT 腕表利用外表圈读取第二时区时间不同，两地时（Dual Time）腕表则会在表盘上设置子刻度盘，来显示第二个地区的时间，腕表的风格也比较典雅斯文。至于世界时，百达翡丽在 1959 年获得路易·柯蒂耶的 Heure Universelle 专利，随着民用航空的日渐发达，世界时腕表也真正有了用武之地。从 1939 至 1964 年，百达翡丽共制作了 95 枚由柯蒂耶设计的时计，无论是技术还是艺术方面都达到了很高的造诣。柯蒂耶一生中制作了 455 种不同的机芯，直到 60 多岁还在改进世界时功能，是当之无愧的世界时之父。

黄金款式的百达翡丽 Ref. 1415 世界时腕表

真正爱潜水的人，才最懂潜水表

第二次世界大战之前，虽然已经出现了欧米茄 Marina 以及沛纳海镭得米尔等早期潜水表，但现代意义上的潜水表在 20 世纪 50 年代才出现，而它的诞生充满了意外。

随着战争的结束，欧洲的重建正在顺利进行，而各国军队的任务，也从单纯的作战开始向更多维度发展。1952 年，两名法国海军军官罗伯特·鲍勃·马卢比耶（Robert Bob Maloubier）上校和克劳德·里福特（Claude Riffaud）中尉，接到法国国防部和海军的指示，创建法国蛙人潜水突击队，负责执行专门的、绝密的水下任务。

罗伯特·鲍勃·马卢比耶上校（1923—2015）

除了罗盘和深度表，蛙人需要的设备还包括潜水腕表。当时马卢比耶上校去了法国规模很大的制表商 LIP，对方给了一些他们认为最适合战斗人员独特需求的样品。结果回去测试之后发现这些手表都太小了，在水下难以阅读，而且没有一块是真正防水的。当时有队员反馈说：“队长！队长！我的手表不防水，里面跑进了一条石斑鱼宝宝！”上校只能调侃说这些手表全都“被淹死了”。

马卢比耶上校和里福特中尉也吃一堑长一智，决定不打无准备之仗。他们拿出纸和笔，列出他们需要的潜水表的功能清单，包括夜光读数、精简的数字、旋转的表圈、防水、防磁、自动上链等等，甚至还画了草图。然而，当他把这个清单交给制表公司时，却换来了对方的白眼，被嘲笑说“这是一个没有任何前途的便携式时钟”。

但马卢比耶上校依然没有放弃寻找合适的制表商。一个偶然的机会，他通过法国前海军军官、时任 Spirotechnique 公司负责人让·维拉雷姆（Jean Vilarem），认识了宝珀的首席执行官让-雅克·费希特。

“现代潜水腕表之父”让-雅克·费希特（1927—2022）

让-雅克·费希特是贝蒂·费希特女士的侄子。二战期间，他和父母定居在埃及亚历山大，后来进入瑞士洛桑大学学习。他原本的志向是从事历史研究，成为水下考古学家，探究深藏水底的宝藏。但 1950 年，一直支持他学业的贝蒂女士被查出患了癌症，向让-雅克发出了共同管理公司的邀请，于是他就这样成了宝珀的新任 CEO。

不过这并没有改变让-雅克·费希特对潜水的热爱。当时水肺潜水还不普及，潜水在民间也只是少数发烧友热衷的休闲娱乐方式，费希特算得上是这项运动的早期玩家了。他很早就与法国南部新成立的潜水俱乐部的成员建立了联系，更好地开展这项运动离不开各种设备的发明与改进。

而他之所以要设计潜水表，不仅仅因为他是制表公司的老板，更和一次与死神擦肩而过的意外有关。当时费希特在法国南部的滨海自由城（Villefranche-sur-Mer）潜水，潜到 50 米深处时，突然发现自己忘记了时间，氧气已经用光了。他几乎是撑着最后一口气浮出水面，差一点就有去无回。死里逃生之后，费希特还打趣说："激情使人忘记时间。"

调侃归调侃，费希特意识到潜水不只需要面罩、氧气瓶和脚蹼，还必须有一个计时设备帮助潜水员计算身处水底的时间，以免像他一样耗尽氧气。而且当时费希特也是冒着得减压病的风险浮上水面的，因此潜水表还应当能帮助记录上浮到水面的减压时间。于是他开始设计能够满足这一切需求的腕表。

根据自己多年来的潜水经验，费希特为理想的潜水表制定了一系列标准。其一是表冠的防水性，防止表冠在水下被突然拉出时进水。当时劳力士仍然拥有旋入式表冠的独家专利，因此费希特设计了一种双密封表冠，让表冠与表身之间增加了一道密封结构，使得不论是推进还是拉出表冠，水都无法进入手表内部。

其二是表背的防水性。费希特为此发明了一种 O 形环金属导槽。对采用旋入式表背的腕表来说，组装时表背会被旋入拧紧，而下面负责密封表背的 O 形密封圈可能会因为摩擦错位或扭曲而密封不完全，难以保证防水性。因此费希特的解决方案是：将 O 形环放在一个沟槽中，上面有一个额外的金属环来固定它的位置，从而在拧紧表背时保证稳定的密封。

其三是潜水的安全性。费希特之前因为遭遇过氧气用尽的危险，因此很明白潜水员在潜水时容易忘记下水的时间，而计时的重要性会随着潜水时间的增加变得越发关键。因此从一开始，费希特就告诉自己，必须有一个可以旋转的表圈来计算在水底的时间。

他的设计简单有效：开始潜水时旋转单向表圈，将其零点指数对准分针，这样就可以利用表圈上的时间标记直接用分针读取水下的时间。而且长年的潜水经验让费希特想到了另一种危险的情况，如果潜水时不小心旋转了表圈，那么之前的计时都会前功尽弃，因此他又开发了一个表圈锁定机制来防止误触，同时还可以防止沙子和盐干扰表圈的顺利运作。果然是爱潜水的人才最懂潜水表。

其四是表盘的易读性。费希特从一开始就知道潜水表的尺寸绝对不可能是当时流行的小表盘，表盘越大，在能见度不高的水下才能越清晰地读时，而配色应该是黑色表盘配白色指针时标，再加上清晰的夜光效果，以获得最大的对比度。当时费希特的邻居让·保利（Jean Pauli）正好是表壳制造商 PAULI FRÈRES 的董事，他虽然对潜水不感兴趣，但还是兴致勃勃地帮费希特研发了一款尺寸达到 42 毫米的表壳。

其五是自动上链机芯。使用自动上链机芯不仅是因为当时流行，重要的是它能使表冠不需要经常被拧开，从而最大限度地减少表冠的磨损，降低损坏的风险。

其六是防磁性。费希特根据他的一手经验，发现磁铁经常出现在潜水环境中，因此自动上链机芯应当位于软铁内壳中，以防止其被磁化，从而降低可靠性。

可以想见，当马卢比耶上校认识让-雅克·费希特时，一定会有种相见恨晚的感觉。这两个人不仅有着对潜水同样的热爱，连对潜水表的设想都几乎一模一样。

马卢比耶上校后来总结道："最后，有一个制表品牌——宝珀，同意提供我们想象中的手表：黑色的表盘，大数字，三角形、圆形和方形的清晰刻度，以及一个可旋转的外圈，上面的标记与表盘一致。我们希望能够在开始潜水时定位表圈，以便能够使用大分针读取时间。我们希望每个标记都能像牧羊人的北极星一样突出。"

双方一拍即合，宝珀开始生产这种潜水表。费希特结合马卢比耶上校的要求，对自己的设计又进行了一些调整，没过多久就交付了 20

块手表进行严格的测试。这些手表表现出色，并很快被采用作为法国蛙人潜水突击队的正式用表。

这一年是 1953 年。在为新产品起名字时，费希特不按套路出牌，而是从莎士比亚的《暴风雨》中获得了灵感，这部剧中的精灵爱丽儿唱道：

> 五㖊的水深处躺着你的父亲，
> 他的骨骼已化成珊瑚；
> 他的眼睛是耀眼的明珠；
> ……

费希特把莎士比亚的“五㖊”改成了“五十㖊”。㖊（fathom）是一种英美长度单位，即英寻。1 英寻为 6 英尺，相当于两臂之长，约合 1.8288 米。五十㖊就相当于 91.44 米，这在当时被认为是潜水员能下潜的深度极限。1996 年，关于潜水表的瑞士标准 NIHS 92-20（该标准等同于 ISO 22810 标准）问世，其多项标准都与当年费希特为宝珀五十㖊设定的标准如出一辙，五十㖊也被视为世界上第一款“现代潜水腕表”。

1953 年初正式投产上市的现代潜水腕表鼻祖五十㖊

五十㖊推出后，一部分被军方采购，一部分作为专业器材放在潜水用品商店里出售，也被不少专业的海洋勘探和研究机构采用。

1956年，著名海洋探险家、生态学家雅克-伊夫·库斯托（Jacques-Yves Cousteau）与电影导演路易·马勒（Louis Malle）合作制作了纪录片《寂静的世界》（*The Silent World*），并在戛纳电影节上斩获金棕榈奖。这部纪录片是最早使用水下摄影方式来展示海洋奇观的电影之一，库斯托和他的潜水员团队花了两年时间在地中海、波斯湾、红海和印度洋拍摄，而在拍摄过程中他们都佩戴了宝珀五十噚，这使得这款腕表获得了世界范围内的知名度。

在五十噚装备法国军队之后，其他国家的军队很快也跟进，先是以色列，然后是美国、西班牙、联邦德国、丹麦、挪威、瑞典和巴基斯坦。

不过在引进美军的时候，发生了一点小插曲。当时宝珀在美国的分销商艾伦·V. 托尔内克（Allen V. Tornek）从瑞士带回一只五十噚送给爱好潜水的儿子，突然发现当时美国海军供应商的采购资格审核已经开始，于是就给五十噚报了名。

当时竞争者众多，但经过测试后只有五十噚通过。军方反馈“对12枚宝珀潜水手表在‘操练行动’期间的表现充分满意，没有任何建议可以进一步改进手表”。

但当时，美国政府正在推动军事供应商本土化，因此军表的采购也要带点美国元素，比如机芯的红宝石轴承就使用美国产的。为了解决这个问题，这批采购的宝珀五十噚改名成了 Blancpain-Tornek 或 Rayville-Tornek。这些手表被发放给海豹突击队的潜水员，由于发放的数量很少，而且许多在退役后被销毁，所以今天非常罕见。

宝珀五十噚 MIL-SPEC 型号在 20 世纪 50 年代的广告

从 20 世纪 50 年代初到 70 年代，宝珀共生产了 20 多种不同型号的五十噚腕表。有些特殊型号根据法军和美军的要求添加了湿度指示器，位于 6 点钟标识的上方，呈小圆圈状，如果表壳内的空气是干燥的，则显示为蓝色，如果出现了渗水，颜色将变为红色。

而在与联邦德国海军蛙人潜水部队合

作时，宝珀还打造过“无辐射”的特殊款式。早期潜水表的夜光显示主要使用镭元素，这种元素后来被证实有害于人体。20世纪60年代中期，宝珀改用了氚元素作为夜光材料，为了凸显“无镭”，特别在表盘6点钟位置上增加了“无辐射”标记，给辐射图案打了个大大的叉。2021年，宝珀还复刻了这一款式。

宝珀五十噚“无辐射”（No Rad）古董表

除此之外，为了满足女潜水员和业余潜水爱好者的佩戴需求，费希特还在1956年设计了尺寸较小的五十噚Bathyscaphe。他还在这款腕表上加入了一个日历窗，有些潜水员对此表示很困惑。虽然日历窗和潜水没什么关系，但费希特还是认为这是一个很方便的功能。

宝珀五十噚系列“无辐射”复刻款限量腕表

2002年，斯沃琪集团创始人海耶克的外孙马克·海耶克开始担任宝珀首席执行官兼总裁。他和费希特一样，都是狂热的潜水爱好者，宝珀五十噚在他手上也再次焕发生机，成为品牌最为知名的标志性产品之一，不仅受到众多专业人士的喜爱，也很受表迷和藏家的追捧。

把爱好变成事业是很多人的梦想，费希特就做到了。如果没有他对潜水百分之百的热爱，就没有宝珀五十噚。相信在创作的过程中，他也是无比幸福的。

在20世纪50年代，还有不少其他知名品牌在潜水表这个领域发力。

比如劳力士。在五十噚推出的同年，劳力士也开始投产新的潜水表“蚝式恒动潜航者型”（Oyster Perpetual Submariner），并在1954年的巴塞尔国际钟表珠宝展上公开展示。这是世界上第一枚防水深度达到100米的腕表（目前的防水深度可达300米），后来得了个俗称“水鬼”，也是劳力士腕表中数一数二的人气王，尤其是“绿水鬼”近年来在二级市场极为火热。

这款表的研发源自公司董事勒内–保罗·让纳雷（René-Paul Jeanneret）的提议，他希望拥有一款既能在潜水时佩戴又能在出席游艇俱乐部活动时佩戴的腕表。

潜航者型的初代型号为Ref. 6204和Ref. 6205，蚝式表壳搭配黑色表盘设计，12点钟位置为一倒三角形，3点、6点、9点为夜光条状时标，黑色旋转表圈用来计算在水底停留的时间以及剩余氧气含量。其造型也被后世许多潜水表模仿。其中Ref. 6204的指针采用“铅笔针”，Ref. 6205则改用所谓的“奔驰针”，这个针型头部圆形部分内含三条线，酷似奔驰车标而得此俗称，实际上三条线的作用在于加固夜光材料。

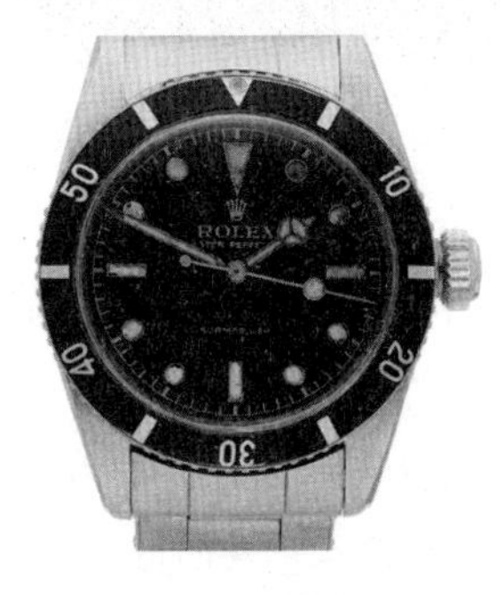

劳力士潜航者6538古董表

劳力士潜航者曾多次出现在“007”系列电影中，肖恩·康纳利、乔治·拉扎贝、罗杰·摩尔与提摩西·道尔顿都曾在电影中佩戴，使其获得相当大的全球文化影响力。

1960年，劳力士又推出名为DEEP SEA SPECIAL的实验型腕表。它固定在深海潜艇“里雅斯特号”的艇身潜入地球表面最深处的马里亚纳海沟，自10916米海底深处重回水面，仍运行如常。2012年，一只Deepsea Challenge实验型腕表又跟随《泰坦尼克号》的导演詹姆斯·卡梅隆刷新单人深潜纪录，防水深度达 12000 米。

1967 年，为在深海工作的专业潜水员设计的海使型（Sea-Dweller）推出，当时的防水深度达 610 米（目前可达 3900 米），并且研制出排氦阀门，让积存在腕表内的氦气安全释放。

现代沛纳海庐米诺系列腕表，带有标志性的表冠护桥

至于做潜水表起家的沛纳海，在发现镭元素的伤害性之后改用毒性较小的氚元素作为夜光材料，并在 1949 年注册了庐米诺（Luminor）的专利使用权。在与埃及海军合作期间，他们开发了一款名叫 Egiziano（埃及人）的镭得米尔腕表，直径达到惊人的 60 毫米，配备旋转表圈以计算下潜时间，并且这款表上首次出现了一种表冠保护装置——半圆形的表冠护桥，以保护表冠免于遭受碰撞，后来成为沛纳海腕表最具标志性的元素。

现代欧米茄海马系列腕表

作为最早给专业潜水人员制作潜水表的品牌之一，欧米茄于 1957 年推出“海马 300”（Seamaster 300），实际防水深度 200 米，后来成为英国皇家海军用表。

机械计时表的太空历险记

协调世界时 1970 年 4 月 14 日凌晨 3 点 8 分，NASA（美国国家航空航天局）休斯敦任务控制中心突然接到来自“阿波罗 13 号”飞船的信息——“休斯敦，我们遇上了麻烦”。

原来是飞船服务舱的氧气瓶发生了爆炸，两罐液氧被排入太空。没有氧气，不仅燃料电池无法发电，很快三人乘组的氧气也会消耗殆尽。航天器里冷得要命，温度只有 3 摄氏度，甚至连水都快没了，每人每天只能喝 0.2 升。

“阿波罗 13 号”原本的计划，是在月球上停留两天，但为了保证宇航员的生命，只能被迫将登月舱当作救生舱绕月球轨道运行。

更糟糕的是，当时“阿波罗 13 号”已经偏离轨道，而想要回到正确轨道，一方面要手动修正登月舱的轨道，一方面只能靠计算引擎燃料燃烧的时间来换算出登月舱应该推进的距离，而这个时间是 14 秒。当时为了节省能源，机组已经关闭了大部分系统，在没有电力的情况下，机上唯一能发挥作用的计时装置，就是一块欧米茄超霸（Speedmaster）机械腕表。是顺利返回地球，还是在太空中活活困死，三位宇航员的生命就寄托在这块计时表之上……

冷战时代美苏争霸，太空领域是两国竞赛的焦点，也是综合国力的终极比拼。

1957 年 10 月 4 日，苏联将第一枚人造卫星“斯普特尼克 1 号”送上了太空。这一举动给当时的西方世界带来了不小的恐慌和焦虑，也正式拉开了美苏太空竞赛的序幕。

在竞赛的初期，苏联处于领先地位。在成功发射卫星一个月后，就又发射了“斯普特尼克 2 号”，将一只名为莱卡的小狗送上太空。1961 年，苏联宇航员尤里·加加林首次完成载人航天的任务，乘坐“东方一号”太空船环绕地球飞行，从发射到返回历时 108 分钟，再一次震惊了世界。

加加林飞上太空时，据说戴着一枚由莫斯科第一钟表厂生产的 Sturmanskie（领航员）腕表，这只手表是加加林从军事飞行学校毕业时收到的，是一枚简单的大三针手表，甚至连日历功能都没有。自此之后，莫斯科第一钟表厂的产品开始以Poljot（意为“飞行”）为品牌名。

在加加林飞天三个星期后，艾伦·谢泼德成为第一个进入太空的美国人。1962年2月20日，约翰·格伦搭乘“友谊7号”宇宙飞船环绕地球飞行三圈。在进行太空飞行时，格伦在他的宇航服外面绑了一块豪雅2915A秒表，这块表成为第一块进入太空的瑞士产计时器。

在格伦的飞行结束三个月后，执行“水星-大力神7号”任务的斯科特·卡彭特又佩戴百年灵的航空计时宇航员腕表（Navitimer Cosmonaute）绕地球三圈，这也是第一枚迈入太空的瑞士腕表。

百年灵航空计时腕表的诞生可以追溯到1952年，当时美国航空器拥有者及驾驶员协会委托威利·百年灵为其会员打造一款全新的计时腕表，而威利给出的作品无异于一台“腕上计算器”。

飞行员在飞行中必须执行一些计算，平均速度、飞行里程、燃油消耗、爬升或下降速度、英里与公里的换算等等，这些计算一般都要借助环形飞行滑尺来进行，而威利则将其整合到了旋转表圈之中，表圈周围环绕125颗小珠（后减为92~94颗）以方便操作。这种表在1954年推出首款之后便成为百年灵的经典系列。

宇航员斯科特·卡彭特佩戴进入太空的百年灵航空计时宇航员腕表

而斯科特·卡彭特佩戴的宇航员腕表还特别配备了24小时时标，以帮助他在太空中分清昼夜。当时卡彭特返航坠入大西洋，原来的手表已经被海水浸泡，彻底损坏，后来百年灵又为他重新打造了一枚。

此时的苏联人也不甘人后。1965 年 3 月 18 日，阿列克谢·列昂诺夫在执行“上升 2 号”的飞天任务时，实现了人类历史上第一次太空行走，在舱外活动了 12 分 9 秒的时间，在返舱时还因为宇航服膨胀被卡在了气闸舱舱口，上演惊险一幕。执行这次航天任务时，列昂诺夫佩戴了苏联第一批量产的计时表 Strela（箭头），由莫斯科第一钟表厂生产。

不过在所有太空表中，最有名的还是欧米茄超霸，而这款表则和登月有着密不可分的关系。

为了赶超在太空领域咄咄逼人的苏联，时任美国总统肯尼迪批准了登月计划，这个项目也被称为“阿波罗计划”。1962 年，他在赖斯大学发表了《我们选择登月》演讲，第一次公布了登月计划，并且留下名句：

“我们决定在这十年间登上月球，并实现更多梦想。并非因为它们轻而易举，而正是因为它们困难重重。”

随着人类登月计划的启动，1964 年，NASA 的项目办公室开始寻找一款可以胜任所有载人航天飞行任务的腕表。为此，负责飞行任务的主任迪克·斯雷顿（Deke Slayton)）向多个制表品牌征集能够满足太空探索需求的计时腕表。有四个品牌向 NASA 提供了表，但只有劳力士、浪琴和欧米茄参与了腕表的测试环节，因为汉米尔顿提供的怀表不符合要求。

参与测试的腕表都经受了高温、低温、近真空中温度循环、湿度、氧气环境、冲击、直线加速度、低压、高压、振动、声学噪声等多个方面的严苛测试。经过多轮测试比拼，仅有欧米茄超霸腕表“存活”了下来。1965 年 3 月 1 日，NASA 宣布欧米茄超霸腕表成为“获准参与其所有载人航天飞行任务的腕表”。

其实欧米茄超霸腕表最初是在 1957 年作为运动和赛车计时腕表推出的，早在 1962 年就被执行“水星计划”的宇航员瓦尔特·施艾拉戴着上了太空。1965 年超霸腕表在 NASA 的腕表测试中胜出之后，它很快就随 3 月 22 日执行的“双子星 3 号”任务进入太空。同年 6 月，爱德华·怀特把超霸绑在宇航服外进行了美国第一次太空行走。

1969 年 7 月 20 日，美国宇航员乘“阿波罗 11 号”首次登陆月球。“阿波罗 11 号”指挥官尼尔·阿姆斯特朗成为第一个踏上月球的人，一句“这是个人的一小步，却是人类的一大步”传遍世界。不过在登月时由于舱内的电子计时器出现故障，他将自己的欧米茄超霸腕表留在了登月舱里作为备用。队友巴兹·奥尔德林随后戴着自己的超霸腕表出舱，虽然他是第二个登上月球的人，但他的那块欧米茄超霸腕表却成了“第一块在月球上佩戴的腕表”。

巴兹·奥尔德林在月球上佩戴欧米茄超霸腕表

后来，奥尔德林在书中写道：“当我们在月球上行走的时候，最没必要知道的就是休斯敦现在是几点。尽管如此，作为一个爱表的人，我还是决定把超霸表绑在我右手腕笨重的宇航服上面。”然而，这枚腕表后来在送往史密森学会的过程中莫名其妙地丢失了，这成了一个悬案。

更惊险的故事当然就是前文讲述的“阿波罗 13 号”历险记了。这个故事最终有了个大团圆的结局，在返回地球的过程中，指令长吉姆·洛弗尔负责修正轨道，指令舱驾驶员杰克·斯威格特负责用超霸腕

欧米茄超霸系列“史努比奖”50周年纪念腕表，背面有一幅“从月球遥望地球”的画面，当计时秒针开始运转时，史努比就化身“阿波罗 13 号”的宇航员，绕着月球“探险”，同时地球也会自转

欧米茄超霸月球表

表计算燃料时间，短短 14 秒成了他们人生中最为漫长的一段时间。

最终“阿波罗 13 号”靠着准确的计时，惊险地返回地球。事后，NASA 特别向欧米茄颁发了“史努比奖”，这个奖项是授予 NASA 雇员和承包商的特别荣誉，以表彰他们在保障人类飞行安全或任务成功方面的杰出成就。

1972 年 12 月 19 日，“阿波罗 17 号”返回地球之后，人类登月史也暂告一段落。因为每一次登月都有欧米茄超霸腕表的参与，因此这款表也被称为月球表（Moonwatch）。1975 年，美国与苏联进行了太空会合任务，超霸腕表也成为苏联宇航员佩戴的腕表。

超霸腕表的太空传统一直在延续，直到今天，它依然是国际空间站任务的重要腕表装备。2020 年东京奥运会闭幕式上的“巴黎八分钟”里，法国宇航员托马斯·佩斯凯（Thomas Pesquet）在国际空间站中吹响萨克斯时，佩戴的是一枚欧米茄超霸天行者腕表；而亚马逊老板杰夫·贝佐斯乘坐蓝色起源的“新谢泼德号”进行亚轨道太空旅行时，也给同行的成员定制了超霸腕表。

除了以上提到的这些，劳力士、Fortis、精工、天美时、里查德米尔、沛纳海等品牌都有腕表上过太空。而从 2003 年杨利伟搭乘“神舟五号”实现我国第一次载人航天壮举起，国产品牌飞亚达就一直跟随中国航天员上太空。2008 年，“神舟七号”舱外航天服手表还为航天员出舱任务提供了辅助计时。

在科技发达，几乎一切都要依靠电力的今天，依然靠发条供能的机械表似乎显得有点落伍了。然而在“阿波罗 13 号”的故事中，却恰恰是这个“老古董”不受电力短缺的影响，成为可靠的“保命神器”。宇航员佩戴机械计时表，也是一种底线思维的体现，从最坏的角度出发，能经受住极端考验的才最值得信任。

手腕上的速度与激情

话说回来，20 世纪 50—60 年代计时腕表的发展，大多还是和赛车这样的速度型运动有关，以劳力士宇宙计型迪通拿（Cosmograph Daytona）为例。“迪通拿”本是佛罗里达州托纳比奇的一片海滩，因此地狭长平坦、沙质坚实，成为当时的赛车圣地。英国赛车手马尔科姆·坎贝尔曾在 1924 年至 1935 年间打破了 9 项陆地速度纪录，其中 5 项是在迪通拿海滩完成，当时坎贝尔佩戴的还是劳力士蚝式腕表。

1959 年，迪通拿海滩正式被修成了国际赛道，并成为著名的耐力赛举办地点，劳力士在 1962 年成为迪通拿赛事的官方计时器供应商。为了表示纪念，劳力士 1963 年正式推出宇宙计型计时表，专为赛车手设计，小表盘与表盘反差色鲜明以方便读时，配备用以计算平均速度的计速刻度外圈。不过刚刚推出时，这款表并没有被称为“迪通拿”，直到第二年这个字样才出现在表盘上。

虽然如今迪通拿大受追捧，但在刚推出时因为过于专业并没有受到大众欢迎。直到好莱坞巨星兼赛车手保罗·纽曼（Paul Newman）戴着它频繁地出现在公众眼前，人们才终于注意到这款腕表。后来世界各地的钟表商应声而动，直接把他佩戴的这款腕表命名为“保

保罗·纽曼（左）观看赛车比赛，手上佩戴着劳力士迪通拿（1972 年）

罗·纽曼迪通拿”（Paul Newman Daytona）。值得注意的是，“保罗·纽曼迪通拿”并非指单一某款腕表，而是代表着劳力士宇宙计型迪通拿里的一系列特殊面盘型号。

1965 年，劳力士迪通拿开始采用一种被称为 Exotic 的特殊面盘。因为销售惨淡，据估计只有 5% 的迪通拿配备了这种面盘，数量只有 2000~3000 个。普通迪通拿和“保罗·纽曼迪通拿”的主要区别就是后者采用 Exotic 面盘。对比来看，Exotic 面盘的小表盘带有锤状时标点，细节更加丰富，有装饰艺术风格。另外，表圈最外边还有一层套圈，和小表盘的颜色一致，这也是普通迪通拿没有的。存量稀少再加上名人效应的加持，原本滞销的“保罗·纽曼迪通拿”渐渐成为藏家争相追逐的稀有珍品。

保罗·纽曼本人的这枚迪通拿是他的妻子乔安娜·伍德沃德送的礼物，纽曼本人从 1972 年起开始公开佩戴，乔安娜还在这块表背面刻了字“Drive Carefully Me”（小心驾驶），满含对保罗的关心与爱意。不过戏剧性的是，在 20 世纪 80 年代，保罗·纽曼将这块表送给了女儿内尔的男朋友詹姆斯·考克斯。有一次詹姆斯到准岳父家里度假，保罗问他时间，这位青涩小伙回答：“我不知道，因为我没有表。”保罗毫不犹豫地摘下手上的迪通拿送给他，并说：“拿着这块表，给它上链，它就会告诉你时间。”

一枚 1966 年的劳力士“保罗·纽曼盘迪通拿”

之后詹姆斯没能和内尔·纽曼走入婚

姻殿堂，但一直收藏着这块表，直到参加一次展会他才偶然得知，经过这么多年，“保罗·纽曼迪通拿”早已变得价值连城，备受藏家追捧。最终他决定将这块表卖掉。2017 年，保罗·纽曼本人佩戴过的迪通拿拍出了人民币 1 亿 1786 万元的天价（包括佣金在内的最终成交价）[1]，有着“史上最贵钢表”“史上最贵劳力士”“史上最贵迪通拿”等多项第一的名号，也是当时世界上拍卖价最高的腕表。这些钱大部分都捐给了纽曼基金会，为这块表又增添了许多传奇色彩。

劳力士迪通拿诞生的同年，豪雅表（泰格豪雅的前身）也推出卡莱拉（Carrera）系列。这款表由创始人的曾孙杰克·豪雅（Jack Heuer）设计，名字来自“卡莱拉泛美墨西哥公路赛”。1950 年，3507 公里的墨西哥泛美公路完工之后，墨西哥政府便组织了一场为期五天的 9 站比赛，以推广墨西哥的形象。由于赛况凶险，从 1950 年到 1954 年它连续五年被当时的人们普遍认为是世界上最危险的汽车赛事，每次举办都有赛车手或观众丧生，因此在 1955 年停办，直到 1988 年才复办。

杰克·豪雅首次听闻这一传奇赛事后，便灵感爆发，决定为职业赛车手打造一款计时码表。豪雅表在历史上便与计时渊源颇深，创始人爱德华·豪雅 1860 年创业时就擅长制造计时器，品牌还在 1914 年推出了第一款腕式计时器，又在 1933 年推出了一种用于汽车和航空器的仪表板计时器 Autavia。

豪雅的黄金时代是在 1958—1969 年，在杰克·豪雅的带领下深度进入赛车领域，还成为法拉利 F1 车队赞助商。这一时期推出的知名

1　数据来源：BAUER. Paul Newman's 'Paul Newman' Rolex Daytona Sells For $17.8 Million, A Record For A Wristwatch At Auction [EB/OL]. (2017-10-26). https://www.forbes.com/sites/hylabauer/2017/10/26/paul-newmans-paul-newman-daytona-sells-for-15-5-million-a-record-for-a-wristwatch-at-auction/?sh=2058b6185313.

史蒂夫·麦奎因在电影中佩戴泰格豪雅摩纳哥系列腕表

表款，还有摩纳哥（Monaco）系列，其名字来自摩纳哥大奖赛。

1969年，有“好莱坞酷王”之称的史蒂夫·麦奎因在电影《极速狂飙》（*Le Mans*）中饰演一位赛车手，并且佩戴了方形表壳的摩纳哥系列计时码表，让这个系列一举成名。这块表2020年以220.8万美元高价成交，刷新了泰格豪雅腕表的拍卖纪录。

在运动计时表领域，以赛道或赛事命名表款很是常见，例如萧邦的Mille Miglia系列，就是来自1927—1957年间在意大利举行的开放公路耐力赛——一千英里耐力赛。

这些腕表直到今天都还在不断出新，有种历久弥新的魅力。不仅是因为经典的设计永不过时，更重要的，可能还是男人心中对速度与激情那藏不住的向往吧。

日本表发起石英战争，瑞士人输给了自己

1969年的圣诞节，这一天东京的几家商店都上架了一款金表，表盘是简洁的大三针设计，枕形表壳的样子像一只贝壳。这款表的名字叫作精工Quartz Astron 35SQ，由诹访精工舍的佐佐木和成设计，后来被称为“第一款商用石英腕表”。

Quartz Astron 35SQ虽然从外观看和普通的机械表并无二致，但采用的是Seiko 35A石英机芯，电池供电，包括一个混合集成电路、一个小型步进电机，以及最重要的石英振荡器——振频8192赫兹，虽

然只有现在主流振频的 1/4，但误差为每月 5 秒，日误差只有 0.2 秒，每年误差不过 1 分钟上下。而当时的机械表日误差为 20 秒，也就是说，Quartz Astron 35SQ 的走时精准度是机械表的 100 倍。而且因为是以电池为动能，这款表能持续走一整年，也远超当时大多数机械表的持续运行时长，最多甚至能达机械表的 250 倍。

20 世纪 70 年代在英国发售的精工石英表

单纯从性能上来说，这款初代石英表近乎完胜了拥有几百年历史的机械表。但当时的人们可能不会想到，这款表就像一只扇动翅膀的蝴蝶，将给整个制表业带来一场前所未有的巨大风暴。

越变越小的石英钟

石英表是电子表的一种，和机械表最大的区别就是动力来源不同——机械表靠发条，电子表靠电池。

电子表里最早出现的是摆轮游丝电子表，以汉米尔顿 1957 年推出的 Hamilton Electric 500 为代表，不过因为运行不稳定并不成功。后来又迭代出了音叉表，靠音叉的振动频率驱动走时，以宝路华的 Accutron 为代表。石英表相当于电子表发展的第三代，由频率稳定的石英晶体谐振器驱动走时，准确度不仅远超前两者，也远超机械表。

石英表虽然是 20 世纪 60 年代的产物，但其前身石英钟的发明，却可以追溯到 1927 年。

石英是地球上最为常见的矿物之一，也是一种压电材料。所谓压电效应是皮埃尔·居里和雅克·居里兄弟在 1880 年发现的，当时他们对电气石、石英等晶体施加压力，发现这些晶体会产生电荷，而电场也会让这些材料产生机械形变。引申来说，便是压电效应会使石英晶体产生固定频率的振荡。于是在20世纪早期，由沃尔特·盖顿·卡迪（Walter Guyton Cady）发明的石英晶体谐振器诞生，取代了钢制谐振器。后来有科学家尝试用石英振荡器生成一系列精密时间信号，石英用于钟表的研究也就此开始。

1927年，贝尔实验室的约瑟夫·霍顿与沃伦·马里逊制造了第一台石英钟。这座钟使用一块受电流刺激的晶体，以每秒50000周期的频率产生脉冲，将脉冲分解后驱动同步马达。第二年，马里逊又做出了一个更为精密的版本，当时《纽约时报》的报道标题是《电气化石英晶体取代钟摆》。

然而这时候石英钟的电子设备只能使用真空管，因此体积相当庞大，仅限实验室使用。像1936年放在美国海军天文台的一台石英钟，体积就和一个柜橱差不多大。以当时的技术条件，想把笨重的石英钟缩小成能戴在手腕上的石英表，无疑是天方夜谭。然而到了20世纪50年代之后，这个想法似乎有了可能。

石英技术的突破，其实也是拜二战所赐。在战争期间，石英振荡器被广泛应用于无线电、雷达等军用装备之上，这也使得对石英的需求大幅增长。那时巴西出产的石英晶体是最受青睐的，但因为出口受限，反而倒逼各国不得不研究合成石英，降低成本。终于在1950年，贝尔实验室研发出了以水热合成技术生产的合成石英晶体，为石英材料的工业化生产提供了可能。

而到了60年代，随着半导体技术的发展，电子元件的成本也随之下降，呈现廉价化趋势。以上两点综合，让曾经被认为难以实现的石英钟缩小，成为一个可以通过研发实现的目标，而这也引发了瑞士和日本制表业的一场竞赛。

瑞士人发明石英表，却因内斗错失先机

1969 年圣诞节，日本石英表精工 Quartz Astron 35SQ 的上市，就像是对瑞士机械表发起的一次奇袭，打响了石英战争的第一枪。然而最为吊诡的是，石英表并不是精工的独创，反而是瑞士人发明的，所谓搬起石头砸自己的脚，也不过如此了。

瑞士人和电子表的“缘分”可以从一个叫麦克斯·海策尔（Max Hetzel）的工程师说起，此人主持开发了美国品牌宝路华的音叉电子表 Accutron。到 1968 年，Accutron 卖出了 100 万只，有观点认为，它的成功“单枪匹马地将美国腕表制造业的灭亡推迟了 10 年”。

海策尔从未接受过制表教育，在加入宝路华之前，在苏黎世联邦理工学院技术物理研究所从事研发工作，在宝路华的职位也是“首席物理学家”。从某种意义上来说，日本与瑞士的“石英战争”，并非制表师的“内战”，而是工程师与制表师的比拼，现代科技与传统机械的较量。

但 20 世纪 50—60 年代正处于鼎盛时期的瑞士制表业开不了这样的上帝视角，当时电子表在技术上的不成熟也让人看不到什么美好的前景。对已经形成了全球市场垄断，利润和出口持续增长，还拥有深厚制表技术积淀的瑞士制表业来说，石英表不过是科学家实验室的产物。

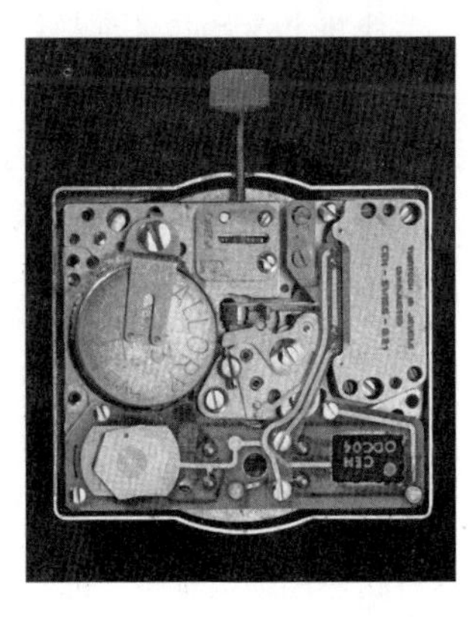

由瑞士的 CEH 和 SSIH 制造的石英机芯原型

但当年瑞士制表业内部也不是没有目光长远的人，瑞士工业钟表联合会的主席热拉尔·鲍尔（Gérard Bauer）就是其中之一。鲍尔也不是制表业出身，而是一位外交官。长期从事外交工作，让他的眼界更为宽广，对于危机的嗅觉也更敏锐。

于是在他的牵头下，1962 年 1 月

30 日，20 家瑞士钟表公司组成的财团成立了一个叫作电子钟表中心（Centre Electronique Horloger，简写为 CEH）的组织，由在美国工作了 15 年的工程师罗杰 · 威灵格（Roger Wellinger）领导，负责吸引各种微电子人才加入。

当时 CEH 有两个团队在做研究，代号分别是 Alpha 和 Beta，其中 Alpha 主攻音叉表，而 Beta 则以石英表为方向。

突破发生在 1965 年，一个叫阿尔明 · 弗赖（Armin Frei）的工程师开始研究一种新的振荡器，用压电陶瓷和金属晶体都不理想，于是他还是决定试一试石英。花了 6 个月时间研究之后，他和伙伴做出了石英振荡器的原型。这个进展改变了 CEH 的战略，资源投入开始向石英方向倾斜。第二年，弗赖就成功制造了一个振频为 8192 赫兹的石英振荡器，以及一个驱动电路和频率调节器。得益于半导体技术的进步，第二年他们就做出了一块可以运作的概念表 CEH 1020，这个机芯则被称为 Beta 1。

但 Beta 1 存在一个很大的问题，就是功耗过大。所以另一个工程师麦克斯 · 佛雷尔（Max Forrer）带着自己的电路部门进场改进，升级了分频器，成功降低了功耗，让机芯可以运行一年多不用换电池，这个改进版本被称作 Beta 2。

Beta 1 和 Bate 2 都被送去参加了 1967 年的纽沙泰尔天文台竞赛，与精工同场竞技。面对日本表的步步紧逼，CEH 决定尽快将 Beta 机芯投入生产，因为 Beta 2 的"续航"更持久，最终获得了青睐。

这个结果还引发了 CEH 内部的一次分裂。主导 Beta 1 研发的弗赖对 Beta 2 的上位很不满，选择辞职走人，而 CEH 的领导威灵格也因为对 Beta 项目长期保密引发了股东的不信任，被迫离开，最终麦克斯 · 佛雷尔成为主任。人事风波过后，CEH 在 Beta 2 的基础上开发出了经典的 Beta 21 机芯，后来被用在很多瑞士石英表上。不过在当时，这种机芯还是很难生产的。

在 CEH 研发石英表的同时，浪琴也没有停止独立开发的脚步。和上次面对美国危机时一样，浪琴的“危机雷达”又一次敏锐地报警。

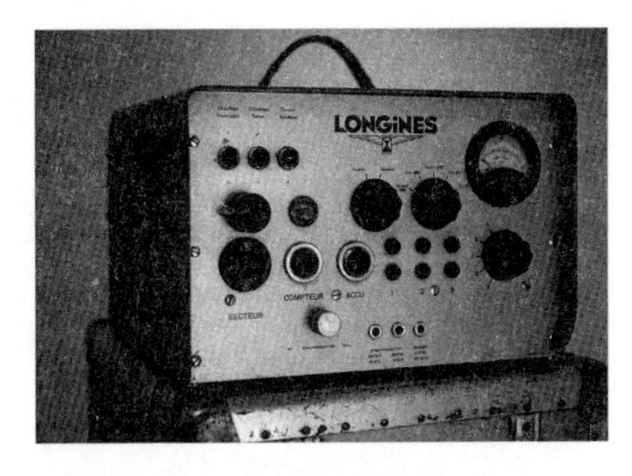

浪琴 Chronocinégines 系统

浪琴对于石英的应用，可以追溯到1950年，当时他们开发了一套用于运动计时的Chronocamera系统，将计时与拍摄装置结合，其中内置了一枚石英晶体。1954年浪琴又开发了他们的第一个石英钟，并升级成了著名的Chronocinégines系统。这个设备包括一台石英钟和一台16毫米摄像机，应用在田径、赛马等运动中，可以为裁判员提供一组曝光时间为1/100秒的静态照片，帮助他们做冲线判决。

20世纪50年代末至60年代初，为了满足美国市场的需求，浪琴成立专门部门研发电子表，并在1963年制作了一款专业机电机芯L400，以一节1.35伏的电池供电，在纽沙泰尔天文台竞赛上取得了不俗的成绩。第二年，浪琴转向石英开发，与一家叫Bernard Golay SA的独立工程公司合作，在1965年推出了一款用于航海时计的石英机芯800，还在天文台竞赛上打破了单件仪表计时精度纪录。

浪琴 Ultra-Quartz 腕表

浪琴实验室也在研究石英机芯小型化技术，除了和其他19家瑞士表厂共同生产Beta 21机芯，还赶在1969年8月20日宣布首次生产出了石英腕表。这款表被称为Ultra-Quartz，搭载自行研发的L6512石英机芯，比精工的Quartz Astron 35SQ早诞生小半年。

然而这款表在电子元件的设计上还是存在不少问题，连什么时候交付销售都没人说得清，直到第二年才开始大规模生产，而表款的正式发售都要等到 1971 年了。这也使得最早研发出石英表的瑞士，错过了石英表的第一波市场化浪潮。

日本石英表后发制人，实现弯道超车

对于电子表的研究，精工的动作要比瑞士人更快。瑞士电子钟表中心 1962 年方才成立，而精工早在 1959 年就设立了专门的“59A 项目”，研究新型电子表。

驱使他们的动力，很大程度上是“计划解除腕表进口限制”的传言所带来的危机感，这迫使他们不仅要做出高质量的机械表，也不想错过电子表这个弯道超车的机会。在看待危机这件事上，瑞士是个别先行者觉醒并行动，而日本则是全行业达成了共识——超越进口表或者死亡。这倒是和精工创始人服部金太郎的经营哲学如出一辙，他曾说：“当别人开始直接进口时，我们已经开始自己生产。而当其他人开始制造时，我们试图生产比别人领先一步的产品。”

而促进研发的另一个动力，则是 1964 年的东京奥运会。

1959 年，东京击败底特律、维也纳、布鲁塞尔等城市，成功获得了 1964 年奥运会的主办权。这令当时的精工社长服部正次十分激动，下定决心要成为东京奥运会的官方时计赞助商。但是，自 1932 年以来，奥运会的官方时计一直都被欧米茄和浪琴垄断，精工是否有能力开发出运动时计、是否能得到国际的承认，都是未知数。

在仔细研究了 1960 年的奥运时计使用情况之后，精工决定让集团旗下三家公司分别研发不同的项目，调集精英进行技术攻关，而石英时计是他们可以区别于瑞士的一个重要突破口，由开启了“59A 项目”的诹访精工舍负责开发。

其实在 1958 年的时候，精工就做出了一台石英钟，还送给了

NHK（日本广播协会），不过这座钟用的是真空管，体积巨大，需要卡车来拉。进入 60 年代之后，晶体管成本不断下降，给石英钟的小型化创造了条件。精工在 1963 年 9 月研制出了 Crystal Chronometer QC-951。这是一款用于比赛计时的桌上石英计时器，重量只有 3 公斤，仅用两颗干电池就可以供电一年，功耗前所未有地低，而且平均日误差只有 0.2 秒。这款计时器也成为当届奥运会上的明星产品，马拉松冠军阿比比·比基拉跑出 2：12：11.2 的世界纪录，就是由这款石英钟测算的。

精工专为 1964 年东京奥运会特别开发的计时表

通过积极的开发、实际测试与广泛游说，精工成功击败欧米茄，成为 1964 年东京奥运会的官方时计供应商。一共为奥运会部署了 36 个型号、1278 个计时仪器，并且通过电视转播，打开了世界范围内的知名度。

在这一利好刺激之下，精工再接再厉。1964 年，诹访精工社的石英钟在纽沙泰尔天文台比赛中，包揽了石英精密计时器组别的第二至第七名。1966 年精工新推出的石英怀表又在纽沙泰尔天文台比赛中获得了小型怀表组的第二至第五名，1967 年更是拿下了第一名。[1] 而在 1967 年的比赛中，精工和瑞士 CEH 都提交了石英腕表的原型，二者有了第一次交锋。

从石英怀表到石英腕表，还有一个问题必须解决，就是电机的进一步缩小。诹访精工舍发明了一种六极步进电机，通过每秒一个电脉冲的方式使电机每次旋转 60 度，得到一个更小的电机，总消耗电流只有 18 微安。

1　数据来源：Plus9Time. Seiko & the Neuchâtel Chronometer Competition [EB/OL]. https://www.plus9time.com/seiko-the-neuchtel-chronometer-competition.

石英机芯的内部构造

在看到石英表的研究突破之后，当时的社长服部正次果断下令终止了同步进行的音叉表研究，并告诉团队，他希望在一年内实现石英腕表的商业销售。而同一年，瑞士 CEH 却还在经历人事上的矛盾与变动。一年后的圣诞节，精工 Quartz Astron 35SQ 正式推向市场，而早半年推出的浪琴石英腕表，却因为无法量产，被埋没在了历史中。

虽然不论在技术上还是生产上，瑞士人都可以说步步领先，但最后却错失先机。几百年的制表历史，无数杰作的诞生，让那时的瑞士人形成一种天然的骄傲，甚至将卓越的制表看作瑞士民族性的组成部分。而石英表带来的却是颠覆，有了石英表还要不要机械表，瑞士人那时显然没有想好这个问题的答案，虽然一些技术先行者做出了成果，但传统的制表业对此确实犹豫不决，甚至有所抗拒。瑞士人棋输一着，是输在了保守和傲慢上，而日本人则显然有"光脚的不怕穿鞋的"这种心态，也更加有危机意识。

石英表征服世界，瑞士表遭遇空前危机

石英表面市初期，虽然在精准度上远优于机械表，但还存在着一个大问题，就是成本高、产量少、价格贵。

精工 Quartz Astron 35SQ 的价格相当于一辆丰田汽车。而石英表当时的产量之少，让精工在 1971 年之前都没有将其产量纳入官方统计。不过拥有强大自动化装配实力的精工，还是在 1970 年决定大规模生产石英表。与此同时，他们还做了一个大胆的决定，对外公开大部分的专利技术，甚至包括核心技术音叉晶体和开放式步进马达。

放弃技术垄断，越来越多的制表商参与到这场“革命”中。追随者越多，市场越大，精工在这一点上也相当精明，当然也有可能是吸取了当年宝路华对音叉表专利保密，结果阻碍了商业成功的教训。很快入局者纷至沓来，到20世纪70年代中期，已经有40多家制造商大规模生产石英手表，其中电子工业发达的美国就有30多家。

技术革新更是从未停止，成本也迅速降低。像精工在1971年推出38SQ石英表时，售价就已经压缩到了13.5万日元，比Quartz Astron 35SQ几乎降了一半，时间却仅仅过去不到两年。

石英表的形式也在20世纪70年代不断进化，其中影响最大的，就是数字式石英表的出现。

世界上第一枚数字显示的石英表是汉米尔顿Pulsar。这款表的灵感来自1968年上映的电影《2001：太空漫游》。当年导演斯坦利·库布里克委托汉米尔顿为他的电影制作一个未来风格的时钟，最终出现在电影中的就是一台有着椭圆形机身和红色数字显示的机器。

这也启发了汉米尔顿。1970年5月5日，在《今夜秀》节目上，汉米尔顿总裁展示了第一款Pulsar Time Computer，没有指针和数字表盘，只有跳动的红色数字，仿佛是从宇宙飞船上拆下来的。两年后，这款表才以Pulsar P1的名字被出售，金表壳款的定价高达2100美元，大概相当于现在的15000美元，比劳力士还要贵。

即便如此，它依然成为有钱人争相入手的时髦货。据说1972年圣诞节前夕，有个顾客在纽约蒂芙尼买了店里最后一只Pulsar，一出门就有两个人出高价要买。还有传言说，尼克松总统的女儿也买了一只，作为圣诞礼物送给了父亲。虽然这只是传言，但尼克松的继任者杰拉尔德·福特总统却实打实地戴了

福特总统佩戴汉米尔顿 Pulsar

这款表。

1973 年上映的“007”系列电影《你死我活》(*Live and Let Die*)中则出现了迭代版本汉米尔顿 Pulsar P2 的身影。在片头结束后的第一幕里，罗杰·摩尔饰演的詹姆斯·邦德抬手看了一眼手上的 Pulsar P2。特写镜头里，邦德则向观众示范了使用这款表的正确方式：按下表壳右侧的按钮，红色的数字就会出现在显示屏上。

之所以要按一下按钮才能显示时间，是因为 Pulsar 采用的是 LED（发光二极管）屏。这种屏的耗电量很高，为了节省电量，就必须设置一个开关。这是 Pulsar 的一个特色，也是一个麻烦所在。之前用腕表看时间，只要一抬手就可以，但现在则必须用两只手。

与 LED 屏不同的，是 LCD 屏，也就是液晶屏。

第一款液晶屏数字石英表依然来自精工，是他们于 1973 年 10 月发布的 06LC。这款表的液晶显示屏寿命更长，达到 50000 小时，而且具有良好的对比度，还内置光源提供照明。相比于高耗能的 LED 屏，液晶屏对于普通消费者来说更加经济。由于需求下降以及 LED 价格暴跌，Pulsar 的辉煌也如昙花一现，最终在 1977 年被汉米尔顿卖给了费城的一家经销商。而液晶屏成为主流，生产中心自然位于远东。

此后的石英表更是花样翻新，很多放在机械表上要花费匠人无数心血，可能一做就要几十年的复杂功能，在石英表这里不过是调整电路板的事。以精工数字表为例，日历、闹响、计时、世界时、万年历这些功能，在短短两年间就陆续出现了，这也导致很多老制表师的自尊心深受打击。

精工“电视表”

1982 年，精工甚至还推出了一款脑洞大开的液晶电视手表，搭载1.2英寸的液晶显示屏，需要配合外部接收器使用，堪称Apple Watch（苹果手表）的前辈，在美国的售价是495美元。这款表也在“007”系列电影里登场过，出现于1983年上映的《八爪女》。

除了精工，还有两个日本品牌在“石英革命”中异军突起。

一个是成立于1918年的老牌时计店西铁城。他家早在1966年就发布了日本第一块电子手表X8，不过这并非石英表，而是电摆轮表。而其在石英表领域最知名的发明，无疑是Eco-Drive光动能。

这一功能的研发，背景是1973年的第一次石油危机。这次危机提升了人们对于清洁能源的认识，日本通产省也提出了一个“日本阳光计划”，旨在发展新能源。而在70年代，电池驱动的石英表作为腕表的主流，产生了更换和处理废电池的麻烦。因此，西铁城开始研发一种能把光能转化为电能储存起来的手表。

经过大量的实验和失败之后，西铁城在1974年发布了一款光动能原型表；两年后，正式推出了一款光动能指针腕表Quartz Crystron Solar Cell。最初的光动能表样子很独特，太阳能电池板直接裸露在表盘上，整体还比较初级。直到80年代，光动能才随着蓄电池技术的进步而突飞猛进，1986年时已经可以实现充一次电运行200小时。如今光动能也成为电子表中一个非常有特点的功能。

另一个新崛起的日本品牌则是卡西欧。

卡西欧1946年由樫尾忠雄创立，公司的名字就是“樫尾”的读音。不过在1974年之前，这家公司和钟表业没有一分钱关系。他们最早的产品是一种香烟指环，把烟套在指环上，从而解放双手，樫尾靠着这个产品赚到了第一桶金。

1949年，樫尾到东京银座参观了一个商业博览会，在会场上见到了电子计算器，觉得这是一个新的赚钱门路，于是便和三个兄弟一起把做香烟指环赚到的钱投入计算器的开发。1957年，卡西欧推出了世界上第一款小型电动式计算器 14–A，从此一发不可收，成为当时知名的电子产品制造商。

卡西欧做腕表，完全是半路出家。靠着 1972 年推出的世界上第一款个人计算器 Casio Mini 的大获成功，卡西欧已经成为日本电子计算器行业的老大。为了找到新的增长点，公司看中了当时发展得如火如荼的电子表产业。计算器和手表原本是风马牛不相及的两个行业，但石英表却打通了其中的关节。在卡西欧看来，这种数字显示的手表其实就是一种能精确到秒的计算器，看似不相及，其实是他们的老本行。很快，卡西欧就在 1974 年 10 月推出了第一款数显电子表 CASIOTRON，除了常规的时间显示，还可以自动判断当年是不是闰年。

此后，制表在卡西欧营收中的比重迅速增加。1983 年，他们又推出一款王牌产品 G-SHOCK，主打超强的防震性能，从高楼上扔下也不会受损。G-SHOCK 的设计者是工程师伊部菊雄，他说自己设计 G-SHOCK 的初衷，是因为一块从学生时代就陪伴自己的腕表意外被摔得支离破碎，便想做一块怎么摔也摔不坏的手表。

伊部菊雄向公司提案并获得了通过，结果真正开发起来才发现自己太过天真。最初的想法是在手表四周包上塑胶，结果发现想要将表从三楼扔下不摔碎，得把塑胶包成一个球；后来他又找零部件的工程师设计从 10 米高处落下也摔不坏的零件，结果发现各个零件标准不统一……就这样前前后后摔坏了 1000 多块手表，还是以失败告终。

早期卡西欧 G-Shock

直到有一天，他偶然从小孩子玩的皮球中获得灵感，提出机芯悬浮于表壳内的方案，研发才走上正轨。又经过两年的实验，卡西欧在 1983 年推出第一代 G-SHOCK DW–5000C。

这个系列在刚推出的时候并不受欢迎，那个年代对腕表的主流审美是薄，但周身覆盖着树脂材质的 G-SHOCK 显得大而厚重，如同怪兽。不过这款表在美国卖得还不错，当时卡西欧美国分公司发布了一则广告，DW–5000C 被当作冰球来打，一开始被质疑是虚假宣传，后来有电视节目进行实测，证实了其惊人的防震性，它一下就火了起来。

而进入 90 年代之后，随着潮流的变化，G-SHOCK 的功能性和运动风格越来越受欢迎，到 2017 年为止已经卖出了 1 亿块。G-SHOCK 凭借超强的坚固品质还成为美军的军表，像海豹突击队等部队都有配备。

关于卡西欧的电子表，有不少逸事。像 1989 年推出的 F–91W，奥巴马和本 · 拉登这对死对头居然都戴过，有点当年拿破仑和惠灵顿公爵一同戴宝玑的意思了。这款表因为价格极为低廉且电池寿命长，还被基地组织的恐怖分子当作定时炸弹的定时器。在关塔那摩的囚犯评估报告中，卡西欧的手表被提及近 150 次，搞得卡西欧不得不发声明劝大家要善良。

总而言之，在整个 20 世纪 70 年代，日本石英表取得了空前的成功。据统计，1977 年精工成为世界上收入最高的腕表公司，总计收益达 7 亿美元。[1] 到 1980 年，日本的钟表总产量超过瑞士，成为世界上最大的钟表制造国。到 1982 年，石英腕表的产量超过世界腕表总产量的 50%。[2]

而瑞士就输惨了，制表商的数量从 1970 年的 1600 多家，下降到了 20 世纪 80 年代中期的不到 600 家，从业人数从 1970 年的近 9 万人，

---

1 数据来源：THOMPSON. Four Revolutions Part 1: A Concise History Of The Quartz Revolution [EB/OL]. (2017-10-10). https://www.hodinkee.com/articles/four-revolutions-quartz-revolution.

2 数据来源：SEIKO. The remarkable achievement of the Seiko Quartz Astron lives on [EB/OL]. (2021-09-21). https://www.seikowatches.com/global-en/products/astron/special/story_qa50th_1.

骤降到1984年的3.3万人，到1988年又下降到2.8万人，流失了将近70%的雇员[1]，而较小的作坊更只有破产一条路。石英危机不仅让瑞士制表业在经济上陷入困境，更在心理上深深打击了他们几百年来积累的骄傲与尊严，将之称为至暗时刻并不为过。

这场“石英危机”可以说是瑞士制表业有史以来面对的最大危机，是真正的你死我活的战争。“石英危机”和上一次“美国危机”有着本质的区别，“美国危机”只不过是生产方式的不同，大家做的毕竟还是同一种东西，但“石英危机”却是石英表对机械表发起的“革命”，而且是字面意义上的要“革”了机械表的“命”，无论从技术、产量还是市场来说，都是一次“降维打击”。瑞士制表业诞生以来，虽然无数次受到战争的威胁，但即便是两次世界大战都没有“石英战争”这般致命。

为什么在这场“石英战争”中，瑞士遭遇的失败会如此彻底？原因也是多方面的。除了石英表本身的高精准度与强功能性，其生产流程的工业流水线化，以及营销的集团化，也是当时囿于传统的瑞士制表业所不具备的。

另外，瑞士表的石英危机也与当时的时代背景有所关联。

首先不得不考虑的，是1973年的第一次石油危机。当年第四次中东战争爆发，石油输出国组织欧佩克为了打击以色列及其支持者，宣布石油禁运，导致原油价格一度从每桶不到3美元暴涨至12美元。这也引发了西方发达国家的经济衰退，消费者在购物的时候比之前更关注价格，从而导致便宜的石英表比昂贵的瑞士机械表更有吸引力。

另外，20世纪70年代初布雷顿森林体系解体，浮动汇率制登场。这也导致了美元对瑞士法郎的贬值，使得瑞士出口到美国的商品价格大幅上涨，从而波及腕表出口。相比之下，日元则保持了稳步升值趋

---

1 数据来源：The Seiko Museum Ginza. The Quartz Crisis and Recovery of Swiss Watches [EB/OL]. https://museum.seiko.co.jp/en/knowledge/relation_11/.

势，没有受到太大的冲击。

经济形势变化导致的结果是瑞士机械腕表出口的急剧下降。瑞士对外贸易统计数据清楚地反映了这一现象，瑞士腕表和机芯的出口在1974年达到历史最高水平8440万枚，而到了1982—1984年降至年均3130万枚[1]，一下子被砍掉一半。

事情发展到这里，瑞士人算是被彻底逼到了墙角，是任人宰割还是奋起反击，瑞士制表业也陷入了慌乱和迷茫。所谓旁观者清，最终帮瑞士制表业打破危局的正是一批“局外人”。

1 数据来源：DONZÉ P Y. A Business History of the Swatch Group[M]. London: Palgrave Macmillan, 2014: 10–24.

第十章

CHAPTER TEN

瑞士腕表的“二十年保卫战”

生存还是毁灭？这是个问题。

恐怕在石英危机到来之前，瑞士制表业从来没有想过这点，然而在整个 20 世纪 70—80 年代，生死存亡成了一个最为实际的问题。当然，这个问题的答案，我们如今已经知晓：他们活了下来，且并非苟延残喘，而是奇迹般地实现复兴。

而追溯这个过程，我们会发现很多的戏剧性时刻：指挥瑞士制表业打响阻击战的，是一个前半生与制表无缘的“门外汉”；为昂贵的机械表解围的，是一枚极为廉价的石英表。

许多奇人也在这场持续 20 年的“战争”中登场。他们之中有一夜之间画出经典的天才设计师，引领了运动表新赛道的突围战；有把复杂功能玩到出神入化的天才制表师，搭档语不惊人死不休的营销鬼才，一起赢得了机械表的防卫战……在“遍地狼烟”的时代，活脱脱上演了一出“制表业群星闪耀”的史诗级大片。

瑞士表打响阻击战，指挥官竟是“局外人”

当危机真的杀到眼前时，瑞士制表业的第一反应是“赶”。为了不落后于人，百达翡丽、浪琴、欧米茄、劳力士、宝齐莱、万国、伯爵、雷达表（Rado）等一众品牌，或使用CEH的Beta 21机芯，或自己研发，纷纷推出形式各异的石英表。

劳力士的Oysterquartz算得上石英危机中瑞士石英表的代表之作，至少出过22个不同的款式，包括黄金、精钢白金表圈、精钢黄金表圈等材质，是把石英的精准性和贵金属材质相结合的一种尝试，在亚洲和美国市场还很受欢迎。

不过总体来说，瑞士表在石英表领域的追赶不算成功：一方面在时间上落后于市场潮流，产量也难以超越低成本大批量生产的日本石英表；另一方面，也有观点认为此举是以己之短攻彼之长，不仅难有胜算，反而会因为出得太多太杂，让品牌贬值。

不过话说回来，在当时艰难的处境下，尚有余力开发石英表的，都是综合实力最强的品牌，而更多的小品牌甚至连做石英表的机会都没有便从此消逝了。整个20世纪70年代，瑞士制表业都笼罩在一片愁云惨雾中，令人痛苦的是，这不是突然死亡一了百了，而是像掉进了一个沼泽，满满地体会滑入深渊的过程。

此时的瑞士制表业需要有一个“带头大哥”，带领其打一场保卫战，也需要一款能真正火遍全球的产品，夺回市场风格，担当现金奶牛。幸运的是，“救世主”应运而生，只不过他们的身份却有点出人意料，担当指挥官的是一个从未涉足制表业的黎巴嫩裔商人，而领导开发出最强武器的是一个学医出身的产品经理……

阻击战第一枪："带头大哥"整合两大集团

今天，全球最大的钟表集团是斯沃琪集团（Swatch Group），宝珀、宝玑、欧米茄、雅克德罗、格拉苏蒂原创、浪琴、雷达表、天梭、汉米尔顿……这些从顶级到亲民的腕表品牌，都为这个集团所有。它还拥有世界上最大的空白机芯制造及供应厂商ETA SA[1]，对于那些没有能力自主研发机芯的品牌来说堪称"衣食父母"，当年的断供预警让整个行业都抖三抖。[2]

这个集团诞生于石英危机之中，其创始人尼古拉斯·海耶克（Nicolas Hayek）更是被称作"瑞士钟表业的拯救者"。而他的故事，则要从一次企业大合并说起。

瑞士钟表业经营的一大特点，叫作社团主义。每当行业危机来临，业内大佬便与瑞士政府坐在一起，出台一些协调行业利益的立法或者行政措施。这样的做法确实帮助瑞士钟表业度过了大萧条等危机，但隔绝了国外竞争的同时，也造就了一个"温室"。

在20世纪70年代至80年代初，瑞士钟表业最大的两家集团是瑞士钟表工业总公司（ASUAG）和瑞士钟表业协会（SSIH）。这两家集团的诞生，是大萧条时期瑞士钟表业抱团自救的结果。SSIH成立于1930年，最早起源于欧米茄和天梭两家企业的合并，之后不断扩张，截至20世纪60年代，旗下已经包含28家公司。ASUAG则是由瑞士三家大银行与机芯巨头Ébauches SA牵头于1931年成立的，到20世

---

1 ETA SA是瑞士制表业内部多次整合的产物，其中一条历史脉络可以追溯到1793年成立的丰泰内梅隆制表厂，另一条则可追溯到1856年成立的绮年华，后来成为ASUAG的一部分。

2 2002年，斯沃琪集团创始人海耶克做出2006年停止对外厂供应机芯的决策，引发行业地震，斯沃琪集团甚至被告垄断，最终改为供应量逐年递减。对于这一行动，海耶克本人的解释是"担忧对ETA机芯的过分依赖会导致研发能力缺失"。

纪 70 年代已经是世界上最大的腕表机芯和零部件生产商。

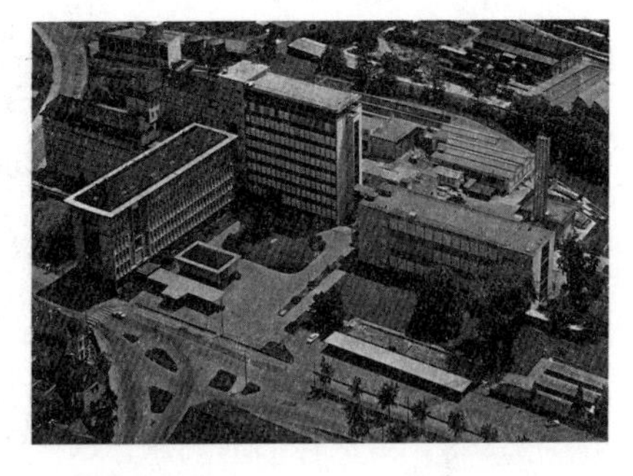

1965 年的欧米茄工厂

1979 年，这两家集团雇用了瑞士制表业大约一半的劳动力。ASUAG 基本就是一个垄断企业，控制着机芯及零部件的生产并限制其出口，经常作为“老大哥”帮扶小弟。SSIH 的业务重心是生产成品表，而且酷爱通过收购实现增长。

石英危机到来后，这两家呈现尾大不掉之势的企业都陷入了泥潭。ASUAG 不得不大幅裁员，从 1974 年的超 2 万人精减到了 1982 年的不到 8000 人，然而营业额却在同年暴跌了近 20%；SSIH 的情况更糟，当时他们大量生产价格低廉的 Roskopf 手表，一度占到生产总数的 69.9%，然而这种低端机械表“生不逢时”地遇上了走时更加精准、价格同样便宜、款式更多样的石英表，SSIH 也由此销售量大滑坡，到 1982 年员工只剩不到 3000 人，濒临破产。[1]

如何摆脱困境，还需要专业的咨询人士来开药方。于是“火线”接任 SSIH 董事会主席的瑞银前董事彼得·格罗斯找到了当时在圈内颇具名气的咨询顾问——尼古拉斯·海耶克。

尼古拉斯·海耶克原本是一个黎巴嫩人，1928 年出生在贝鲁特一个信仰希腊正教的家庭。海耶克的父亲年轻时曾在芝加哥的洛约拉大学学习口腔医学，回到黎巴嫩后在贝鲁特的美国大学就职，因此海耶克家也算得上是一个小康之家。1948 年，他在法国的里昂大学获得了

1　数据来源：DONZÉ P Y. A Business History of the Swatch Group[M]. London: Palgrave Macmillan, 2014: 27.

数学和物理学学士学位。

但是这样的教育背景并没有让他成为一名科学家，毕业后的第二年海耶克就去了瑞士，在苏黎世一家保险公司的财务部门实习，那时的他一门心思融入瑞士社会，甚至从未返回过自己的祖国。

而促使海耶克改变人生轨迹的，还有他的婚姻。还在黎巴嫩的时候，海耶克就爱上了一位从瑞士来到贝鲁特做互惠生的姑娘玛丽安娜·梅茨格，虽然他们的交往并没有得到海耶克父母的支持，但两个人还是在1951年结了婚。对爱情的追求，也成了他移民瑞士的一大动力。

玛丽安娜的父亲爱德华·梅茨格拥有一家小型铸造厂，专门从事火车制动蹄的制造，然而他本人却因为突发脑出血不得不住院。当时梅茨格家只有海耶克这个女婿能接手工厂的管理，他也因此意外走上了企业家的道路。

在接管工厂期间，海耶克展现了在营销上的胆识。他虽然只会说半吊子德语，但还是一个人去了杜塞尔多夫的国际铸造机器专业博览会，并且卖力推销，结果还真为这家小企业带来了瑞士联邦铁路的订单。通过这笔订单获得的资金，他们买下了之前只能靠租的厂房。

不过岳父恢复工作之后，海耶克只能无奈地把经营权完璧归赵，没过多久就自己出来单干。他从银行贷款几千瑞士法郎——海耶克说这是他一生中第一次也是最后一次从银行贷款——加盟了一家咨询公司，成立了其旗下分公司。

35岁这年，海耶克正式创业，在苏黎世创立了一家管理咨询公司——海耶克工程顾问公司。此时的他已经是炼钢和铸造领域小有名气的专家，并在企业重组等领域积累了不少经验。他的客户主要来自德国，特别是因为赶上了老牌工业区鲁尔区重建的东风，他获取了不少咨询委托，从此发了家。到1979年，海耶克公司已经在30多个国家拥有300多家客户，咨询的范围也不限于制造业，参与过德国家电企业德律风根（AEG-Telefunken）和瑞士铁路的重大重组，也不乏大众、宝马、西门子、雀巢等大型知名企业的业务，连瑞士军方购买坦克都来找他做评估。

此时，海耶克及他的公司和制表业的交集依然为零，直到接到一次来自银行的咨询委托。

这个案子不是别的，正是瑞士两大钟表集团ASUAG和SSIH因经营不善留下的烂摊子。它们的濒临破产，引发了各大放贷银行的极度不安。银行方面有观点认为应该让这两家企业倒闭，也有人考虑将中低端表业务卖给日本人，只做高价表。在争论声中，银行家们找到海耶克，请他编写一份关于如何以最好的方式清算制表业的报告，给两家企业做做“诊疗”。

斯沃琪集团创始人尼古拉斯·海耶克（1928—2010）

海耶克本人回忆，那时候的瑞士制表业就像是“一片混乱的丛林，到处都是一团糟”。但他认为导致危机的根本原因并不是那些廉价的石英手表，而是企业战略、结构、管理等方面更深层次的问题。但他相信瑞士制表业是有未来的——没有人怀疑瑞士表的质量，只是现在整个行业都沉迷于生产腕表的技术，而忘记了思考人们为什么要购买腕表。

他也反对出售瑞士制表的核心技术，在接受《华尔街日报》采访时曾说：我主张我们应该在自己的国家进行生产，当我们卖掉我们所拥有的一切，只注重金融经济时，我们就会变成沙特阿拉伯——非常富有，但必须进口所有东西。

海耶克开出的“药方”也尽是“猛药”，比如在针对ASUAG的报告中直接提出：解雇全体管理层。而更为大胆的操作，则是合并两大钟表集团。这两家公司虽然有着完全不同的企业文化，但足以取长补短。1983 年，ASUAG 和 SSIH 完成了合并，新公司在海耶克的建议下被分成了三个部分，分别负责成品表生产、零部件制造和新品开发。新公司在合并当年创造了 15 亿瑞士法郎的收入，亏损 1.73 亿瑞士法郎，相比之前有了很大起色。

除此之外，他还有一个“三层蛋糕”的理论。在报告中，海耶克将瑞士表的市场竞争环境形容为一层比一层小的婚礼蛋糕：

“当时，世界腕表市场年销量约为 5 亿枚。其中低端部分，价格在 75 美元左右，也就是蛋糕的底层，占了 4.5 亿枚；中间一层，价格在 400 美元左右，占了 4200 万枚；最高的 400 美元直到几百万美元的，占了 800 万枚……瑞士人在蛋糕最底层的市场中所占份额几乎为零，中间层的份额只有 3%，而在销量最小的顶层却占了 97%。”[1]

在他看来，瑞士制表业有种固有的傲慢，不屑于和日本、中国香港生产的所谓“垃圾表”竞争。然而瑞士表越退，亚洲表便越上一层。在两大集团合并的那段时间，还有日本财团想用 4 亿瑞士法郎收购欧米茄，控股欧米茄的银行差点就卖了，好在被海耶克及时制止。对此，他本人是这样回忆的：“有一天，一家日本钟表公司的总裁在美国对我说：‘瑞士可以制作奶酪，但做不了手表。你们为什么不以 4 亿瑞士法郎的价格把欧米茄卖给我们呢？’我告诉他：‘只有等我死了！’”

因此，海耶克发出呼吁：瑞士表需要在每个细分的市场至少有一个赢利的、有成长性的全球品牌，包括低端市场。

然而即便操盘了两大钟表集团合作，此时的海耶克对于瑞士制表业来说，仍然是一个局外人。毕竟他只是个顾问，可以建议，可以呼

1　数据来源：TAYLOR. Message and Muscle: An Interview with Swatch Titan Nicolas Hayek[EB/OL]. (1993-03). https://hbr.org/1993/03/message-and-muscle-an-interview-with-swatch-titan-nicolas-hayek.

吁，但没法直接插手。不过已经积攒了 2 亿瑞士法郎身家的他，一直很有兴趣投资一家制造业公司。有一次在和银行业大佬彼得·格罗斯吃饭时，对方给了他一个建议："为什么不投资新合并的钟表集团呢？毕竟你已经调查研究这么久了。"

于是事情就这样成了，1985 年海耶克从正想脱手的银行家们手里，买下了合并后的钟表集团 51% 的股份，终于当上了他梦想成为的实业家。这在当时是一个很划算的买卖，因为新集团的价值被银行家们大大低估了。

我们常说"不识庐山真面目，只缘身在此山中"，业内人在一个行业里浸润太久，思维方式难免固化，而现实的利益纠葛同样容易让人迷失。海耶克作为一个外人，自然没有这些包袱，看得清趋势，理得清问题，再加上大刀阔斧改革的魄力，正应了另一句诗——"不畏浮云遮望眼，自缘身在最高层"。

海耶克收购的新集团定名为 SMH（瑞士微电子钟表公司），他也完成了拯救瑞士钟表业的第一步——整合止损，而第二步就是向低端市场发起突击战，而他也发现，自己心心念念的武器，其实就在这家新公司里。

突击战占领市场：一款塑料表成了最锐利的矛

海耶克要找的这支矛，叫作 Swatch——一种用塑料做的石英表。

如今，这款表是全世界最畅销的瑞士表，2006 年销量突破 3.33 亿枚时，海耶克还曾放出豪言：到 2033 年突破 10 亿大关。这款表同样被认为"拯救了瑞士制表业"，因为它在产量与价格的战场上成功向亚洲石英表发起突袭，抢占大片市场，带来的巨大收益又被海耶克拿去收购更多品牌，充实集团的实力。

然而这款表在刚推出之时，却并不被看好。海耶克 1993 年在接受采访时说："10 年前，Swatch 团队的人提出一个疯狂的问题。为什么我们不能设计一款醒目的、低成本的、高质量的手表并在瑞士制造？银行家们持怀疑态度。一些供应商拒绝向我们出售零件。他们说我们会用这个疯狂的产品毁掉这个行业。"

那么，Swatch 究竟是如何实现逆袭，从一个无人看好的项目，成为瑞士制表业反攻的"最锐利的矛"的呢？这就要从 Swatch 的诞生说起，而把它带到世上的人，和海耶克一样，是个制表业的局外人。

这个人名叫恩斯特·托姆克（Ernst Thomke），在进入制表业之前是一个医生，还在英国的一个制药集团从事过研究工作。不过他并不安心于搞科研，跑去商学院读了管理学和市场营销，成功从实验室人员改行当上了制药集团的欧洲分部营销主管。他和制表业唯一的交集，就是年轻时在瑞士最大的空白机芯生产商 ETA SA 当过几年学徒。

结果没想到，石英危机的到来让他重新和制表业取得了联系。1978 年，托姆克从制药业转行重回老东家，临危受命担任 ETA SA 的总裁。

托姆克接任没多久，就卷入了一场被称为"薄表战争"的竞赛。

一般来说，石英机芯要比机械机芯更薄，而石英机芯究竟能做到多薄，日本人和瑞士人就此展开了"局部战争"。1978 年 5 月，日本西铁城率先将一款名为 Excell Gold 的腕表推向市场，这款表的厚度为 4.1 毫米；两个月后，精工就宣布推出一款更薄的石英表，整表厚度只有 2.5 毫米，在当时比任何一款手表都要薄。

相比之下，瑞士机械表又成了大而笨重的象征，让以技术为傲的瑞士人很没面子。靠投资伯爵等高端超薄表发家的美国富豪格里·格林伯格（Gerry Grinberg）也为此着急，直接掏出 200 万瑞士法郎作为赞助，托姆克则成为"瑞士超薄战队"的领导。

这个超薄机芯反击计划被以拉丁语命名为 Delirium，描述的是一种神志不清、语无伦次的病症，中文将之译为"谵妄"。给项目起这样一个名字，很有几分黑色幽默的色彩，但同时也表达了一种变不可能为可能的意志。

新的机芯短短几个月就出炉了。1979 年 1 月，“谵妄”新表一举成为世界上最薄的手表，厚度仅 1.98 毫米，比精工那款薄了 0.52 毫米，浪琴和绮年华还以此为基础推出了自家的超薄石英表。“谵妄”系列后来又出了几代，最薄的一款甚至达到惊人的 0.98 毫米，纤巧到几乎无法佩戴，因为一旦戴在手上，表壳就会被弄弯。不过这些超薄表并非人人都买得起的表款，甚至最初就是以金表的款式推出的，定位明显偏向高端人群。

“谵妄”的出现只是证明了瑞士人在石英表技术上不输给日本人，但落实到市场方面，却并非托姆克理想中的腕表。在他看来，批量化、自动化地生产物美价廉的手表，才是瑞士制表业翻身的关键。他还说过这样一句话：“（瑞士表的）未来在于成品的创新、积极的营销、批量销售以及行业的垂直整合。”

因此还没来得及庆祝，托姆克就带领他的小组投入了另一个项目的研究——Delirium Vulgare（意为“大众的谵妄”），定位是一款廉价的石英模拟表，针对低端市场。当时“谵妄”系列为了节省空间，直接将表壳底座当作机芯的底板，达到了化繁为简的效果。廉价表的项目继续沿用了这个设计，而为了进一步降低成本，还考虑将塑料作为表壳。这就是 Swatch 的雏形。

托姆克并非技师出身，他的思考模式更接近于一个产品经理，从客户的使用体验出发，去给技术人员提需求。而在此之前，向来是技师们做出什么表，销售人员就卖什么表。

而托姆克提出的需求，其苛刻程度不亚于某些难缠的甲方。比如，在当时机芯生产成本仍保持在 25~30 瑞士法郎的情况下，他要求新手表的价格不能超过 10 瑞士法郎；手表还必须是百分之百由瑞士制造，丝毫不考虑瑞士的高人力成本；同时还要完全自动化生产，功能上满足时分秒和日期的显示。

这个方案的提出，是在1979年的10月，很快就得到了ETA里两位年轻技师艾尔马·默克（Elmar Mock）和雅克·穆勒（Jacques Müller）的回应。

穆勒是一位制表师，而默克的身份就比较有意思了。他从比尔的工程学院毕业后，在ETA找了份工作。当时ETA的一位董事意识到高精度塑料零件对钟表业来说将变得非常重要，于是买了一台注塑机，但由于怕同僚反对，他又将机器伪装成化学材料，藏在阁楼里。结果默克就被这位领导指派用这台机器学注塑技术，为此他甚至还花一年时间考了个塑料工程的文凭。

看到托姆克提出的新表需求，默克和穆勒感觉机会来了。既然要节省成本，为什么不采用塑料表壳呢？再像“谵妄”一样把机芯和塑料底座接合在一起，能节省近一半的零件。设想虽好，但摆在面前的问题是，要开发塑料手表，他们首先需要买一台更好也更贵的Netstal注塑机，价格高达50万瑞士法郎。

但当时集团的规定是，ETA只负责机芯开发，不能涉足成品表制造，这两个人要干的事简直就是抢兄弟单位的饭碗，在违规边缘疯狂试探。当托姆克收到他们提出的高额采购申请表时，果不其然要两人亲自过来解释。据说约定的时间是1980年3月某日的下午1点，但默克上午11点才被告知，结果只能花2个小时准备材料。

时间有限，默克和穆勒只能拿起粉色和蓝色铅笔画了一张草图，展示了如何在塑料表壳的底部搭载机芯，然后将有机玻璃表镜密封焊接在上面。会面当天，托姆克心情不太好，一见到默克劈头盖脸就是一顿批评：企业这么困难为什么还要花50万瑞士法郎去买台没用的机器？结果看到草图的时候，托姆克立刻意识到了这就是自己想要的东西。还有说法是，当时他非常兴奋，叫道：“就是它，我已经等了一年多了！”

很快，默克和穆勒就接到上级通知：停止手头的工作，你们现在有6个月的时间去完成这个塑料手表项目，而且要绝对保密。当然，托姆克也想办法瞒天过海帮他们把机器买了。

于是，默克和穆勒搬到了ETA的一个隐秘的办公室，一周工作7天，每天18个小时。在半年的时间里，他们做出了第一个样表，但结果发现指针装反了。于是托姆克又宽限了更多的时间，终于在1981年12月做出了5个能够正常工作的样表。就这样，默克和穆勒用80万瑞士法郎的初始投资，造出了一个创造了上亿营收的产品。不过默克本人说，他并没有从中获得什么好处，手表上市一年，才得了700瑞士法郎的奖金。

这款廉价的塑料手表，成功将零件数目从常见的91个减少到只有51个，比瑞士生产的任何其他手表至少便宜三分之一，而且质量并不差。默克认为他们最大的创新，其实是使用超声波焊接技术将机械装置直接构建到外壳中。因为螺丝本身并没有那么靠谱，你能把一个螺丝拧紧，那它同时就有松脱的可能。所以一切都是焊接成的，这样也达到了托姆克当时提出的防水要求。然而焊接意味着这款表不能被拆解，也不能被维修，因此必须生产一些不需要维修的高质量产品。当然这个特点后来也成为市场推广时的一个争议点，抑或说是广告点。

样表做出来了，下一个问题就是起个足够简洁又朗朗上口的名字。

这个任务落到了托姆克聘请的营销顾问弗朗茨·施普莱歇（Franz Sprecher）身上。据说施普莱歇当时足足想了五六十个名字，而合作的纽约广告公司建议产品名最好能让买家把腕表和瑞士制造联系起来，比如Swisswatch、Second Watch、S'Watches等等。最后这些词被简化为S-Watch，等到施普莱歇坐上从美国返航的飞机，他又大笔一挥去掉了连字符，造出了Swatch这个新单词。

后来随着Swatch营销理念的明确，这个词中的S不只代表瑞士

（Swiss），而更强调 second（第二）的概念，即手表不再是一种昂贵的奢侈品、单纯的计时工具，人们也可以像购买时尚配饰一样，拥有两块或两块以上的手表。毕竟没有人会只买一条领带、一双鞋，表也一样，是可以随着心情、搭配轮换着戴的。

但 Swatch 刚推出的时候，并没有一夜爆火，反而招来了不少反对的声音。默克后来回忆说："每个人都反对它，他们说这充其量只是一个促销品，没人相信会有任何一块瑞士表是用塑料做的。"

最初的 Swatch 黑黢黢的，激不起人的购买欲望。在有识之士的建议下，Swatch 迅速转变策略，开始在手表的颜色上大做文章。托姆克对此解释说："虽然自动化生产过程限制了腕表设计师的自由，无法改变表的形状，但我们可以玩转表盘、颜色和表带。在此之前，手表的材质要么是黄金，要么是钢，但我们的是塑料，因此颜色想怎么玩就怎么玩。"

1983 年 3 月 1 日，12 款 Swatch 腕表在苏黎世正式发售，只有 51 个零件，搭载石英机芯，色彩时髦。产品定位是"嘀嗒作响的时尚配饰"，是追求时髦的人轻轻松松就可以入手的"第二块腕表"。施普莱歇说他最喜欢的一句营销口号就是"你不会每天都打同样的领带吧"，而 Swatch 就像领带一样，总是多几块才好。

海耶克与多彩的 Swatch 腕表

而海耶克后来总结说："我们不仅仅是在销售一种消费品，我们销售的是一种情感产品。你把表戴在手腕上，紧贴皮肤。你一天有 12 个小时，也许是 24 个小时戴着它。

它可以成为你自我形象的一个重要部分。如果我们能在产品中加入真正的情感，并以强烈宣传猛攻大众市场，我们就能成功。”

当然，看不上 Swatch 的还是大有人在。有人抱怨这款表走时的声音太大（因为机械装置直接焊接在表壳上会产生振动），这本来是个缺点，但 Swatch 的营销鬼才们反其道而用之，提出“如果一块表没有嘀嗒作响，它就不是 Swatch”。也有人质疑这款表为什么不能维修，对此 Swatch 也泰然处之：去修理它要比买块新表贵得多，而且我们的表质量很好，甚至永远都不用修。

Swatch 在 1983 年的销售目标是 100 万只，次年为 250 万只，凭借积极的营销活动和非常亲民的价格，它在市场上很快就收获了人气。

笔者参加斯沃琪集团 Time to Move 活动时收获的一枚 Swatch 主题纪念表

他们最出名的营销活动，就是在法兰克福最高的德国商业银行大楼上挂了个巨幅的 Swatch，这块“表”高 162 米、重 13 吨，颜色是极为显眼的黄色，从楼顶垂下整整覆盖了22层楼。整幅广告传递的信息只有三个：“Swatch”、“瑞士”和零售价格“60 马克”。虽然银行主席觉得他们疯了，但此举一出，媒体蜂拥而至，整个德国都知道了 Swatch。后来他们还在东京银座挂了巨型腕表，反击战已经打到“敌军大本营”了。

这款表在美国尤其受欢迎，这和 Swatch 美国总裁麦克斯·伊姆格鲁斯（Max Imgruth）的卖力营销分不开。他把 Swatch 放在百货商店而不是腕表珠宝店里售卖，两年内将营业额从 100 万美元提升至 7500 万美元。他本人经常左右手各戴一块 Swatch，一块显示当地时间，一块显示瑞士时间，搭配他亮眼的格子夹克和花领带。每当有人问他为什么戴两块表，他总会说：因为我忘了戴第三块。

海耶克在拍照的时候就更厉害了，两只手各戴四块表，除了他后来收购的高端腕表，也会留个位置给 Swatch。

最初 Swatch 的售价在 39.9 瑞士法郎到 49.9 瑞士法郎不等，但在同年秋季标准化为 50 瑞士法郎。然而这款表的生产成本只要 10 瑞士法郎，后期还一再下降，可以说这是稳赚不赔的生意。

1985 年，Swatch 还首次尝试与知名艺术家合作。第一款艺术纪念表的制作邀请了法国艺术家琪琪 · 毕加索（Kiki Picasso）。这款表很有创意，随着时间走动，表盘上画作的色块颜色也会变化，只制作了 140 枚，其中还有 20 枚被斯沃琪公司收藏，1990 年在苏富比的拍卖会上甚至拍出了 6 万美元的高价。在此之后，每隔一段时间，Swatch 都会邀请不同艺术家来设计，或者时不时推出一些限量款。这甚至创造了一批以收藏 Swatch 为乐的收藏家，一些特别的款式还引发了狂热的竞标，溢价高达 20 倍。

佩戴 Swatch 的名人也不少，比如法国前总统奥朗德、黑石集团创始人苏世民等。当年富商邢李㷧向林青霞求婚时，就送了一只价值 50 美元的 Swatch，表盘上的数字完全是乱序的，上面还写着一句话：你不再生活在一个朝九晚五的世界里。

Swatch 推出的同年（1983 年），瑞士两大钟表集团在海耶克的建议下合并为 SMH。有说法称，直到此时，ASUAG 的董事会才得知托姆克理想远大的“Swatch 计划”，因为他需要董事会给他批钱。那时候能理解托姆克的人并不多，但海耶克却觉得英雄所见略同（托姆克对征服低端市场的执着与海耶克的蛋糕理论几乎如出一辙），对他留下了深刻的印象，并帮助他争取了资金。

1985 年的秋天，海耶克正式成为 SMH 的大股东。此时的 Swatch 已经卖出了 1000 万枚，而第 1000 万枚腕表，还被海耶克当作礼物送给了瑞士联邦委员会委员库特 · 福格勒（Kurt Furgler）。

海耶克认为，Swatch 打破了人们的一大惯性思维，证明了即便是在瑞士这样高人力成本的国家，依然可以以低成本生产高质量、高价值的大众市场消费品，而这就需要在设计、生产和营销方面对整个体系进行彻底的革新。海耶克说：当新集团刚创立时，人力成本超过总成本的30%，而10年后已经远远低于10%，“即使日本工人不要工资白干活，Swatch依然能够赚取相当数量的利润”。

Swatch也确实成了集团中的摇钱树，1986年SMH的收入攀升至12.5亿瑞士法郎，离不开这头“奶牛”的贡献。而瑞士对外贸易统计显示，“非金属腕表”的出口额从1980年的1340万瑞士法郎上升到了1985年的2.259亿瑞士法郎，显然Swatch在这个品类中占有非常重要的地位。[1]到1992年，Swatch的产量已经突破1亿枚。

有了Swatch带来的利润，海耶克也有了更多的钱去投资新工厂，收购更多品牌。可以说，瑞士机械表的复兴，恰恰是建立在这款廉价塑料石英表基础上的。

新事物的诞生，总是会经历重重阻力和质疑，Swatch的成功建立在“道”与“术”结合的基础上，“道”既是市场洞察与定位，也是对产品的信心，而“术”则是更新的生产方式与更大胆的营销策略。五彩斑斓的Swatch，无疑像一股清风，吹进了那个满是灰色的瑞士制表业。

打持久战，搭建品牌金字塔

海耶克接手了由两大钟表集团合并而来的SMH，同时也接手了它们原来拥有的诸多品牌。

ASUAG这边的“王炸”就是浪琴，同时还拥有雷达表、雪铁纳、

---

1 数据来源：DONZÉ P Y. A Business History of the Swatch Group[M]. London: Palgrave Macmillan, 2014: 34.

美度[1]，有些品牌则在合并过程中被卖掉了，比如豪利时[2]就被管理层收购；SSIH 的王牌则是欧米茄，此外还有天梭，这个集团的诞生就是源自这两家公司的合并。SSIH 在 1974 年还收购了美国品牌汉米尔顿，当时汉米尔顿的 Pulsar 电子表才火过一轮。

不过这些品牌的经营情况大多都不容乐观，当时集团里唯一一个保持增长的中端品牌就是雷达表。

雷达表成立于 1917 年，到二战结束时是业界知名的机芯生产商，战后在创始家族的女婿保罗·吕蒂（Paul Lüthi）的领导下进军成品表市场。和摩凡陀一样，雷达表的品牌名 Rado 也来自世界语，意思是“车轮”。

雷达表之所以能一枝独秀，和“偏门”的赛道选择分不开。比如其他表商专注机芯研发，而雷达表的关注点却是新材质的应用，一下就和别家区分开来。其中最具代表性的，就是 1962 年发布的钻星（DiaStar）表款，这是世界上第一款防划伤腕表。

雷达表 1962 年发布的钻星表款

在 20 世纪五六十年代，流行的腕表材质是黄金和钢，而吕蒂发现，这些材质的手表通常会产生难看的划痕而不得不进行抛光，这让来自亚洲的客户尤其不满意。当时雷达表的设计师向他建议，可以尝试用碳化钨硬金属制造腕表，这种材质在工业生产中展现出极强的耐磨属性，甚

1　美度（Mido）1918 年创立于瑞士比尔，创始人名叫乔治·G. 沙隆（George G. Schaeren），品牌名称来自西班牙语 Yo Mido，意为“我衡量”。

2　豪利时（ORIS）1904 年成立于瑞士荷尔斯泰因，品牌名源自公司附近的一条小溪。20 世纪 60 年代末雇员超过 800 人，每年生产 120 万个各类腕表和时钟，在石英危机的打击下雇员仅剩数十人。1982 年发起管理层回购，随即宣布停止石英表生产，专营机械计时器。

至可以用来保护钻头。钻星便是由碳化钨表壳和蓝宝石水晶玻璃组成，有评价称这款表即使 10 年后看起来也像是刚从店里买来的那样。这个系列后来几经迭代，大获成功，甚至帮助公司度过了 70 年代的危机期。[1]

在市场选择上，雷达表也不走寻常路。其他瑞士表注重欧美市场，他们偏偏主打中东、印度和远东地区。雷达表在海湾地区的市场尤其稳固，前品牌 CEO 马蒂亚斯 · 布瑞尚（Matthias Breschan）曾透露其中缘由：这是因为在中东送礼是非常重要的事情，而雷达表耐刮擦的特性，能保证礼物经过 10 年、20 年、30 年都能看起来和最初的样子相同，这一点非常被客户看重。

改革开放初期，雷达表在中国投放的街头广告

有意思的是，雷达表还是改革开放后最早在中国打广告的瑞士表品牌。早在 1979 年，他们就在上海的电视台投放了长达 1 分钟的广告，推广“永不磨损型系列”，同时也出现在《文汇报》的广告栏上，广告词是“雷达表——现代化的手表”。这是新中国成立后第一个外国商品发布的媒体广告，由此成为一代中国人的记忆。

不过对于海耶克来说，在大众和中端品牌之外，他还需要树立一个响亮的、能够与劳力士等名牌抗衡的高端品牌，最后获得这个资格的是欧米茄。

作为知名老牌，欧米茄在制表界有着很高的声望，在市场上也具

1　到了 80 年代中期，雷达表的工程师们又发现了一种从未被用作制表的新材料——高科技陶瓷，这种材料之前常被用在 F1 赛车乃至宇宙飞船的隔热层上。1986 年，雷达表以此为基础推出了 Integral 精密陶瓷系列腕表，也开了先河。

有知名度。对于海耶克来说，他需要做的就是帮欧米茄梳理产品线，提高品牌附加值，并且恢复盈利。

经过改革之后，欧米茄焕发了新的生机。当时间进入20世纪90年代，他们又大力开拓了新兴的中国市场，还制定了品牌大使的营销计划。在重新推出星座女士腕表时，他们找来名模辛迪·克劳馥担任大使，而且不只是拍拍广告这么简单，还邀请她参观工厂、协助设计手表，这样的营销法则在今天已经成为很多腕表品牌的常规操作。

除此之外，"007"詹姆斯·邦德也戴上欧米茄，两者的合作一直延续到今天。说句题外话，"007"系列电影也称得上是腕表史的见证者了，20世纪60年代的邦德戴劳力士潜水表，到了七八十年代紧跟潮流换上了精工等石英表，90年代之后又和欧米茄深度绑定，开创出腕表营销的新玩法。

从20世纪80年代末到90年代初，海耶克一直致力于完成自己的品牌金字塔，但还差塔尖的部分没有建成，他的版图中还缺少顶奢品牌，而为了实现这个目标，海耶克义无反顾地投入奢侈品集团的收购大战。这些发生在90年代的故事，我们留到下一章再讲。

在这场"瑞士制表保卫战"中，海耶克打了三场仗。第一场为阻击战：通过集团合并及时止损。第二场为突击战：利用Swatch席卷低端市场，生生抢夺出一片领地。第三场为持久战：对整个集团的生产方式和品牌定位进行了合理有效的重组，通过ETA机芯工厂整合制造流程，降低成本；对旗下品牌进行互补性的重新定位，精简产品线，一步步夯实"蛋糕理论"，建起品牌金字塔；以及依靠大集团的力量，建立国际分工，推动全球品牌战略。这些措施，让海耶克赢得了银行的信任，新的贷款大量涌入，整个行业也随之回暖。

海耶克的这些举措，大有"高筑墙，广积粮"的意思，只不过他并不是"缓称王"的性格，使得竞争对手们常批评他太过高调，喜欢把别人的功劳揽在自己身上。但不可否认的是，时势造英雄，瑞士制表业在那个年代需要大手笔的“破”与“立”，需要一双强有力的手把他们拽出泥潭。所以说，在最困难的时候，能有海耶克、托姆克这样的局外人“搭把手”，瑞士制表业无疑是很幸运的。

运动表跑出新赛道，天才设计师引领突围战

经过第二次世界大战的洗礼，飞行表、计时表、潜水表等品类获得了长足的发展，到了战后更是从军用扩大到民用领域，从作战用表转变为服务于普通人的运动表。

运动表的流行离不开劳力士的“明星效应”，他家的“水鬼”潜航者型潜水表、宇宙计型迪通拿计时表诞生在20世纪五六十年代，直到今天在腕表市场都保持着火热的态势，甚至成为流行文化的一部分。

比如劳力士“水鬼”在20世纪60年代就屡屡亮相大银幕，肖恩·康纳利扮演的“007”詹姆斯·邦德在接连四部电影里都戴了一枚潜航者型6538，镜头还会给到腕表特写。如果说早年人们戴“水鬼”只因为它是一枚专业潜水表，那么到后来却是即便不潜水也会佩戴，因为这块表会传达出一种信号——表主是个有钱有闲又阳光爱运动的人，就像“007”一样。同理，戴迪通拿的人就算不开赛车，也好像心中怀着速度与激情，像保罗·纽曼一样酷。

电影《诺博士》中扮演“007”的肖恩·康纳利

由此，运动表又发生了一次嬗变。从军用的专业表到民用的专业表是第一变，而这一次是跳出工具表的窠臼，成

为表主个人性格与生活方式的象征。到了 1969 年，劳力士干脆出了一款 18K 金的“水鬼”，将原来朴实无华的工具表一下带入了豪华表的范畴。贵金属不再是正装表的专属，很多运动表也开始同时推出精钢、18K 金、白金、间金等款式。

而到了 70 年代，更加颠覆过往常识的事情发生了。一些表用着入门级品牌爱用的钢材质，却装着高级制表品牌的机芯；表圈阳刚粗犷、表链一体成型，却又不吝惜在细节处用上顶级的打磨工艺；既可搭配运动装备，也可以搭配西装革履……

这些表如今被称作豪华运动表，以爱彼皇家橡树、百达翡丽鹦鹉螺、江诗丹顿纵横四海等为代表，在最近几年极为火热，因为产量有限、二级市场爆炒等，结果出现了钢表比金表卖得还贵、买一块表要排队等 10 年等诸多现象。

像被称为“钢王”的百达翡丽鹦鹉螺 5711/1A 型号，其经典的蓝盘款式一开始的公价为 18 万元人民币，之后一路上涨，宣布停产后 2022 年欧洲市场价格最高点曾超过 130 万欧元，之后才有所回落。[1] 2021 年底一款百达翡丽与蒂芙尼联名的鹦鹉螺 5711，经拍卖最后含佣金价格约合人民币 4139 万元，达到了匪夷所思的程度。[2]

虽然火到今天，但豪华运动表却诞生在石英危机爆发的初期。有趣的是，这一品类一开始就主打高级制表、高阶定价，相当于绕开石英表的“马其诺防线”，来了一场突围战，靠创新开辟出一块新市场。

而说到豪华运动表，就不能不提一个人的名字，那就是腕表设计大师杰罗·尊达。这个被称为“钟表业毕加索”的男人仿佛自带“金

---

1 数据来源：RAU. Price development of the Patek Philippe Nautilus: A forecast[EB/OL]. (2022-01-20). https://www.chronext.com/journal/deep-dive/price-development-of-the-patek-philippe-nautilus.

2 数据来源：FRANK. Patek Philippe’s Tiffany Blue Nautilus watch fetches $6.5 million at auction[EB/OL]. (2021-12-13). https://www.cnbc.com/2021/12/13/-patek-philippes-tiffany-blue-nautilus-watch-fetches-6point5-million.html.

手指”：曾用一夜时间创造出爱彼皇家橡树，用5分钟画出百达翡丽鹦鹉螺，“两大金刚”都是他的亲儿子；从目前极具市场潜力的江诗丹顿纵横四海中也能看到其风格的影响，引领了20世纪70年代豪华运动表的走向。

而他的传奇，则要从一个电话说起……

爱彼皇家橡树：一夜赶工的设计，却流行半个世纪

1970年4月10日，巴塞尔钟表展开幕前一天，下午4点。腕表设计师杰罗·尊达接到了爱彼总经理乔治·格雷的电话。这通电话的内容很简单，格雷说：“尊达先生，有一家经销商要求我们提供一款前所未有的精钢运动表。我希望它是全新的，具有防水功能……我想在明天早上看到设计草图。”

乔治·格雷（1921—1987）

第二天，尊达如约交上了设计稿，只花了短短一个晚上，而他所创造的就是豪华运动表中的经典——爱彼皇家橡树。

爱彼这个品牌我们在第四章里曾经专门介绍过，是一个坚持“小而美”、专注于高级制表的家族企业。20世纪50—70年代的20年间，乘着瑞士表黄金时代的东风，爱彼从一个只有35人的小厂发展成拥有84名员工、每年能生产近6000块手表、营业额接近1000万瑞士法郎的公司[1]，不过规模依然说不上有多大，还坚持着少量制作的方式，过

1 数据来源：Audemars Piguet. Birth of an Icon [EB/OL]. https://apchronicles.audemarspiguet.com/en/article/birth-of-an-icon.

得还算不错。

1970年算是石英危机的酝酿期，精工做出第一款石英表还不到一年，瑞士制表业还沉浸在盛势的余晖中。就是在这个时间点，爱彼接到了一个令他们感到意外的委托，这个委托既可以说是机会，也可以说是赌博。

委托来自当时爱彼的三个重要经销商——都灵的马尔基、洛桑的鲍蒂和巴黎的多罗，他们有着最敏锐的市场嗅觉，被称为“三剑客”。巴塞尔表展开幕前，剑客们约见了爱彼总经理乔治·格雷，向他提了一个前所未见的要求：设计一款钢表，必须既运动又时尚，符合当下高品位人士的日常生活场景，生产量要足够大。

这个概念在当年还是蛮新鲜的，甚至有点天方夜谭。毕竟当时钢表的市场已经有不少成功的款式，比如劳力士蚝式表、欧米茄海马、泰格豪雅摩纳哥等等。更要命的是，对于“时尚”“高品位”的要求，就少不了增加多种装饰，使其成本直追金表，而用金表的价格卖钢表，基本上等于自杀。

设计成什么样子要赌，做不做得出来要赌，卖不卖得动要赌……即便充满了未知数，但格雷还是决定——赌！作为一个企业的掌门人，他敏锐地感觉到了当时外部大环境的变化，在危机到来之前，何不未雨绸缪？当然，他之所以有底气接下这个高难度的委托，还因为掌握着一大“撒手锏”，那就是腕表设计师杰罗·尊达。

杰罗·尊达（1931—2011）

尊达1931年出生在日内瓦，15岁开始在珠宝行业当学徒。尊达年轻时喜欢绘画，对珠宝设计充满了热情，然而战后经济不景气，瑞士的珠宝业也不甚发达，因此早期他接到的工作总是和腕表相关，比如帮制表师设计表壳、表盘、表链等等，就这样和制表业越走越近。

早年间他的很多设计都是以 15 瑞士法郎的价格出售，好在数量颇多。尊达在采访中表示，自己“设法赚了很多钱”，客户遍及美国、意大利、法国、德国。最早的一批客户是 Benrus、汉米尔顿等美国品牌，后来他得到了和瑞士品牌签约的机会，如 Universal、欧米茄和爱彼，不过大多是这些品牌供应商的外包。尊达为 Universal 设计的 SAS Polerouter（一款纪念斯堪的纳维亚航空公司极地航班的腕表）十分成功，他还通过外包的形式，参与了欧米茄星座系列的设计。

在圈内有了一定知名度之后，很多知名品牌也找上尊达，而他也逐渐展现了自己不走寻常路的风格。比如劳力士 1964 年推出的 King Midas，样子像个倒放的房子，设计灵感来自希腊帕特农神庙，是当时市场上最重的金表，也是摇滚巨星猫王的爱表。

尊达和爱彼的合作更加紧密，从 1953 年出售第一批设计开始，大概持续了 20 年。其间，他还和格雷成了朋友，要好到戴同一款式的爱彼金表。尊达甚至连续 3 年在巴塞尔表展上帮爱彼“站柜台”，除了负责将手表安装在展示柜里，还去介绍新产品，几乎是个“编外员工”。因此，当需要设计这样一款豪华、时尚又运动的钢表时，尊达就是格雷的不二人选，于是便有了那通载入史册的电话。

听到格雷的需求，尊达的第一反应是“这简直是疯了，不知道有什么魔法可以在一个晚上创造出这样一个东西”。这么说也并非夸张，毕竟当时要设计一只腕表，正常来说还是要花几个星期，最少也得画上几十张草图的。而且当时根本没有电脑，所有图都要徒手绘制。

不过作为一个天才型选手，苛刻的条件没有难倒尊达。1970 年 4 月 11 日，经过一个通宵的奋战，他就交出了设计草图，而且还是“一稿过”。

今天的皇家橡树有着让人一眼即识的特点：八角形表圈、8 颗外露的六角形螺丝、一体成型的表带……这些都是从设计草图中延续下来的美学元素。

至于设计灵感从何而来，尊达是这样解释的："在听到防水性的需求之后，我就想起小时候在日内瓦的机械桥上看到的画面。一个潜水员戴上头盔，头盔上是八颗螺栓和橡胶密封圈。于是我便想模仿潜水头盔来设计表壳，它像头盔保护潜水员一样，来保护机芯。"[1] 而八角形表圈是为了方便嵌入 8 颗螺丝。[2]

杰罗·尊达绘制的皇家橡树腕表设计图

八角形的表圈在那个年代十分罕见。真力时在 1969 年推出的一款 Defy 系列钢表，倒是采用过八边形表壳搭配十四边形表圈的设计，但风格上要比皇家橡树秀气不少。

尊达不只负责设计，本着"帮人帮到底"的原则，还自告奋勇当起了原型表的监制，负责和制造商对接。然而这项工作极其不轻松，每一步都问题多多。

表壳首先就是个大难题。制造商 Favre-Perret 是瑞士有名的大厂，但问题是他们的工匠根本不知道该用什么样的工艺加工精钢材质。毕竟当时钢材质多是作为贵金属的低端替代品，没有人会想到要用加工黄金的精细度来加工钢。而且八角形表圈的设计让这款表的切割面比普通腕表更多，人为增加了难度。单体式防水表壳也是他们从来没做过的。

一开始制造商并不想接这个单，但尊达一边猛灌鸡汤一边详细解

1　也有观点认为他这一说法只能解释六角形螺丝的来源，毕竟没有一个潜水头盔是八角形的。但尊达也曾说过，表圈设计成八角形恰恰是为了放下 8 颗螺丝。

2　有一种比较流行的说法认为表圈形状是对"皇家橡树号"战列舰炮口（一说舷窗）的重新演绎，但实际上"皇家橡树"这个名字直到 1971 年才从一众备选中敲定。此外，爱彼博物馆前馆长马丁·威尔利还提供了一种更有趣的说法：表圈灵感可能是来自日内瓦办公室里的一台八角形包裹称重机。

说，硬是说服了对方，一个设计师兼任产品经理的角色也是不容易。但攻克技术难关需要时间，所以原型表只能先采用白金材质打造，加工钢表比加工贵金属还困难，也恰恰说明了皇家橡树的独特。后来正式生产的皇家橡树表壳，结合手工镜面抛光、拉丝和缎面处理，展现出不输贵金属的光泽感，细腻夺目，给钢铁带来了钻石切面的感觉，豪华感也油然而生。

表壳制作已经够难，一体成型表带的制作更是难上加难。

尊达设计的这款表带，看似是一条钢带，但其复杂程度在腕表史上都是数一数二的。整条表带呈现“递减式”的链节结构，共包含了154个部件，其中有34个是有着不同尺寸的，用精钢加工的难度很高。当时尊达找了表带制造的翘楚 Gay Frères 公司，结果连他们都没能达到爱彼要求的精加工程度，最终表带和表壳都需要送回爱彼的工厂再进行手工打磨。这样的复杂性反倒让皇家橡树难以仿制，毕竟光是仿造一条表带的开支可能就会让整个“项目”赔得底儿掉。

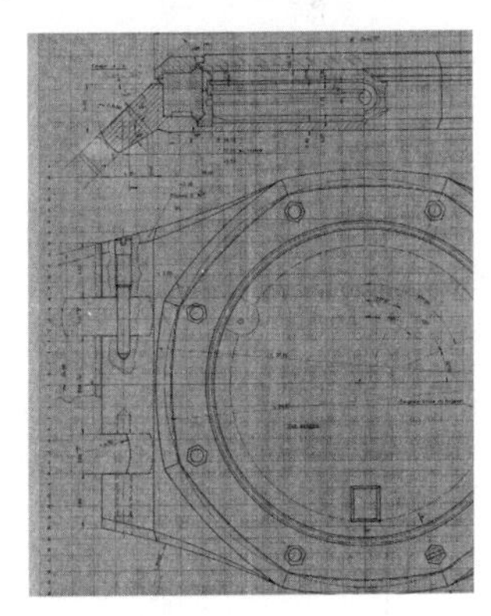

早期皇家橡树表带工艺图纸

相比之下，表盘的制作阻碍要小很多。尊达幸运地从斯登兄弟公司那里找到7台即将报废的格纹雕刻机，顺利做出了著名的 Petite Tapisserie 纹饰[1]，并在制造商的帮助下成功调出了满意的“夜色蓝”颜色。

---

1 Tapisserie，直译过来的意思是“花毯”。要做出这种纹饰，需要一种老式雕花机，在表盘的金属底版上雕刻出一个个非常小的立体方格，这些小方格看上去像是平顶的玛雅式金字塔，数量可达700个之多。与此同时，小金字塔之间的细格槽还要切割出钻石菱格纹，数量多到以万计，以求四个内面都可以反光，让这个表盘显得好像编织的一般。Petite Tapisserie 后来又演变出了尺寸更大的 Grande Tapisserie 和 Mega Tapisserie。

除了外观工艺讲究，机芯也不含糊。第一款皇家橡树的机芯 Calibre 2121，厚度只有 3.05 毫米，源自积家开发的 920 机芯，也是当时世界上最纤薄的配有中央摆陀和日历功能的自动上链机械机芯。这款机芯相当长青，一直用到近几年。

一切准备就绪，剩下的就是起名字，而这个名字必须响亮、好记、形象，并且能够传递品牌价值。

经过一番“头脑风暴”，这款全新的八角形腕表不知为何同“狩猎”“荒野”等意象扯上了关系，大概是因为想要“运动、阳刚”的感觉。备选名字包括：Safari（游猎）、Excalibur（圣剑）、Surfrider（冲浪者）、Kilimanjaro（乞力马扎罗）、Canyon（大峡谷）、Grand Prix（大奖赛）……Safari 一度成为暂定名，谁能想到爱彼的腕表差点就和苹果电脑的浏览器撞名。

直到 1971 年 12 月 2 日，“皇家橡树”（Royal Oak）这个名字才出现在品牌的档案中，而提出这个名字的，正是“三剑客”之一的意大利经销商马尔基。

这里的“皇家橡树”，指的是英国皇家海军“皇家橡树号”战列舰。历史上以此命名的战船一共有 8 艘，最早可以追溯到 1664 年，而最后一艘是舷号 08 的战列舰，整整服役 25 年，在 1939 年 10 月 14 日被纳粹德国的 U–47 潜艇击沉。

“皇家橡树”这个名字本身，背后也有一个故事。这个故事要追溯到 1651 年，那年查理二世的保王党军队迎战克伦威尔的新模范军，双方兵力悬殊，很快就战败了，查理二世只能乔装成农场帮工逃跑。本来他们想渡河前往威尔士，但因为守卫森严，不得不折

20 世纪 20 年代英国海军的“皇家橡树号”战列舰

返。危急时刻，一户大宅收留了国王一行。为了躲避追兵，查理二世藏到了大宅院子里的一棵橡树上。当他躲在树上的时候，还有一名克伦威尔的士兵从树下走过，可谓命悬一线。

最后查理二世还是逃出生天，在克伦威尔死后成功复辟，当年帮助过他的人都被论功行赏。国王躲在橡树上的故事也广为流传，那棵树被赋予了“皇家橡树”的称号，成为英国的一个文化符号。除了以其命名的 8 艘战舰，“皇家橡树”还是英国酒吧最常用的名字之一。

爱彼选这个名字来为新表命名，可以说是一大妙招，不仅充满了故事性，还赋予了腕表“可靠”“守护”的象征意义。

1971 年 4 月，又是一年巴塞尔表展，格雷带来了皇家橡树的白金款原型表。“三剑客”中的马尔基和鲍蒂同意各自订购 400 只，皇家橡树的量产也提上了日程。之后的研发工作又持续了一年时间，此时尊达已经不再事必躬亲，而是忙着去准备推出自己品牌的第一款手表[1]了。

这就苦了爱彼的制表师们，他们以往的工作突出的都是一个“巧”字，超薄机芯、镂空工艺之类都不在话下，但现在送来的这个“铁疙瘩”到底是个什么鬼东西？然而时间紧迫，他们也只能先硬着头皮上，再摸着石头过河，光是手工二次打磨的活就没少干。而且爱彼当时也没有测试车间，老板雅克·路易·奥德马斯不知从哪儿找来一罐“和世界最咸海水浓度一致”的水，把皇家橡树就挂在罐子里。

紧赶慢赶总算在巴塞尔表展之前赶出了 20 枚。1972 年 4 月 15 日，皇家橡树正式亮相。当时爱彼在表展的展位并不大，只有 60 平方米，对面的浪琴和 SSIH 展位都足足比它大两倍。皇家橡树作为新表，也没有被大张旗鼓地宣传。

不过业内人士很快就关注到了这款表，有人向尊达表示祝贺，并

---

1 这款表在第二年的巴塞尔表展上与皇家橡树同时亮相，采用了“金克木”的设计，22K 金质表盘，木质表圈，上面点缀 13 颗金质螺丝。

表示已经替卡地亚总裁预订了一枚，甚至有传闻说伊朗的巴列维国王[1]早早就预订了白金款原型表。但皇家橡树的定价，还是让不少人觉得爱彼真是疯了。原因也很简单：

首先，3300 瑞士法郎的售价，对一块钢表来说真的太贵了，毕竟当时最贵的钢表也只卖到 850 瑞士法郎，劳力士潜航者型在意大利售价不到皇家橡树的三分之一,万国的工程师系列则不到其四分之一，其他钢表更加便宜。用直逼百达翡丽金表的价格卖钢表，皇家橡树从一开始就不被看好，连格雷本人都曾说“我想我们是疯了，如果卖不出去就回收机芯，报废表壳和表链”。

其次，第一枚皇家橡树 39 毫米的直径、怪异的八角形表圈，在当时“以小为美”的主流审美眼中太过巨大、笨重，而且非常“不爱彼”，毕竟他家从来都是以复杂功能和贵金属正装表闻名。因此首枚皇家橡树还得了个“Jumbo”（巨无霸）的称号，这个绰号最早是用来称呼 19 世纪 80 年代伦敦动物园里的一头大象的。

倒是广告公司很善于利用这些“缺点”，他们在广告里打出了“世界上最昂贵的钢表”“是什么让钢铁比黄金更有价值？”“你买伦勃朗的画难道是为了画布吗？”这样的口号，先引发大众好奇，再引导人们了解背后导致“铁比金贵”的工艺。在广告的包装下，能够欣赏皇家橡树的人也成了“不满足于普通腕表的”精英，毕竟“戴皇家橡树需要的不仅仅是钱”。

对于爱彼来说，推出皇家橡树依然是一次不小的商业冒险。爱彼博物馆前馆长马丁·威尔利回忆，当年他参加展会时曾听到业内资深人士说，“希望皇家橡树这种激进的设计让爱彼破产，这样就可以买下

---

1 穆罕默德·礼萨·巴列维是伊朗的末代国王，1941—1979 年在位。这位国王非常喜欢收藏腕表，除了最早的皇家橡树，还公开佩戴过一枚爱彼 Cobra 18K 白金腕表，他也是百达翡丽鹦鹉螺最早的主顾之一，还收藏了诸多劳力士定制款。江诗丹顿还曾为他定制一枚金怀表，上面雕刻着他挥手的画像。

他们了”。不过格雷在皇家橡树推出的第二年却用“最畅销”来形容这款表的销路，还把广告预算增加了一半，他甚至开始担心人们提到爱彼时只会想到这个明星表款了。

初代皇家橡树腕表 5402ST

第一款量产皇家橡树的型号是 5402ST。也许是格雷有意控制，直到 1976 年这个型号都是爱彼唯一生产的皇家橡树，这四年里每年都保持 500~600 枚的产量，虽然现在看来不多，但对于一向产量不高的爱彼来说，这个数量已经很可观了。

后来的皇家橡树也不再局限于钢表，光是在 1977 年这一年，就推出了黄金、间金、白金三个款式，其中黄金和间金款迅速征服了意大利市场。在尊达离开之后，女设计师杰奎琳·迪米耶（Jacqueline Dimier）成了皇家橡树的设计师，爱彼又在 1976 年推出第一款女装腕表，销量一度达到总产量的三分之一，两年后推出首个镶钻款式。同时，爱彼也没有彻底拒绝石英表，在 1980 年后逐步推出石英机芯的皇家橡树，动态调整市场策略。

20 世纪 70 年代的皇家橡树女装腕表

爱彼皇家橡树提高产量、扩大产品线的这段时间，整个瑞士制表业正经历一片凄风苦雨。两大钟表集团 ASUAG 和 SSIH 一步步走向破产边缘，海耶克正为它们的合并忙得焦头烂额，托姆克则带着团队躲在小黑屋里秘密研究 Swatch。然而爱彼却凭借瞄准高端市场，来了个四两拨千斤，1974—1984 这十年间，员工人数竟翻了一倍，年产量破万增至 11000 枚[1]，以逆势增长的态势，打了一场漂亮的突围战。

1 数据来源：Audemars Piguet. Royal Oak II: Birth of the First women's Model[EB/OL]. https://apchronicles.audemarspiguet.com/en/article/royal-oak-2-birth-of-the-first-women-s-model.

1984 年问世的首款皇家橡树系列万年历腕表 Ref. 5554ST

到了 20 世纪 80 年代，皇家橡树上开始出现了复杂功能，在 1984 年出了首款万年历腕表。这一时期，百达翡丽、宝珀等品牌同样以复杂功能为依托，吹响了机械表反攻的号角。陀飞轮、大复杂功能腕表、超级报时表、超薄万年历等表款，在 90 年代也接踵而至。

1997 年诞生的首款皇家橡树系列陀飞轮腕表 Ref. 25831OR

除此之外，1989 年设计师伊曼纽尔·奎特（Emmanuel Gueit）在皇家橡树的基础上，又设计了一个更大、更阳刚、更粗犷的版本，也就是 1993 年推出的爱彼皇家橡树离岸型，42 毫米的表径被称作“野兽”。结果这个设计把尊达气得不行，直呼自己的心血被毁了。然而这款表却先在年轻富有的意大利买家中流行开来，经过舒马赫、施瓦辛格的佩戴变得知名，成为大表盘运动表市场里的重要款式。

爱彼皇家橡树的发展几乎和石英危机的爆发同步，如果从规模上来说，爱彼只是瑞士众多小表商中的一个，而小表商恰恰是危机中死得最多的，那么爱彼凭什么可以“独善其身”？笔者认为，关键的有两点。其一是成功延续了品牌基因，坚持深耕自己熟悉的高级制表市场，没有盲目扩张，也没有慌乱转型。当然，爱彼也是幸运的，毕竟石英表主攻的大众市场和它所在的细分市场有着天然的区隔。

画风粗犷的爱彼皇家橡树离岸型腕表

其二是不墨守成规，敢于拥抱变化。皇家橡树在立项之初，就是一个前途未卜的项目，从设计生产到销售，走的都是前人未走过的路，但无论是格雷、尊达，还是制表师和经销商们，都偏偏“明知山有虎，偏向虎山行”。他们逢山开路、遇河搭桥，发现问题就解决问题，用心去做好理想的产品。真正的匠人精神不是死板地埋头苦干，不是重复重复再重复，而是肯钻研肯实践，只为达到心中的至臻至善。

当然，皇家橡树的诞生说到底离不开尊达天才般的灵光一现，正是他的创造力引领了豪华运动表这个品类。现如今，爱彼要担心的问题不是皇家橡树卖不出去，而是它卖得太好了，从而让消费者产生“爱彼等于皇家橡树”的印象，而这又是管理层在新时代要面对的新问题了。

但不管怎样，在皇家橡树的启发下，一系列新的豪华运动型表款在 20 世纪 70 年代应运而生，而其中最为知名的一款，偏偏又出自尊达之手。

百达翡丽鹦鹉螺：既可搭潜水衣，也能配燕尾服

爱彼皇家橡树的成功，引发了表商们对豪华运动表的追捧。他们生怕在这个新市场落于人后，不少都采用了优先更新设计与工艺的策略，至于机芯，就只能先搭载品质最佳的石英机芯了。

比如皇家橡树推出的第二年（1973 年），来自日内瓦的品牌名士就推出了利维拉（Riviera）系列。这个名字来自法国的度假胜地蓝色海岸，每年夏天这里都富人云集，象征着一种悠游自在的生活方式。利维拉系列以精钢材质搭配一体成型的表带，最有特点的设计则是十二边形的表圈，具有那个时代豪华运动表的明显特征。

名士利维拉系列腕表

芝柏则在 1975 年推出了桂冠（Laureato）系列，由意大利建筑师阿道夫·纳塔利尼

芝柏桂冠系列腕表

（Adolfo Natalini）设计。虽然也是以八角形表圈为特色，但八角形是融合在圆形之中，展现出的弧线美感比皇家橡树更加柔和优雅，灵感来自佛罗伦萨圣母百花大教堂的穹顶，表盘则装饰了巴黎饰钉纹理。

以制作超薄机芯和珠宝腕表著称的伯爵，则在1979年带来了Polo系列，源自品牌总裁伊夫·伯爵最爱的马球运动。首款腕表使用了一体成型结构，不过一上来就以18K金打造，更具珠宝感。[1]

而在这波豪华运动表浪潮中，名气最响、影响最大的还是百达翡丽推出的鹦鹉螺系列——表王上新、尊达作品、机械机芯，这些元素都让它显得与众不同。

百达翡丽博物馆展出的 Golden Ellipse 腕表

在鹦鹉螺诞生之前，人们常常以经典、儒雅、高贵来形容百达翡丽的腕表，和运动却完全不沾边。不过在曾任百达翡丽总裁的菲力·斯登看来，他们做豪华运动表并非跟风，而是呼应当时社会文化与生活方式的变化，因为当时兴起的健身热让高收入人群寻求适合运动时佩戴的坚固时计。

皇家橡树的成功让尊达在业内声名大噪，而他本人也曾为百达翡丽设计过腕表。比如1968年推出的Golden Ellipse，椭圆形的表壳、黄金分割的均衡比例，也是当时对传统表型

1　之后Polo系列外形几经变迁，2016年则推出了Polo S钢表，圆形表壳搭配带横向格纹的枕形表盘，豪华运动表风格更加明显。

的一大突破。既然都是熟人，那把这个项目交给尊达也是水到渠成的。

巧合的是，尊达这次接项目又赶上了巴塞尔表展，只不过时间换到了 1974 年。上次设计皇家橡树他花了一晚上，而设计这枚百达翡丽新表他只花了 5 分钟。

据尊达说，当时他正坐在巴塞尔一家酒店的餐厅里，思考着新表应该是什么样子的。结果偶然瞥见一群百达翡丽的高管在另一个角落落座。不知道从哪里来了灵感，他向服务生要了一张纸和一支笔，一边观察百达翡丽的人用餐，一边画下脑海中的想法。

设计皇家橡树时，尊达想到的是小时候在日内瓦看到的潜水员头盔，而这次他的思绪飘得更远，浮现出了横渡大西洋的轮船上舷窗的影像……从拿起笔到画完草图，总共用了 5 分钟。还有说法是他将图画在了餐巾纸上，听上去更传奇了。

这只新表被命名为鹦鹉螺（Nautilus），自然是来自儒勒·凡尔纳的小说《海底两万里》。在这部小说中，“鹦鹉螺号”是隐居海底的尼莫船长的潜水艇，有着超越时代的科技，也是惊奇探险的象征。后来世界上第一艘实际运作服役的核动力潜艇，也以“鹦鹉螺号”命名。放到腕表上，“鹦鹉螺”的意象不仅体现了其防水性能，呼应了舷窗式的表壳设计，也带来了浪漫色彩。

与皇家橡树的张扬相比，鹦鹉螺的样子就优雅得多。同样是八角形表圈，鹦鹉螺要更加圆润，而且与皇家橡树的外方内圆恰恰相反，鹦鹉螺是外圆内方，流畅一体的线条当真像是把舷窗戴在了手上。蓝色表盘同样具有高辨识度，装饰了水平横纹浮雕图案，仿佛是透过舷窗看到的海浪。

初代鹦鹉螺 3700/1A

最有特色的还是其舷窗结构表壳，

鹦鹉螺最具标志性的特点就是表壳两侧位于9点和3点方位的突出设计，像是两个“耳朵”。传统的表壳往往采用三件式的结构，鹦鹉螺的表壳一如皇家橡树，依然是一体成型的设计，采用两件式表壳的形式，表壳工匠让-皮埃尔·弗拉蒂尼（Jean-Pierre Frattini）和尊达合作，将其从图纸变成现实。在鹦鹉螺这里，舷窗不仅仅是表壳形状的灵感来源，同时也启发了表壳的结构设计。

表壳两侧的两个突出部分，则是参考了舷窗锁闭结构的铰链装置，将两件式表壳组合在一起。和皇家橡树不同，鹦鹉螺的表圈和底盖上没有螺丝孔，横向固定的螺丝藏在两个“耳朵”里，用以将两者锁紧，以达到优异的防水效果。

鹦鹉螺的表链做工也相当精致，由 Ateliers Réunis 生产，这家工坊后来还被百达翡丽收购了。表链由符合人体工程学的连锁式链节构成，力求佩戴舒适，加工成本自然也是很高的，H 型链节和圆润的中心链节也极具标志性。而且无论表壳还是表链，都做了细致的打磨，糅合多种工艺，形成独到的光泽。用金表的标准生产钢表，也是当年豪华运动表的共性了。

鹦鹉螺 3700 型的 28-255C 自动上链机芯和初代皇家橡树的 Calibre 2121 机芯还是“一个妈生的”，都源自积家 920 机芯。再加上都由尊达设计，从某种意义上说，鹦鹉螺和皇家橡树简直就像是“亲兄弟”。

而且第一款鹦鹉螺和初代皇家橡树都被称作“Jumbo”，鹦鹉螺 42 毫米的表径比皇家橡树要大一些。

但鹦鹉螺也有自己的特色，表壳很薄，只有 7.6 毫米，尤其值得一提的是，即便不是专业的潜水表，它的防水深度还是做到了 120 米，在当时也是数一数二的。百达翡丽内部将其视为“腕表界的路虎，豪华防水运动手表与豪华运动越野车相得益彰”。

总而言之，整块表从头到尾都散发着迷人的航海气息，恰巧菲力·斯登本人就是个帆船爱好者。帆船运动一直被看成富人的爱好，而鹦鹉螺的目标客户也是这些欣赏得来又负担得起的人。

和皇家橡树一样，鹦鹉螺发售之初也面临着商业上的冒险。1976年首次发布时，定价达到3100美元（约合如今的15300美元），和初代皇家橡树的定价就差了200美元，一样是用金表的价钱卖钢表。

百达翡丽为了鹦鹉螺也没少做广告，同样强调钢表与贵价看似矛盾的搭配——“世界上最昂贵的手表之一是钢制的”。菲力·斯登的儿子、百达翡丽现任总裁泰瑞·斯登就回忆说：“当我父亲开始推出这件作品时，每个人都告诉他他疯了：你为什么要把这么漂亮的机芯放在钢壳里？”

但百达翡丽还是坚持生产这款“很不百达翡丽”的腕表，和皇家橡树一样，鹦鹉螺在20世纪80年代也先后推出女装腕表、贵金属款式、复杂功能款。随着时间的推移，其兼具运动与优雅的风格也受到了新贵们的青睐，那句广告语——“既可搭配潜水衣，也可搭配燕尾服”，非常形象地概括了豪华运动表的特点。

泰瑞·斯登也说：“有些设计总是很好，就像汽车里的阿斯顿·马丁DB5，它永远是美丽的。我认为鹦鹉螺也是如此。但这并不是因为我们推出了它，而是因为客户真的很喜欢这款手表。”这功劳要算在尊达头上。

到了90年代，为了抓住更年轻的一批客户，百达翡丽又给鹦鹉螺生了个“弟弟”。1997年推出的Aquanaut系列，外形酷似鹦鹉螺，但采用橡胶表带，更有运动活力。因为表盘采用的是棋盘格纹浮雕的设计，看上去像极了一颗手雷，所以得了个“手雷”的外号。

“手雷”（左）与“鹦鹉螺”（右）

鹦鹉螺正好诞生在石英

带有复杂功能的间金款鹦鹉螺腕表

危机逐步深化的时期，即便是百达翡丽这样站在金字塔尖的品牌，也免不了受到波及，一度不得不采取部分裁减措施，将一些雇员的工作时间缩减到每周 4 天。但百达翡丽的危机应对战略也很清晰，总结起来就是“一个坚持、一个绝不、一个应当”：坚持生产高品质的机械机芯，稳住基本盘；绝不生产市面上流行的数字显示的石英表，没有跟风的必要；应当研发指针式石英机芯，但必须符合百达翡丽的品质。今天看来，这个判断是正确的。

鹦鹉螺也出过石英机芯款，不过产量被严格控制，大多用在女表上，但男表序列中却有一个独一无二的款式，是由一位医生定制的。他的工作对时间非常敏感，比如测量脉搏，因此需要不用上链的腕表，百达翡丽特别为他做了一块石英机芯的鹦鹉螺 3800 型。这块表后来被法国收藏家帕特里克·格特里德（Patrick Getreide）收入囊中。

如今鹦鹉螺最受追捧的款式，是 2006 年问世的 5711 型。尤其是号称“钢王”的 5711/1A，因为产量有限再加上二级市场的热炒，成功跻身最难买腕表的行列。就连身家 4 亿美元的加拿大富豪凯文·奥利里（Kevin O’Leary）都为了买这个型号而排队 8 年，拿到表的时候一度忍不住落泪。百达翡丽总裁泰瑞·斯登还透露，自己的儿子曾经问他能否得到一只 2021 年出的绿盘 5711/1A，结果惨遭老爸拒绝。

而前文提到 2021 年 12 月富艺斯拍卖会，一款百达翡丽与蒂芙尼联名款鹦鹉螺 Ref. 5711/1A-018 拍出约合人民币 4139 万元的天价，再次把这个系列炒热。这款表也是专为纪念百达翡丽与蒂芙尼合作 170 周年而制作，不仅有二者的双签名，使用蒂芙尼蓝表盘也是头一遭。

今天，因为鹦鹉螺实在太过火爆，连泰瑞·斯登都觉得要严格控制钢表的产量，不希望它们在整个系列中占据主导地位，其实爱彼对于皇家橡树也有着同样的“幸福的烦恼”。

江诗丹顿纵横四海：风格鲜明，设计者却总被搞错

尊达在豪华运动表设计领域有着祖师爷般的地位，除了他亲自操刀的爱彼皇家橡树与百达翡丽鹦鹉螺，其设计风格也影响了一批设计师。而在这些受影响的作品中，最为知名并且日渐受到市场青睐的，无疑是江诗丹顿纵横四海（Overseas）。

“尊达设计了纵横四海”是一个广为流传的误解，虽然从这款表的身上能看到些许尊达风格的影子——钢材质、一体化表链、简洁但有着强烈几何感的表壳，但纵横四海并不是尊达的手笔，甚至都不是江诗丹顿最早配备一体式表链的精钢腕表。

让我们回到20世纪70年代，江诗丹顿在豪华运动表这个品类上迈出的第一步，实际上是一款1975年推出、编号42001的皇家天文台腕表，有着略带弧度的八角形表圈加上配套的一体化精钢表链，在外观上竟和第二年推出的百达翡丽鹦鹉螺有些不谋而合。然而这个样式并没有被进一步发扬光大，取代它的是一个几乎完全不同的设计。

这个名叫“222”的表款被普遍认为是后来纵横四海的主要灵感来源。之所以起这样一个怪名字，是因为它问世的1977年是江诗丹顿成立222周年。

在品牌历史上，从未有一款表能像“222”一样既有棱角又不失圆融，既阳刚又不失优雅。它之所以能给人这样的印象，首先是因为独特的表圈设计，圆形却带有锯齿般的凹槽，看上去仿佛齿轮嵌套的机械装置。“222”也采用了一体式结构，防水深度可以达到120米，与鹦鹉螺旗鼓相当。金属表链的六边形中心链节在视觉上十分突出。37毫米的直径竟然也被称为“Jumbo”，不过表壳相当纤薄，厚度只有7.2

江诗丹顿 222 表款

毫米。还有一个值得一提的小细节，“222”在5点钟位置的表壳上，镶嵌了一个小小的马耳他十字架，这是江诗丹顿的象征。

有趣的是，“222”的机芯 Calibre 1120 依然源自积家 920 机芯，这使得它就像是皇家橡树与鹦鹉螺“同母异父的弟弟”——因为它的设计师并不是尊达，其诞生要归功于一位当时还很年轻的计师约格·海塞克（Jörg Hysek）。

海塞克 1953 年生于民主德国，在柏林墙建成那年和家人移民去了瑞士。他最初在比尔的技术学校学习微观机械学，后来又转到专业制表学校。不过因为对艺术颇感兴趣，他又在 1973 年前往伦敦艺术学院学习雕塑。设计江诗丹顿 222 这一年，海塞克只有 24 岁，而 222 年前让-马克·瓦舍龙创立江诗丹顿时，恰好也是 24 岁。

江诗丹顿 222 产量不多，大概只有 500 块精钢款，黄金款和间金款就更少了，最终在 1985 年彻底停产（2022 年江诗丹顿的历史名作系列复刻了这一款式）。在“222”停产前一年，江诗丹顿还推出了一款名为“333”的表款，保留了一体化表带，但表壳却换成了偏圆润的八角形，这款表也没有激起太大水花，就这样逐渐被尘封在历史中。

转机发生在 1996 年。这一年江诗丹顿被梵登集团（历峰集团前身）收购，管理层决定重返豪华运动表市场。新款的设计由江诗丹顿的设计主管文森特·考夫曼与自由设计师迪诺·莫多罗（Dino Modolo）带头，钢表、优雅、精致、运动感以及马耳他十字元素，是必须具备的。由此诞生的新表被命名为 Overseas，不知道是哪位高人为它起了一个非常大气的中文名字——纵横四海。

第一代纵横四海如舵轮般的表圈，让人很快就能联想到 222 的齿轮形表圈，表径尺寸也同样是37毫米。不过后者的圆润缺口被替换成了更有几何感的梯形，有如马耳他十字的上端。

江诗丹顿纵横四海的三代进化

在1996年推出第一代纵横四海之后，这一系列在2004年和2016年又经历了两次迭代。第二代纵横四海不仅出现了更大的尺寸，表链也逐渐进化成马耳他十字的样式，成为极具标志性的元素，更具有阳刚气质。第三代则更突出“航海”的感觉，把表圈的“齿”从8个减少到了6个，尺寸也稍微缩小，表带也变成可以更换的设计，仿佛是想找回优雅的感觉。

尊达风格美学独特，大师生涯有失有得

话说回来，既然江诗丹顿纵横四海并非尊达手笔，那么还有哪些表款是这位大师设计的呢？其实能和皇家橡树、鹦鹉螺组成“尊达三部曲”的，是由他重新设计的万国经典表款工程师（INGENIEUR）。

工程师系列诞生在1955年，当时由于电器的普及，电磁辐射场对走时精准的影响开始显现。为了满足工作性质特殊的工程师群体对腕表防磁的需求，万国设计了初代工程师系列的666型腕表。不过这款表在外观上毫无特别之处，用20世纪70年代的眼光来审视的话，已经显得过时。

1975年，尊达接受万国的邀约，帮他们设计了三款钢表，第二年万国就推出了工程师系列的SL 1832。经过尊达的改造设计，新的工程师系列呈现出更为阳刚粗犷的风格，而且秉承了一贯的“尊达式美

万国工程师系列 SL 1832 腕表

学”，最为明显特色就是表圈上毫不遮掩的 5 个“钻孔”，与皇家橡树外露螺丝异曲同工。尊达曾在采访中说，“让螺丝这种之前被隐藏起来的东西露出来，标志着一种创新，就像今天的内衣外穿，非常大胆”。

40 毫米的表径，不出意外还是被毫无创意地称为“Jumbo”。不过这款表推出后并没有大火，如今万国还在售的工程师系列，画风又变得复古圆润，而承袭螺丝外露风的款式已经停产了。

宝格丽的 Bvlgari Bvlgari 系列也出自尊达之手，古罗马的硬币上铭文环绕着皇帝雕像的样子给了他灵感。之后他也在表圈沿用了这个设计，将品牌名重复刻了两次。一开始很多人都认为设计很粗糙，但这个款式在市场上得到了认可。

除此之外还有卡地亚的 Pasha de Cartier 系列。这款表最早是路易·卡地亚在 20 世纪 30 年代为马拉喀什帕夏设计的，后来卡地亚 CEO 阿兰–多米尼克·佩兰（Alain-Dominique Perrin）委托尊达进行了重新设计，据说佩兰也是皇家橡树的首批买家。新表于 1985 年推出，奠定了现代款的基础。尊达钟爱的几何美学在这款表上得到了充分的体现，外圆内方的设计，既大气又有恰到好处的和谐美，他还保留了该品牌的关键特征，特别是Vendome表耳[1]和蓝色宝石。

现代款 Pasha de Cartier 腕表

1 Vendome 表耳是卡地亚在 1934 年左右获得专利的一种特色设计，最明显的特点为圆形表壳上下的“横杆式”表耳。

在尊达的一生中，曾经两次由设计师转变成老板。他在1969年就创立了自己的同名品牌Gérald Genta；1998年，他卖掉了这家公司，由新加坡的表店The Hour Glass接手，但财务困难让公司两年后把品牌和设计卖给了宝格丽，现在宝格丽的Octo系列也有很明显的八角形元素。后来尊达又推出了一个新品牌Gérald Charles，但较高的定价引起了市场上不小的争议，依然十分小众。

尊达虽然设计了相当多的腕表，但他一直说自己是一名艺术家，去设计腕表只是因为他居住的日内瓦正好是一座钟表之城，如果在巴黎，他可能就去设计时装了。他平时也不喜欢戴表，曾在采访中说："手表是自由的对立面，我是一个艺术家、画家，我讨厌被时间束缚，它让我感到厌烦。"

但尊达并不是那种隐士般的人物，他的私人订制业务客户包括摩洛哥国王、阿曼苏丹、文莱苏丹、西班牙国王、沙特阿拉伯国王、英国王太后等王室成员和政商名流。不过尊达也非常有个性，有次他接到一个苏丹的电话，直接跟对方说："对不起，我现在不能和您通话，因为我正在构思一幅画，请晚上再打过来，陛下。"

他一生的创作绝不是豪华运动表能概括的。他曾经花5年设计了一款当时世界上最复杂的腕表，售价高达200万美元。他也曾得到迪士尼的授权，把米老鼠和唐老鸭印在表盘上，相当有趣。

2011年，杰罗·尊达因病逝世，享年80岁。他的夫人伊芙琳创立了尊达遗产协会，她说，在和尊达33年的婚姻生活中，每天最常听到的话就是"伊芙琳，来看看这个新设计，你觉得怎么样？"。也许正是大师对于创作的热爱，才让她决心把他的设计保存并传承下去。

豪华运动表是瑞士制表业在石英危机中打出的一场漂亮的突围战。参与战役的表商们，成功调动了他们手中的优势资源，不论是高级机芯还是高超的制表工艺，都源自上百年的积淀，而这正是瑞士制表的核心竞争力，也是日本石英表所不具备的。

这个时代是以尊达为代表的天才设计师恣意挥洒才华的时代，内心坚定、富有远见的品牌经营者也发挥了至关重要的作用。无论是皇家橡树还是鹦鹉螺，都是在唱衰的声音中诞生的，如果品牌没有坚持到底的信心，可能也会泯然众人。瑞士制表业复兴的历史，在某种程度上，就是一群不服输的人写下的历史。

机械表“信仰守护战”，“特种兵”暗度陈仓

“石英战争”打的是什么战？是日本与瑞士两个国家的产业战，是大众市场的争夺战，但归根结底是石英表和机械表的生死战，是真正的你死我活的战争。

在这场战争的第一阶段，机械表被石英表打得丢盔弃甲，死伤无数——比精准度完败，比产量完败，比价格还是完败。但天无绝人之路，在20世纪70年代末期石英表风头正盛的时候，拍卖界却慢慢兴起了古董腕表收购的风潮，机械腕表具有石英表无可替代的收藏价值，而豪华运动表的出现，也反映了富裕阶层消费的变化，曾经作为寻常物件的腕表开始奢侈品化。

制表业的从业者，每个人都是这场战争中的“士兵”。在战斗中，有人牺牲，有人逃跑，有人动摇，但也有那么一群死不认输的人，他们坚信机械表的价值，与石英表“不共戴天”，在“黑暗时代”里用自己的坚持，打响了机械表信仰的守护战。

而且他们更像是制表业中的“特种兵”，每一个都身怀绝技。如果说石英表在价格战中对机械表实现了“降维打击”，那么复杂功能机械表的复兴则在另一个战场对石英表来了次“降维突袭”。

同轴擒纵：一个倔老头的“复仇大计”

在这些人中，在表坛有着极高的地位、抵抗最为坚决的，却并非瑞士人，而是一位英国制表师——乔治·丹尼尔斯（George Daniels）。

丹尼尔斯被认为是有史以来最伟大的制表师之一，在石英危机中重塑了这一职业的尊严。有人将他与宝玑大师相提并论，有人说他是“制表界的乔布斯”，而当世顶级独立制表师弗朗索瓦-保罗·尊纳（François-Paul Journe）则称他的导师丹尼尔斯是“一位先驱者，也是第一个向我们展示非功利的艺术制表学的人”。丹尼尔斯始终坚信机械表不会被时代淘汰，而他对抗石英表的方式极其硬核，因为这是一项200多年来极少有人踏足的领域——发明一种新的擒纵机构。

乔治·丹尼尔斯1926年生于英国桑德兰，小时候穷到只能穿姐姐穿过的鞋子，在床垫厂里剪过弹簧，在汽修厂里打过工。生活虽然困苦，却培养了他对机械的热爱。因二战参军时，他就开始帮战友修理腕表，退伍后拿着50英镑的津贴开了个铺子。他白天工作，晚上就去夜校学习钟表学，还成为研究宝玑的专家。

1969年丹尼尔斯为好友做了第一枚定制怀表，在收藏家圈子里崭露头角。他做表非常精细，做一块至少需要一年时间，每一个齿轮和轴枢，甚至是细小的螺丝，都要亲手磨制。在关于他的纪录片里，我们得以一窥大师的工作室：桌上摆着各种机器，墙上挂着托马斯·马奇的画像，丹尼尔斯听着旧唱片，眼睛上挂着两层透镜，聚精会神地把宝石放入零件的孔洞中。这

制表大师乔治·丹尼尔斯（1926—2011）

就是一位制表师最为经典的形象。

丹尼尔斯说过这样一句话，“如果你是专业人士，做任何事情都必须有一些傲慢和一些独立性”，而他的“傲慢”在面对石英表这个传说中的“机械表杀手”时展露无遗。对石英表，他嘴上从不留情，曾说：“看到它们（石英表）在钟表界大摇大摆地说‘这就是未来’，我就感到愤怒。”“石英表的寿命完全依赖于电池，一出生就赶着去死。”

当然，丹尼尔斯不是只会嘴上过瘾的人，他的头脑里早就装着一个“结束石英表对机械表优势”的创意，并且很快便得到了“复仇”的机会。这还要得益于他的赞助人，美国收藏家赛斯·G. 阿特伍德。

这位收藏家我们在讲亨利·格雷夫斯怀表时提到过，他的本业是汽车五金制造商，开办了一间拥有1500件收藏的“时间博物馆”。丹尼尔斯曾帮助他修复奥尔良公爵拥有的宝玑交感时钟，修复完成后，阿特伍德问丹尼尔斯是否愿意为他定制一枚腕表，并要求有一些技术创新，特别是在计时准确方面。

这请求正中丹尼尔斯下怀。不得不说，丹尼尔斯是一个很“轴”的人，对于认准的事情异常执着。他曾经这样形容自己的理想：

“我做表不是因为可以赚很多钱，我的表应该能够推动钟表科学发展，同时也是一件原创艺术品。如果今天的表在精准度上还不如过去的表，那就必须对其进行改进。我希望我的表每天的精度变化不超过1/10秒，不管是在烤箱里还是在南极，都能保持准确。买了我的表的客户在20年内不会为故障焦心，我希望它可以用上三四百年。”

而面对石英表的猛烈攻势，机械表要守住自己的城池，恰恰需要这样“铁骨铮铮”的人物。

乔治·丹尼尔斯祭出的守城武器，是一种全新的擒纵机构——今天，我们称之为“同轴擒纵”。

擒纵被称为“机械表的心脏”，直接关系到走时的准确。历史上出现过许多不同类型的擒纵装置，但应用最为广泛的，还是由托马斯·马奇在 18 世纪开发的杠杆式擒纵机构，后来虽然几经改良，但几乎没有颠覆性的变化。

杠杆式擒纵虽然经典，但也存在着难以克服的缺点。最大的问题就是擒纵叉过于“劳累”，在不间断的撞击与摩擦中，很容易出现失油和磨损的情况，所以需要润滑。但温度和湿度的变化会影响润滑剂，使其随着时间的流逝变得又黏又厚，从而影响机芯稳定和走时准确，因此机械表需要定期保养。

在“没有竞品”的 200 多年时间里，这个问题虽然烦人但并不致命，而且杠杆式擒纵已经足够可靠，花费大量心力去创造一个新的擒纵装置，就有些费力不讨好。愿意去“折腾”的也只有那些制表师中的天纵奇才了，宝玑大师就是其中一位。他的梦想是开发一种无需润滑油的“自然擒纵”，但最终仅用这种擒纵机构制造了大约 20 枚怀表，斯沃琪集团创始人海耶克就曾经在佳士得购入一枚搭载宝玑首款自然擒纵机构的二问报时表。

但到了“石英危机”的时代，机械表在比拼走时准确的战场上被石英表彻底打败。乔治·丹尼尔斯不想认输，他认为机械表的进步必须从基本性能入手，首先要解决的就是困扰制表界几百年的擒纵机构润滑问题。

润滑问题的一大本质，是擒纵叉与擒纵轮之间的受力关系。因此他设计的同轴擒纵将受力方向从垂直变为平行，从滑动摩擦变成径向摩擦，减小了部件之间的接触面与磨损；他还给干苦力的擒纵叉找了个帮手，同轴擒纵有主副两个擒纵轮，共用同一个轴心，同时采用三叉擒纵叉，将锁定动能与释放动能拆分开来，实现减负。

在乔治·丹尼尔斯看来，同轴擒纵因为稳定性提高，因此“有更加精密的计时功能”，有测试显示他的机械表有些甚至比石英表更精确，每月误差不到一秒。而且随着润滑问题的基本解决，保养洗油的周期也从 3~5 年延长到 10 年，而这几乎是普通石英表寿命的极限了。[1]

1976 年，搭载了乔治·丹尼尔斯同轴擒纵的阿特伍德腕表终于完成，并且在 1980 年获得专利。这一创新后来被称为“250 年来最为重要的钟表发展”，丹尼尔斯则被认为“将带领机械表迈向 21 世纪乃至更加遥远的未来”。

但在那个代表先进科学的石英表几乎要一统天下、机械表这种老古董即将被扫进历史垃圾堆的时代，丹尼尔斯并不被人理解。他像个活在 20 世纪 70 年代的堂吉诃德，固执地挑战风车，说好听点是执着，说不好听就是“傻”。

同轴擒纵完成之后，丹尼尔斯也曾努力向瑞士制表界推销自己的新发明，不过留给他的只有失落和沮丧。后来他不得不承认“制表业在本质上非常保守，接受新事物的过程比较缓慢”。

他曾先后拜访浪琴、百达翡丽和劳力士等品牌的老板和技术人员，甚至在 1981 年还帮百达翡丽做了一个改装成同轴擒纵的鹦鹉螺（2018 年的时候曾在伦敦科学博物馆展出）。几年后，这位一向深居简出的制表大师，还专门跑去巴塞尔表展给同轴擒纵做宣传。即便如此，瑞士表商们还是拒绝了他，认为他的机芯工艺难度高，难以大规模生产且造价昂贵。就这样，丹尼尔斯的同轴擒纵不得不被束之高阁，以等待它的“伯乐”。

直到 90 年代初，这位“伯乐”才姗姗来迟，他就是我们的老熟人海耶克。

1993 年，之前曾和丹尼尔斯有过交往的制表师基利安·埃森内格（Kilian Eisenegger）联系了他，向他表达了希望将同轴擒纵整合进一个量产机芯的想法。基利安当时正在为机芯大厂 ETA 工作，并成功说

---

1 当然石英表也是需要保养的，高品质石英表使用寿命有可能超过 10 年，每到 3~4 年需要检查机芯状态及保养。石英表没电要及时更换，如果长时间不用，需要将电池取出以防电池漏液腐蚀机芯。

服了 ETA 的管理层进行尝试。不过合作能否成功，最后拍板的还是老板海耶克。好在海耶克对此充满兴趣，最终同意收购乔治·丹尼尔斯的技术，并把它交给欧米茄。1994 年，这项交易终于敲定，当时欧米茄的一位发言人说："尼古拉斯·海耶克认为同轴擒纵正是机械表市场需要的技术进步，而欧米茄是唯一一个有能力让其成为现实的品牌。"这时距乔治·丹尼尔斯做出第一块同轴擒纵腕表，已过去了近 20 年。

在此之前，同轴擒纵只被应用于单个腕表，要到工业化生产还有很长的路要走，要花费多年时间和大量资金。而想要适配批量生产，就要对原型设计进行大范围的改动，在这一点上，丹尼尔斯非常开明，他与欧米茄的制表师通力合作，最终在 1999 年创造出了第一款改进版同轴擒纵机芯——Calibre 2500，并生产了 1000 枚碟飞同轴擒纵限量版。

发布会当天，迄今为止最后一个登上月球的宇航员尤金·塞尔南在丹尼尔斯和海耶克的陪同下，驾驶一辆月球车进入会场。对于丹尼尔斯来说，这是一个值得纪念的日子。编号 000/999 的同轴擒纵碟飞被授予他，从此保留在丹尼尔斯的私人收藏中，并在 2012 年苏富比拍卖会上被欧米茄买下。

丹尼尔斯花了几十年，推动制表技术在擒纵领域迈出了 200 多年来的一小步。同轴擒纵并非完美无缺，但却意义非凡，因为它的背后是一种信仰，就像丹尼尔斯所说："我一直坚信机械腕表不会轻易被淘汰，未来也一定会持续流行。"

2011 年，丹尼尔斯由于髋关节置换手术引起的并发症去世，享年 85 岁。他的一生完全献给制表，晚年的丹尼尔斯离开了大城市，在马恩岛过着几乎隐居的生活。他一生虽然只制作了 37 枚手工表，但他留给制表界的财富却有很多。除了同轴擒纵，丹尼尔斯写的《制表》至今仍是最具权威性的钟表学著作之一，而当今世上最为知名的独立制表师弗朗索瓦–保罗·尊纳、罗杰·史密斯（Roger Smith）都是他的弟子。

机械表能够存活到今天，正是因为有一群像乔治·丹尼尔斯一样“轴”、一样“痴”的人，相信它、爱着它。在石英危机的时代，他们是逆行者；等到危机过去，他们又成了先行者。其实他们从来没有改变，改变的不过是时代罢了。

宝珀崛起：专攻世界之最，重塑机械表的价值

进入20世纪80年代之后，“石英战争”也进入了一个新的阶段。大众市场发生了Swatch引爆的遭遇战；在高端市场，除了豪华运动表，瑞士制表引以为傲的复杂功能腕表也以“特种兵”之姿加入战局，而在这场战役中担当急先锋的，则是一个创立于1735年的老品牌——宝珀。

在前面几章中，笔者已经带大家认识了这个品牌的起源，它如何度过大萧条危机，又如何研发出现代潜水表的鼻祖五十噚，那么宝珀为什么会在这个时期选择复杂功能腕表作为突破口呢？这其中也有一个曲折的故事。

20世纪80年代初，对于宝珀来说是一个新老交替的时期。让-雅克·费希特离开了行政总裁的岗位，新任老板名叫雅克·皮盖。

宝珀机芯工厂

雅克·皮盖子承父业，经营着在业内鼎鼎大名的Frédéric Piguet机芯制造厂（简称“FP机芯厂”），这家工厂也是如今宝珀机芯工厂的前身。它的历史可以追溯到1858年，最初由路易-爱丽舍·皮盖（Louis-Elysée

Piguet）创立于布拉苏斯，而当时宝珀还是由创始家族经营，已经传到了第五代。

路易-爱丽舍·皮盖在瑞士制表史上有着举足轻重的地位，他一生专注于制造复杂机芯，供应着百达翡丽、江诗丹顿、爱彼、朗格等几乎所有叫得上名号的高级制表品牌，宝珀也在其中。他被认为制造出了第一个用于怀表的万年历装置，还参与了一些超复杂功能怀表的制作。

比如2016年的时候，爱彼博物馆购买了收藏家马库斯·马古利斯（Marcus Margulies）的一系列珍藏，其中一枚被称为“Universelle”的超复杂怀表就是由路易-爱丽舍·皮盖设计的机芯，包含1168个零件、20多种复杂功能。阿米·勒考特（Ami LeCoultre）制作的“La Merveilleuse”也有路易-爱丽舍的参与，这块表拥有25项复杂功能，曾是世界上最复杂的怀表。

制表史上还有一块颇具传奇性的腕表和路易-爱丽舍有关。这块表由三位制表师前后相隔100多年“接力”打造，最早源自路易-爱丽舍研发的一款超复杂怀表机芯，拥有三问、大小自鸣功能，包含491个手工打造的零件，然而机芯直径却只有32毫米，厚度仅为8毫米。当时根本没有计算机辅助，能达到这样工艺水平的必须是顶级大师。后来这枚机芯在1989年后经制表师弗朗克·穆勒和保罗·格伯（Paul Gerber）改造，最终成为总共有1116枚零件的超复杂功能腕表。

后来家族的制表工厂传到了路易-爱丽舍的孙子弗雷德里克·皮盖的手上，成为驰名制表界的FP机芯厂，仍然是瑞士各大高级制表品牌的主要供应商。弗雷德里克继承了祖父的精神，他的工厂同样以生产复杂功能机芯、高品质超薄机芯闻名，因为质量稳定、做工精细，很受欢迎。

1977年弗雷德里克去世后，其子雅克·皮盖继承了FP机芯厂。接手之后几年，石英危机大爆发，整个瑞士制表业陷入困境，机芯厂也面临着转型。当然，做石英机芯他们也是不怕的，像后来推出的机械石英计时机芯 Meca-Quartz，就供应了百年灵、欧米茄、萧邦等品牌。但雅克·皮盖的好友让-克洛德·比弗（Jean-Claude Biver）却给了他一个不一样的建议：为什么不成立一家生产高端机械表的公司呢？这样正好能吸收机芯厂过剩的产能。

这位比弗也是制表界的一位奇人，以擅长营销著称。而他之所以会提出这样看似“逆势而为”的建议，也和他早年的经历有关。

让-克洛德·比弗出生在卢森堡，10 岁的时候跟随家人搬到瑞士。年轻时在洛桑大学学习经济学，他被汝山谷这个地方深深吸引。在他看来，汝山谷就像是世外桃源，空气和水都无比纯净，也是制表的天堂。他和雅克·皮盖的相识，也是发生在此时此地。

通过雅克的父亲弗雷德里克·皮盖，比弗认识了爱彼总经理乔治·格雷，格雷很欣赏这个年轻人拥有无限的精力和热情洋溢的性格，给了他一份销售经理的工作，满欧洲为皇家橡树打广告。在为爱彼工作的四年里，比弗也跟随技术人员学习了制表技术。1979 年欧米茄销售副总裁弗里茨·安曼（Fritz Ammann）把他挖到了欧米茄，成为品牌内部“少壮派”的一员。面对石英表咄咄逼人的攻势，欧米茄的产品线陷入混乱。这群青年富有改革志向，但最终却因为安曼在集团人事斗争中失败，一怒之下也跟着老领导辞职了——比弗似乎从此就和石英表“结下了梁子”。

对机械表情有独钟又想干大事的比弗，机缘巧合之下发现了宝珀这块璞玉，第一时间想到了“家里有厂”的好朋友雅克·皮盖。FP 机芯厂本来就是一个做了一百多年机械表的老牌工厂，相比于转头迎合石英市场，比弗成立腕表公司的提议更能打动雅克。

于是在 1982 年，雅克·皮盖收购了宝珀，宝珀从此成为 FP 机芯厂的附属钟表品牌，新的传奇从这里开始了。宝珀和 FP 在调性上还是非常契合的，特别是在技术创新方面，比如世界上第一只自动上链腕表、第一只女用自动腕表、第一块现代潜水腕表都是宝珀历史上的发明，和善于研发的FP不谋而合。

雅克作为技术大拿，平时为人很低调。但做品牌又离不开营销，比弗就成了最好的人选。完成收购之后，他就聘请比弗出任了宝珀管理委员会的副主席。两个人都是机械表的坚定信徒，比弗后来也回忆说：“(当时)每个人都相信石英表是未来，如果降低价格，就能越卖越多，我不能同意这个观点。”在这个战场上机械表没有胜算，反而会落得个“亡族灭种”的下场。

这个时候真正需要做的，是“不与石英表在价格上混战，而是让机械表变得更有趣”。因此宝珀很快明确了公司的目标——制造小批量、昂贵的机械表，抑或说是“机械艺术品”。

1983年，宝珀推出了被收购以后的第一个作品——宝珀全历月相盈亏显示腕表。

月相这个功能，可以在表盘上展现此时此刻的月亮盈亏，通常以29.5天作为一个周期，采用59个轮齿的月相盘，随着日历的走动，每天拨动一齿，便有了表盘上月亮阴晴圆缺的变化。这是一个很有美学特色的功能，能够给腕表增添很多神秘、浪漫的气息，但从另一个角度来说没有太大的实际用途，因此被冷落了许久。

1983年的第一块宝珀全历月相腕表6395

Cal. 6395 机芯——业界最小的全历月相复杂机芯

宝珀出品的这个“初啼之作”，以Cal. 6395机芯为基础，能显示日期、星期、月份和月相，这款机芯也是史上最小的具有月相盈亏全历显示的复杂机芯。表盘干净素雅，月相盘的一张美人脸十分动人，具有一种古典艺术气息。在那个石英表当道的时代，这让人不由得回想起机械表的光辉历史，而制表师们也可以骄傲地告诉别人：高级机械表和石英表不是一个物种。此后全历月相也成为宝珀的一个经典款式。

当时的宝珀提出了“活在过去的博物馆”这样一个理念，全历月相之后，继续在高级制表的道路上一路狂奔，在接下来的不到10年时间里制造了6款对品牌至关重要的机械表，被称为“六大工艺腕表巨作”，包括：超薄表、月相盈亏显示表、万年历表、双追针计时码表、陀飞轮表和三问表。

这相当于参加了一场又一场高级制表的博士答辩，而最终交出的“论文”是一块融合了六大经典功能的腕表——堪称“表王”的1735超复杂功能腕表。

宝珀1735超复杂功能腕表

这是世界上最复杂的自动上链腕表，制作难度极高。这块表让人想起《天龙八部》里的六脉神剑，小说里天龙寺的六位高僧苦练多年，每人也只修得一路剑法，而对于制表师来说，实现1735腕表六大复杂功能中的每一个都需要耗费许多时间来磨炼，光是能精通三问这一绝技，地位都能比得上六僧里武功最高的枯荣禅师了。不过现实中，宝珀大复杂制表工坊里竟然真藏着两位“扫地僧”，也只有瑞士国宝级匠人才能将不可能变为可能。

1991年，1735超复杂功能腕表面世，其机芯足足装了744枚零件，每一枚都要仔细地进行手工打磨、装饰、调校，有些零件的直径堪比头发丝，要完成这样复杂的工作，不只要有高超的技艺，还要有极强的专注力和耐心。每一枚“1735”的制作，都要花费大师一年多的时间，而且产量极为有限，只生产30枚。当时的订单一下排到了20年后，其中最后一枚2010年在中国售出，当时的价格达到790万元人民币，不愧是宝珀的“表王”。

组成 1735 超复杂功能腕表的零部件，必须用放大镜查看

除了超复杂功能，20 世纪 80 年代末到 90 年代初这段时间，宝珀专注于创造各种腕表之最：最薄自动上链计时码表、最小的三问表、最薄双追针计时码表、最薄陀飞轮腕表、第一只活动人偶三问表……

活动人偶三问表，就是著名的“春宫三问”。春宫表历史悠久，但因为有伤风化被教会查禁，因此存量极少，在腕表时代就更见不到了。据说后来文莱的一位王子得到一款过去保存下来的春宫表，爱不释手，于是他找到宝珀，想要将春宫与报时机制配个对。在如此小的表盘内，将传统手工雕刻的活动人偶与三问功能结合简直是难上加难。但是经过几年秘密研究，宝珀的制表师终于将这块表做了出来，1993 年一推出就震惊表坛，成为很多收藏家的梦想。

宝珀 Villeret 系列中华年历腕表

直到今天，宝珀的制表师都会花几年时间，去研究一些看似天方夜谭的东西。比如为了做一枚“中华年历表”，把生肖、时辰、天干、五行、农历月份、闰月这些呈现在一个小小表盘上，他们光是学习中国的历法就花费了一年半，制作则花费了五年半，总共七年才完成。

雅克·皮盖在收购宝珀后的 10 年里，带领宝珀在制表技术领域创造了许多奇迹。与此同时，比弗负责的营销战线也没闲着。

比弗是另一种意义上的“特种兵”，作为一个营销鬼才，他非常善于造势，把语言作为武器。在他的渲染下，机械表成了一种极具浪漫色彩的事物，相比于石英表更有“灵魂”，也更有未来。流传最广的，还是他创作的一句十分著名的“反石英宣言”——“自 1735 年以来，宝珀从未生产过石英表，未来也绝不会”，非常有力地传递了一种新的“腕表价值观”。

在比弗看来，这种“价值观”的诞生是有其社会基础的。20 世纪 80 年代，在经历了嬉皮士运动的冲击之后，保守主义回潮，人们开始认为“未来是建立在传统之上并与之相伴”，而机械表则是连接着传统与未来的桥梁。

不管怎样，在雅克·皮盖和比弗的带领下，宝珀的迅速崛起为瑞士机械表的反击注入了一针强心剂。他们让宝珀的营业额从 1985 年的 890 万瑞士法郎增长至 1991 年的 5600 万瑞士法郎。[1] 高级机械表不再是即将被淘汰的老古董，反而成为豪华、奢侈、尊贵的象征。

被皮盖收购 10 年后，宝珀又迎来了更上一层楼的机会。当时海耶克已经开始打造集团“品牌金字塔”的塔尖部分，正需要一个能够代表高端制表、面向高端市场的品牌，而 FP 机芯厂成名已久，宝珀在那几年又风头正劲，一番考察之下成了他最好的选择。

SMH 集团（后来改名为斯沃琪集团）是当时瑞士最大的钟表集团，也能给宝珀带来更大的发展机会，双方诉求一致，一拍即合。最终，海耶克在 1992 年同时收购了宝珀与 FP 机芯工厂，从此二者更是你中有我，我中有你。

2010 年，FP 机芯厂正式更名为宝珀机芯工厂，宝珀由此也实现了垂直化生产。

目前宝珀拥有两大制表厂——位于勒桑捷的机芯工厂和位于布拉

---

1 数据来源：DONZÉ P Y. A Business History of the Swatch Group [M]. London: Palgrave Macmillan, 2014: 82.

苏斯的大复杂制表工坊，笔者曾经两次到访。工厂外墙的宝珀标识下，有着“MANUFACTURE DE HAUTE HORLOGERIE”字样。“Manufacture”一词，源于拉丁语词组“manu factura”，意为“手工制造”，也意味着这个腕表品牌，从腕表上的各个零件到制表的工具，都是自己生产的，而有这样资格的腕表品牌，少之又少；“Haute Horlogerie”一词，则代表高级制表能力。

勒桑捷机芯工厂目前有多达700余名员工，囊括了设计、生产、组装、质检等主要核心流程，是真正的全自主。在最近十几年时间共研发制造了超过43款全新机芯与独家产品，而且每一款都搭载超复杂功能。

之前参观工厂的时候，我们还看到了大量制作机芯零件的模具，编好号放在柜子里保管。其实，仓库里面共有近10万种模具，堪比一个巨大的数据库。而一只腕表的机芯中，少则也有200多个零件。在这样的储备支持下，即使几十年之后，某一些零件已经停产，想要修表还可以找出相应的模具，制造出一模一样的零件，保证每一只宝珀的腕表都能一直精准走下去。

而当年路易–爱丽舍·皮盖在布拉苏斯留下的“老磨坊”工坊，如今变成了宝珀的大复杂制表工坊，传承着令人惊叹的复杂功能。1735腕表就诞生在这里，如今宝珀的制表大师们依然在致力于打造诸如三问、双追针、卡罗素、陀飞轮、时间等式、中华年历等复杂功能腕表。

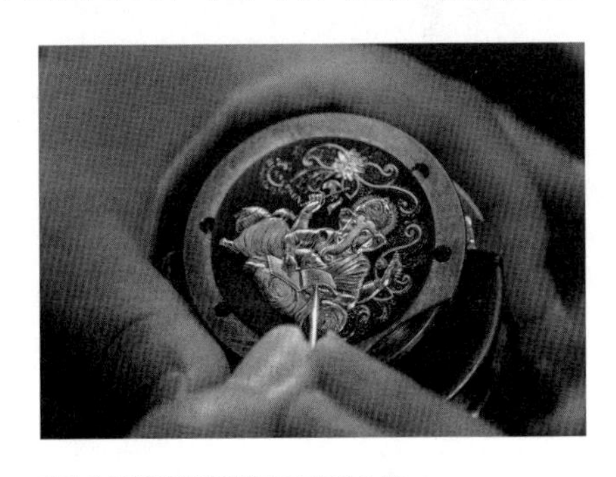
宝珀金雕师雕刻印度神话中的象头神

艺术大师工作室也在这里，负责表盘和机芯部件的装饰，除了传统图案雕刻工艺和珐琅微绘工艺，还专注于开发从未在高级制表中出现过的工艺，如赤铜工艺、备长炭工艺、大马士革镶金工艺等等，他们打造的表款

宝珀珐琅微绘大师将经典画面生动地还原于表盘

也多为高级定制。

笔者参观时就曾亲眼看到了工艺大师绘制大宫女珐琅彩绘的创作过程，大宫女的神态和毛发等细节刻画丝丝入扣，现在回想起还觉得美得震慑人心。

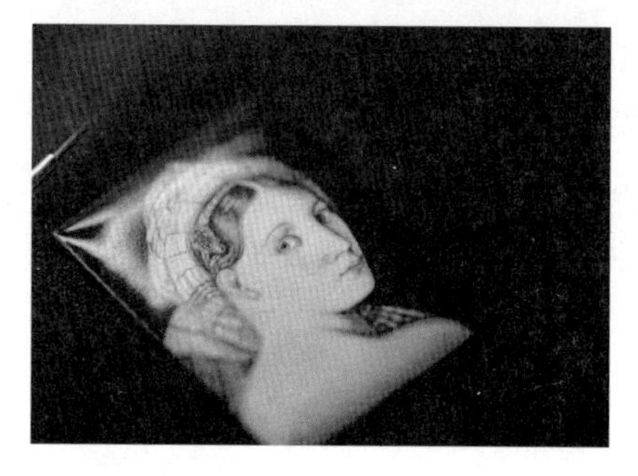

工艺大师绘制的大宫女珐琅彩绘

宝珀的复兴既是机械表面对围攻时的“守城战”，同时也是另一场突围战，和豪华运动表一样，避开“敌军大部队”，直捣高端市场。而以复杂功能作为武器的宝珀，瞄准的市场甚至更为尖端、细分。同时，他们的创作也体现了一种对于机械表的价值取向：机械表不只有工具价值，附于其上的美学与文化价值也应该得到重视，相比于作为仪器，机械表更应该成为能够给人带来乐趣的玩物，而这正是石英表无法比拟的。

复杂功能乘势而起，石英危机迎来终局

在 20 世纪 80—90 年代的瑞士制表界，做复杂功能腕表已经成为一种潮流，也涌现出了一批“风流人物”。

比如万国的首席执行官京特 · 布吕姆莱因（Günter Blümlein）和首席制表师库尔特 · 葛珞斯（Kurt Klaus），也是机械表的坚定信徒。葛珞斯尤其钟爱万年历，这也是腕表最高级的复杂功能之一，他们决定

从这里入手。

制表大师葛珞斯

在京特·布吕姆莱因的支持下，葛珞斯画了两年图纸，以三角形构造建立了整套机制，设置了每个位置的坐标，并进行了无数次核算，其间也经历了数次失败，但葛珞斯觉得有时候还就得和自己较较真儿。

万国达文西万年历腕表（型号：3750）

终于在1985年，他从无到有创造了万国达文西（Da Vinci）万年历腕表，搭载了可以在表盘上显示至2499年的日期、星期、四位数年份和月相的机械日历，葛珞斯也被称为“达文西之父”。这款表当时定价近15000瑞士法郎，虽然很高，但仍然接到了100多个订单。这也让京特·布吕姆莱因感受到潮水的方向正在改变，几年之后他便投入了复兴朗格的战斗中。

这一时期的瑞士制表业还有一对“疯狂企业家”和“疯狂科学家”的组合，在机械表领域创造了奇迹。

这位“疯狂企业家”名叫罗尔夫·施耐德（Rolf Schnyder），早年在东南亚销售瑞士腕表，一边工作一边在亚洲各地冒险。他曾经在缅甸边境扎木筏沿着桂河的急流漂流，在普吉岛的海滩上露营，冒着战火前往老挝和越南，还在20世纪60年代中期到访过中国。施耐德信奉将乐趣与工作相结合的方法，曾说冒险生涯培养了他的敏锐眼光和对风险的计算能力，这些都为他之后在制表业的新冒险奠定了基础。

罗尔夫·施耐德（1935—2011）

后来他就在表盘生产商斯登兄弟的支持下，在泰国开办了钟表零件工厂，凭借着劳动力优势反哺瑞士市场，他本人也成为钟表界有头有脸的人物。

1983年，施耐德参加圣莫里茨滑雪比赛和骨架雪橇比赛时，偶然间看到了一则新闻报道，说有1500多年历史的航海仪器制造商雅典表正在寻求出售。

雅典表有着辉煌的历史，尤其是在航海钟制造领域，但在石英危机的冲击之下，销售大幅下滑，呈现出难以为继的局面。然而在施耐德看来，危机就是机遇，他的思考角度也很特别，他晚年时曾回忆说：

“为什么我要在每个人都说钟表行业已经死了的时候，去买下一家专注于机械表的制造商？这个问题的答案，来自我在亚洲度过的时光。我发现在中国和印度，石英表并不成功，因为修表人打开表壳后盖时看到的东西，和打开收音机后盖看到的东西其实没什么两样。在这些地区，机械表还存在着价值，任何有能力的修表匠都认识机械表的结构，懂得如何维护和修理它。当我看到这些地区坚定地拒绝石英表时，我就知道有一天机械表会卷土重来。”

施耐德还说过一句话：“杰出的发明大多是由钟表匠个人创造的。”因此，收购雅典表之后他做的第一件事，就是寻找这个行业里的天才，很快他便遇到了“疯狂科学家”路德维希·欧克林（Ludwig Oechslin）。

欧克林1952年生于瑞士，他的履历很有意思。作为今天最为知名的制表大师之一，欧克林在大学学的却是考古学，之后又考取了哲学博士学位。之后他却突然从文科转向了理科，在伯尔尼大学学习理论物理学和天文学，而在学习期间，他成了一名制表师。文理兼修的背景也决定了欧克林的制表风格。比如他曾经修复过梵蒂冈图书馆的天文钟，就是将考古学、天文学与制表学相结合。

制表大师路德维希·欧克林

施耐德对欧克林制作的一个复杂天文挂钟无比欣赏，深入交流后发现他对于时间和空间的关系有着十分深刻的理解。在欧克林眼中，我们的时间实际上是地球在太阳系和整个宇宙中的特定位置所决定的。这种独特的思维也让施耐德产生了以此为基础制造高级机械腕表的想法，但这一切实现的前提，还是欧克林是个天才。

只不过天才多少都是有些怪癖的。开始合作时，欧克林不要团队，反而只有与世隔绝的环境能激发他的创造力，于是施耐德就让欧克林闭关做表，欧克林很快就在 1985 年创作出了一款令人惊奇的高精密度复杂时计——伽利略星盘腕表。

这款腕表具有 21 项复杂功能，包括显示本地时和太阳时、太阳和月亮的运行轨道、重要行星的位置等等，而机芯仅装配在直径 40 毫米、厚度为 12.8 毫米的表壳中，当时被称为“机械奇迹”，1989 年 2 月被吉尼斯世界纪录列为“世界上功能最强大的手表”。

而更加令人惊奇的是，施耐德以 37500 瑞士法郎的价格出售这款表，结果卖出了 80 枚。这个结果也证明了，愿意为高端腕表买单的客户其实大有人在。在此之后，施耐德和欧克林又合作推出了“哥白尼运行仪腕表”和“克

雅典表“时计三部曲”

欧克林与 Blast 系列“月之狂想”腕表

卜勒天文腕表”。这三款表后来并称为“时计三部曲”，成为现代雅典表的开山经典。

欧克林和雅典表的合作一直持续到今天，进入 21 世纪之后依然在创造着惊奇之作。比如 2001 年横空出世的 Freak（奇想）系列，取消了常规的指针和表盘，也没有表冠，而是以整个飞行卡罗素条状机芯来显示时间，直到今天看依然无比先锋。而在设计 Blast 系列“月之狂想”腕表时，欧克林则以人们站在地球上的视角，重现了太阳绕行运动、月球轨迹以及潮汐变化，仿佛把中世纪体积庞大的天文钟浓缩在小小的腕表当中。

在 20 世纪 80 年代末期，瑞士的高级制表品牌都开始重新活跃起来，你方唱罢我登场，百达翡丽也出来一锤定音。不少观点把 1989 年视为机械表全面复兴的元年，而其标志就是百达翡丽推出的 Caliber 89 怀表。

这款表被宣布为当时世界上最复杂的便携式时计，使用 1728 个零件，重 1.1 公斤。搭载有 33 项复杂功能，比亨利·格雷夫斯怀表还多出 9 项功能，横跨日历、计时、天文、报时等多个领域，陀飞轮、万年历、双追针计时、星空图、时间等式、三问报时……甚至还能显示复活节的日期，在当时可以说炫技到了极致，当年以 317 万美元的价格售出，也成为轰动一时的新闻。

这款表一共制作了 4 枚，之后的 20 多年里又通过拍卖行在富豪王室之间流转，价格也一路高升。可以说 Caliber 89 无论是从功能、技术还是拍卖市场层面，都有着深远的影响，也宣告了机械表的正式复兴。

百达翡丽做这款表的想法，还要追溯到 1974 年。当时菲力·斯登重组了公司，升级机械设备，宣誓保留传统的价值观。那时的他就觉得百达翡丽应该拿出些什么来庆祝 150 周年的诞生纪念日，但技术总监马克斯·史图德（Max Studer）不愿意再去复制一个亨利·格雷夫斯怀表，而是认为他们应该制造一枚更加复杂的时计，这一雄心壮志也打动了菲力·斯登。

然而被任命为这个“献礼项目”负责人的却并非经验丰富的老制表师，而是一位名叫让–皮埃尔·缪思（Jean-Pierre Musy）的 28 岁年轻人。与老派制表师不同，缪思是一位机芯开发师，他过于年轻的岁数和带有工程师性质的背景，当时在百达翡丽内部也引发了一些疑虑。老师傅们对他多少有些“嫉妒”，也不相信年轻人能做出世界上最复杂的时计。

年轻的 Caliber 89 团队确实很与时俱进，一上来就用电脑取代了手绘制图。百达翡丽还花费 64 万美元购买了品牌第一台计算机辅助设计设备，前前后后至少绘制了 1600 张图纸。计算机辅助设计也就是 CAD，最早应用于汽车制造、航空航天、建筑和电子工业领域。相比于手工绘图，这种技术的出现大大提高了绘图的精度，为生产更加精密的部件提供了极佳的辅助。换句话说，它和高级制表简直是天造地设的一对，但在传统制表师看来，这绝对是离经叛道的。

不过要设计一枚超复杂时计，光靠工具还是远远不够的。当时最大的困难，其实是他们不知道该如何创造一个之前从未有过的复杂功能。

比如复活节显示就让研发团队卡了很久。因为复活节的日期并非固定的某天，而是在每年春分月圆之后第一个星期日，有可能是 3 月 22 日—4 月 25 日之间的任何一天，因此计算方法也成为一个超难的数学问题。为此，团队从头开始学习天文学基础。最后取得专利的计算方法，是设计了一个具有不同深度凹槽的程序轮。轮每年走一步，每一步都嵌入不同的深度，指针则会自动跳到该年正确的日期。

即便如此，复活节显示功能也只能显示1989—2017年的复活节日期。因为在现在的公历中，复活节的循环周期长达570万年，如果造出这样一个程序轮，其周长将接近20公里、宽6.1公里，果真造出来的话，也算是一个奇观了。

那么问题来了，计算机已经可以计算出所有复活节的日期，用机械零件去推算短短28年的日期还有什么意义呢？而这恰恰是Caliber 89想证明的意义，聪明的头脑花费数年的时间，舍弃捷径去选择一条艰难且“无意义”的道路，只为了探索人类传承数百年的机械结构的极限。此时的时计已经脱离了“工具”的范畴，而更像是一个“精神寄托”，无论是对制作它的人来说还是对拥有它的人来说，都是如此。虽然这样的观点不是每个人都认同，但其钻研精神还是值得钦佩的。

Caliber 89的开发工作整整持续了9年，最终在1989年4月完成。1989年4月9日，安帝古伦拍卖行举办了一场“百达翡丽的艺术”拍卖会。这家瑞士拍卖行成立于1974年，和苏富比（成立于1744年）、佳士得（成立于1766年）这样的老牌拍卖行相比显得格外年轻，但它也算得上是一路见证了瑞士钟表业复兴的拍卖行。

安帝古伦的创始人名叫奥斯瓦尔多·帕特里齐（Osvaldo Patrizzi），他13岁时就在一个钟表作坊当学徒，并开始深深地迷恋起钟表。他说自己之所以成为一名制表师，是因为必须赚钱养家，在米兰，成功的最好方式是拥有不同的技能，并认识不同的人，而实现这一点最好的方式就是拍卖。

从事过制表的经历使得他对腕表有着深刻的了解和洞察，20世纪70年代末的时候，他发现怀表收藏家对复古腕表的兴趣也在提高。原因很简单，在石英表的冲击下，这些腕表很快就成为老古董了，这反而提升了其收藏价值。

在很多人不看好的情况下，他率先在拍卖会上推出了手表拍卖环节。一块百达翡丽万年历表以6500瑞士法郎的价格售出，第二年又有一款配备计时码表的百达翡丽万年历腕表以 18000 瑞士法郎的价格售出。在此之后，苏富比和佳士得才开始跟进，推出专门的腕表拍卖会。

主持“百达翡丽的艺术”拍卖会，帕特里齐自然当仁不让，也是他率先将主题拍卖这个概念引入钟表行业。

白金版 Caliber 89 怀表（正面）

当天拍卖会上一共上拍了四枚 Caliber 89 怀表，分别以黄金、玫瑰金、白金和铂金制成。这四枚都被一个王室家族拍下，包括税费和佣金一共 317 万美元，而整场拍卖会的交易额更是达到 1520 万美元。这在当年也成为媒体追逐的头条新闻。

黄金版 Caliber 89 怀表（侧面）

这四枚 Caliber 89 在 21 世纪初再次流散于拍卖市场。其中黄金版被一位藏家收入自己的私人博物馆，玫瑰金款则被一位意大利藏家收藏，一个中东王族买下了铂金款，而白金款则在 2004 年被一位亚洲藏家收入囊中。

这些买家的身份都十分神秘，钟表大师锺泳麟曾在其著作《名表再说》中记载过那位买下白金款的宛如“扫地僧”的富豪：

> 一场日内瓦拍卖，压轴的好戏是白金的百达翡丽 Caliber 89。在暴风雨般的掌声中，这只表顺利卖出。人们起立，公司买家离开现场。买到珍宝的是一个年近古稀的老人，提着超级市场的塑胶购物袋，踽踽迎风向前走。一个刚花了 4000 万港元买一只表的人！

这四枚腕表中命运最为多舛的，就是最为珍贵的黄金款。它曾经四次进入拍卖市场，然而在2017年的苏富比拍卖会上，最终因为出价未达到估价而流拍，至今没有找到新的主人。而就在此三年前，当初百达翡丽曾经想过复刻的亨利·格雷夫斯超级复杂功能怀表，以不可思议的2400万美元售出，一跃成为当时世界上最贵的时计。

百达翡丽按照原有规格打造了第五枚 Caliber 89 作为收藏

虽然在今天看来，Caliber 89既不是世界上最贵的表，也不是世界上最复杂的表（这一殊荣后来被江诗丹顿 Ref. 57260获得），但它诞生在一个特殊的时间点，在钟表史上有着重要的意义。

前面提到的激活腕表拍卖市场是其一，同时它带动了计算机在机械制表领域的应用，除了CAD，CAM（计算机辅助制造）、CNC（数控机床）等也都纷纷上线。另外，Caliber 89的出现再一次带动了各大表厂对“大复杂功能”的追求。

1990年，万国首席制表师葛珞斯在推出达文西腕表五年之后，率领团队做出了“大复杂腕表3770”，搭载计时、月相、三问、万年历功能；1991年，宝珀推出了集合六大复杂功能的1735超复杂功能腕表；1992年，爱彼发表了三重复杂功能腕表，之后又为其增添双追针，推出首款超复杂功能自动上链腕表；法穆兰的 Aeternitas Mega 4更是以拥有36项复杂功能一举超越 Caliber 89……

江诗丹顿 Ref. 57260 怀表

而2015年，江诗丹顿在品牌创立260年之际创下纪录，Ref. 57260怀表搭载了整整57项复杂功能，由2800个零件组成，花费三位制表大师8年时间制作，一经推出就一跃成为“世界上最复杂的时计”。

江诗丹顿 Ref. 57260 怀表机芯 Calibre 3750

这款表来自一位神秘藏家的订单，下单时要求很简单——“我要21世纪最复杂的表”。制表师团队最初的设想是必须至少提供36个复杂功能，后来又慢慢规划出45~46个，结果买家又提出了添加希伯来历的要求，让定制的难度直线提升。

希伯来历显示是腕表史上前所未有的功能，这种源自犹太教的古老历法与现行的公历大相径庭，以公元前3760年为创始年，且深受巴比伦历的影响，月份按月亮周期计算，年份按太阳计法，形成阴阳合历，还有诸如“每19年加入7个闰年”“第13个月份”等特殊规则。57260怀表最后针对希伯来历包括希伯来万年历在内完成了8个功能，可以说前无古人。同时还加入了赎罪日日期显示功能，这也让很多人猜测买家是一位犹太裔富豪。

而希伯来历还只是这款表诸多独创功能的其中之一，像同轴双逆跳计时、可在晚10点到早8点关闭自鸣的夜间静音等，把“机械智慧”演绎到了极致。至于价格，则至今成谜，据说高达1000万美元。

大复杂功能的流行，使之成为各大腕表品牌炫技的舞台，这其实也延续了Caliber 89的逻辑——高级腕表是一种“玩乐精神”的寄托物。花几百万上千万元没有别的意思，就是想看看这些电脑一秒钟就能运算出来的东西，纯靠机械能玩出什么花样。把玩人类智慧与技艺的结晶，也是一种奢侈的乐趣。

从1969年到1989年，瑞士制表业的保卫战整整打了20年，并最终取得了胜利——没有全军覆没，反而实现复兴。其实这也是因为其“命不该绝”。经过“石英战争”的洗礼，市场反而开始认可机械表不可取代的价值。

经过五级（最高级）打磨的宝珀机芯

第一是工艺价值，这点在高级机械表上体现得尤为明显。机芯的制作本身十分复杂，即便是一个简单的机械机芯，也需要130多个零件，而一些复杂的机械表，机芯的零件则要以千计数，背后要花费制表师大量的时间和劳动。高级制表品牌还会不遗余力地在打磨上做文章，例如在机芯上留下倒角打磨、日内瓦波纹、鱼鳞纹，或者采用珍稀的装饰工艺，以提升产品附加值。

第二，高级腕表奢侈品化后具有品牌价值，能够成为表主的社交名片，代表本人的经济实力与个性品位。

第三，机械表的长寿命也会带来收藏价值。无论是石英表还是后来的智能表，生命周期很短，前者保养得当通常也不过10年左右，而智能表更是不断地升级换代，但许多百年前的古董钟表经过修复还能运作，日常用的机械表好好保养可以用上几十年，甚至真的像百达翡丽广告语说的那样——“没有人能真正拥有百达翡丽，只不过为下一代保管而已”。

笔者之前去爱彼参观的时候，就发现他们会为自成立以来生产的所有时计建档，并保留相关的零件。如果有古董表送来修缮，比如需要更换零件，修缮师就会根据原本的零件生产新的，来进行维修。时计的制图以前都是手工绘制，到了现代会保存手抄本和电子版两套档案，以防火灾等不可抗力。当然，机械表不仅在保养上要比石英表花费更多的心力，古董表的修复更是花费甚巨，但这也是收藏品和消费品的本质区别。

爱彼古董表修复档案

第四，则是代际传承带来的情感价值。很多人的第一块腕表就是来自父亲、祖父。比如，宝名表（Bremont）的联合创始人贾尔斯·英格利希（Giles English）就记得自己16岁的时候得到父亲送的一块欧米茄，而表的背面还刻着他祖父的名字缩写；英国的威廉王储，二十几年如一日地戴着一块欧米茄海马，只因为这是母亲戴安娜王妃送给他的礼物，或许在他的心里，这也是一种陪伴母亲的方式。

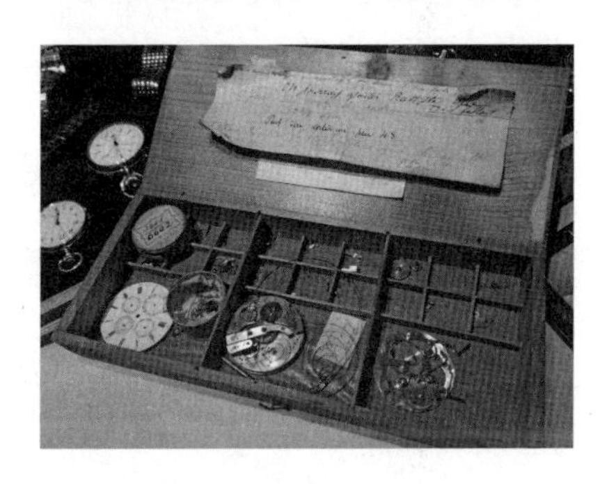

爱彼古董表修复所需零件

当然，石英表也有它不可取代的价值。佩戴机械表与佩戴石英表本身就没有所谓的“鄙视链”，每种腕表都有其定位，对应的需求、使用的场景也不尽相同，其实没有太多可比性。石英表的性价比、日常佩戴的便利性、设计的潮流时髦感以及现代化的功能，有着不同的目标市场。

李嘉诚之前接受彭博社采访时，就曾展示过自己的一块西铁城光动能手表，只要500美元，“只要有光线或阳光，只需要5分钟就可以充满电，不需要换电池，还可以戴着游泳”。他还说：“如果这是一块10万美元的腕表，我就要处处小心，但这块表只要几百美元，我去打高尔夫、去游泳，做任何运动都不用担心把表弄坏。”

如今的腕表市场，机械表和石英表已经不再是对手，而是成为互补关系。买石英表的人，也可能梦想着拥有一块机械表；而买机械表的人，也不介意用石英表换换心情。战争打到最后，二者竟然握手言和了。

让我们回到历史。随着机械表的复兴，“石英战争”也迎来终局。这场战争起源于时代大势，也终结于时代大势，让人不得不感叹，时代的一粒沙，落在一个产业的身上也是一座山。

如果说1973年的第一次石油危机导致的经济衰退让昂贵的瑞士表陷入出口困境，那么1985年《广场协议》的签订则让日本制造商因日元迅速贬值和美元走强而迅速失去竞争力。与此同时，瑞士法郎则呈现反转之势，瑞士制造商也凭借汇率优势翻身。并且随着全球化进程的深入、西方经济体的稳步繁荣，加上中国等新兴市场的强劲需求，高附加值的机械表销量逐年增长。

日本制表业从90年代起进入了一个漫长的衰落期。1996年，Swatch手表已经生产了2亿枚，而曾经锋芒一时无两的精工则连续第五年出现赤字，五年间的损失达3.22亿美元。[1]日本和瑞士两国的钟表出口，也完全呈现出“冰火两重天”的态势，日本表的出口持续停滞和下降（1990年为28亿美元，2000年为15亿美元，2009年为6亿

---

1 数据来源：THOMPSON. Four Revolutions Part 1: A Concise History of the Quartz Revolution [EB/OL]. (2017-10-10). https://www.hodinkee.com/articles/four-revolutions-quartz-revolution.

美元），而瑞士表则实现了巨大增长（1990 年为 49 亿美元，2000 年为 61 亿美元，2009 年为 115 亿美元）。[1]

在时代的大背景之下，个体的选择也影响了战局的走向。面对石英表掀起的全球风暴，瑞士人在保卫战中形成了两个明确的战略方向：短兵相接的战场交给海耶克和他的钟表集团，Swatch 在廉价石英表领域奋力搏杀，斯沃琪集团则重新赢得注资，集中资源进行生产和营销；另一个方向则上演了一出“明修栈道，暗度陈仓”，制表业的奇人们“八仙过海，各显神通”，以豪华运动表和复杂功能机械表为两大战略武器，绕过血流成河的战场，直捣石英表难以企及的高端市场，一举定鼎。品牌集团化和机械表奢侈品化，是长达 20 年的“石英战争”留下的最大遗产，也塑造了今天的瑞士制表业。

这场“战争”是一场龙卷风，也是一块试金石。瑞士制表业的幸存，是每一个从业者共同努力的结果。这其中离不开海耶克、托姆克、乔治·格雷、菲力·斯登这些眼光长远、意志坚定的“指挥官”，也离不开乔治·丹尼尔斯、雅克·皮盖、库尔特·葛珞斯、欧克林这些“技术特种兵”的执拗和坚持；同样，天才设计师尊达、营销鬼才比弗这些奇人，也在这段史诗里留下了自己的篇章。

当历史的时钟敲响，步入 20 世纪 90 年代，世界的格局发生了天翻地覆的变化，随着石英危机阴霾的散去，瑞士钟表界也将迎来百花齐放的复兴时代。

1 数据来源：DONZÉ P. Y. The comeback of the Swiss watch industry on the world market:a business history of the Swatch Group(1983-2010)[J/OL]. MPRA Paper, No. 30736. 2011 https://mpra.ub.uni-muenchen.de/30736/1/MPRA_paper_30736.pdf.

第十一章

CHAPTER ELEVEN

制表业“新战国时代”，奢侈品集团爆发争霸战

1989年11月9日，柏林墙倒塌；第二年10月，存在了40年的民主德国宣告停止存在，变成五个州加入联邦德国。两德统一使得华约组织陷入瘫痪，加速了冷战结束的进程。与此同时，作为冷战两大主角之一的苏联，也深陷泥潭，最终在1991年12月彻底解体，持续了44年9个月的冷战就此终结。

从1991年到21世纪初，全球化进程加快，互联网大爆发，以中国为代表的新兴市场国家迅速崛起，整个世界都进入了一个崭新的时代。

钟表业也呈现出全新的态势。“石英战争”已经决出胜负。曾经的劲敌，如今已经无力再战，而下一个挑战者智能腕表的出现，还要等到20多年之后。但这20年绝非平静的20年，反而热闹非凡，我们甚至可以将之形容为欧洲制表业的“新战国时代”。

从地域维度看，两德统一为德国制表复兴创造了历史条件，当年几乎被苏军夷为平地的格拉苏蒂小镇，再一次成为制表中心，朗格的复活、格拉苏蒂原创的兴起、NOMOS的出现……战国时代又新添一方诸侯。

从品牌维度看，20 世纪 90 年代的瑞士制表业再一次迎来创业潮，诸多独立制表师自立门户，里查德米尔、法穆兰、罗杰杜彼、宇舶等新兴品牌加入战局，与经典老牌争夺市场。

从市场维度看，全球奢侈品市场的急速发展导致了奢侈品集团的兴起，LVMH（路威酩轩）、历峰、开云这些称王称霸的大集团，纷纷进入钟表市场攻城略地，而作为瑞士钟表业巨无霸的斯沃琪集团，也杀入阵地，打响了一场“收购争霸战”。

接下来，我们就一起走进这个群雄逐鹿、异常喧嚣的 20 年。

德国制表业的复兴之战

1945 年 5 月 8 日，赶在纳粹投降前，苏联的轰炸机摧毁了德国制表中心格拉苏蒂，而作为战后赔偿的一部分，制表工具和图纸都被拆解运往了苏联。

费尔迪南多·阿道夫·朗格的曾孙瓦尔特·朗格（Walter Lange）曾回忆说，当时他们“不得不从瓦砾中挖出机器，然而战后剩下那么一点点东西，都被苏联人带走了”，他自己还要跑去帮忙装箱，画草图教苏联人如何制作航海天文钟。

从格拉苏蒂大轰炸到朗格品牌复活，中间相隔了 45 年的时间。这 45 年倒也不是一片空白，作为东欧社会主义国家中数一数二的工业强国，民主德国政府很快就重建了制表小镇，并且以国有企业的形态发展出了自己的制表业，也为 20 世纪 90 年代的德表复兴打下了基础。

随着两德统一，民主德国的所有制度都随之消解，国有企业也被拆分、私有化。这也是一段经济大动荡的时期，格拉苏蒂的制表从业者一度从巅峰时期的 2000 多人，跌落到 1994 年的不到百人。然而德国制表的浴火重生也是从这个低谷开始的。

朗格："德国表王"在故乡重生

66 岁，对于普通人来说早已到了退休回家含饴弄孙的年纪，而对瓦尔特·朗格来说，他一生中最为精彩的篇章才刚刚开始。

瓦尔特·朗格出身于制表名门，是费尔迪南多·阿道夫·朗格的曾孙，也曾想继承家业成为制表师。1924 年出生的他，和同代人一样，前半生一次又一次被各种历史大事件洗礼，过得十分不顺。

年幼时赶上大萧条，从客厅的窗户望出去，街上都是失业的人在排队；18 岁被迫中断制表学校的学业应征入伍，在战争中身受重伤；虽然幸运地活着回到了家乡，但又亲眼看着格拉苏蒂被苏联人炸成废墟，几代人的积累毁于一旦，公司也被国有化。

那时候只有 24 岁的他感到未来一片渺茫，而民主德国政府对他的安排不是去制表厂当工人，而是去铀矿当矿工。前途尽毁不说，还可能搭上性命，这是瓦尔特·朗格无论如何都接受不了的。

1948 年 11 月，瓦尔特·朗格告别父母踏上了逃亡之旅，来到联邦德国，在巴登–符腾堡州黑森林地区的普福尔茨海姆定居下来。普福尔茨海姆以珠宝和钟表业而闻名，被称为"黄金之城"，瓦尔特在这里选择从事钟表业，为其他公司打工谋生，也曾加入过哥哥费尔迪南多·朗格二世创立的公司，担任车间经理。但总体来说，他人生的前66年都还是在寂寂无闻中度过的。

朗格家族第四代成员及当代朗格创始人瓦尔特·朗格（1924—2017）

1989 年，柏林墙的倒塌改变了整个世界的历史进程，也改变了瓦尔特·朗格的命运。那时的他已经退休 6 年了，在离开家乡 42 年后又回到了格拉苏蒂，并在 1990 年 12 月 7 日注册了新公司 Lange Uhren GmbH。选这个日期也是别有深意的，当年瓦尔特的曾祖父创立朗格，就是在 1845 年的 12 月 7 日。

1991 年，瓦尔特·朗格（右）与京特·布吕姆莱因（左）在费尔迪南多·阿道夫·朗格纪念碑前

然而他的开局并不美妙。一方面原因是大环境上的。两德统一看似光鲜，但其实是一本沉重的经济账，由于东部地区经济远落后于西部，东部的人纷纷跑去西边打工。经过严重的人口流失，格拉苏蒂从事制表业的人数一度只剩 72 人。另一方面，瓦尔特在产权方面也遇到了问题。因为管理民主德国资产的德国的法律不支持像他这样的还乡者讨回祖产，迫于无奈的他只能使用一位老同学的住宅地址注册公司。

瓦尔特·朗格回忆说："我们创立公司时一无所有，没有厂房，没有员工，我们像教堂里的老鼠一样贫穷。"与其说是复兴祖产，不如说是白手创业。那时瓦尔特拥有的最大一笔财富，就是他的合伙人。这个人在前文也出场过，他就是京特·布吕姆莱因。

京特·布吕姆莱因出生在纽伦堡，比瓦尔特小了整整 19 岁。他是工程师出身，早年曾就职于工业集团 Diehl，担任手表部门经理，后来跳槽到了专门生产车速表和汽车仪表的威迪欧（VDO）。1978 年，威迪欧收购了两家重量级瑞士制表品牌——万国和积家，京特·布吕姆莱因也被委以重任，成为子公司 LMH[1] 的负责人。

他接手万国和积家时，正是石英危机的高峰。作为坚信机械表价值的经营者，他为万国制定了更年轻、更活跃、更具冒险精神的经营方向，领导复兴了飞行员系列、葡萄牙系列等主力表款，推动了新材

1 LMH 全称 Les Manufactures Horlogères，意思是"手表制造厂"。

20 世纪 90 年代初的朗格厂房

料的运用，还支持葛珞斯制作达文西万年历等复杂功能腕表；而在积家，他则更专注于提升品牌的制表能力和机芯制造业务，挖掘积家的历史资产，复活了 Reverso 翻转腕表。

和瓦尔特一样，柏林墙的倒塌也让作为德国人的京特·布吕姆莱因燃起了复兴萨克森制表业的热情，两个人一拍即合，新成立的 Lange Uhren GmbH 公司也由瓦尔特和布吕姆莱因的 LMH 公司共同控股。

最终，新公司还咬牙从政府手中买回朗格家族的地产，并重新注册品牌 A. Lange & Söhne，也就是现在的朗格。但钱能解决的事都不是难事，真正难的是招不到人。

当时还留在格拉苏蒂的制表师大多曾就职于民主德国时期的“人民企业格拉苏蒂制表厂”（简称 GUB）。1951 年，格拉苏蒂残存的制表企业（包括朗格、UROFA、Mühle & Son 等公司）都被整合进了这家国营工厂，这些品牌的商标权也属于它，但一直没有被使用过。GUB 在民主德国时期以量产高品质的钟表闻名，很多产品是供应联邦德国市场的，部分销往经互会国家，在本国反而很难买到。

两德统一后，GUB 也被改制，不少制表师都去了外面寻找机会，而留下的人里还有不少不愿意为西边来的资本家打工。最终瓦尔特在当地专家的帮助下，才勉强招到 48 个人，组成了最初的员工队伍。

然而民主德国体制的封闭使得当地的基础建设十分落后，在 20 世纪 90 年代甚至都没有通电话，当地制表师的知识体系也和外界脱节，当真是“不知有汉，无论魏晋”。因此瓦尔特和京特·布吕姆莱因不得不把新招的制表师派到瑞士进修，学习高级制表所必需的现代制表技术。培训内容自然也包括计算机辅助技术，然而那时的朗格只有一台计算机，员工们不得不轮流使用。

在经历了长达四年的准备期后，朗格终于做好了重回制表业顶峰的准备。

朗格 1994 年于德累斯顿王宫举行的首发仪式，推出四款腕表：LANGE 1、ARKADE、SAXONIA、TOURBILLON “Pour le Mérite”

瓦尔特和京特·布吕姆莱因对于朗格有着明确的定位：只做高级制表作品而不做大规模生产的产品。按照京特·布吕姆莱因的说法，“朗格腕表应该是一件完整的艺术品，结合了制表师对机械装置和工艺的热情、品牌无与伦比的风格和深厚的历史底蕴”。

1994 年 10 月 24 日，是朗格历史上一个值得铭记的日子。这一天在德累斯顿王宫，朗格发布了重生以来的第一批 123 枚腕表。

新表主要分为四个表款，LANGE 1、TOURBILLON “Pour le Mérite”、SAXONIA、ARKADE，展现了朗格挑战瑞士高级制表的决心。

其中 LANGE 1 被认为是一个“规则改变者”，也是“德系表美学”的复兴之作，就像瓦尔特所说：“我是通往朗格过去的桥梁。”

这款表极具古典主义之美，又颇具颠覆性。它的偏心表盘乍一看十分怪异，却是根据黄金比例排布，每个元素的大小和位置都经过精密计算，大日历窗、动力储存显示和小秒盘在表盘右侧呈一条直线，和偏心时分盘形成了一个等腰三角形的结构，每个功能区既相互独立又彼此联结。

在表盘上的这些元素中，最为醒目的还是被置于 18K 金框架内的大日历显示。数字的尺寸约为同等大小腕表日历显示的三倍，而灵感则来自德累斯顿森帕歌剧院的五分钟数字钟，天生就带有满满的德国味。

朗格 LANGE 1 腕表

第一款 LANGE 1 采用的是封闭式底盖，但手动上链 L901.0 机芯的做工毫不含糊，而且完全继承了萨克森制表的传统，手工打造的由德国银制成的四分之三夹板、螺丝固定黄金套筒、螺丝摆轮等传统元素都一一呈现，在看不见的地方也精细修饰。这款表一经推出，就成为高级制表的典范之作。

而 TOURBILLON “Pour le Mérite” 则是朗格的炫技之作，是第一款同时配备了陀飞轮和芝麻链传统系统的腕表，至今在拍卖市场上都颇受青睐，是朗格最贵的表款之一。

朗格 TOURBILLON “Pour le Mérite”

芝麻链有点像自行车的变速轮，其特点在于通过改变链条的长度，来补偿发条的扭力损失，使走时更加准确。这是一个在古董座钟上经常被用到的技术，但到了腕表时代因为不好缩小就渐渐销声匿迹了。

制作这款表时朗格和爱彼前几年收购的子公司 Renaud & Papi 进行了合作。机芯的芝麻链由 636 个零件组成，总长度为 15 厘米，重量却只有 0.12 克。据说为了解决链条的微小链节问题，制表师工作时会在链节之间插入丝线来保持间隙，完成之后再把线烧掉。

可以说，陀飞轮常有而芝麻链不常有，朗格把这两项复杂功能结合在一起，也是其杀回高级制表领域的强力宣言。

SAXONIA 以格拉苏蒂所在的萨克森州命名，是一款纯净优雅的正装腕表，大日历窗配小三针呈对称式分布，盘面素净大气又和谐稳重。这一款在之后的20多年时间里多次迭代，材质、表径、功能多有变动，但始终保持了经典的美学基因。

芝麻链传动系统

ARKADE则是一款近似于酒桶型的女装腕表，同样采用大日历窗配小秒盘的对称设计，带有一种典雅气质，之后陆续推出多个贵金属材质和镶钻款，在朗格的表款中也算别具一格。

朗格 DATOGRAPH 腕表

这四大表款也奠定了朗格的制表基调和美学风格，同时朗格也在继续出新。他们下一个挑战的是计时机芯，1999年的DATOGRAPH在巴塞尔表展上一鸣惊人。

追溯历史，费尔迪南多·阿道夫·朗格早在1868年就制作出朗格首枚计时码表，通过单一按钮，即可启动、暂停、复位计时指针。DATOGRAPH有着致敬传统的意味，但新意更足。这款表从功能上说，具有跳分积分盘和飞返计时功能，在当时的计时腕表中可谓独树一帜。

京特·布吕姆莱因（1943—2001）

在此之后，朗格又推出具有长达30分钟追针的Double Split，这也是京特·布吕姆莱因做出的重要决策之一。不过遗憾的是，他并没有看到这款

朗格新工厂的制表工作室

表的诞生。

2001年10月1日，京特·布吕姆莱因突发心脏病去世，年仅58岁，可谓天妒英才。而在他去世的前一年，历峰集团收购朗格，瓦尔特·朗格也完成了他的梦想和使命，光荣退休，之后在2017年以92岁高龄去世。如今的朗格，依然沿着这对好搭档定下的基调稳步发展，成为德国高级制表的一面旗帜。

瓦尔特·朗格以近古稀之年回到早已陌生的家乡创业，相信他心里想的不是要赚多少钱，而是给自己几十年来的梦想一个交代。作为朗格大师的子孙，这也是血脉赋予他的责任。做，辛苦几年；不做，那就是后悔一辈子。朗格的重生也正应了那句话——“念念不忘，必有回响”，从此欧洲表坛，又多了一位雄踞北方的王者。

格拉苏蒂原创：承袭往昔荣光

在当今的德国表坛，除了朗格，还有一个不容忽视的品牌，它和格拉苏蒂这座小镇的关系更加深厚，因为这个品牌的名字就叫“格拉苏蒂原创”（Glashütte Original）。

格拉苏蒂小镇

在第八章我们提到过，格拉苏蒂的制表历史可以追溯到1845年，费尔迪南多·阿道夫·朗格创业之后，一大批制表精英慕名而来，在小镇定居办厂，还开设了制表学校。而“格拉苏蒂原创”这几个字眼则可以追溯到1916年，当时它被标刻在怀表上，以表明产品是格拉苏蒂生产，而非外国仿制品；到了1927年，这个字样又首次出现在腕表的表盘上。之后的历史已经不必赘述，二战后格拉苏蒂仅剩的7个品牌被民主德国强制国有化，成为GUB的一部分。

1990年，两德统一，格局剧变，老国企GUB瞬间就有了一个不确定的未来。

首先人才的流失是不可避免的，1989年的时候公司里还有2000多人，到1994年只剩72人。没有年轻人愿意留在这个穷乡僻壤，去西部各州赚钱才是好出路；其次则是企业的改制，在私有化的进程中大型联合企业被拆分，GUB也经过一番剥离重组的折腾，终于在1990年10月16日重新注册成为私营企业[1]，同时成为二战结束后所有幸存下来的格拉苏蒂制表企业的正式法定继承方。但当时控制公司的信托机构对其未来并不乐观，觉得新公司撑不了多长时间就会解散。

不过一切在1994年峰回路转。这一年对于德国制表业来说十分重要，不仅朗格推出了四款代表作，GUB也被来自西边的企业家看中了。新老板名叫海因茨·W.普菲弗（Heinz W. Pfeifer），在进入制表业之前，曾在西门子当过电气工程师，1983年开了一家生产X光仪器的公司，同时还经营着一家贸易公司和一家管理咨询公司。

对于这样一个已经在专业领域取得成功的人来说，为什么要冒险进入前途未知的制表业呢？普菲弗本人对此的解释是，他在业余生活中是一个腕表收藏家，这种兴趣让他产生了做些事情的想法，而且他也想参与到东部的建设中来，于是就把爱好变成了事业。

其实当年曾有一家法国机芯厂商想收购GUB，但以失败告终。

1　该企业名为Glashütter Uhrenbetrieb GmbH（格拉苏蒂制表责任有限公司）。

当时普菲弗就看准机会，联合珠宝商阿尔弗雷德·瓦尔纳（Alfred Wallner）以1300万德国马克的价格从信托机构手中收购了这家公司。[1]

在那个年代，很多来自西边的商人跑到原民主德国的土地上进行投资，在赚到快钱之后又纷纷离开了，导致东部人对这些人的观感十分不好。同样，前GUB的工人们一开始也并不信任普菲弗这位新老板，觉得他和那些只顾利益的资本家没什么区别。

但普菲弗的确不一样。他不仅留了下来，还向工人们承诺让表厂回到格拉苏蒂被摧毁之前的样子。那时他对所剩无几的员工大谈自己的愿景，要把公司变成一家生产价值在10万马克以上的豪华腕表工厂，很多人觉得他疯了，但普菲弗有自己的计划。

首先是打出品牌。普菲弗废除了GUB这个充满民主德国气息的名字，转向更遥远的制表传统。如果说对瓦特尔·朗格而言，最有价值的资产是他的曾祖父费尔迪南多·阿道夫·朗格，那么对普菲弗来说，最有价值的招牌就是格拉苏蒂这个地名。

虽然GUB继承了一些老品牌的名称使用权，但普菲弗还是坚持启用了一个全新的品牌名称——格拉苏蒂原创。这既是对将近一个世纪前的历史的致敬，也彰显了一种姿态——这个品牌出产的表百分之百来自德国制表圣地格拉苏蒂。

其次自然是出作品，扭转其大众腕表制造商的形象。1995年，格拉苏蒂原创推出一款Julius Assmann Tourbillon（尤利乌斯·阿斯曼陀飞轮腕表），带有万年历和陀飞轮两大复杂功能，仅生产25枚，售价约合今天的15万欧元，是当时德国最为昂贵的腕表之一。以尤利乌斯·阿斯曼（Julius Assmann）为名，是为了凸显品牌的历史传承。阿斯曼是与费尔迪南多·朗格齐名的格拉苏蒂制表先驱之一，当年他制

1 顺带一提，1996年的时候，普菲弗还激活Union Glashütte这个品牌（最初于1893年创立），专注于生产更实惠的手表，2000年的时候该品牌被斯沃琪集团收购。

作的表还曾被挪威探险家阿蒙森戴去南极。

格拉苏蒂原创制表厂

与此同时，这款表也展现了格拉苏蒂原创隐藏的制表实力。按照普菲弗本人的说法，阿斯曼陀飞轮腕表抛开开发成本，光纯生产时间就花费了600~700个工时，每个齿面、齿轮、单齿都经过抛光。而有了这款表，就“可以让最挑剔的记者相信我们的能力，从那时起，‘格拉苏蒂原创’这个名字就与最好的瑞士手表品牌一起被提及”。当然，表厂的员工们也因此找回了自信，这点其实是更重要的。

1996年，格拉苏蒂原创又推出了Alfred Helwig Tourbillon（阿尔弗雷德·海威格陀飞轮腕表），限量发售25枚。这款表在表盘的12点钟方向开辟了一个视窗，可以让人尽情观赏陀飞轮结构的精妙运转。

这款表背后也大有典故。名称中的阿尔弗雷德·海威格（Alfred Helwig）是一位活跃在20世纪上半叶的格拉苏蒂制表大师。他从格拉苏蒂制表学校毕业后，就留在格拉苏蒂工作、创业，从1913年起还兼任制表学校的老师长达41年。

“放大版”的飞行陀飞轮

海威格擅长精密调校和陀飞轮，他和学生共同研发的飞行陀飞轮，也是格拉苏蒂制表的重要遗产。陀飞轮是19世纪初宝玑大师的发明，早期的陀飞轮是一个具有很强功能性的部件，用来帮助怀表对抗地心引力的影响，一般安装在固定的钢制夹板之上，并且藏在表壳之后。而海威格从美学观赏的角度出发，移除了陀飞轮上方的夹板，仅仅将其固定在底座上，使得陀飞轮可以外露，看上去就好像“悬浮”一般，因此得名“飞行陀飞轮”。而为了实现这种结构，海威格也改良了陀飞轮的齿轮机构，最后重量只有0.2克，共计72个零件。

2000年，普菲弗将格拉苏蒂原创出售给了海耶克的斯沃琪集团，他在谈到出售品牌的动因时曾说，“作为一家小型制造商，我们有两个选择，要么微不足道，要么让自己变得很重要，重要到成为大集团的目标”，很明显普菲弗选择了后者。而在斯沃琪集团收购格拉苏蒂原创之前，历峰集团完成了对朗格的收购。这两家企业如今不仅同为德国制表的代表，甚至连办公室都只相距几百米。

阿尔弗雷德·海威格（居中站立年长者）和他的学生们

在被大集团收购之后，格拉苏蒂原创也走上了发展的快车道。集团通过资源调配，为品牌提供了全球市场的销售渠道、技术上的专家支持以及推广上的投资。如今，曾经只有72个人的格拉苏蒂原创，已经有了600多位员工，还在2002年开办了阿尔弗雷德·海威格制表学院，为当地的制表业持续培养人才。

如今格拉苏蒂原创的作品继承了四分之三夹板、鹅颈微调（还延伸出专利双鹅颈微调）、格拉苏蒂柱纹、珍珠纹饰等德式腕表传统元素，也会从GUB时期的腕表中汲取灵感，比如Senator Sixties的灵感来源就是民主德国时期最知名的自动上链腕表Spezimatic。

在继承传统的同时，格拉苏蒂原创也非常善于制作品牌独有的复杂功能，但又不会忽略其实用性，这一点在品牌的“三大王牌”身上体现得尤为明显。

例如“三大王牌”之一的 Senator Diary 日志腕表，就是一只可以把闹铃设定到30天后的机械表，堪称史上独一份。这个功能看似简单，但实际上其机械装置是高度复杂的。闹铃由第二主发条盒提供动力，即便走时停止，闹铃也依然维持着动力；还能够根据对主日历做出的任何更改自动修正闹铃日期。表盘上有两个独特的窗口，9点钟位置的子面盘可以在1~31里选择闹铃响起的日期，6点位置的弧形视窗则用来选择闹铃响起的时间，和右侧负责操作大日期显示的表冠按把形成了别样的平衡。

PanoInverse 机芯倒置腕表展现格拉苏蒂原创的招牌双鹅颈微调装置

格拉苏蒂原创腕表机芯，四分之三夹板与鹅颈微调传承德系表的美学

PanoMaticCounter 偏心大日历计时计数腕表的独特之处，则在于把计时功能和计数功能集成在一块腕表上。在计时的同时，还可以通过9点钟位置的窗口进行1~99的计数，戴着这款表去看田径比赛尤其方便，时间和圈数都能记录。这款表的表盘也充满了平衡美学，呈现“四环相套”的画面，而秒针轨道还高于表盘其他原件，宛若“腕上立交桥”。

Senator Rattrapante 议员双追针计时腕表，同时具备了双追针和飞返功能。这两项功能我们在前文中都提到过，其中双追针的技术难度不逊于三问等复杂功能，而作为实用工具可以为不同时间段的两个独立事件计时，飞返则大大提高了计时表操作的便利性。此表的两根计

格拉苏蒂原创 Senator Diary 日志腕表

格拉苏蒂原创 Grande Cosmopolite Tourbillon 腕表

时指针分别为红白两色，在炭黑色表盘的衬托下甚是好看。

除此之外，2012 年的时候，格拉苏蒂原创还发布了品牌有史以来最复杂的 Grande Cosmopolite Tourbillon 腕表，包含飞行陀飞轮、向后调节万年历、显示 37 个时区（有别于一般 24 个时区）资讯等复杂功能，前后耗时 6 年设计制造。这既是高级制表的炫技，其复杂功能本身也有实用性。

格拉苏蒂原创可以说是一个从低谷逆袭的典范。它在最困难的时候始终没有放弃寻找出路，在被质疑的时候用作品找回自信，一直走着一条脚踏实地的路，认认真真地做自己，经历过风雨，终于迎来了自己的高光时刻。人总是要自己成全自己，谁说企业不是如此呢？

NOMOS：手腕上的包豪斯

在今天的格拉苏蒂腕表品牌中，还有一个气质独特的品牌——NOMOS Glashütte。

1990 年 1 月，来自杜塞尔多夫的罗兰·施韦特纳（Roland Schwertner）注册了 NOMOS 的商标，这个词在希腊语中是“法律”的意思。在所有的腕表品牌创始人中，施韦特纳的身份可以说是最特殊的一个，他不仅没当过制表师，甚至连企业家都不算。2006 年发行的《NOMOS 百科全书》把他描述为：货运代理人、计算机专家、辍学者、时尚摄影师、MBA（工商管理硕士）学位持有者，不过这并不影响他成功运营一个腕表品牌，这个新品牌反而因为他才有了不一样的气质。

NOMOS 创始人罗兰·施韦特纳

NOMOS 一直都以其设计美学著称，而这种美学的源头可以追溯到 20 世纪初。

1907 年，建筑师约瑟夫·奥尔布里希、彼得·贝伦斯等人在慕尼黑成立了一个名为“德意志制造联盟”的组织，该组织的目标是“通过教育、宣传和封闭式的演讲，将艺术、工业和手工业的相互作用结合起来进行工作交流，从而提出问题”。当时还是贝伦斯学生的瓦尔特·格罗皮乌斯就深受德意志制造联盟的影响，并在 1914 年的“制造联盟展览”上成名。1919 年，他在魏玛成立了一所建筑与设计学校，名叫包豪斯（Bauhaus）。

包豪斯学校虽然只存在了 14 年，但在设计史上影响深远。包豪斯设计强调艺术与技术的统一、设计的目的是功能而不是产品、设计必须遵循自然和客观的原则，从而形成了理性、简洁、内敛与强调功能性的风格，像苹果、宜家的产品都包含着包豪斯美学。

而包豪斯风格在腕表领域的应用，最早可以追溯到朗格和 Stowa 在 1937 年推出的腕表，NOMOS 的设计则被认为是包豪斯纯粹主义在当今腕表领域的化身。其中最具代表性的，就是 NOMOS 于成立后不久推出的 Tangente 系列，有人形容这款表“大胆又精致，传统又俏皮”。

NOMOS Tangente 腕表

设计 Tangente 的是一位女性设计师苏珊娜·君特（Susanne Günther），灵感

设计师苏珊娜·君特

便是Stowa Antea和朗格在20世纪30年代的设计，白色表盘极其干净简洁，在视觉上没有一处赘余，从表盘、指针到时标，都以最简单的方式发挥其功能，合在一起又有种莫名的艺术魔力，达到令人难忘的效果。就像格罗皮乌斯在1922年提出的“艺术和技术，一个新的统一体”。

这款表也奠定了NOMOS未来的设计原则——简化和功能性。

与Tangente一同推出的还有三款表——更加简洁的Orion、Tangente的方形版Tetra、采用罗马时标的Ludwig，至今都还在NOMOS的产品序列之中。它们有同样的设计师，遵循同样的美学，不大于35毫米直径的表盘男女都可以佩戴，是对当时大表盘常态的反叛。

从左至右：Orion、Tangente、Tetra与Ludwig腕表

作为一个注重设计的腕表品牌，公司的设计部门被放在柏林的Berlinerblau工坊，位于首都最时尚的街区克罗伊茨贝格（Kreuzberg）的一间老厂房里。设计团队是一群酷酷的年轻人，任何东西都能激发他们的灵感，甚至包括吃冰激凌用的塑料勺。

而他们的工厂位于格拉苏蒂。早期的NOMOS腕表使用的是ETA

和 Peseux Eauche 的机芯，在2000 年前后开始走自制之路，直到 2005 年发布了第一枚自制机芯，命名为 α。有趣的是，在 2013 年之前，NOMOS 的自产机芯全都是以希腊字母命名的，之后则以“DUW[1]+ 数字”的方式命名，冠有此名的机芯均遵照格拉苏蒂制表传统手工打造。

NOMOS 腕表的柏林设计工坊

2014 年的时候，NOMOS 还与德累斯顿理工大学合作，投资 1200 万欧元开发了一套自己的擒纵系统。经过这一系列操作，NOMOS 终于可以说自己是一个格拉苏蒂制造的腕表品牌，而如果以产量计算，NOMOS 甚至是德国最大的机械腕表生产商。

NOMOS 表厂旧址，现为品牌位于格拉苏蒂的办公大楼

朗格、格拉苏蒂原创、NOMOS，从某种意义上说，它们分别对应着德国制表的历史阶段——朗格让人追思古典，格拉苏蒂原创源自民主德国老国企，NOMOS 则现代感十足。

NOMOS 自制擒纵系统

1　DUW 是 Deutsche Uhrenwerke（德国钟表作品）的缩写。

德国制表的复兴，不是简单地找回过去，而是为辉煌历史赋予新的意义。它们的出现，不仅重新点亮了一个北方重镇，也给制表业带来了不一样的味道。

新兴品牌的崛起之路

1815 年瑞士确立中立地位之后，制表行业曾经迎来过一波创业热潮，可以说今天大部分腕表品牌，都是在 19 世纪成立的。而到了 20 世纪 90 年代，制表业又迎来了一波创业的高潮，出现了一批新兴品牌，让这个战国时代变得更加异彩纷呈。

出现这样的局势，也是有历史原因的。在经历石英危机之后，瑞士机械表向高端市场转移，开始走奢侈品化路线，同时为了满足客户彰显身份或表达个性的需求，腕表市场无论是从品类还是设计上都越发多样化，不仅老品牌要适应新变化，也给新兴品牌的崛起创造了土壤。

另一方面，随着机械表的复兴，收藏和定制方面的需求也随之出现。很多曾从事古董表修复工作，与博物馆、私人藏家建立了深厚关系的独立制表师，开始以自己的名字作为品牌，从幕后走向台前。他们的产量虽然不高，但却常在拍卖市场上搅动风云。

这一风潮的开端，普遍被认为是 1989 年制表泰斗丹尼尔·罗斯（Daniel Roth）在瑞士贸易公司 Siber Hegner 的支持下，创立自己的同名品牌，以手工打造陀飞轮闻名于世。他的这场中年创业，也激励了很多后辈走上独立制表师创业之路。

法穆兰、里查德米尔：表不惊人誓不休

法穆兰和里查德米尔这两个品牌在某些方面颇具相似之处，比如，

都以创始人的名字命名，都有着昂贵的价格，都以酒桶型表壳为特色，都受到富裕且追求个性的人群的喜爱……但这两个品牌走过的路却不尽相同。

法穆兰（Franck Muller）诞生于1991年，当时在宝珀、百达翡丽等品牌的引领下，超复杂功能腕表成为表商展示实力的载体，而法穆兰则开创了另外一种思路——不仅有复杂功能，还必须给人以足够的视觉刺激。之所以做出这样的选择，也是和两位创始人的经历分不开的。

法穆兰创始人弗朗克·穆勒

法穆兰的创业是经典的“制表师+企业家”组合。品牌创始人弗朗克·穆勒生于1958年，在钟表城拉绍德封长大，高中辍学后，尝试过橱柜制造、马赛克制作和摩托车维修等多种行当，最后去日内瓦读了制表学校。他1980年毕业时正值瑞士制表业的低潮期，很多年轻制表师面临着毕业即失业的风险，但穆勒没有选择进大厂，而是从修表行业做起。

他从一开始就对机械表的复杂功能十分着迷，并且在这方面极富才华，能够为私人博物馆、拍卖行和藏家翻修百达翡丽、江诗丹顿、宝玑的古董表。除了修复，他也做改造，曾经帮一位朋友把劳力士黄金日志型改造成万年历腕表，那块表至今都是全世界独一无二的。

穆勒渐渐不满足于只修表，他也开始设计和组装自己的作品。1984年，他设计了一款正面可见的陀飞轮腕表，在80年代即便是百达翡丽和江诗丹顿的制表师也很少能制造出如此复杂的时计。后来从1986年起，他又开始主攻一些“世界首创”腕表，比如带有跳时功能的陀飞轮、陀飞轮三问表、带有三问功能的陀飞轮万年历等等，而那时的他也不过20多岁。

法穆兰的共同创始人和首席执行官
瓦坦·西尔马克斯

如果说法穆兰对复杂功能的执着源自穆勒，那么对视觉冲击的追求则可能来自另一位创始人——表壳和宝石专家瓦坦·西尔马克斯（Vartan Sirmakes）。瓦坦是一个亚美尼亚珠宝商家庭的后代，年轻时去日内瓦当珠宝镶嵌学徒，后来从事表壳制造业务，这样的经历也使得瓦坦对设计美学有着别样的热情。

1991 年，33 岁的穆勒结识了 51 岁的瓦坦。瓦坦回忆说，当年穆勒会来找他做表壳，一次大概 20 个，瓦坦被他的创造力以及将复杂功能带回现代制表业的愿景打动。于是便向他提议创立一个全球分销的品牌："你是机芯大师，我的专业是表壳制作和工业化生产：让我们一起去做一番事业吧。"就这样两个人合伙开了一家新公司，以弗朗克·穆勒的名字命名，中文世界称之为法穆兰。

法穆兰 Aeternitas Mega 腕表

这个时机选得恰到好处，稳稳踩中了瑞士机械表复兴的节奏。有业内人士评价说：如果穆勒是在 20 世纪 80 年代初创业，那么不会取得现在的成功。创业时穆勒只有 30 岁出头，这会让他更倾向于做一些更为创新和大胆的事情，新品牌没有历史包袱，自然也不懂得保守为何物。

法穆兰从一开始就是那种能让人看第一眼就印象深刻的腕表。

首先表壳就不走寻常路。它复兴了 20 世纪 20 年代常见的酒桶型表壳，但并不是复古照搬，而是将之改造成一种叫作 Cintrée Curvex 的类酒桶型表壳，相比传统多了更多曲面，数字时标的设计也十分张扬。

与此同时，法穆兰也通过一系列世界首创，为自己打响了“复杂功能大师”的名头。1992年，公司宣称打造了“世界上最复杂的手表”，结合了追针计时、三问报时、万年历、逆跳月份等式、闰年循环、24小时指示和温度显示等复杂功能。Aeternitas Mega 4更是搭载了36项复杂功能，机芯由1483个部件组成，2009年的表款以约270万美元的价格被一位美国藏家收藏。

而2003年首次亮相的Crazy Hours更是法穆兰张扬个性的代表作品。表盘上表示小时的数字不再按正常的顺序排列，12点的位置是8，6点的位置是2，3点的位置是11，9点的位置是5……是名副其实的“疯狂小时”。而机芯的跳时机制，可以让指针在乱序的表盘中无误地指示时间，在分针走到59分的时候，观看时针的跃动，给佩戴者带来不少的乐趣。

法穆兰 Crazy Hours 腕表，注意表盘上乱序的时标

法穆兰的腕表特立独行，而且又大又显眼，也因此吸引了不少名人的目光，其中最大的拥趸非音乐家埃尔顿·约翰莫属。在他看来，之前的男士腕表很好但很无聊，自从有了法穆兰，男士们才能够追求更大胆的风格，也带动更多品牌去生产有趣的手表。

穆勒本人也不是那种深居简出的制表师，他喜欢穿着带鲜艳花纹的衬衣，脖子上戴着金色十字架项链，热衷于和买主直接打交道。他喜欢葡萄牙的足球，就帮穆里尼奥、C罗等名人制作限量腕表，比如曾为C罗打造7只万年历双逆跳计时腕表，还亲自送给他。而C罗佩戴过的一款镶满钻石的陀飞轮腕表，售价更是高达1000万元以上。

弗朗克·穆勒做过很多有个性的事。1995年的时候，他把制表工坊搬到了一个叫Genthod的小村庄，入驻一座世纪之交时修建的城堡，并将之命名为 Watchland，后来还在埃尔顿·约翰的建议下，将之开放为“腕表主题公园”。

不过令人遗憾的是，虽然法穆兰取得了成功，但穆勒和瓦坦这对创业伙伴之间却出现了裂痕，陷入了一场互相伤害的斗争中。2003 年，两个人的尖锐矛盾被公开，瓦坦指责穆勒“沉迷酒精”，并且禁止他进入 Watchland；而穆勒则对瓦坦发起非法雇用亚美尼亚工人等一系列指控。不过对这些指控双方都予以否认。

这场争端让不少业内人士感到震惊，斯沃琪集团甚至还派比弗过来调解。最后双方达成协议，撤回指控，但最终穆勒宣布“因为个人原因决定离开”，仅担任顾问，瓦坦成为公司的控制者。好在这场风波并没有影响法穆兰的发展，穆勒早期定下的基调也被坚持了下来。

说完法穆兰，接下来我们说说里查德米尔（RICHARD MILLE）。这个常被简称为 RM 的品牌，也是诸多名人的至爱：文莱苏丹博尔基亚拥有众多稀有款式，日本富豪前泽友作戴着去国际空间站旅游，网球冠军纳达尔、武打巨星杨紫琼都有定制的款式。

更神奇的是，根据摩根士丹利 2021 年发布的腕表行业报告，在整个 2020 年，里查德米尔仅仅凭借卖出的 5000 枚腕表，销售额就高达 11.3 亿瑞士法郎，市场占有率达到 2.7%，位居行业第七，每只售出腕表的均价为 163 万元人民币[1]。而产量和定价也决定了，有一定资本的人才可以排队购买 RM。

然而这个品牌成立至今也不过 20 年出头，究竟是什么原因让它快速崛起呢？这个故事也要从和品牌同名的创始人理查德说起。

理查德是个法国人，1951 年出生在法国南部普罗旺斯地区的小

1　数据来源：MÜLLER. State of the Industry – Swiss Watchmaking in 2022[EB/OL]. (2022-03-08). https://watchesbysjx.com/2022/03/morgan-stanley-watch-industry-report-2022.html.

城德拉吉尼昂。他是学市场营销出身，1974 年进入法国的钟表制造商 Finhor 工作，任职出口部门的经理，后来又在珠宝公司 Mauboussin 担任腕表部门的董事总经理，还成了公司的主要股东。

里查德米尔创始人理查德

在制表圈工作的这段经历，给理查德留下了两大财富，一个是管理各种制表项目所积累的经验，另一个就是人脉，而这些人中，对他后来创业影响最大的有两位。

热爱汽车的理查德

一位是未来的合伙人多米尼克·盖纳（Dominique Guenat）。他是一家小型制表企业的第三代继承人，1988 年和理查德因为工作相识，又因为对汽车、航空与机械的共同爱好成为朋友；另一位叫朱利奥·帕皮（Giulio Papi），是位技术大拿，担任 Audemars Piguet Renaud & Papi（简称 APRP）机芯厂的研发总监，未来将在 RM 早期的机芯开发中担当重要的角色。

理查德之所以会动创业的心思，还是因为和当时任职的珠宝腕表品牌有点八字不合。他本人是个超级赛车迷，痴迷于速度极限挑战，睡觉前的读物是协和飞机的说明书。他非常喜欢跑车，据说收到第一张公司支票时就买了一辆雷诺 Alpine。这种喜好也让理查德对腕表的品位变得极为前卫，而那时候他却在为一家风格优雅的珠宝商打工，他虽然可以按照公司的调性去做表，但内心明白这并不是自己想要的。

终于时间到了1999年，理查德把自己的创业计划对多米尼克和盘托出，并且得到了后者的支持。他们定义了品牌的概念，将汽车、航空和航海领域与创新、耐用材料和精准计时等相结合。

今天的里查德米尔腕表被称作“手腕上的一级方程式”，之所以定下这样的品牌口号，还要从他们的第一块表说起。

1999年开始创业后，理查德经过三年研究，终于在2001年的巴塞尔表展上推出了第一块腕表——RM 001陀飞轮腕表。

RM 001无论是从美学、技术还是从定价上，在当时都是一款十分惊艳的腕表，也奠定了里查德米尔风格的基调。从来没有人像造F1赛车一样做一款腕表，如此不计成本，只因为理查德曾说，“我希望看到我手表的人会发出‘哇！’的声音”。

RM 001的外形是非常规的酒桶型，这在未来也成为里查德米尔腕表的标志性形状。为什么会采用这样一个形状呢？理查德回忆说，有一天他在酒店里度过了一个失眠的夜晚，百无聊赖之际，就想着创造一种可以完美戴在人手腕上的形状。最后他打开浴室，拿起一块肥皂，雕刻出了一个酒桶的形状。后来他把这块肥皂带回了家，并做出了一个纸板原型。这就是RM酒桶型表壳的来源。

RM 001的机芯则是和APRP机芯工厂合作开发的，也就是朱利奥掌管的部门。理查德自己也承认，他既不是工程师，也不是制表师，但作为发烧友的他对机械机芯也有深刻的理解，甚至参与创作了RM 001机芯的草图，并推动技术人员将其变成现实。

里查德米尔 RM 001 陀飞轮腕表

第一块腕表，理查德就选择了经典复杂功能陀飞轮作为主打，而且尝试了一件前人几乎没有做过的事——把极其脆弱的陀飞轮系统放进一块运动表。他说他想“重新设计陀飞轮桥板，使其在外观和功能上都类似于F1赛车的悬挂臂，以抵御冲击”。据说为了证明自己腕表极佳的抗震属性，理查德曾经在巴塞尔表展上当着众多经销商的面把RM 001扔到地板上，然后若无其事地把表捡起来递给对面的人——200年前的宝玑大师也做过一样的事情。

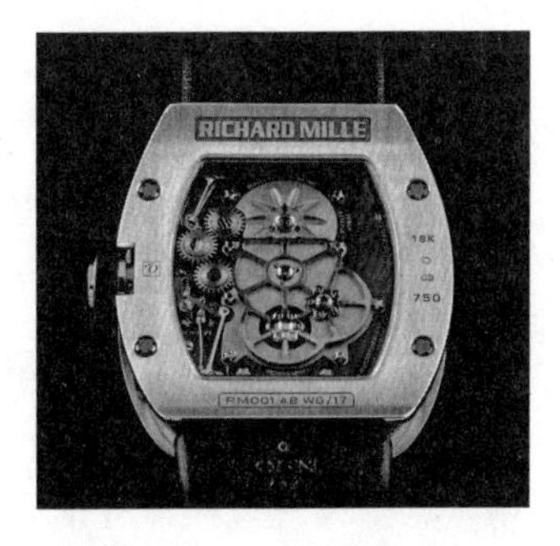

里查德米尔RM 001陀飞轮腕表背透

而且为了追求创新的腕表功能，理查德还要求要同时配备动力储存指示器和扭矩指示器，让佩戴者了解主发条的动力状况，就像赛车仪表盘一样。

RM 001在材料的应用上也十分特别，最初使用的是德国银质底板，却采用了当时相当罕见的黑色PVD镀膜处理，以减少对润滑的需要，提供更可靠的保护。在生产了11枚银质底板的腕表之后，里查德米尔又成功生产出五级钛合金底板腕表6枚。这种对创新材料的执着，也延续到了后续的腕表序列中。

而为了打造出实现他制表理想的作品，理查德在生产和研发过程中甚少考虑预算。最终，受研发和生产成本的影响，RM 001以20万欧元的价格进入了高级腕表的市场。一经推出，RM 001便一炮而红，不只受到理查德的朋友们和老顾客的喜爱，更收到了上百张订单。

RM 001推出之后，里查德米尔又马不停蹄地推出了升级版的RM 002，这是首款腕表的批量生产款式，也是RM制表美学的定型之作，腕表骨架与机芯的

里查德米尔RM 002陀飞轮腕表，表盘右下角有W-N-H标记

搭配，仿佛 F1 赛车的底盘与发动机一般。钛合金机芯底板的技术更加成熟，还搭载了全球首款腕表功能指示器，标记为 W-N-H（上链-空档-调时），就好像汽车的换挡器一般，很有标志性。

之后里查德米尔就在追求复杂功能、高科技材料与运动轻盈性的道路上一去不复返了，最终成为可以日常佩戴的高级腕表。

从 2003 年到 2021 年，双追针、飞返计时等复杂功能依次登场；灵感取自帆船桅杆的 Carbon TPT® 碳纤维、应用于太空探索的 ALUSIC® 材料、强度达到钢的 200 倍的 Graph TPT® 石墨烯碳纤维，也都破天荒地出现在腕表上；还推出了航空表、潜水表、高超镶嵌工艺的腕表、超薄腕表、女装腕表等多个新系列。RM 也签约了许多品牌挚友，并为其推出定制表款，像纳达尔、成龙、杨紫琼等人，都有以他们名字命名的腕表。

理查德对于防震和轻盈格外有执念，F1 车手费利佩·马萨、网球天王纳达尔都是他家的"腕表测试员"。据说早些年纳达尔在赛场上打坏过好几块原型表，为腕表的研发积累了实战经验。后来 2013 年推出的 RM 27-01 Rafael Nadal 陀飞轮腕表，就是当时世界上最轻的陀飞轮表款：包括表带在内重量不到 18.83 克。而 2020 年的 RM 27-04 Rafael Nadal，则是最具抗震性能的，可抵抗 12 千克的加速度冲击。

如今在 F1 赛场上，你可以看到法拉利和迈凯伦的车手们在比赛中佩戴 RM；在滑雪赛场上，你可以看到滑雪爱好者在雪场上佩戴着 RM 肆意滑行；在蓝洞潜水，你可以看到挑战者佩戴着 RM 创造纪录……

而里查德米尔做表依然不计成本，像 RM 006 采用的纳米碳纤维每小时制造成本 2000 美元，为了处理这种材料，还要使用特殊的切割器，每个刀头价值约 500 美元，在切割完 100 次后，就要换新的。

2012 年推出的 RM 056，则是全球第一款采用坚固蓝宝石水晶表壳的酒桶型腕表，成本极高。这种材料的生产公司 Settler Sapphire 每年只生产 5 箱，一半产力都分配给里查德米尔，这款表最终的售价更是超过 200 万美元。

在法穆兰和里查德米尔出现前，高级制表大多与传统相勾连，追求古典隽永的美学，它们的藏家也往往被想象成上了年纪的老富翁。但这两个品牌杀入战局之后，市场开始意识到，高级制表、先锋设计、科技材质这些要素并不矛盾，而是可以合而为一的，同时也激发了年轻富豪群体购入腕表的热情，将蛋糕又做大了一些。

罗杰杜彼、帕玛强尼：进击的独立制表师

在制表业的“新战国时代”，独立制表师是一支异军突起的力量。本节开头提到过，带起创业风潮的，是制表大师丹尼尔·罗斯。他在 1989 年自立门户，让很多后辈看到了实现自我价值的另一条通路。

不过在 1994 年，丹尼尔·罗斯的股权被卖给新加坡钟表零售商 Hour Glass，新金主为了增加营业额转而主推廉价运动型时计，与丹尼尔·罗斯的初衷背道而驰，也使得这位大师黯然退出了自己的同名品牌。大师的经历，也揭示了独立制表师品牌面临的另一个重要课题，即如何平衡制表艺术与商业资本的关系。而面对这个问题，一些品牌选择坚持“小而美”的路线，也有人努力探索不同的“平衡之路”。

独立制表师品牌罗杰杜彼就是后者的代表。这个品牌有两位创始人，罗杰·杜彼（Roger Dubuis）是制表大师，卡洛斯·迪亚斯（Carlos Dias）是营销高手，很多成功的瑞士制表品牌在创业之初都是以这样的组合打天下。罗杰杜彼在经历奢侈品大集团的收购之后，在原有的基础上又展现出了更加突出的风貌，成为一个能把前卫美学、高级制表传统和先锋材质紧密结合的品牌。

罗杰杜彼创始人罗杰·杜彼（1938—2017）

品牌创始人罗杰·杜彼先生1938年出生在瑞士莱芒湖南岸的一个小村庄，20世纪50年代在浪琴开始了自己的制表师生涯，负责修理和保养品牌的计时码表。在浪琴工作的9年中，勤奋好学的杜彼不断精进自己的技艺，终于在1966年加入百达翡丽，担任高级复杂功能工坊的制表师。

杜彼在百达翡丽工作了十几年时间，参与制造品牌最为复杂和精美的腕表机芯，尤其擅长制造音簧、三问报时和万年历，在腕表界渐渐有了名声。1980年，他离开了百达翡丽，开设了一家属于自己的工作室，独立研发机芯。1989年海瑞温斯顿（Harry Winston）发布的史上首枚双逆跳万年历腕表，就是罗杰·杜彼和好友让-马克·维德雷希特（Jean-Marc Wiederrecht）的作品。[1]

两人在合作开发这枚复杂机芯的过程中，经常去一家咖啡馆里讨论工作。就是在这里，杜彼结识了一位来自葡萄牙的商人卡洛斯·迪亚斯，这场相遇也改变了两个人的人生轨迹。

迪亚斯的早年经历十分戏剧化。他干过各种各样的工作，比如给

---

1 逆跳是一种独特的走时方式，不同于传统指针的“走一圈”，逆跳只“走单程”，因此刻度盘多为扇面。指针在走到“折返点”后会瞬间跳回起点，重新开始“行程”。逆跳既可以显示分钟，也可以显示秒、时、日期、星期等。这枚海瑞温斯顿双逆跳万年历腕表，就在3点位设置了逆跳日期，在9点位设置了逆跳星期，还特意显露出机芯，让表主能够欣赏机械运作之奇妙，再叠加万年历功能，就更加复杂了。后来罗杰·杜彼在自己的作品里也使用过双逆跳万年历。

棉花糖上色、清洁大楼、在后厨帮工、当连锁酒店经理，还在意大利卖过家具和服装，积攒了一定身家。和妻子相识后，他又移民到了瑞士，开始对古董表感兴趣，还曾经帮助过创业之初的弗朗克·穆勒。

想进军制表业的迪亚斯说动了罗杰·杜彼，并投资了60万欧元。两人在1995年合伙开了一家公司，一个提供技术，一个负责宣传和经营。至于品牌的名字就叫Roger Dubuis，虽然不少人觉得Dubuis很难发音，但在当时的瑞士表圈，这个名字可是一张活名片。

早期的罗杰杜彼腕表风格古典隽永，这可能和杜彼早年为百达翡丽工作的经历有关，其中主要分为两个系列，Hommage和Sympathie，如今都很受收藏家的青睐。

Hommage在法语中的意思是“致敬”，杜彼用这个系列的作品来致敬自己浸润几十年的日内瓦制表传统。只用贵金属制作，表盘有经典的扭索饰纹、宝玑数字与漆面效果，这款表虽然诞生于20世纪90年代，风格却格外复古，也被一些藏家评价是最美的计时码表和最完美的小三针腕表之一。

而从品牌创立伊始，罗杰杜彼就有意彰显自己对于传统制表技艺的尊重，虽然是个年轻品牌但充满“正统感”。因此，当时每一件罗杰杜彼出品的腕表都获得了日内瓦印记和贝桑松天文台认证，而在当时只有杜彼的老东家百达翡丽能做到这点。此外，品牌还为每块腕表制作了奢华感十足的包装盒，里面附上证书，在尊贵感的营造上也对标百达翡丽。

1995年，罗杰杜彼推出的第一个时计作品系列

为了保证“物以稀为贵”，早期罗杰杜彼的腕表一般一款只生产28件。之所以选这个数字，是因为杜彼

在百达翡丽做了复杂功能掌门人之后获得了一张办公桌，办公桌的编号就是28。

罗杰杜彼与中国当代艺术家刘韡合作推出的王者系列单飞行陀飞轮艺术家合作腕表

罗杰杜彼当年还连续推出三个系列的新表，都采用了个性张扬的设计，不是用了巨大的横向长方形表壳，就是做成能覆盖整个手腕的垂直长方形。表盘也多种多样，数字或罗马数字像飞出的剑一样，还有带着珐琅彩绘的款式，或者带有两个表盘的两地时款式。其中一款名叫Follow Me的最为大胆，表盘干脆是一个十字架的形状，边缘镶嵌钻石，异型表带嵌合其中——罗杰杜彼的前卫基因大概也是此时种下的。

2003年，杜彼从公司退休，结束了40年的制表生涯，工厂则委托给他亲自培养的制表师。这座工厂建于杜彼退休前两年，位于日内瓦郊区的梅林（Meyrin），四层大楼每个房间都有着巨大的玻璃窗，非常气派。

杜彼退休两年后正是品牌成立10周年，一款名为Excalibur的新表吸引了不少目光。Excalibur是亚瑟王传说中的“王者之剑”，因此这个系列在中文中也被称为“王者系列”。当时首发的王者系列腕表，虽然设计上还没有日后张扬至极的五角星板桥搭配镂空机芯的组合，但带有24个剑槽的表圈、放射状的罗马数字，都是延续至今的标志性元素。而且这款表也为这个系列的高复杂属性定下了基调，一出手就搭载了独家双飞行陀飞轮机芯，两个陀飞轮以相反方向旋转，中间以差速器相连，协调转速，降低误差，同样是品牌标志性的配置。

这一时期的罗杰杜彼发展迅速，但也因为扩张过快出现了一些问题。这时，正在厉兵秣马的奢侈品巨头历峰集团向品牌提出了收购，最终从迪亚斯手里收购了60%的股份。[1]

罗杰杜彼王者系列四游丝摆轮腕表

收购罗杰杜彼，对于历峰集团来说是很有战略意义的一步。原因也显而易见——这个品牌拥有非常强大的机芯工厂，有能力自产包括游丝在内的所有零件。收购之后，历峰对罗杰杜彼进行了重组，还请回创始人罗杰·杜彼担任品牌大使及研发与复杂功能部门顾问。

罗杰杜彼王者系列圆桌骑士腕表

被收购之后，罗杰杜彼的品牌特性更加明显，把前卫的设计美学、高复杂功能和百分之百日内瓦制造印记的传统结合在了一起，可以说有一张未来的面孔和一颗念旧的心。他们甚至生产过一枚 Quatuor 四游丝摆轮 RD101 机芯，配备了四个游丝摆轮和五组差速器；而圆桌骑士腕表，则用亚瑟王骑士们的雕塑代替了小时标记，每个骑士的剑都指向圆桌，颇具创意。2017年，王者系列的腕表又开始使用碳纤维材料，表盘上巨大的五角星板桥搭配镂空度超高的机芯，也成为罗杰杜彼新的标志性元素。

也是在这一年的10月，罗杰·杜彼先生去世。回顾杜彼先生的制表生涯，他就是一个既敢于开创又忠于传统的人，而对于如今罗杰杜彼的制表风格，他在接受采访时表示："我一向赞成以现代的表现手法

1　多年之后，历峰集团又从另一个股东手里收购了另外40%的股份，实现了全面控股。

来呈现钟表工艺。”言外之意就是，不管腕表的外在设计如何改变，他所坚持的、传承百年的制表工艺，依然没有被抛弃。创新很重要，坚守也不能少。

虽说传统和现代、技术和资本常常发生矛盾，但在新创业的独立制表师品牌中，却有一个遇到了堪称模范的金主，展现出一幅琴瑟和谐的图景——帕玛强尼（Parmigiani Fleurier）和山度士家族基金会。

帕玛强尼寰宇系列 Toric Chronograph 计时码表

帕玛强尼最著名的表主，可能就是英国国王查尔斯三世。不论是参加儿子哈里王子的婚礼，还是签署自己的登基文告，他近几年最常戴的都是一块帕玛强尼 Toric Chronograph 计时码表。

查尔斯三世的爱表，有着优雅的 40 毫米表径，18K 黄金表壳，生产于 2005 年，目前已经停产。有知情者称，这块表是当年还是威尔士亲王的查尔斯在瑞士克罗斯特（Klosters）滑雪度假时，从当地的零售商那里买的。作为一个拥有百达翡丽、宝玑、积家、卡地亚等名表的国王，会对帕玛强尼这样的小众品牌感兴趣，也印证了这个品牌的不简单。

和很多独立制表师品牌一样，帕玛强尼的名字也来自它的创始人。

1950 年 12 月，米歇尔 · 帕玛强尼（Michel Parmigiani）出生在瑞士纽沙泰尔州的库韦（Couvet）。年轻时的他就读于塔威（Val-de-Travers）的制表学院，后来还到拉绍德封的技术学校学习，专攻钟表修复。

1976 年，石英危机越发严峻之时，不到 30 岁的帕玛强尼在弗勒里耶开办了一家自己的传统制表和修复工作室。当时机械表被认为是落后于时代的产物，帕玛强尼也曾回忆说，那时候的他“感觉自己像是个被抛弃的人，一开始就走上了与主流智慧背道而驰的错误道路”。即便意识到了这一点，即便被身边人反对，他还是坚持去做了。

帕玛强尼创始人、顶级钟表制造与修复大师米歇尔·帕玛强尼

帕玛强尼的传统钟表修复工作室叫作 Mesure et Art du Temps，直译过来是“时间的计量与艺术”。他的主业是修复古董和复古钟表，在私人收藏圈子里积攒了好口碑，百达翡丽的斯登家族也委托他来修复博物馆藏品。

不过真正成为米歇尔·帕玛强尼的金主与伯乐的，还是山度士家族基金会。

山度士家族是瑞士知名的老钱家族。创业的先祖名叫爱德华多·康斯坦特·山度士（Édouard Constant Sandoz），1886 年他与化学家阿尔弗雷德·科恩博士创立了一家化工公司，后来转为制药企业，像退烧药安替比林以及我们熟悉的糖精，都是山度士公司生产的。现在我们对这个公司的名字可能难有耳闻，但它与汽巴-嘉基公司合并后的企业，相信很多人都听说过，那就是瑞士制药巨头——诺华（Novartis）。

靠着制药业带来源源不断的财富，山度士家族整整富了四代，第二代掌门人爱德华·马塞尔·山度士是个雕塑家，他创建了山度士家族基金会。这家基金会大力投资艺术、制表与酒店业，洛桑著名的美岸皇宫大酒店就是他家的产业。

而山度士家族和制表业颇有渊源，初代家主爱德华多·康斯坦特·山度士的妻子就是浪琴表联合创始人的妹妹。这个家族拥有的“爱德华·马塞尔·山度士典藏”也包含了一些价值连城的古董机械装置和钟表收藏，在山度士家族基金会主席皮埃尔·朗多（Pierre Landolt）的邀请下，米歇尔·帕玛强尼开始为他家修复这些珍宝。结果这一合作就是16年，米歇尔·帕玛强尼也和山度士家族结下了深厚的友谊，深厚到他们的基金会愿意出资帮助帕玛强尼创立自己的品牌。

1996年5月29日，帕玛强尼的品牌在美岸皇宫大酒店宣布成立，品牌名定为Parmigiani Fleurier（Fleurier就是品牌总部所在地弗勒里耶），并带来了品牌的第一块腕表Toric QP Rétrograde，搭配圆形刻纹和滚花交替装饰的表圈，风格独特。

从这个初代作品身上，可以看出帕玛强尼对古典艺术和科学的欣赏与追求，比如在Toric（寰宇）系列上，表壳滚花的灵感就来自帕特农神庙，指针的灵感则是雅典娜的标枪，甚至时标数字都是取自斐波那契的《计算之书》。对黄金比例的探索，一向是帕玛强尼腕表设计的核心，比如体现纯粹主义美学风格的Tonda PF系列，其表耳弧度曲率、玑镂刻花图案，都体现着这一准则。

Tonda是目前帕玛强尼表款最多的系列，这个词源自威尼斯语，指的是文艺复兴时期艺术家们使用的圆形画布。而这个系列也确实成了帕玛强尼腕表创作的画布，扮演了试验场的角色，从运动感十足的Tonda GT到复兴古典主义美学的Tonda 1950……可谓多姿多彩。

值得一提的是，帕玛强尼还是瑞士少有的“垂直整合”制表商，大到机芯、表壳、表盘，小到齿轮、发条甚至螺丝，都是可以自产的。这也得益于山度士家族的支持。

帕玛强尼 Tonda PF 系列微型摆陀腕表（玫瑰金款）

千禧年一过，山度士家族基金会就开启了一系列的收购，弗勒里耶的制表中心还有五家重要的企业：负责制作高级机芯的

Vaucher、生产齿轮游丝擒纵系统的 Atokalpa、专攻精密车削的 Elwin、制作高端表壳的 Les Artisans Boîtiers 以及高端表盘生产商 Quadrance et Habillage。这些企业不仅是山度士家族制表版图的重要组成部分，也是帕玛强尼的护城河，甚至可以为其他 17 家瑞士奢侈制表商提供机芯和零部件。

从这个角度来看，山度士家族虽然不是坐拥众多腕表品牌的大集团，但对于一个品牌的深耕，达到了相当的程度，算得上瑞士表坛最称职的金主之一了。

罗杰杜彼和帕玛强尼都是独立制表师起家，如今一个加入了历峰集团，一个背靠山度士家族基金会，在一定程度上取得了技术和商业两方面的成功。

但也有一些独立制表师品牌坚持“小而美”的风格，几乎单枪匹马打造心中理想的腕表，凭借高超的技艺与极为稀少的产量收获死忠粉，在拍卖会上一鸣惊人。当然也有观点认为，独立制表师品牌在拍卖市场上的火爆，是因为有人在背后推波助澜，将其炒热。

例如以“完美主义”著称的制表大师菲利普·杜福尔（Philippe Dufour），追求古法技艺，全手工制表，极其注重细节，也因此产量极低。他的经典之作 Simplicity 小三针手表于 2000 年发布，当时收到 200 个订单，但直到 2012 年才全部完成。

瑞士独立制表师品牌 Armin Strom（亚明时）的 Kari Voutilainen 合作款玑镂盘共振腕表，腕表中两个摆轮离合器串联，同频共振、互相校准，偏心设计有点德系表的风格，搭配芬兰天才制表师卡里·沃蒂莱宁（Kari Voutilainen）手工雕刻的天蓝色玑镂盘，非常特别

最近几年，他的作品成为拍卖会上的宠儿，接连拍出高价。其中在 2020 年，他制作的一款 Simplicity 特别版腕表在富艺斯拍卖会上以 151.2 万美元的价格售出；2021 年，又有一款大小自鸣腕表拍出了 521 万美元的高价，成为独立制表师品牌在拍卖会上售出的最为昂贵的时计。

F. P. Journe（尊纳）是另一个在拍卖市场上风生水起的独立制表师品牌，由制表大师弗朗索瓦-保罗·尊纳在 1999 年创立。尊纳早年曾经默默无闻，也经历过怀疑自己是否能够坚持下去的低潮，但如今已经成为藏家的宠儿。拥有香奈儿的威泰默兄弟是他的忠实粉丝，还在 2018 年入股 20%。尊纳从 14 岁开始就学习制表，深受乔治·丹尼尔斯的影响，对陀飞轮十分着迷。2021 年，一款品牌初创时制作的首批预订陀飞轮腕表拍出了 1590 万港元的天价。他的腕表被认为是制表工艺和设计美学的双高之作，表盘上带有“Invenit et Fecit”（发明及创造）字样的腕表，都是完全由制表师一人设计研发制造。

独立制表师品牌主攻的是一个细分市场中的细分市场，甚至可以称得上是“粉丝经济”的一种。它们的出现，也为“新战国时代”的多彩调色盘上，添上了几抹浓墨重彩。

宇舶、亨利慕时：融合带来无限可能

2010 年，F1 掌门人伯尼·埃克尔斯通（Bernie Ecclestone）在伦敦市中心办公室外遭遇劫匪，遭受一顿拳打脚踢。劫匪抢走了价值 20 万英镑的财宝，其中包括价值 11000 英镑的宇舶腕表。

抢劫案发生的第二天，伯尼把自己被揍得鼻青脸肿的照片发给了宇舶 CEO 让-克洛德·比弗，并留言道：“有人为了宇舶啥都干得出来，用这张照片做个广告吧，我想证明我很勇敢。”

那么这块让 F1 老板遭遇无妄之灾的宇舶表究竟是何方神圣呢？故

事还要从1976年说起。

宇舶表创始人、意大利企业家
卡洛·克罗科

这一年，一个名叫卡洛·克罗科（Carlo Crocco）的意大利人决定辞职创业。当年的他正在家族企业Binda集团就职，这个集团创立于1906年，主要从事腕表、珠宝和皮革制品的生产和销售，旗下拥有意大利腕表品牌Breil，同时也分销瑞士腕表。但卡洛有一个梦想，就是不再遵守古典钟表的传统和规则，而是去创造一些独特的东西，于是他选择自立门户。他的第一步，就是搬到瑞士，用四年时间筹集了400万美元，创办了制表厂MDM Geneva，并着手设计一款手表。

1980年，卡洛带着新表参加了巴塞尔表展。这是一块金表，圆形的表圈上带着12颗外露的螺丝，仿佛船的舷窗。最让人讶异的是，这块金表偏偏搭配了一条橡胶表带，这在当时大多是廉价的石英表使用的，属于奢华腕表看不上的材质。

但卡洛作为一个航海爱好者，希望他的新手表既能搭配西装，也能在帆船甲板上搭配短裤和POLO衫。金属表带不够舒适，皮质表带不能防水，因此卡洛选择橡胶，这种材料能够立即适应表主的手腕形状，有种轻松而舒适的佩戴感。

实际上，这也是制表史上第一块将贵金属和天然橡胶表带融合的腕表，光是表带就花了三年时间研究，开发前后投入了大约100万美元。卡洛还为新品牌起了一个名字，来自法语“舷窗”一词，也就是Hublot。后来人们打趣说，宇舶这个品牌由意大利人创立，在瑞士制造，有个法国名字。

贵金属与橡胶的组合在今天看来不是什么稀奇事，但在20世纪80年代那个石英危机正值高潮、奢华运动表方兴未艾的时候，这样的

宇舶 1980 年初版经典腕表（Classic Original）

设计是非常先锋的。这款表后来被称作 Classic Original，也标志着宇舶“融合的艺术”理念的开端。

不过在当时，这款表并没有很快被市场接受，最初反响平平。在整个 80 年代，作为新品牌的宇舶也没有一飞冲天，销售团队都不得不积极向外推销。到了 90 年代初，宇舶表开始出现在一些名人的手腕上，例如摩纳哥王子阿尔贝、摩纳哥公主卡洛琳、时装大师乔治·阿玛尼。特别是西班牙国王胡安·卡洛斯一世，这位爱表的国王是尊达的好友，促成过里查德米尔和纳达尔的合作，经过他的带货，宇舶也在西班牙一度领先于劳力士。

时间就这样来到了 2004 年，宇舶一路走来不温不火，这时的卡洛把不少精力投入慈善事业，而且他也承认自己长于设计而短于经营，宇舶要想再上一层楼，就必须有一位有能力的人来打理。这个接力棒，交到了曾任宝珀管理委员会副主席的让-克洛德·比弗的手上。

当时的比弗因为患上了一种军团菌病，不得不辞去在斯沃琪集团的品牌管理职务，转职成为闲人顾问，这让渴望挑战的他感到沮丧，后来他选择离开斯沃琪集团，成为一个“自由人”。

这段时期，他短暂地帮朋友弗朗克·穆勒调解过与合伙人的矛盾，但不久又闲了下来。他甚至一度考虑要离开制表业，但当他以一个游客的身份出现在巴塞尔表展时，那种身为局外人的空虚感让他重新燃起了卷土重来的热情。

比弗入职宇舶的消息震惊了整个腕表圈，人们不理解大佛为什么要去小庙。但比弗有他的考量，在他眼中，宇舶是一个“干净”的品牌，产品有标志性，而且创立至今从未背离最初的原则概念，只是需要被唤醒一下。更重要的是，他说自己“需要快乐，需要激情，需要拿出百分之百的创业精神开发一些小东西”。

让-克洛德·比弗

比弗没有“新官上任三把火”，而是先“听、看、学”了三个月，经过思考，他把宇舶的品牌精神总结为一个词——融合。比弗曾经给卡洛解释：最重要的是概念，就像宇舶的第一块腕表，黄金在地下，橡胶在树上，在此之前两者从未产生过关系，当它们相遇的时候，就像一场宇宙大爆炸，这就是融合艺术。

“Big Bang”（大爆炸）成了比弗上任以后第一款新表的名字。2005 年，他把这款表带到了巴塞尔表展，果不其然引起了轰动。

44.5 毫米的金 / 钢表壳，表圈镶嵌钛金属 H 型螺丝，侧面嵌有凯夫拉纤维，陶瓷表圈，碳素表盘，碳化钨转子，表冠和按钮有橡胶嵌件，当然少不了的还有一条橡胶表带，处处都体现着融合的概念。

这款表在专业领域内颇受赞誉，在日内瓦制表大奖赛上获得了“2005 年设计奖”，市场反馈也不错，订单在一年内增长了 3 倍。比弗天生就是个推销的高手，哈佛商学院的一份研究报告里说，他在餐馆吃饭时，如果见到有人戴着宇舶表，就会悄悄为那个人买单，然后递上名片，感谢他们对宇舶的支持。2004 年，比弗上任时宇舶的销售额不到 2500 万瑞士法郎，而到了 2008 年已经增长到 2 亿多瑞士法郎。

宇舶 Big Bang 玫瑰金陶瓷腕表

宇舶 Big Bang 牛仔镶钻腕表

Big Bang 之后更是在“融合”的道路上狂奔，牛仔布表带搭配钻石表圈，碳晶纤维表壳搭配羊绒表带，丝线刺绣与陶瓷、精钢、黄金碰撞，只能用奇思妙想来形容了。

在新材料的运用上，宇舶也走在前端，甚至有一种合成材料“Hublonium”就是以宇舶的名字命名的，被用来生产 2007 年推出的型号为 Mag Bang 的机芯。制作表壳的材料除了金、钢、陶瓷、蓝宝石、碳纤维，他们还研发过世界上第一种具备抗刮特性的 18K 金质合金“魔法金”，打的依然是融合的概念。

对于名人营销，有了欧米茄的经验，比弗更加驾轻就熟。现在的宇舶频繁出现在足球明星的手腕上，其中还包括两位球王贝利和马拉多纳，马拉多纳更是以左右手各戴一块宇舶在场边激情看球上过不少新闻头条。如果你看了最近几届世界杯，也一定会记得场边写着“HUBLOT”字样的伤停补时显示牌。除了运动领域，艺术家、音乐家甚至刺青师都被发展成品牌大使，宇舶与他们合作推出限量款腕表。

左右手各戴一只宇舶表的品牌大使、已故球王迭戈·马拉多纳

2008 年，LVMH 集团宣布从卡洛手中以未公开的价格收购宇舶，比弗高升成为集团钟表部的总裁。他的弟子被称为“比弗的男孩”，其中一位叫里卡多·瓜达鲁普（Ricardo Guadalupe），后来接替他成为宇舶的 CEO。

有了大集团的加持，宇舶的发展也走上快车道，自主研发了 UNICO 自动计时码表机芯，还拥有了高级制表部门，在动力储存方面具有领先水平，例如5天动力储备陀飞轮机芯，配备11个发条盒的MP–05机芯甚至能提供50天的动力。

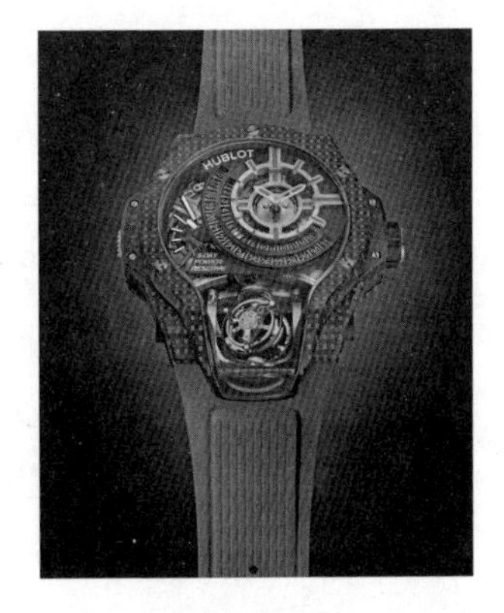

宇舶MP–09双轴陀飞轮5天动力储存3D立体碳纤维腕表

说起“融合”，另一个瑞士制表品牌同样会玩儿。

2021年2月，瑞士一家制表商推出了一款外形看上去和Apple Watch几乎一模一样的腕表：一样的矩形表壳，黑色的表盘下半部分出现了一个苹果的“加载图标”在那里转圈圈，感觉像是死机之后的重启。

唯一能让众人知道这不是一块智能表的方法，恐怕只有把表翻过来，露出背透的机械机芯。这时人们才发现，“加载图标”其实是特制的小秒盘。这款表的售价高达30800美元，而便宜一些的Apple Watch不过400美元，差了将近80倍。

在社交媒体的推波助澜下，这块名为Swiss Alp Watch的腕表迅速成为网红，也让很多人认识了一个特别会玩儿梗的腕表品牌——亨利慕时。

这个品牌的早期历史我们在苏联制表业一节中提到过。亨利慕时靠在俄国卖表发家，又因为十月革命回到瑞士。

貌似苹果表，实际上是机械表的亨利慕时Swiss Alp Watch

之后公司在瑞士继续经营，不过成了在石英危机中消失的品牌之一。直到 2005 年，创始人的后人才重建了亨利慕时品牌，这一年也是创始人诞辰 200 周年。复兴当年，他们便一口气推出三款新表，第二年还凭借一枚万年历腕表赢得了日内瓦钟表业大奖赛（最佳复杂功能类别）的大奖。2012 年，品牌被瑞士梅兰家族旗下 MELB 控股集团收购。

而亨利慕时的“整活”之旅，是从 2016 年开始的——每年在瑞士日内瓦钟表展上推出一款脑洞大开的特别款腕表。

比如 2016 年的一款 Swiss Alps Watch Zzzz，模仿 Apple Watch 的表壳形状和黑色表盘，是前文提到的“自动加载”腕表的前身；2017 年，他们又出了一款 Swiss Mad Watch，表壳采用真的瑞士奶酪制造；2019 年又出了一款覆盖有活的植物的 Moser Nature Watch。

2018 年的 Swiss Icons Watch 尤其有趣，是瑞士各大知名表款标志性元素的究极缝合体，包括沛纳海的护桥、劳力士的百事可乐圈、百达翡丽鹦鹉螺的表盘纹路，表盘印字模仿万国，指针是宝玑针，陀飞轮板桥是芝柏三金桥，表壳形状模仿爱彼皇家橡树……怪异中又透露着风趣。

亨利慕时搞怪远没到尽头，2021 年的“钟表与奇迹”展览，他们又带来一款与艺术家联合打造的“勇创者大三针 × seconde/seconde/”腕表，电光蓝烟熏表盘上没有任何时标和品牌标识，时针被一个粉蓝几何像素橡皮擦造型取代，仿佛在无声地提示我们时光一去不复返。

亨利慕时“橡皮擦”腕表

2022 年，亨利慕时又弄出一款“史上最黑的腕表”，腕表采用的 Vantablack ® 材质由碳纳米组成，能够吸收 99.965% 的光线，据称是最黑的人造物质。整个表放在展台上，搭配黑色幕布好像隐形了一样，只剩白色的指针“悬浮”在空中，被戏称为“皇帝的新表”。

亨利慕时这个“表圈谐星”可以说在互联网时代玩得明明白白，每一次都能以清奇的角度“出圈”。

新时代、新市场需要新玩法，腕表发展到今天，已经不只是制表技艺的比拼，也是科技研发能力与创意的比拼。“新战国时代”的特点，就在于一切皆有可能，每个“战国诸侯”都可以有自己的选择，坚守传统也好，突破创新也罢，谁能赢得市场，谁就是胜利者。

奢侈品集团的收购争霸战

“新战国时代”不仅有诸侯，还有霸王。

伴随着机械表的复兴，新千年前后的制表界还出现了一个新的态势，那就是大型奢侈品集团强势入场，以 1996 年历峰集团收购江诗丹顿为标志，历峰、斯沃琪和 LVMH 如军备竞赛般地展开“收购战争”。

大型奢侈品集团的诞生，是奢侈品市场全球化的产物，其渊源可以追溯到 20 世纪 70 年代后期到 90 年代初期日本泡沫经济的膨胀，欧洲的奢侈品牌纷纷开拓亚洲市场。伴随而来的，是原有的单品牌公司与家族式精英的力不从心，这就给了挥舞资本大旗的“野心家”们可乘之机，大肆收购兼并。

当今世界的三大奢侈品巨头 LVMH 集团、历峰集团和开云集团，几乎都是在 1988 年前后突然崛起的，而专注于钟表业的斯沃琪集团，也是在 90 年代初机械表复兴之后加快了扩张的步伐。“收购战争”也是一种“总体战”，以金钱为武器的攻城略地只是第一步，如何经营才是真正的考验。

历峰集团先发制人，打响第一枪

要讲这场钟表业的巨头之争，那就先要从打响第一枪的历峰集团说起。

历峰并不是这个集团最初的名字，该集团的演变是一个漫长而复杂的过程，中间还经历过多次改名。其历史可以追溯到 1941 年，这年一位名叫安东 · 鲁珀特的南非人开始在车库里制造香烟。那时的世界正面临前所未有的经济危机，安东意识到人们对香烟和酒精这些麻痹现实的物质的需求会变得十分旺盛。于是他靠着 10 英镑的本金和两个合伙人的投资，创立了沃尔布兰德烟草公司。1948 年，这家公司改名为伦勃朗，业务也拓展到烈酒、葡萄酒、采矿甚至银行业，成为一个规模不小的集团，还在 1954 年收购了英国烟草巨头乐富门的股份。

因为从事的是烟草业，所以安东关注到了和打火机、烟斗有关的品牌登喜路，于是便收购了它的股份，伦勃朗集团也开始和奢侈品产生交集。而接下来要被收入囊中的，则是“国王的珠宝商”卡地亚。

事情要从 1968 年说起，这一年银火柴（Silver Match）公司的罗伯特 · 霍克（Robert Hocq）设计了一款金质的奢华打火机，并希望得到卡地亚的品牌名称授权。在财务顾问约瑟夫 · 卡努伊的帮助下，这款打火机成功进入卡地亚的产品线，而且业绩不俗，负责管理这个项目的阿兰–多米尼克 · 佩兰后来推出了“Les Must de Cartier”等一系列非珠宝产品，大获成功，也让他未来成为掌管品牌的重要人物。

那时的卡地亚正遭遇经营困难。上一代经营这个家族企业的卡地亚三兄弟都已去世。这三兄弟的子女分别负责品牌在伦敦、纽约和巴黎的分支，他们出售了这些企业，实际上曾经的卡地亚帝国已经分崩离析。

于是霍克和卡努伊有了收购卡地亚的想法，他们找到了一群投资者，其中就有安东 · 鲁珀特。据说安东的儿子约翰 · 鲁珀特在纽约工作时，认识了同一个社交圈的卡地亚股东的女儿，得知卡地亚财务状况低迷，于是便劝说父亲买入了卡地亚的股份。

1972 年，这群投资者收购了卡地亚巴黎的业务，又在 1974 年和 1979 年收购了伦敦和纽约的部分，最终合并为“卡地亚世界”（Cartier Monde），安东·鲁伯特也是股东之一。

但作为一家南非公司，伦勃朗集团处在一个风雨飘摇的时代，南非因为种族隔离制度受到国际社会制裁，而和曼德拉交好的安东也看出这一制度终将结束。为了规避风险，他找回了在纽约工作的金融家儿子约翰·鲁珀特。

在约翰的操盘下，伦勃朗集团被分为两个实体，集团的国际资产被放入一家位于瑞士的新控股公司——1988 年成立的历峰金融集团，这家公司持有卡地亚世界 47% 的股份。这也是“历峰”（Richemont）这个名字首次出现。

这一时期的卡地亚，在阿兰·佩兰的领导下已经完全走出困境。在摆脱财务危机之后，重振高级制表成为下一阶段的目标。卡地亚自己就复兴了 Tank、Santos 等历史上的经典表款，请尊达重新设计 Pasha 系列也在这一时期。

除此之外，同样是在 1988 年，卡地亚将伯爵和名士两个品牌收入麾下。

伯爵是瑞士的老牌豪华钟表制造商和珠宝商。早在 1874 年，乔治–爱德华·伯爵就在瑞士汝山谷一个叫仙子坡的村庄创立了第一家工坊，致力于制造怀表和高精度时钟的机芯。1911 年，乔治之子提摩太接管了家族企业，企业转型制作高级腕表。1943 年，伯爵（Piaget）商标正式注册，第三代的掌门人是两兄弟，其中华伦太善于制表和设计，而杰若德则负责把品牌推广至全球。

伯爵制表的一大特色是超薄腕表，华伦太对此十分痴迷。在他的领导下，1957 年伯爵生产的 Calibre 9P 成为第一个超薄（2 毫米）手动上链机械机芯。三年后，他们又做出了超薄自动机芯 12P，这

表展上展出的 Altiplano 系列 Ultimate Concept 腕表

是当时世界上最薄的自动机芯，厚度仅为 2.3 毫米。之后的 Altiplano（至臻超薄）系列，更是超薄腕表的代名词，像 2022 年新出的 Ultimate Concept 腕表，整个腕表的厚度只有 2 毫米，戴在手上就像是戴了一张纸，炫技至极。

和卡地亚一样，伯爵不只制表，还做高级珠宝。他们 1959 年在日内瓦开了一家“伯爵沙龙”，因此很自然地将腕表和珠宝结合在了一起。他们在 60 年代推出过将硬石镶嵌为表盘的腕表，包括青金石、绿松石、玛瑙、虎眼石，还受到杰奎琳·肯尼迪、伊丽莎白·泰勒等名人的青睐。伯爵的珠宝腕表目前以 2013 年推出的 Limelight Gala 系列为代表，纤长的不对称表耳包裹表壳，搭配各种珍贵宝石，十分具有辨识度。

70 年代末，随着豪华运动表的流行，伯爵又推出了以金材质打造的 Piaget Polo，以马球运动为灵感。此时领导公司的，已经是伯爵家族的第四代伊夫·伯爵，在被卡地亚收购后，他依然被保留了总裁职位。

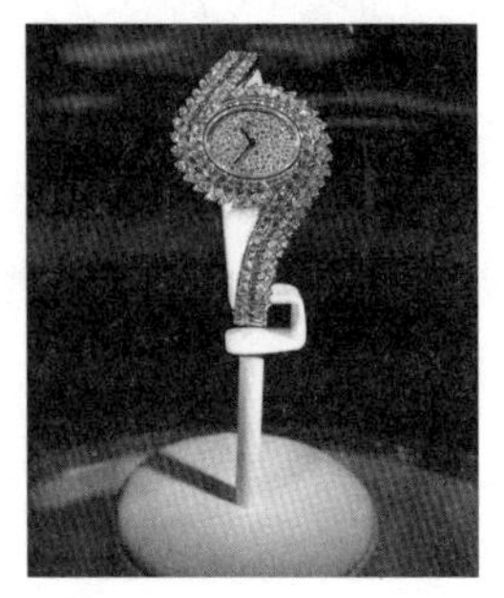

伯爵 Limelight Gala 珠宝腕表

名士的历史比伯爵还要长，1830 年就在瑞士的小村庄莱布瓦创立了。创始人是一对兄弟，路易斯–维克多·鲍姆和塞莱斯汀·鲍姆，1851 年他们在伦敦建立了分公司。

这一时期他们以计时码表和复杂功能而出名，曾多次拿下时计竞赛大奖。

20 世纪初，鲍姆家族的后代威廉·鲍姆与保罗·梅西埃成为合伙人，在日内瓦成立了名士，开始生产腕表。这一时期他们的女表十分有名，以 40 年代推出的女爵腕表（Marquise）最为成功。名士也是在石英危机时期最早推出钢质运动表的品牌之一，代表作是 1973 年的利维拉系列，直到今天都是名士的主打表款。

除了品牌收购，卡地亚还是这一时期高级钟表奢侈品化的先锋，其中最大的动作就是1991年开始举办日内瓦国际高级钟表展（SIHH）。

在这个沙龙出现之前，瑞士制表业最大的展会是巴塞尔博览会。这个会展的历史可以追溯到 1917 年，而第一个专门的瑞士钟表展馆则出现在 1931 年，直到 1972 年，法国、意大利、德国和英国的钟表商才受邀参展。巴塞尔博览会的特点就是品牌多，但档次庞杂，从百达翡丽到卡西欧，来者不拒，而且是对公众开放的，高峰期参展商有上千个，人流量达到 10 万人次的级别。

然而有一个人却对此很不满，他就是卡地亚的 CEO 阿兰·佩兰。佩兰认为巴塞尔博览会缺少“高级气质”：城市氛围单调，展会里人流吵闹，会场里飘出烤肉和薯条的味道。庙会般的展会让佩兰觉得这不是一个适合奢侈品牌展示产品、接待客户的地方，然而主办方并不愿意做出任何改变。

在佩兰看来，人们经常谈论高级时装、高级珠宝，钟表也可以戴上高级奢侈品的帽子。高级钟表意味着要用经营奢侈品的态度来对待从营销到零售的各个环节。为了打造自己心目中的理想展会，1991 年他在日内瓦拉起大旗，举办了第一届 SIHH。在佩兰看来，日内瓦作为制表之都，拥有百达翡丽、江诗丹顿、卡地亚、劳力士，比巴塞尔更具高级气质。不过首届参展商只有 5 个，除了卡地亚、伯爵和名士，还有尊达的个人品牌 Gérald Genta 以及独立制表师品牌 Daniel Roth。

SIHH 更像是一个小型的品牌俱乐部，举办时间和巴塞尔博览会错开，而且采用的是邀请制，更加垂直和私密。SIHH 在 2020 年改为“钟表与奇迹”展览，2020 年、2021 年在中国上海举办了线下展览。2022 年回归日内瓦，参展品牌有 38 个，除了历峰集团旗下的品牌，百达翡丽、劳力士、香奈儿、宇舶等也有参与。

2020 年“钟表与奇迹”展览在上海举办

历峰集团掌门人约翰·鲁珀特

押宝奢侈品市场快速增长的不只有卡地亚，成功上位鲁珀特家族继承人的约翰·鲁珀特也考虑将历峰金融集团这个包含了烟草、奢侈品、金融、自然资源和消费品五大业务的“大杂烩”继续拆分。

其中奢侈品和烟草是集团的两大主要收入来源，因此在 1993 年，这两大业务板块被分为两个独立的公司。其中奢侈品业务线被整合成为梵登（Vendome）奢侈品集团，旗下包括卡地亚、寇依（Chloé）、卡尔·拉格斐（Karl Lagerfeld）、Sulka、万宝龙、名士、伯爵、登喜路、哈克特（Hackett）等品牌。卡地亚成为该公司的核心，贡献了一半以上的销售额，佩兰依旧担任卡地亚 CEO。

接下来，约翰·鲁珀特将展开一系列的收购，其引发的连锁效应也将极大改变钟表界的格局。

出手即王炸，1996 年梵登集团[1]宣布收购江诗丹顿，震动了整个

[1] 1999 年，历峰集团和梵登奢侈品集团的管理层和执行董事会结构完成合并。因此后文中 1999 年前的收购方称“梵登集团”，1999 年后称“历峰集团”。

行业。

江诗丹顿原本是由两个创始家族瓦舍龙家族和康斯坦丁家族共同经营的企业，每一次经营权的易手都伴随着外部的危机。第一次发生在 20 世纪 30 年代大萧条之后，当时的江诗丹顿深受影响，在 1938 年被积家收购，乔治·凯特勒成为董事会成员，两年后凯特勒从最后一个创始家族总裁查尔斯·康斯坦丁手里收购了公司大部分股份，并成功带领品牌走出大萧条和二战的泥潭。

然而到了 70 年代，老凯特勒的儿子雅克·凯特勒在位期间，石英危机又席卷而来，严重影响了投资者的信心。1987 年雅克去世后，只能找一个不差钱又喜欢钟表的人来接盘。这个人就是沙特前石油部长谢赫·艾哈迈德·扎基·亚马尼。

亚马尼曾经领导石油输出国组织欧佩克长达 25 年，是 1973 年石油危机的重要推动者，还曾被恐怖组织绑架，经历也十分传奇。不过这位在能源界极有地位的大佬，却在 1986 年因为和沙特国王法赫德意见相左而被解职。被迫退休的大佬为了散心，只能继续买买买。早在 1982 年，他就和几位金融家一起成立了投资公司 Investcorp，投资过蒂芙尼、宝玑、尚美等奢侈品牌。作为钟表爱好者的亚马尼，被解职后很快就盯上了江诗丹顿这个爱表之人做梦都想拥有的品牌，虽然 1986 年他提出收购要约的时候，被瑞士政府拒绝了，但第二年还是成功成为江诗丹顿的大股东。

梵登集团究竟花了多少钱从亚马尼手里买来股份，官方并没有透露，有说法称花了 7000 万美元，这在当时是一笔不小的数目。

但收购江诗丹顿只是一个开始，第二年沛纳海又被梵登集团收入囊中。

沛纳海早年以为意大利海军提供潜水表而闻名，1972 年沛纳海家族的最后一位掌门人吉赛·沛纳海去世后，公司被意大利前海军军官迪诺·泽伊（Dino Zei）接管，改为生产腕式深度计、指南针、水下手

沛纳海腕表标志性的表冠护桥

电筒等军用产品。整个70—90年代，该品牌的制表业务几乎处于停滞状态。

直到1993年，乘着机械表复兴的东风，沛纳海才决定进入民用腕表市场，认识到自家在军表领域的多年深耕可以在高档机械腕表市场占有一席之地。同年沛纳海推出三个腕表系列，都是以为意大利海军水下突击队制作的表款为灵感。其中最具标志性的一款就是表径44毫米的庐米诺腕表，超大的表径、半圆形的表冠护桥装置极富辨识度。

不过刚推出的时候，市场的反应不温不火，又因为长期远离民用市场，缺乏具有营销力的销售渠道，沛纳海颇为头疼。然而到了1996年，沛纳海却突然火了。

原因很简单，因为这年动作巨星史泰龙在电影《十万火急》中戴了一枚沛纳海庐米诺腕表。史泰龙1995年去意大利拍这部片子时，在一家腕表店里偶然发现了这块表，觉得它和角色的气质非常吻合。后来他回忆说："在拍《十万火急》时，我想戴一块没有人见过的腕表，那天我把它绑在手腕上，直到拍摄结束才摘下来……这块表就像一个明星。"2020年，史泰龙戴过的这块庐米诺腕表以21.42万美元的价格拍卖，并附有一封史泰龙的亲笔信。

史泰龙在电影中佩戴沛纳海腕表

第一次戴过之后，史泰龙变成了沛纳海的忠实客户，品牌还为他定制过名为Luminor Slytech的腕表，Sly正是史泰龙的昵称。在他的带动下，沛纳海几乎成了硬汉标配，和史泰龙齐名的硬汉施瓦辛格也在1996年上映的大片《毁灭者》中戴了一枚，据说还是史泰龙送给他的。美国设计师拉夫·劳伦也是沛纳海的忠实用户，曾说沛纳海之所以吸引男人，是因为“它们粗犷、实用且帅气”。

在明星的带货之下，沛纳海瞬间打开了知名度，同时也吸引了正在招兵买马的梵登集团的注意。梵登在1997年以150万美元的价格将沛纳海收入麾下。

这是一笔双赢的买卖。有了大集团的加持，沛纳海也走上快车道，第二年便参与了日内瓦国际高级钟表展，不仅在2001年买回佛罗伦萨老店，还在2002年将新店开到亚洲，在互联网上还有一群自称Paneristi的忠粉。2002年，沛纳海在瑞士纽沙泰尔开设了自己的制表厂（2014年又开设新厂），2005年推出首款自制机芯，近年来又推出多款结合了新材料和经典复杂功能的表款[1]。在不到30年的时间里，沛纳海就从一个初入民用腕表领域的“新人”发展为成熟的腕表品牌。

除了以上提到的这些，历峰集团旗下精品制造商万宝龙（Montblanc）也在90年代开发了腕表线。

万宝龙最早是一家德国文具生产商，创立于1906年，以生产高档钢笔闻名，后来又扩展到奢侈皮具、太阳镜、小配件等领域，1993年成为历峰集团的一部分。

万宝龙在1997年开始推出腕表作品，名列其著名的大班系列之下，并在力洛克建立工厂。2007年，万宝龙又接管了历史悠久的美耐华制表厂（Minerva），这家成立于维莱尔的表厂是历峰集团在前一年

1 例如2017年所推出的Luminor LAB-ID™ Carbotech™腕表，就体现了沛纳海Laboratorio di Idee（创意工坊）对新材质的研发能力，而且可以保证至少50年不需要润滑机芯。而金属镭射烧结（DMLS）技术的研发，也使制表技术与设计美学可以合二为一，这种技术最大的特色是中空钛金属表壳为3D打印，轻盈有韧性，外观上也更具有未来感。到了2021年，沛纳海便将钢材循环利用了起来，由此推出了eSteel™环保材质腕表。

收购的，历史可以追溯到 1858 年，以生产高级计时机芯闻名。这场“联姻”也让万宝龙迈入高级制表品牌行列。

目前万宝龙品牌中的 1858 系列南北半球世界时腕表比较有代表性，其 12 点和 6 点位置分别设置了两个旋转立体半球，新颖的显示形式很有辨识度。

说回 90 年代。

1998 年，整个历峰集团的战略重心都从烟草业转移到了奢侈品业，收购的脚步依然不停。第二年 5 月就战略性收购了世界上最负盛名的珠宝商之一梵克雅宝 60% 的股份。[1]

梵克雅宝 Galilée Mysterious Clock

梵克雅宝的历史始于一对夫妇的结合。19 世纪末，一位宝石商的女儿艾斯特尔·雅宝遇见了此生挚爱阿尔弗莱德·梵克，两人于 1895 年结婚。1906 年，两个家族共同创立了梵克雅宝。梵克雅宝以珠宝闻名于世，曾为埃及王后和伊朗王后打造王冠，也曾经是世界女首富芭芭拉·赫顿、摩纳哥王妃格蕾丝等人的挚爱。

而梵克雅宝在腕表领域也颇有历史，早在 1936 年就推出过名为 Cadenas（法语“锁”）的隐藏式珠宝腕表，据说灵感来自温莎公爵夫人，由创始人夫妇的女儿芮妮·皮森特（Renée Puissant）设计。1949 年，皮埃尔·雅宝又设计出一款男士腕表，带有考究的圆形表壳，以两根中央支轴相连，不过当年产量不多。倒是在 1998 年，梵克雅宝打造了一款十分豪华的 Galilée 时钟，从 20 世纪 20 年代打造的款式中汲取灵感，隐藏的机械装置既能报时，又能推动钻石熊围绕表盘旋转。

---

1 2003 年，历峰集团收购了梵克雅宝的剩余股份，获得其所有权。

历峰集团很喜欢收购这种既有高级珠宝又能做出高级腕表的品牌，卡地亚和伯爵都是如此，梵克雅宝的加入更是让历峰集团如虎添翼。

同样是在1999年，历峰集团的另外两个对手也已经做好准备。9月14日斯沃琪集团宣布收购宝玑，而就在前一天，LVMH集团收购了泰格豪雅，一场收购大战彻底打响。

斯沃琪集团加入战局，建成金字塔

我们首先来看看在瑞士制表复兴过程中厥功至伟的斯沃琪集团。当然，这时的它还叫作SMH集团，但为了行文方便，我们还是姑且称之为斯沃琪集团。

进入20世纪90年代的斯沃琪集团也有自己的烦恼。为了寻找新的增长点，他们转而投资了汽车和电信。特别是在汽车领域，海耶克想把做Swatch手表的经验复制到汽车领域，做一款油电混合的微型汽车，时尚又廉价，在拥堵的城市里肯定有市场。

他们先是和大众合作，后来发现大众也有类似的计划，结果合作破裂，后来又转而找戴姆勒集团（今天的梅赛德斯–奔驰集团）。斯沃琪出设计，戴姆勒负责制造，最后还真在1998年实现首款量产车型Smart City。但这次合作从品牌名的确定到最终的成品，都让海耶克不甚满意，既没有体现他想要的Swatch的感觉，车也不是混合动力。

而在老本行钟表领域，斯沃琪集团也面临着品牌矩阵不完整、品牌特点差异化不足的问题，特别是缺乏顶级品牌。海耶克在1984年曾经尝试过创设新品牌，主打手工制作、复杂功能、经典美学，但当时的市场显然还没做好准备。

几番思索，斯沃琪集团定下了几个策略。

第一，实现“集团上下一盘棋”，将几个主要品牌的负责人招入董事会，统筹品牌差异化和市场细分，不同品牌瞄准不同用户。在这一策略的指导下，斯沃琪集团日后的品牌金字塔也开始构建。

第二，通过收购策略拥有顶级品牌。这一策略最直接的结果就是1992年收购宝珀和FP机芯厂。这次收购可谓一石三鸟，除了得到一个顶级品牌，拥有了生产复杂部件的技术，还招募到了营销高手比弗。

第三，就是退出与制表不相干的领域，专注于核心竞争力的培养。因此在90年代末，斯沃琪集团逐渐退出了汽车项目，把股份卖给戴姆勒。

1998年，原SMH集团正式以他们最知名的产品Swatch为名，改名为斯沃琪集团。万事俱备，下一步就是进入战场。

与历峰集团收购江诗丹顿的大手笔不同，斯沃琪采用了完全不同的“挖宝＋改造”策略。在收购宝珀之后，下一步就是收购拥有辉煌历史的宝玑。

1823年宝玑大师去世后，其子安托万-路易接手公司，直到1870年，都由宝玑家族经营。当公司传到宝玑曾孙路易·安托万这一代时，因为他的二子一女都无意从事制表业，最终安托万的合伙人、当时负责管理巴黎工厂的英国制表商爱德华·布朗接手了公司。

布朗家族掌管宝玑整整100年，扛过了法国多次政治危机和两次世界大战，却没有扛过石英危机。进入20世纪70年代之后，宝玑的所有权多次易手。1976年，当时的所有者、法国珠宝商尚美关闭了宝玑在法国的工厂，搬到了瑞士汝山谷。1987年，宝玑又被Investcorp收购，也就是前面提到的买下江诗丹顿的沙特前石油部长亚马尼参与创建的投资公司，该公司在1991年成立了一个“宝玑钟表集团”，旗下拥有四个子公司，最重要的是负责销售宝玑钟表的Montres Breguet SA和机芯工厂Nouvelle Lemania。在被Investcorp拥有期间，宝玑集团的销售额增长了约10倍。

海耶克盯上宝玑也不是一天两天了。1999年，Investcorp希望剥离其制表业务，当时准备卖掉宝玑、Ebel、尚美。最后经过谈判，斯沃琪集团以大约 2.5 亿瑞士法郎的高价买下了宝玑（包括 Nouvelle Lemania 机芯工厂），而另外两个品牌后来都被 LVMH 买下，可见各方争抢之激烈。

当时斯沃琪集团内部对于这笔收购还是有一些阻力的，但在海耶克看来收购是完全必要的。宝玑的金字招牌是他打造品牌金字塔不可或缺的一环，而宝玑拥有的机芯工厂也极具战略意义，因为欧米茄超霸的机芯就是这家工厂生产的，决不能让其落入竞争对手手里。

海耶克将宝玑视为一颗明珠，甚至亲自担任首席执行官。他认为，宝玑的真正价值在于其深厚的历史和高级制表传统，而在 Investcorp 时期，品牌营销重点被放在钢款运动表 Type XX 上，这款表源自历史上知名的飞行表，曾经装配过法国海军航空兵。

宝玑制表工坊

得到宝玑之后，海耶克首先对品牌进行了重新定位，将重点放到高级复杂功能上，特别是陀飞轮，推出了 Tradition（传世）系列、Classique（经典）系列等。当然他砸钱也不手软，十年内就投资了 8000 万瑞士法郎，使得品牌重振辉煌。海耶克去世之后，宝珀和宝玑全都被交给了他的外孙马克·海耶克执掌，可见其重要性。

除了投资生产，海耶克还在拍卖市场大肆收集宝玑的古董，甚至不惜为一块表豪掷 100 万美元。激烈的拍卖大战，也引发了外界对于宝玑品牌的关注。在海耶克的支持下，宝玑还组织人力根据品牌档案开始复制著名的玛丽·安托瓦内特怀表。复刻的怀表最终在 2008 年 4 月问世，自动上链机芯由 823 个零部件组成，全部经过精心修饰。表盒由凡尔赛宫的橡木雕刻而成，据说玛丽·安托瓦内特曾经在这棵橡

宝玑 No.1160 玛丽·安托瓦内特怀表及表盒

树下乘凉，当时这棵橡树已经死了，凡尔赛宫将其砍伐之后作为生日礼物送给了海耶克。

海耶克曾骄傲地说："1999 年我买下宝玑这个品牌时，它的营业额只有 2000 万瑞士法郎，到 2006 年这个数字是 5 亿。我们发明了 42 款新的手表，我从来没有想过要把它们当作单纯看时间的手表出售，而是作为艺术品。佩戴宝玑的陀飞轮就像在手腕上戴着毕加索的作品。宝玑之所以吸引人，是因为我们生产美。"

"野蛮人"LVMH，一掷千金虎口夺食

接下来，我们将目光转向 LVMH。LVMH 是如今世界上最大的奢侈品集团，全称是"酩悦·轩尼诗–路易·威登集团"，成立于 1987 年，这个名字一看就知道是经过多次合并而来的。其中酩悦和轩尼诗是分别创立于 1743 年和 1765 年的香槟和干邑白兰地品牌，这两家 1971 年合并，倒也算得上"合并同类项"。不过路易·威登（简称 LV）却是一个成立于 1854 年做箱包起家的品牌，它与酩悦·轩尼诗（简称 MH）的合并可以说是各取所需，LV 能够增加对奢侈品牌的投资，而 MH 则可以避免被恶意收购，合并后各家的管理层和子公司都完好无损。

这时却闯进了一个"野蛮人"——贝尔纳·阿尔诺（Bernard Arnault），外号为"穿开司米的狼"。阿尔诺早年随父亲经营一家建筑公司，很年轻的时候就说服父亲放弃建筑业务，改为经营度假房产，没花几年阿尔诺就成了家族企业的董事长。

但阿尔诺真正觉得大有可为的，其实是奢侈品业。这个想法来自一次访问美国的经历，他问一位纽约出租车司机对法国的了解，结果司机不知道法国总统是谁，却能说出迪奥（Dior）的名字，这给了阿尔诺极为深刻的印象。

结果就是这么巧，1984 年一家名为布萨克（Boussac）的纺织和零售集团濒临破产，而这家公司恰恰拥有迪奥。阿尔诺马上开始游说政府部门，在投资银行 Lazard 的帮助下，经过一番操作，以象征性的 1 法郎接盘了布萨克，他还信誓旦旦地向政府说一定会保证员工的就业。

实际上，阿尔诺只想要迪奥，认为其他都是累赘。于是他转手就把零售店、尿布制造厂之类的企业卖掉了，这一过程中有 8000~9000 名工人遭到解雇，但政府也只能干瞪眼，而甩掉包袱的公司很快就赢利了 1.12 亿美元。阿尔诺当时声称他的目标是“在 10 年内领导全球最大的奢侈品集团”，结果受到很多评论家的嘲笑，但很快这些人就笑不出来了。因为阿尔诺不仅成为 LVMH 控制权争夺战的胜利者，而且在玩权谋上更加狡猾狠辣。

合并后的 LV 和 MH 关系并不融洽，毕竟两者从业务到调性根本就不搭，MH 老总阿兰·谢瓦利耶和 LV 老总亨利·雷卡米尔更势同水火。1988 年，谢瓦利耶找到了啤酒巨头吉尼斯助阵，提出收购 LVMH 20% 的股份，这在雷卡米尔看来无异于宣战。而他也从奢侈品界找到一位盟友，也就是拥有迪奥的阿尔诺。在经营钢铁起家、因为娶了路易·威登曾孙女才转行搞奢侈品的雷卡米尔看来，阿尔诺就像是年轻时的自己。

但他大大低估了阿尔诺的野心。这位外号为“狼”的商人，暗中投靠了实力更强的 MH-吉尼斯同盟，并掌握了 LVMH 24% 的股权。消息传出后，遭到背叛的雷卡米尔大发雷霆，决定举威登家族之力收购股票夺取“一票否决权”；结果还没来得及实施，阿尔诺就在三天内斥资 6 亿美元，一举成为 LVMH 的第一大股东，还安排自己的父亲出任监事会主席。

这时MH的谢瓦利耶才知道自己一直在与虎谋皮，鹬蚌相争却让阿尔诺这个渔翁得利。他和雷卡米尔本打算抛弃前嫌，通过减持股份让LV和MH试验性分离，把旗下的迪奥香水业务让给阿尔诺，以此保住最大利益。但单单一个香水业务已经打动不了阿尔诺，他此时想要的是整个集团。阿尔诺后来还为自己辩解说："别人说我是狼，但雷卡米尔才是想把集团弄得分崩离析那个人，我是唯一不想拆房子的。"

LVMH集团总裁贝尔纳·阿尔诺

于是阿尔诺再次出手，两天内买入价值5亿美元的LVMH股票，持股比例达到43.5%，拥有35%的投票权以及一票否决权。此刻，再也没有人能阻止阿尔诺通过这场资本战争加冕为LVMH的"帝王"，得势后的阿诺尔迅速清洗了管理层，谢瓦利耶和雷卡米尔都黯然退休。虽然连时任法国总统密特朗都批评这场收购太过野蛮，但阿尔诺不以为意，反而说"在商业中，成功的秘诀就是抓住机会"。

阿尔诺接手前的LVMH已经收购了纪梵希，他自己则收购了Celine。接手LVMH后，阿尔诺的收购主要还是在服饰、包袋和化妆品领域，1993年到1999年间，他先后收购了伯尔鲁帝（Berluti）、Kenzo、娇兰、罗意威（Loewe）、Marc Jacobs、丝芙兰。

可以看出，早期的阿尔诺对于制表业似乎并不热心，也许是受到竞争对手历峰集团的刺激，也许是在收购古驰（Gucci）的资本战中战败使他憋了一口恶气，总之为了丰富投资组合，LVMH于1999年斥资11.5亿瑞士法郎（约合7.39亿美元）买下了泰格豪雅50.1%的股份。不论是历峰收购江诗丹顿还是斯沃琪收购宝玑，都难以和LVMH出手之阔绰相提并论。

豪雅的历史我们在前面提到过。石英危机爆发之后，豪雅作为运动计时的专业品牌，很快就适应这一变化。在推出计时更精确的 Centigraph 电子计时器之后，又生产了支持指针和电子双显示的 Chronosplit 计时码表。即便如此，它还是难逃冲击。1985 年，为 F1 赛车生产陶瓷涡轮增压器等高科技产品的 TAG 集团和英国商人罗恩 · 丹尼斯收购了豪雅，品牌从此改名为泰格豪雅（TAG Heuer）。

历峰集团收购江诗丹顿是为了奠定江湖地位，斯沃琪集团收购宝玑是为了构建品牌金字塔的塔尖，但泰格豪雅和前两者完全不同，这是一个自带运动基因和功能属性的品牌，定价合理，适合打开零售市场。当时的新闻报道称："LVMH 表示，收购该公司将为向奢侈手表市场扩张提供一个强大的平台。对于选择性零售，你需要全方位的品牌，这让他们在运动手表市场中站稳了脚跟。"而《斯沃琪集团商业史》一书则提到：与斯沃琪集团相比，LVMH 集团的主要特点是更依赖于美国市场，而泰格豪雅在美国很有名气。

目前泰格豪雅的首席执行官是阿尔诺的三儿子弗雷德里克 · 阿尔诺，这个生于 1995 年的青年 11 岁时收到的礼物就是一块泰格豪雅竞潜（Aquaracer）系列腕表，这是他的第一块手表。在他之前，掌管泰格豪雅的是身经百战的比弗。

对于 LVMH 在珠宝腕表领域的弱势，阿尔诺看得很清楚。因此买下泰格豪雅一个月后，又斥资 4.6 亿美元从 Investcorp 手里买下了 Ebel 和尚美两个品牌，而斯沃琪集团则买走了宝玑。

腕表品牌 Ebel 在 LVMH 没待几年，便被卖给了摩凡陀集团，而尚美则是一笔很有价值的投资。

尚美由珠宝匠马利-艾虔 · 尼铎于 1780 年在巴黎创立，曾是法国王后玛丽 · 安托瓦内特的珠宝商，在法国大革命后又一跃成为法兰西帝国的御用珠宝商，拿破仑让尼铎为自己的加冕之剑镶嵌了一颗重达

尚美女王·冠冕表

140.5 克拉的“摄政王”钻石。尼铎还参与了送给教皇庇护七世的礼物——教皇三重钻冕的设计。

尼铎的事业很大程度上得益于拿破仑的皇后约瑟芬·德·博阿尔内的青睐，约瑟芬皇后从他这里订购了大量珠宝，例如饰有麦穗的镶钻冠冕、刻有其子名字的藏头诗手链等等。1811 年，尼铎之子弗朗索瓦还曾为约瑟芬制作过一只手镯表，由黄金、珍珠和祖母绿制成，约瑟芬将它送给了儿媳巴伐利亚的奥古斯塔公主。如今尚美的约瑟芬皇后系列便是因此命名，曾推出过女王·冠冕表，表盘是独特的水滴形，表盘上方的倒 V 形如同冠冕，与该系列的珠宝同源。

1815 年，拿破仑帝国灭亡，作为保皇党一派的弗朗索瓦转让了珠宝工坊，珠宝匠让-巴蒂斯特·福辛父子和瓦伦汀·莫莱勒父子先后接手，作品依然深受欧洲王室贵族的喜爱。1885 年，瓦伦汀·莫莱勒的孙女婿约瑟夫·尚美接管了工坊，以自己的姓氏将品牌命名为 CHAUMET，并且在巴黎芳登广场 12 号开了店。

有趣的是，尚美在 1970 年还曾拥有过宝玑，这两个品牌的创立时间十分接近，也都和拿破仑皇室有着极深的渊源。在尚美高管弗朗索瓦·博戴的管理下，宝玑被重新定位为高端腕表制造商。

不过尚美却在 80 年代经历了一次大危机，当时的掌门人雅克和皮埃尔·尚美兄弟专注于钻石投资，导致公司在 1982 年大宗商品价格泡沫破裂后破产，负债达 14 亿法郎，是年营业额的 8 倍，两兄弟也在 1987 年因诈骗罪被捕。这时候 Investcorp 趁机收购了尚美，直到 1998 年才扭亏为盈。在 Investcorp 分割奢侈品业务的过程中，尚美被 LVMH 看上并买下，LVMH 此举无疑是为了在高档珠宝市场占据更大份额。

收购尚美一个月后，LVMH 又快马加鞭地收购了真力时。这个成立于 1865 年的品牌是一个技术大拿，在历史上以精准计时著称，印度总理贾瓦哈拉尔·尼赫鲁（Jawaharlal Nehru）还曾赠送给圣雄甘地一枚真力时怀表，甘地十分依赖这块表的闹响功能来提醒他祈祷时间。

真力时最为传奇的产品就是 El Primero 机芯，这是史上首款高振频一体式自动计时机芯，诞生于石英危机初现的 1969 年。然而随着石英危机愈演愈烈，以及公司大部分股份被美国芝加哥 Zenith 无线电公司接管，真力时管理层决定停产这款机芯，改用美国生产的石英机芯。

守护机芯的功臣查尔斯·维尔莫

这时真力时的一位制表师查尔斯·维尔莫（Charles Vermot）挺身而出，他给美国老板写信，劝说他不要放弃机械机芯，但徒劳无功。于是他只能冒着被解雇的风险，秘密将图纸方案收藏起来，甚至偷偷拆解了生产机芯的设备，将之藏在真力时表厂的一处阁楼里，特别像间谍小说里的情节。

搭载 El Primero 机芯的腕表

终于挨到了 80 年代，机械表时来运转，被尘封的 El Primero 机芯又成了香饽饽，一开始被用于 Ebel 腕表，后来还接到了劳力士的巨额订单，这枚机芯被用在其著名的迪通拿系列上，并在 1988 年面世。而真力时也由此设计出了属于自己的 El Primero 运动计时码表。直到今天，El Primero 都被认为是史上质量最高的计时机芯之一。

LVMH 收购真力时的价格没有公开透露，这一品牌被定位为顶级豪华手表品牌，作为机芯供应商在集团中扮演了特殊的角色。

世纪末的收购狂潮，各方势力大混战

如果说 1999 年还是三大集团在各自厉兵秣马，那么到了 2000 年则变成了刀兵相向，把这场收购战争推向了最高点。

这一年历峰集团做了一件让整个钟表业抖三抖的事情。2000 年 7 月 21 日，历峰宣布收购 LMH 公司，总成本高达 30.8 亿瑞士法郎。[1] 这家公司之前属于德国跨国公司曼内斯曼集团，虽然不为外人熟知，却拥有三个腕表名牌：积家、万国和朗格。

而这个“香饽饽”之所以被推向市场，起因是曼内斯曼集团和电信巨头沃达丰的一场商战。曼内斯曼集团在两德统一后进入了电信行业，一跃成为德国第二大电信网络运营商，也在这一时期收购了拥有积家、万国和朗格的威迪欧集团，改组为 LMH。

当时的曼内斯曼在欧洲大陆电信业发展的势头很猛，甚至将手伸向了英国，收购了英国第三大电信运营商奥兰奇。然而这家公司却是另一个巨头沃达丰的目标，这也让曼内斯曼和对方直接结下梁子。

曼内斯曼远远低估了沃达丰的疯狂，也万万没想到它竟然直接对自己发起反向收购。在一场持续数月的历史性收购攻防战之后，曼内斯曼的股东们没有抵御住金钱攻势以及合并后的诱人前景，最终沃达

---

1 数据来源：Richemont. Richemont acquires Les Manufactures Horlogères SA and the outstanding 40 per cent of Manufacture Jaeger-LeCoultre SA[EB/OL]. (2000-07-21). https://www.richemont.com/en/home/media/press-releases-and-news/richemont-acquires-les-manufactures-horlogeres-sa-and-the-outstanding-40-per-cent-of-manufacture-jaeger-lecoultre-sa/.

丰以 1900 亿欧元的天价收购曼内斯曼，成为当时世界第一大并购案，不少德国媒体都哀叹“德国堡垒塌了”。

这次惊天大收购之后，曼内斯曼惨遭拆分，主营钟表业务、和沃达丰完全不搭的 LMH 被弃如敝屣。不过，彼之砒霜吾之蜜糖，这对于磨刀霍霍的几大奢侈品集团来说，简直就是天上掉馅儿饼。历峰、LVMH、斯沃琪和古驰集团都参与了收购战。

而历峰之所以能赢下这场竞争，主要还是因为愿意出钱而且敢出钱。最终的收购价折合美元高达 18.6 亿，而历峰前一年的归属利润增长不过 7.49 亿美元，为了筹款，历峰还在 6 月出售了手中英美烟草公司 35% 股份中的一半以回笼 6.63 亿美元。[1] 不过这场豪赌对历峰来说也是具有战略意义的，进一步巩固了集团在珠宝腕表领域的强势地位，而 LVMH 发言人只能表示购买这三个品牌并无“战略必要性”，以此挽回面子。

吃了瘪的 LVMH 只能暂时消停，但斯沃琪集团又淘到了好货。收购了 18 世纪著名制表师、活动人偶大师雅克-德罗的同名品牌雅克德罗——之前同样属于 Investcorp，后来两位高管出走时带走了这个品牌。品牌的历史渊源也决定了这是一个为收藏家而生的品牌，它后来推出的自动玩偶系列堪称一绝，比如一枚热带风情报时鸟三问表，可以让人同时欣赏孔雀开屏、蜻蜓飞舞、蜂鸟振翅，棕榈叶开合之间，还有巨嘴鸟悄然出没，十分神奇。当然，它的不少表款

雅克德罗热带风情报时鸟三问表的表盘栩栩如生

1 WWD. Richemont Pulls off a 1.86 Billion Swiss Watch Triple Play [EB/OL]. (2000-07-24). https://wwd.com/fashion-news/fashion-features/article-1196953/.

都是百万元起步，毫无疑问被斯沃琪集团纳入金字塔尖。

与此同时，也许是受到了历峰集团收购朗格的刺激，斯沃琪集团一口气买下了德国制表领域中的格拉苏蒂原创和宇联（Union）两个品牌。

其他集团也没闲着。开云集团老板弗朗索瓦·皮诺控制下的古驰集团收购了宝诗龙（Boucheron）和圣罗兰（Yves Saint-Laurent）品牌，生产手表和珠宝。宝格丽则从新加坡表商 Hour Glass 那里收购了独立制表师品牌 Daniel Roth 以及杰罗·尊达的同名品牌，2011 年 LVMH 以折合 60 亿美元的价格收购了宝格丽。

经此一役，"新战国时代"制表业格局基本确定。当下知名的欧洲腕表品牌中，主要分成了"家族派"和"大集团派"。

自主经营的"家族派"中，爱彼依然由创始家族经营，百达翡丽继续由斯登家族执掌，劳力士则属于汉斯·威尔斯多夫基金会，设有腕表线的香奈儿与爱马仕分别由威泰默兄弟和爱马仕家族所有。除此之外，还有创立于 1860 年的萧邦。1963 年来自德国的舍费尔家族从创始家族手中收购了这个品牌，接手后在 70 年代开发了 Happy Diamonds 等珠宝腕表，并成为其特色；1996 年，萧邦在纽沙泰尔州的弗勒里耶建立了机芯工厂，进军高级制表领域。

"家族派"之外的其他品牌，基本归属于三大"霸王"。

历峰集团现在拥有世界三大奢侈品集团中最有排面的腕表品牌矩阵，包括：卡地亚、江诗丹顿、朗格、积家、伯爵、梵克雅宝、万国、沛纳海、罗杰杜彼、名士、万宝龙、布契拉提，以及时尚腕表品牌 Polo Ralph Lauren。

LVMH 的钟表部则包括宝格丽、泰格豪雅、真力时、宇舶，路易·威登也进军了腕表领域。2008 年 LVMH 收购宇舶之后，让-克洛德·比弗也跟着进入集团，并和阿尔诺保持了不错的关系，在 2014 年升任钟表部的总裁。因为对泰格豪雅的发展不满，他还亲自挂帅成为

CEO。2018 年，比弗从 LVMH 辞职，暂别工作了 43 年的表坛。

开云集团在腕表方面投入不多，曾拥有雅典表和芝柏表两个品牌，不过这两个品牌在 2022 年已经被现任管理层收购。

斯沃琪集团依然是全世界最大的钟表集团，而经过多年的收购，海耶克的品牌金字塔终于完成了。第一梯队包括宝珀、宝玑、格拉苏蒂原创、雅克德罗、欧米茄与 Léon Hatot，第二梯队则是浪琴、雷达表与宇联，第三梯队包括天梭、Balmain、雪铁纳、美度与汉米尔顿。Swatch 与儿童手表品牌 Flik Flak 则是大众市场的基本盘，覆盖了各个档次，针对不同人群。

2010 年 6 月 28 日，82 岁的尼古拉斯 · 海耶克因为突发心力衰竭在办公室中去世，结束了他传奇的一生。海耶克去世后，他的长女娜拉 · 海耶克接任董事会主席，儿子尼克 · 海耶克担任 CEO，外孙马克 · 海耶克也担当着重要的角色，继续书写着家族传承的故事。

而在收购战偃旗息鼓多年之后，斯沃琪集团在 2013 年又突然以 7.5 亿美元（外加接手 535 名员工及最高不超过 2.50 亿美元的净债务）的大手笔，收购了珠宝及腕表品牌海瑞温斯顿，再次在业界掀起波澜。

海瑞温斯顿在 1932 年由同名珠宝商海瑞 · 温斯顿（Harry Winston）创立于纽约，他号称“钻石之王”，收购过众多传奇名钻。1952 年，据美国《生活》杂志报道，海瑞温斯顿拥有全球规模第二大的知名珠宝收藏，仅次于英国王室。温莎公爵夫人、伊丽莎白 · 泰勒、杰奎琳 · 肯尼迪等名人都曾拥有该品牌的珠宝，梦露那首著名的《钻石是女孩最好的朋友》歌词里也出现了该品牌的名字。

海瑞温斯顿在瑞士机械表复兴的 1989 年进军制表业，推出首个腕表系列卓时（Premier），并于 2007 年在日内瓦开设了自家的制表厂，除了高级珠宝腕表，也具有打造陀飞轮等复杂功能的能力。

而这次收购的导火索，则可能与 2011 年斯沃琪集团与蒂芙尼合作破裂有关。

2007年12月，斯沃琪集团和蒂芙尼结成战略同盟，计划合作生产销售蒂芙尼品牌的奢侈手表，并且由海耶克长女娜拉负责。本来签了20年的合约，但还不到4年，双方就宣布提前终止合作。斯沃琪集团指责蒂芙尼违约，“系统性地延缓和阻止手表业务的发展”，并且把对方告上法庭，索赔38亿瑞士法郎；蒂芙尼也不甘示弱，对斯沃琪集团发起反诉，指责对方没能提供合适的销售点、不尊重品牌设计，要求赔偿5.419亿瑞士法郎。最终荷兰仲裁法院判斯沃琪集团胜诉，蒂芙尼需向其赔偿4.02亿瑞士法郎。

虽然胜诉，但蒂芙尼的离开也打了布局高端珠宝腕表市场的斯沃琪集团一个措手不及。当时卡地亚、伯爵、梵克雅宝都在历峰集团手中，尚美被LVMH买走，私人控股的萧邦也没有出售的打算，一圈盘下来，海瑞温斯顿几乎是不二之选。其实在2012年10月，海瑞温斯顿就宣布有潜在买家对自己感兴趣，当时分析师们普遍猜测是LVMH或开云集团，最终花落斯沃琪还是让人大吃一惊。收购完成后，集团的股票也跃升3个百分点。

20世纪90年代到21世纪前10年的制表业经历了一个异彩纷呈的时代。如果说“石英战争”时代是大规模的“集团战”，那么在这20年的时间里，石英表和机械表则仿佛划分了各自的领地，在领地内，品牌间“相互攻伐”，间或有大集团主导下的“合纵连横”。这样的市场环境用“战国时代”来形容也是贴切的，虽然竞争不断，但却是一个生机勃勃、万物竞发的时代。

结语

CONCLUSION

新的时代，新的战场

1865 年，工程师弗雷德里克 · 伊德斯坦创立了一家名叫“诺基亚”的造纸厂。140 年后，这家公司成为全球手机行业的霸主，年发货量高达约 2.64 亿支，占全球市场份额的 32.1%，人们开始习惯于随身携带手机；两年后的 2007 年，苹果创始人史蒂夫 · 乔布斯发布了 iPhone 手机，从此智能手机的狂潮席卷全球，到如今更是已经成为人们在生活中离不开的东西。

手机的普及化与必需品化，再次改变了人们看时间的方式。如今，一个人出门可以不戴腕表，但不能不带手机，没有手机甚至会让人主观上焦虑、客观上寸步难行。而时钟就是手机最基础的功能，美国作家克里斯托弗 · 克莱因对此有个很有趣的联想——手机的出现标志着人们又回到要将手伸进口袋掏出计时装备的时代。手机，在一定程度上就是新时代的怀表，而佩戴腕表则从过去的刚需，变成了如今的个人习惯。

然而科技对于制表业的影响不止于此。2015 年 3 月 9 日，苹果公司 CEO 蒂姆 · 库克正式发布了他们已经预热许久的新品——Apple Watch。这款产品的发布，也象征着科技公司对腕表市场发起了大举进攻。

到今天，智能腕表也发展成一个拥有庞大市场的品类，国外有苹果、三星、佳明（Garmin）等，国内有华为、小米、小天才……如今这个品类早已为大众熟知，并且渗透进了日常生活，在产量与销量上更是远超机械表。面对智能表的汹涌攻势，人们不禁要问：瑞士制表业的第三次危机到来了吗？

对于这个问题，不同的表商有着不同的回答。但不可否认的是，如今的腕表市场竞争已经越发激烈，在新的时代，又催生了新的战局。

智能表没有干掉机械表，却让石英表被迫自卫

智能表的出现很容易让人联想到当年石英表异军突起威胁机械表生存的故事，但智能表到今天也没能要了机械表的命，反而给了石英表迎头痛击。当年的新兴事物成了如今更为新兴事物的“受害者”。

Apple Watch 刚推出的时候，蒂姆·库克对这款表的定位是时尚产品，甚至是奢侈品。第一代有三个版本，最便宜的一款表壳是铝合金的，只要 2588 元；而最贵的一款则是金表壳，售价高达 126800 元。几个月后，苹果还宣布推出搭配爱马仕表带的 Apple Watch，最贵的 11888 元。与此同时，苹果公司在《时尚》（*Vogue*）、《悦己》（*Self*）等时尚杂志上买下十几版插页做广告，还找来时尚女魔头安娜·温图尔站台。

Apple Watch 推出之后，有人欢呼智能穿戴设备时代的来临，有人连夜排队抢购；也有人不理解谁会花近 13 万元的价格买一块“戴在手上的手机”（虽然表壳是金的），这个价格足够入手爱彼、朗格、百达翡丽的一些款式了。苹果另一位创始人沃兹尼亚克更是直言：“难道 500 美元到 1000 美元一块的苹果手表，唯一的区别只是表带吗？”时尚圈似乎也不太待见这款新表，《时尚》英国版的主编就说 Apple

Watch 的外观“既不是特别潮，也不是丑得不能忍”。

而制表业内部对于智能表也有着不同认识。斯沃琪集团 CEO 尼克·海耶克说“数百万人开始想在手腕上戴点东西了，这对钟表业来说是件好事”；LVMH 钟表部总裁比弗则直截了当地表示：Apple Watch 是科技与工业生产的产物，注定要成为废品，它只在一年左右的时间里是先进的，几年后其价值就会接近于零。

蒂姆·库克在 2014 年 9 月的发布会上，向公众介绍即将推出的 Apple Watch

那么智能表的流行对于瑞士制表业来说究竟算不算一场危机？总的来说：算，也不算。

起码智能表目前还很难动摇已经奢侈品化的高端机械表市场。产量高、定价亲民、功能丰富的智能表注定属于大众市场——这听起来似乎和当年的石英表一模一样，而有能力购买 20 万元以上的机械表的人，也不介意多拥有一块智能表。这场仗，根本就打不起来。

当然，瑞士表商们对智能表也不是拒绝的态度。其实早在 1999 年，天梭就推出了史上第一枚以触控方式操作复杂功能的腕表 T-Touch，可以控制包括指南针、气压计、高度计和温度计在内的各种功能装置。它虽然不是智能腕表，但触屏的操作方式已经很接近。

而在 Apple Watch 发售的同一年，比弗管理下的泰格豪雅宣布推出一款智能表 Connected，隶属卡莱拉系列，走运动时尚路线，整个表的外观都可以“模块化”替换，甚至还可以换上机械机芯。之后奢侈品牌 LV 出了智能表 Tambour，表盘表带的图案都是 LV 老花；还有万宝龙 Summit Lite、宝格丽 Diagono，也差不多在同一时期出现；宇舶 Big Bang 系列甚至还出过钛金属镶钻的智能表，售价高达 11000 美元。

泰格豪雅钛金属 Carreca Connected 智能腕表

但这些“豪华智能手表”对于奢侈品牌来说更多是投石问路之作，毕竟机械表才是它们的业务核心所在。

那么谁才是“智能表危机”真正的“受害者”呢？瑞士钟表工业联合会的研究给出的答案是：500 瑞士法郎（约合 3600 元）以下的经济型瑞士表直接受到了智能表的冲击，其中很大一部分还是在上一次危机中咄咄逼人的石英表，2015 年 Apple Watch 出现之后，瑞士石英表的出货量就开始逐年下降。

数据显示，石英表贡献了瑞士腕表 75% 的产量，但在总价值中只占 25%，而在总价值中占比高达 75% 的机械表，产量却只有 25%[1]，活生生演绎了帕累托法则。

智能表能抢走经济型瑞士表的地盘，个中原因也不复杂。

从功能上来说：单比计时，石英表并不比智能表更精准，更不要说经济型的机械表了；而看时间只是智能表最为基础的功能，它还能进行手机互联、运动 GPS、健康监测等等。在价格差距不大的情况下，谁不想戴一块更新、更潮、更强大的表呢？

从品牌效应上说：智能表归根结底是一种“无阶层属性”的科技产品，不论你是亿万富豪还是大一新生，戴 Apple Watch 根本与身份无关；但经济型的瑞士腕表很难做到这一点，因为品牌的定位和调性已经决定了档次，更容易被套入“戴什么表就是什么人”的定式中。

智能表出现带来的形势逆转，让石英表也不能不打起“保卫战”

1　数据来源：Federation of the Swiss Watch Industry FH. Mechanical watch and quartz watch [EB/OL]. https://www.fhs.swiss/eng/mechanical-quartz.html.

来，要像当年的高端机械表一样重新定位自身的价值。

有些突出时尚配饰属性，例如以极简设计和标志性织物表带著称的瑞典品牌丹尼尔·惠灵顿（Daniel Wellington，简称DW），创立于2011年，出名就依赖于Instagram这样的“视觉系”社交网络；有的则继续强化品牌调性，如卡西欧的G-Shock系列，突出年轻、运动、潮流、力量感等属性，与千篇一律的智能表做出区隔，在都市青年群体中很受欢迎。

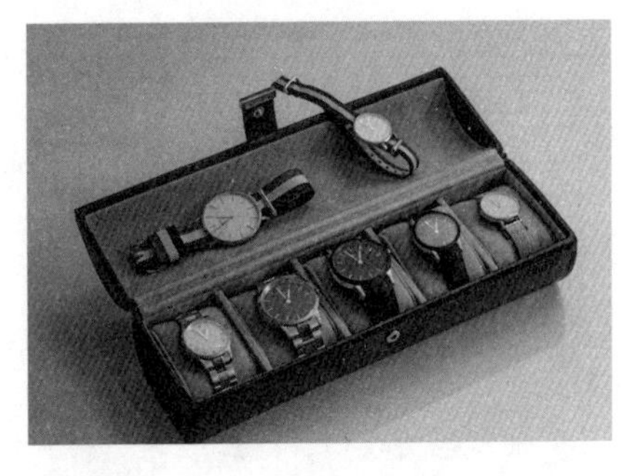

DW腕表

OMEGA X swatch月球表陈列在斯沃琪集团SA商店的橱窗里

Swatch则背靠集团的大树，在2022年直接推出和欧米茄超霸的联名款，两个不同档次表款的组合产生了强烈的化学反应，门店外排起长龙加上“黄牛”的炒作，让这一联名足以竞争年度最佳营销事件。

变化是商业世界的常态，没有谁是常胜将军。应对危机，往往是一次重新审视自我价值的过程，思考“我存在的理由”，寻找安身立命的一方天地。

机械表为何越卖越贵？

2022年3月，摩根士丹利联合LuxConsult发布了一份瑞士钟表行业研究报告，引发了不小的讨论。

报告显示，2021 年，劳力士销量连续五年位居第一，销售额高达 80.5 亿瑞士法郎，占据 28.8% 的市场份额，稳坐第一把交椅。虽然劳力士一直是销量扛把子，但年销售额同比增长 77% 还是令人咋舌。[1]

除此之外，集团化的优势显现，斯沃琪集团的两大“现金牛”欧米茄和浪琴就双双跻身前五；历峰集团则有 5 个品牌位居前二十。独立经营的高定价腕表品牌的势头也越发强劲，爱彼和里查德米尔就以突进之势成为“亿万瑞士法郎销售额”俱乐部的成员。

当红品牌销售额的增长，与近年公价轮番上涨不无关系，瑞士高级机械表越卖越贵，已经成为一种共识。其实近年来奢侈品涨价已经成为一股潮流，不只出现在腕表行业，包袋、珠宝等领域同样如此。价格即门槛，门槛即顾客筛选，奢侈品集团或品牌似乎是想以这样的方式来锁定有能力持续消费的人群，同时达到保持奢侈品牌地位和稀缺度的目的，因此该趋势在很长一段时间内仍将持续。

而原材料、人工成本增加和供需关系，也被认为是腕表公价上涨的原因，甚至造成了店中无表、订购排队的情况，而要订购像爱彼、百达翡丽的热门钢款甚至排到了几十年之后。

而这也使得腕表二级市场在近年来越发火爆，停产等因素导致的稀缺性，造成某个热门品牌的某个热门表款出现高溢价，形成了诸如几大金刚的说法。外部资金和热钱的流入，也让行情越发魔幻。据笔者观察，劳力士绿金迪通拿的二级市场价格一度从五六十万元，暴涨到 100 多万元，短时间内又跌落到 60 万元，行情堪比过山车，而其公价其实还不到 30 万元。

现在大家都能感觉到一个明显的趋势，就是腕表的消费品属性越来越弱，更多人开始把买表当成一种投资理财途径。“买对一只表，就

---

1 数据来源：MÜLLER. State of the Industry – Swiss Watchmaking in 2022[EB/OL]. (2022-03-08). https://watchesbysjx.com/2022/03/morgan-stanley-watch-industry-report-2022.html.

像选中一只好股票”的说法逐渐流行起来，惊险刺激的腕表行情，在某种程度上和波谲云诡的股市的确很像。

当然，对于瑞士机械腕表的涨价趋势，业内并非没有担忧的声音。有品牌 CEO 表示“过度涨价可能会使瑞士手表过于精英化”。也有观点认为当销量下降到一定水平，会导致供应链断裂，最终受害的还是小品牌。正所谓穷者越穷，富者越富，这也是目前瑞士制表业的隐忧之一。

随着腕表市场的成熟化，各大品牌从工艺到营销的花样也越来越多，一些新的发展趋势也在不断显现。

表盘的颜色变得越来越丰富。比如劳力士 2022 年推出的一系列蚝式恒动腕表就有珊瑚红、糖果粉红、绿松石蓝以及黄色和绿色，一款多色已经成为普遍现象。有的品牌甚至会专门定制专属颜色，比如色彩权威机构潘通就为万国定制了“万国森林绿”“太浩湖白”等新颜色。此外，渐变色表盘、独特纹理表盘，也相继成为高级腕表展现个性的方式。

而且某一种颜色在一定时期内还会成为一种潮流，例如由劳力士“绿水鬼”带起的绿盘表风潮，在疫情发生之后更是愈演愈烈，从百达翡丽到 Swatch 都在推出各种各样的绿盘，甚至有了“逢绿必火”的说法。

创新材质也层出不穷，且环保原料越发受重视。比如卡地亚有一种表带，其 40% 的原料是由苹果种植废料加工而成的，雅典表则有以回收渔网打造的潜水系列腕表，沛纳海开发出 EcoTitanium™ 环保钛金属……宝珀等品牌则长期赞助海洋公益活动，社会责任也成为高级品牌形象塑造的重要一环。

卡地亚第一款光动能腕表——光电表盘的 Tank Must

有些品牌则玩得更为大胆，例如宝格丽曾在当时一枚世界最薄的腕表上雕刻 NFT（非同质化通证）作品的二维码，法穆兰则把加密钱包的二维码放在了腕表上，噱头十足。

今天的钟表业，已经成为一个既喜新又念旧的行业，一边坚持着几百年传承下来不断完善与创新的机械工艺，一边又不断尝试着在“旧”的基础上点缀新元素，以跟上时代的发展。虽然是一个矛盾体，但这也恰是魅力所在。

女装腕表成为新的战场？

在第六章中，我们提到过腕表最初是女士的专属，而且和珠宝之间的界限十分模糊。后来布尔战争、一战、二战的相继爆发，深刻改变了腕表的形态与功能，使其从女性的配饰几乎变成男人的专属物。

但女士佩戴腕表的需求始终是存在的。比如蒂芙尼在 20 世纪初就推出了一种“鸡尾酒腕表”，设计宗旨是让参加高级晚宴的名媛们用一种微妙而隐秘的方式来查看时间，因为那时的社会文化普遍认为女人不应该关心时间和日程，而在社交场合看时间也不是淑女行为。因此，早期的鸡尾酒腕表依然是被伪装成造型优雅的手镯，通常用白金等贵金属制作，上面镶嵌着钻石，最关键的是表盘一定要小。

二战后这种风格依然流行。英国女王伊丽莎白二世 1947 年举办婚礼时，瑞士联邦委员会就赠送给她一枚江诗丹顿金镶钻鸡尾酒腕表。1953 年加冕时，女王又佩戴了积家 Caliber 101 手镯表，这块表是法国总统送的礼物，仅重 1 克的机芯至今仍被认为是世界上最小的机械机芯，这块表小巧到几乎看不出是一块腕表。女王一生都非常钟爱这种风格的腕表，晚年佩戴的一枚百达翡丽 4975/1G 则是表盘镶嵌钻石，表带是珍珠手串。她还有一枚 1955 年推出的欧米茄 Ladymatic 金表，呈现出装饰艺术风格。

进入20世纪六七十年代之后，顺应时代审美变化，女装腕表的设计变得越来越大胆张扬。例如伯爵就开始将装饰宝石应用于腕表，像为美国第一夫人杰奎琳·肯尼迪设计的一款腕表就由黄金打造，搭配玉石表盘，并镶嵌24颗钻石与4颗祖母绿宝石。而1976年，萧邦则推出了一款Happy Diamonds腕表，蓝宝石水晶玻璃表镜间有30颗自由漂浮的碎钻，会随着手腕的运动在表盘上滑动。女士戴腕表不再是为了彰显矜持，而是为了彰显个性。

英国女王登基时佩戴积家Caliber 101手镯表

萧邦Happy Diamonds腕表，表盘内的灵动钻石最具标志性

但在很长一段时间里，女装腕表依然没有受到广泛的重视。很多腕表被看作男士腕表的缩小版，搭载石英机芯、镶上钻似乎就够了，然而这不是今天的女性想要的。如今，随着女性社会地位的不断提高以及可支配财富的增加，出现了女装腕表市场跟不上女性客户消费力的矛盾，这又促使各大腕表品牌近年来争相进入这一新市场。

对此，业内人士也心知肚明。英国最大的瑞士手表零售商瑞士钟表集团CEO布赖恩·达菲就表示："女性日益增长的消费能力被忽视了。"伦敦奢侈品分析师约翰·盖伊则说："男人为女人买手表的传统观念已经消亡。女装腕表已经占瑞士奢侈腕表销售额的近三分之一。"而卡地亚全球市场及传讯总监阿诺·卡雷则透露："历峰集团旗下的品牌约有一半的腕表销售来自女性，远远超过了行业均值。"

而这场争夺战，明显可以分出"三大方面军"。

2021 年“钟表与奇迹”表展上展出的一枚伯爵 Limelight 神秘隐藏式腕表，价格高达 1350 万元

“第一方面军”是同时身兼珠宝商与制表商的品牌，例如卡地亚、海瑞温斯顿、梵克雅宝、伯爵、萧邦、宝格丽、尚美等。最懂女人的它们，在这场争夺战中有着先发制人的优势。如果说过去的“珠宝腕表”只是“能计时的珠宝”，那么如今要做一款高级的珠宝腕表则需要花费更多的心力，为了追求美学效果，要使用更精妙的镶嵌工艺，也更偏向于使用带有复杂功能的机芯。

这点在梵克雅宝身上体现得尤为明显。以其知名的情人桥腕表为例，其中一款日间版表盘用彩色墨彩珐琅技术描绘出黎明时分的天空，需要 30~40 小时才能完成，表盘也要烧制十几次。表盘上在艺术桥的两端，分别有一位穿裙子、撑洋伞的淑女（实际上是时针）和一位手拿玫瑰藏在身后的绅士（实际上是分针），随着时间的走动，两人会在桥上相会。在新版中，表壳左下方还有一个按钮，按一下，两个小人就会立刻走到桥中间亲吻。为了实现这样的创意，梵克雅宝自主研发了一款自动上链逆跳机芯，

梵克雅宝 Lady Arpels Pont des Amoureux 情人桥腕表“四季款”之“春季款”，华丽非常

整个制作过程比许多男表要更加复杂。

海瑞温斯顿 Ultimate Emerald Signature 高级珠宝腕表，华美梦幻

海瑞温斯顿则研发了锆合金 Zalium 和 Winstonium 两种品牌特有的金属材质，前者比钢更轻且耐腐蚀，后者是更加明亮、富有光泽的特殊铂金。该品牌还掌握了丰富的镶嵌工艺，如微型马赛克镶嵌、丝织和浮雕工艺、蝴蝶图案细工镶嵌、大明火珐琅工艺、羽毛镶嵌等，呈现出精妙的表盘美学。笔者印象最深的，是参观品牌表厂时见到的一款万花筒钟表，外观做成万花筒的样子，表面镶满钻石和彩宝，里面五彩斑斓的几何形状也是宝石，令人惊艳。

“第二方面军”则是传统制表品牌，如今这些以男表起家的企业都开始纷纷发力女表市场。像以阳刚之气著称的万国、沛纳海都邀请了女性代言人，力推适合女性佩戴的表款，名士也表示未来将把女装腕表作为重点。

万国柏涛菲诺昼夜显示自动腕表

其实对于女性市场的崛起，斯沃琪集团的创始人海耶克早已看得通透。他早年接受采访时曾说：“我早就明白，我们销售的 62%~65% 的手表是由女性购买的。她们为自己也为她们的男人购买，她们对这些男人有很大的影响力。”

基于这一想法，他在收购宝玑之后便推出了一个著名的表款系列：那不勒斯王后。灵感源于阿伯拉罕–路易 · 宝玑先生早年为拿破仑胞妹

宝玑那不勒斯王后系列 8998 昼夜显示腕表

那不勒斯王后卡洛琳设计的一款手镯型腕表。刚设计出来的时候，海耶克周围的人觉得将表壳做成鹅蛋形十分疯狂，但这款表的市场反响非常好，被约旦前王后努尔在日内瓦毫不犹豫地买下。如今拥有鹅蛋形表壳、球形表耳、偏心圆表盘的那不勒斯王后，将新古典主义美学与钟表艺术相融合，已经成为宝玑最具标志性的表款之一。

随着女性独立思潮的兴起以及全社会性别观念的进步，一些刻板印象已经显得不合时宜，比如“女装腕表就是装上石英机芯的缩小版男表”“女装腕表就是镶钻表壳配上粉红表带”等等，这些观念已经被新时代的市场抛弃了，女性的选择可以更多元。

因此许多原先使用石英机芯的女装腕表，开始换上机械机芯。比如百达翡丽 1999 年推出的 Twenty~4 系列，在 2018 年就上新了自动机械腕表。

而宝珀在机械机芯上一直都很有坚持。早在 1930 年宝珀就推出世界上首款自动上链女士腕表 The Rolls，1956 年的 Ladybird 腕表则搭载当时全世界最小的圆形机械机芯。进入 90 年代之后，宝珀又致力于女装腕表复杂功能的开发，推出了最薄女用万年历机芯、第一只女用飞返计时码表等。近年来推出的月亮美人、钻石舞会系列，也是主张“专业与华丽兼备”，高级机械机芯的打磨一丝不苟，表盘钻石镶嵌考究，

宝珀 Ladybird 女装系列钻石舞会炫彩珠宝腕表

还可以更换多种颜色的表带，从不同维度满足市场的需求。

还有一些传统制表品牌在推出女装腕表新表时，会针对女性需求另起炉灶。比如江诗丹顿伊灵女神系列，表盘设计的褶皱就以高定时装为灵感，为偏心设计赋予浪漫特质，而且专门采用背透设计，突出自动机械机芯的打磨工艺以及带有马耳他十字的摆陀，为女装腕表增添了许多内涵。

江诗丹顿伊灵女神系列腕表，透过蓝宝石玻璃表背，能看到带有马耳他十字的精美摆陀

而且近年来“女人戴男表”也已经成为一种流行趋势，女性佩戴劳力士迪通拿、百达翡丽鹦鹉螺等豪华运动表已经毫不稀奇，甚至在20世纪80年代末就已经有不少女性在佩戴她们丈夫的爱彼皇家橡树了，也正因此爱彼又推出更大表盘的皇家橡树离岸型。

目前腕表界的趋势也是“去性别化”，主张以腕表尺寸分类，而不再以男女分类。像爱彼皇家橡树就推出了34毫米小尺寸的自动机芯表款，专为追求机械机芯且手腕纤细的女性设计。

“第三方面军”则是由时尚奢侈品牌组成，包括香奈儿、爱马仕、路易·威登、迪奥、古驰等。这些品牌在女性市场有着极高的认知度，而且占据着巨量的时尚资源。

时尚手表兴起于石英危机时期，在Swatch大红前后，古驰、Guess、Fossil等品牌也都推出了自己的腕表线，Calvin Klein、Balmain的腕表线还被纳入斯沃琪集团。但进入20世纪90年代之后，随着奢侈品集团收购战争的展开以及市场的扩张，一些欧洲奢侈品牌开始认真对待腕表业务了。

这些品牌做腕表“不惜血本”，一方面通过收购、参股制表厂的方式成功迈入高级制表领域，另一方面在设计腕表时更加别出心裁，普遍会融入品牌标志性的元素，这也让它们与前“两大方面军”产生了赛道上的区隔。

香奈儿 J12 腕表

以香奈儿为例。1987 年，香奈儿首次推出自己的腕表系列 Première，灵感就来自和品牌渊源深厚的巴黎芳登广场[1]以及香奈儿 N° 5 香水瓶盖的八角形。而从 1993 年开始，香奈儿拥有了自己的制表厂 G&F Châtelain，位于钟表城拉绍德封，占地 18000 平方米。

到了 2000 年，由香奈儿前艺术总监贾克·海卢设计的 J12 腕表问世。海卢的初衷是为自己打造一款腕表，他酷爱赛车与航海这两项运动，J12 的灵感正是来源于此。它拥有非常简约纯粹的线条，富有运动感与辨识度。J12 的命名也是取自美洲杯帆船赛上的 J CLASS（J 组）赛艇。这款表当时开创性地采用精密陶瓷制成，让传统腕表行业重新审视并重视陶瓷这种材质。J12 的颜色主要是黑白两色，这一点也可以看出和香奈儿品牌设计美学的一脉相承关系。J12 带有典型的“中性”腕表特质，男女皆可佩戴，也符合当下的时尚潮流。

值得注意的是，争夺女装腕表市场的“三大方面军”，都不约而同

1　香奈儿品牌创始人可可·香奈儿女士长期居住在位于芳登广场的巴黎丽兹酒店。芳登广场也是她的灵感来源之一，例如香奈儿 N° 5 香水的八角形瓶盖，就让人联想起芳登广场的几何造型，Première 系列腕表亦是如此。如今芳登广场 18 号也是香奈儿腕表与高级珠宝店所在地。

地把高级制表与复杂机芯当作重中之重。像香奈儿 J12 自 2016 年起就坚持研发自制高级机芯，已经迭代 5 代，并且可以自制陀飞轮，在复杂功能方面也实现了两地时、月相、浮动式陀飞轮等功能，甚至还出过指针逆向行走的款式。

以皮具闻名于世的爱马仕如今也是高级制表品牌。其实他们的第一款“腕表”可以追溯到 1912 年，是当时品牌掌门人为女儿制作的“腕套表”；1928 年则出现了首枚表盘带有爱马仕标识的腕表。1978 年，爱马仕成立了 La Montre Hermès，在瑞士比尔开设工厂，正式进军制表业。

爱马仕的腕表从一开始就表现出与品牌经典设计元素相结合的趋势。比如 1975 年的一款 KELLY 腕表，样子是一个挂锁与旋转包扣的组合，灵感自然是来自以摩纳哥王妃格蕾丝·凯利命名的“凯利包”（Kelly Bag）；1978 年推出的 Arceau 则受到马镫的启发，而爱马仕正是做马具起家的；H-Hour 的外形则是源自爱马仕名字首字母，带有这个元素的爱马仕腰带很多人都不陌生；而 Cape Cod 搭配双重环绕表带的主意，则是来自当时的女士成衣艺术总监马丁·马吉拉（Martin Margiela）。

但爱马仕并不满足于时尚设计，而是铆足了劲进军高级制表领域，于 2006 年开启了股权收购，把一系列高级机芯厂、表壳厂、表盘厂收入囊中，逐渐掌握了腕表专业自制的能力，当然做表带本身就是他们的“老本行”。

作为一个高级制表品牌，爱马仕十分强调“趣味”这个属性。比如在机芯设计上，除了三问、陀飞轮这些标杆式的复杂功能，他们还很不走寻常路，开发过“只有一根分针”的腕表、可以“时间停顿”的腕表、“不显示时间”的腕表等等，趣味中又带着诗意。

爱马仕的工艺腕表尤其值得称道，很多灵感都来自他家的丝巾。爱马仕丝巾的图案很有艺术价值，反映在腕表上则会通过珐琅微绘、

爱马仕天堂巨嘴鸟腕表

爱马仕 KELLY High Jewelry 腕表

麦秆镶嵌、皮革细工镶嵌、皮革马赛克镶嵌等高级工艺呈现。笔者前两年参观爱马仕“镌刻时光”高级钟表展，就对这种品牌基因的传承印象深刻。像一款天堂巨嘴鸟腕表，灵感来源就是插画家凯蒂·斯科特（Katie Scott）创作的天堂巨嘴鸟丝巾，在制作中使用了爱马仕独有的丝线镶嵌工艺，工匠用大约 500 根丝线组成了表盘，加上精湛的珐琅微绘技法，色彩鲜明地还原了丝巾的图案。

当时现场还展出了一枚 KELLY High Jewelry 腕表，价值 483 万元人民币。这款表仅研发就历时 9 个月，运用了祖母绿、白钻和白金，光是表链就包含了 242 个珠宝零件，70 颗公主式方形切割钻石和 774 颗明亮式切割钻石以包镶、雪花镶嵌和珠镶的方式镶嵌。KELLY 系列标志性的锁扣还可以取下来当项链，既是腕表，也是珠宝。

路易·威登近年来走的也是同样的路线。他们在 2002 年推出第一款 Tambour 计时码表，之后便在拉绍德封建厂、并购机芯制造商与表盘制作商，建立起一支掌握高级制表能力的队伍。在设计上，路易·威登腕表常见老花（Monogram）、吉祥物 Vivienne 等品牌元素的运用，除此之外在创意上也可圈可点。笔者观展时，曾见过一款时光飞旋腕表，将机械制表和微电子元件相结合，轻轻按下表冠中心的按钮，12 个微型 LED 就会从内部照亮显时方块。还有一款女装跳时腕表，表盘两个圆形小孔分别交替显示小时读数，每隔一小时，数字会瞬间改变。

纵观这“三大方面军”对女装腕表市场的争夺，各有优势，彼此之间又在努力缩小差距。尤其是在高级制表能力方面，珠宝和时尚大牌的腕表不论是靠自研还是收购，都在竭尽所能补强；而传统制表品牌则在珠宝工艺和设计上力争不落人后，同时尝试打破男女腕表的分野。

从被男表挤压，到如今成为各路诸侯争抢的香饽饽，女装腕表市场的火热，也证明了制表市场是时代变迁的缩影，它不仅受战争、科技的影响，同样也受到经济与社会思潮变化的影响，而在一次又一次的大战中，只有始终与时俱进，才有参战的资格。

作为人类历史上最伟大发明之一的钟表，在更遥远的未来将会变成什么样子？也许今天我们很难预知。但可以肯定的是，只要时间还在继续，人类去刻画它的努力，就不会终结。

后记

AFTERWORDS

这本书写到这里就要结束了，也很感谢你能够陪我一起走过这段漂流于时间长河的旅程。

在写作这本书的过程中，我搬了新家。新家的墙上，挂着一只有 150 多年历史的古董挂钟，是我从法国淘来的。这只钟的机芯制造于 1870 年左右，鎏金青铜表壳上装饰着叶子花环、缎带、女人的脸和圣杯，充满了古典之美。这座挂钟每半个小时都会敲击出声响，那声音仿佛有种穿透百年光阴的力量，也带给了我很多灵感。

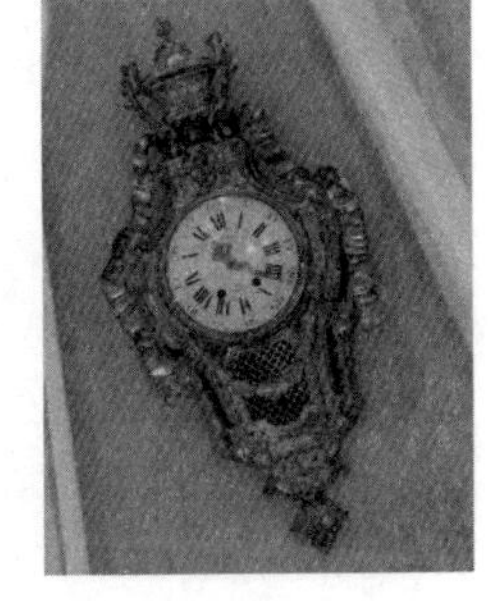

这座古董挂钟的自鸣之声，给了我很多灵感

我最初因为工作和钟表结缘，而写作本书，也是源自这种缘分。

我曾经是一名财经记者，就职于新华社旗下的《财经国家周刊》，在采访一些商界知名人士的过程中，我发现读者对于他们的生活方式非常感兴趣，比如他们穿什么西装、戴什么表、开什么车。2013 年的时候，微信公众号平台兴起，我便开设了“商务范”这个微信公众号。

如今，这个号我已经做了快10年，也累积了上百万职场商务人士的关注。我希望我的内容能够从衣食住行、品质生活的方方面面，帮助用户解决生活与职场中实际的问题和痛点。

从我最初做“商务范”，就有很多用户（我把他们称为“范友”）问我某个预算该买什么表，某个品牌怎么样，某部影视剧里的主角戴的是什么表，见客户该戴什么表…… 可谓林林总总。而为了回答这些问题，我开始研究起腕表，不知不觉间也买了不少。

我和我先生都是爱表之人，我们都觉得，买表一定要买自己喜欢的，只有这样才能保证即便时间流逝，这份热爱也不褪色。

像我就非常喜欢经典款，比如卡地亚的Tank、蓝气球，都是不过时的款式；还有宝珀女装全历月相，当年宝珀吹响复兴复杂功能的号角，就是从复兴月相开始的；爱彼皇家橡树也是豪华运动表的经典，而我当年入手霜金款，则看中了其中刚与柔的碰撞，直到今天都很喜欢。

这块宝珀月亮美人陪伴我走过山山水水，见证了很多生命中重要的时刻

我先生小时候就喜欢儒勒·凡尔纳的小说《海底两万里》，因为里面承载儿时幻想的“鹦鹉螺号”而爱上了百达翡丽鹦鹉螺。有一年机缘巧合，他在上海百达翡丽源邸预订了一枚，拿到手的时候有种梦想成真的幸福感。

有意思的是，他看中的表不少后来都火了起来。除了鹦鹉螺，像五十噚，他也是早年因为喜欢入了手，如今不少款式也要排队买。这样买表既考验眼光，也不失为藏表的一种乐趣。

除了买表，在做“商务范”的这些年里，我也去了很多次瑞士、法国。我觉得要真正理解一个品牌，就需要去探索它的本源。而写这本书的想法，就萌芽在瑞士的制表圣地汝山谷。汝山谷我去过三次，每一次都有不同的震撼，当时就有一个声音告诉自己，将来一定要用文字记录下在这里见到的一切。

爱彼制表工坊中专注工作的制表师

我记得其中一次是去汝山谷布拉苏斯小镇的爱彼制表厂，那时正值冬天，山谷中到处白雪皑皑，松林银装素裹，制表厂的四层小楼就静静矗立在风雪中。工坊窗明几净，窗外的风景数百年如一日，远处的雪山平静而有力。制表师静静地伏案工作，仿佛没有什么能打扰到他们。时间在这里静止，也在这里生长。

制表是机械的艺术，但制作这些机械的人，更加令人难忘。我还记得陀飞轮工坊里的 5 名制表师，专注于如同灰尘一般的小小零件上，千锤百炼，日复一日。即使是机芯中看不到的地方，他们也同样花费心血，直到达到心中的完美标准。

探访宝珀制表工厂

我那时很好奇，在这样一个浮躁的社会，如何做到如此专注，也问过见到的古董修复大师，每天重复这样“枯燥”的工作是否会觉得厌倦。他的回答是：“不会，每修复一块表，都让我感觉生命有价值。”

宝珀机芯工厂和宝珀大复杂制表工坊，我先后去了两次。第一次去的时候，我尝试过打磨鱼鳞纹，机器按压下去，看着一个个纹路出现，有那么一刻觉得自己也是一个自豪的匠人。但后来遇到的大师，却给我上了一课，让我懂得了一个真正的匠人需要付出的是什么。

那是一位为腕表绘制珐琅的大师，之前在法国宫廷画陶瓷。他的日常，就是一年365天，坐在一个小桌前，面对着极微小的表盘，绘制着要花好几个月才能完成、一旦出错就前功尽弃的作品。

有一枚他画的“大宫女”珐琅彩绘。细腻的笔触，从眼神到每一根毛发都刻画得丝丝入扣，美得动人心魄，我看了许久，不愿离开。在此之前，我没有想过原来一个人还可以这样生活，几十年都在做同一件事而不倦怠，还能从中沉淀出生命的意义。

第二次去，是受到斯沃琪集团的邀请，参加他们的“Time to Move”活动。当时全中国只有21个人受到邀请，有很多腕表圈、媒体圈的资深老师，“商务范”能作为唯一的自媒体受邀，我感到十分荣幸。

那一次活动中，斯沃琪集团带领大家回溯了六大品牌的制表工厂，深入了解和体验每一枚腕表的诞生与魅力，让人仿佛从头到尾经历了一场关于时计的奇妙旅程。

在这场旅程中，宝珀总裁兼CEO马克·海耶克亲自为我们介绍新表，我还记得他那天戴了一块来自20世纪50年代的空军司令古董表；在欧米茄的工厂，我见到了一个设有超过3万个分装盒、深不见底的全自动仓库，简直像科幻电影一样；在宝玑，见到当年海耶克倾力打造的玛丽·安托瓦内特怀表的复刻版，一瞬间仿佛亲眼见证了历史；海瑞温斯顿的钻石万花筒，缤纷的宝石之美让人难以形容；在雅克德罗，欣赏乾隆皇帝钟爱的鸟笼钟，精巧绝妙；而在格拉苏蒂原创的实验室里，看一枚腕表被拉扯摔打浸泡，深深体会到德国人对品质近乎偏执的追求。

在写作本书的过程中，我时常会回想起这些经历。有了这些记忆，手头的资料仿佛也变得不再枯燥，反而像是一个老朋友那样，向我娓娓道来它的故事。

而多年前在日内瓦参观百达翡丽博物馆的记忆，也随之复苏。我还记得博物馆一共有三层，从顶层开始一路探索，仿佛踏入了历史的长河，重新走了一遍钟表史。从最初的纽伦堡蛋，到宝玑的交感座钟；从罕见的匕首表、火枪表，到专为中国达官贵人打造的核桃表；从维多利亚女王购买的第一枚百达翡丽时计，到为匈牙利女伯爵制作的腕表；当然，还有亨利·格雷夫斯的收藏。当年参观时，Calibre 89 怀表在外展出，我没能看到，几年后却在新加坡“百达翡丽钟表艺术大展”看到了，顿时有种有缘千里来相会的感觉。

相信刚刚读完这本书的你，对于这些人物和表款都会感到很熟悉吧。我的感受和你一样，这些小小的机械，在我心中好像都活过来了一样。

经验丰富的老飞行员 Ponpon

在写到飞行表的时候，我又不禁回忆起之前在法国第戎，被百年灵飞行表演队带着飞上蓝天的经历。那一次，我乘坐了一架 L-39C 信天翁喷气机，这个源自捷克的经典机型曾被多国改装成轻型战斗机。带我飞的老飞行员，绰号叫 Ponpon，16 岁就开始驾驶飞机，当时已经累计飞了 6500 小时。在他的带领下，我体验了左右摇摆、失重、爬升，甚至三次 360 度旋转，只感觉蓝天在我脚下，白云从身后掠过，而 Ponpon 还哼着小调。看着他戴在飞行服外面的百年灵腕表，我好像真的穿越到了战争岁月，感受到飞行员们在战火中需要什么样的腕表。

这本书就好像一把钥匙，打开了我的记忆魔盒。现在虽然很遗憾没有机会故地重游，但回忆本身就是一种财富。即便没再去日内瓦、巴塞尔，但这两年国内的“钟表与奇迹”展览我都没有缺席，逛展会、看新表，把自己喜欢的腕表戴在手腕上，这样的感觉依然美好。

不过真正促使我开始动笔写这本书的，还是我身边的爱表之人与笔耕不辍的朋友们。

做“商务范”这些年，我认识了很多对腕表很有研究的朋友。他们当中有只有16岁的高中生，从小就喜欢研究腕表，说起三问表都如数家珍；也有阅表无数，钟爱小众独立制表师作品的“高阶玩家”；还有在瑞士制表学校毕业，从事腕表维修保养10年以上的专家。甚至我之前逛表展，都在罗杰杜彼展区巧遇“商务范”的“范友”，他是品牌的VIP，看中了一款王者系列单飞行陀飞轮腕表，逛完表展就准备拿下。在与他们的交流中，我获益匪浅。

而在2021年，我、我先生以及制表师好友赵伟鸣一起做客了北京交通广播《1039都市调查组》，当时节目组做了一个关于“中年男人的爱好”系列，我们主要聊的就是腕表。节目组事前还做了个调查问卷，结果超过半数的受访者都表示喜欢戴表，而机械表在男性受访者中依然是最受喜爱的。

在节目进行的过程中，也不断有听众发来自己佩戴的腕表型号，讲述了很多故事。有听众讲起手中的一块英纳格腕表，小小的腕表是爷爷传给父亲，父亲又送给自己的。有听众“晒”出一块40年前的精工表，承载着他对老父亲的思念。还有听众“晒”出了自己的五十噚腕表，而当天我先生和伟鸣也都戴了五十噚，即便未曾谋面，也能感受到他是一位同道中人。通过这次节目，我也发现原来还有这么多人喜欢着腕表，对腕表背后的故事深感兴趣，写一本介绍钟表知识的书的想法也更加强烈。

后来我又发现，在市面上以腕表为主题的书籍中，似乎缺少一本系统讲述从钟到腕表的发展历史的书，这个空白也让我找到了方向。

不过直接的动力，还是来自我的作家朋友们。在一次饭局中，我与好友馒头大师、六神磊磊交流了这个想法。这二位多年来一直都在自己的领域深耕，馒头大师从“历史上的今天”写起，到现在已经出了6本《历史的温度》，而六神磊磊写金庸、写唐诗也妙趣横生。他们的支持与“鞭策”，坚定了我写书的想法。馒头大师还“一锤定音”，帮我确定了写作的主题——研究钟表历史与战争的关系，书名就叫《时间的战争》。这个书名，也让我的心里一直燃烧熊熊火焰，希望把这一段和钟表有关的历史写得更精彩，让人知道一个个腕表品牌背后鲜为人知的故事。

在写作中，我得到了来自腕表圈前辈和品牌朋友们的很多帮助，我们聊了很多天，得到了很多的故事，也收获了诸多翔实的素材。我也要感谢中信出版社的编辑黄维益，她的经验和建议帮助我解决了许多写法上的疑惑和难题。

同样，在创作本书的过程中，我也离不开“商务范”团队小伙伴们的支持，尤其感谢我的合伙人杨睿旭、老同事孙建和安旸。在一次次的碰头中，我们集思广益，共同梳理了全书结构并精选案例，用心打磨出了本书最终的样子。每次感觉因为陷入资料海洋而彷徨的时候，睿旭总能提出不一样的想法，从更高的高度帮我们理清思路。孙建则为我提供了宝贵的资料支援，不辞辛劳地搜集、整理、分析了大量中外文献，搭建起存量充沛的“弹药库”，并细心对文稿进行了校订、修正与润色。安旸在图片搜集与资料整理方面也贡献了力量。可以说，这本书既是我自己对当初许下的愿望的回应，也是许多好友与同事智慧的结晶。

写完这本书之后，馒头大师跟我说：“我看了初稿，颇有点像我当初想象的这本书的样子了。”从最初的一个想法到如今成功落地，有一种梦想照进现实的感觉。

最后，也希望这本书能够给你带来一些乐趣和帮助，成为你了解腕表的一块敲门砖。能做到这一点，我就感到心满意足了。

参考文献 REFERENCE

| 楔子 |

[1] 莉兹·埃弗斯．时间简史：从日历、时钟到月亮、周期 [M]. 陈晓丹，安晓梅，译．北京：中信出版社，2018.

[2] 李志超．中国水钟史 [M]. 合肥：安徽教育出版社，2014：181.

[3] 施特凡·穆泽．手表传奇 [M]. 杨帆，译．济南：山东美术出版社，2012.

[4] 王道成．圆明园 [M]. 北京：书目文献出版社，1986：18.

[5] 王泽生．钟表营销与维修技术：第 2 版 [M]. 北京：中国轻工业出版社，2017.

[6] 王振铎．中华文化集粹丛书：工巧篇 [M]. 北京：中国青年出版社，1991：180.

[7] 翁连溪．清代内府刻书研究：上 [M]. 北京：故宫出版社，2013：225.

[8] 巫鸿. 时空中的美术：巫鸿中国美术史文编二集 [M]. 梅玫，肖铁，施杰，等译．北京：生活·读书·新知三联书店，2009：113.

[9] 曾公亮，等．武经总要前集：上 [M]. 郑诚，整理．长沙：湖南科学技术出版社，2017：331.

[10] ADAMS, JARDINE. The Return of the Hooke Folio[R/OL].(2006-09-08). https://royalsocietypublishing.org/doi/10.1098/rsnr.2006.0151.

[11] Germanisches Nationalmuseum. Standuhr mit Wappen Philipps des Guten von Burgund um 1430[A/OL]. https://provenienz.gnm.de/wisski/navigate/8060/view.

| 第一章 |

[1] 马克·格林格拉斯．基督教欧洲的巨变：1517—1648[M]. 李书瑞，译．北京：中信出版社，2018.

[2] 哈里特·D. S. 麦肯齐．瑞士史 [M]. 刘松林，译．北京：华文出版社，2020：108.

[3] 任丁秋，杨解朴，等．列国志：瑞士 [M]. 北京：社会科学文献出版社，2012.

[4] 施蒂芬·茨威格．良心反对暴力 [M]. 张全岳，译．北京：作家出版社，2001：23.

[5] MURRAY. A Hand-Book for Travellers in Switzerland and the Alps of Savoy and Piedmont[M]. 1842: 146.

[6] 马丁．欧洲宗教改革与瑞士钟表业的崛起 [J]. 世界历史，2020（2）：45-60.

[7] KINGSTON. The History of Blancpain[J]. Lettres du Brassus, 2019(5): 6-11.

[8] MALCOLMSON. The Surprising Influence of the French on Watchmaking History[EB/OL]. (2018-09-15). https://robbreport.com/style/watch-collector/the-surprising-history-of-french-watchmaking-2816689/.
[9] SCHMIDT. This is Versailles: Clocks of Versailles[EB/OL]. (2013-12-08). http://thisisversaillesmadame.blogspot.com/2013/12/clocks-of-versailles.html.
[10] TRONCOSO. The Golden Age of Clockmaking[EB/OL]. https://patrons.org.es/the-golden-age-of-watchmaking/.

| 第二章 |

[1] 常伟，白映泽 . 中国与钟表 [M]. 上海：上海锦绣文章出版社，2009.
[2] 故宫博物院 . 故宫钟表 [M]. 北京：紫禁城出版社，2008：100.
[3] 郭福祥 . 时间的历史映像 [M]. 北京：故宫出版社，2013：162.
[4] 郭福祥，左远波 . 中国皇帝与洋人 [M]. 北京：时事出版社，2002：252.
[5] 黄庆昌 . 文化广州论丛：清代广州自鸣钟述略 [M]. 广州：广东人民出版社，2013：4.
[6] 李泽奉，刘如仲 . 钟表鉴赏与收藏 [M]. 长春：吉林科学技术出版社，1994：76.
[7] 利玛窦，金尼阁 . 利玛窦中国札记：第 2 卷 [M]. 何高济，王遵仲，李申，译 . 桂林：广西师范大学出版社，2001：101.
[8] 庆龙 . 古董怀表收藏与鉴赏 [M]. 北京：光明日报出版社，2016.
[9] 达娃·索贝尔 . 经度：一个孤独的天才解决他所处时代最大难题的真实故事 [M]. 肖明波，译 . 上海：上海人民出版社，2007.
[10] 汤开建 . 天朝异化之角：16—19 世纪西洋文明在澳门：下卷 [M]. 广州：暨南大学出版社，2016：794.
[11] 罗伯特·图姆斯，伊莎贝尔·图姆斯 . 甜蜜的世仇：英国和法国，300 年的爱恨情仇 [M]. 北京：中信出版社，2022.
[12] 袁越 . 经度之战 [M]// 张立宪 . 读库 0801. 北京：新星出版社，2008：193.
[13] 王逸明 . 1609 中国古地图集：《三才图会·地理卷》导读 [M]. 北京：首都师范大学出版社，2010：20.
[14] 亚·沃尔夫 . 十八世纪科学、技术和哲学史：上 [M]. 周昌忠，苗以顺，毛荣运，译 . 北京：商务印书馆，2017：178.
[15] 张淑娴 . 养心殿：纵贯清代的内檐装修遗存 [C]// 中国紫禁城学会，晋宏逵 . 中国紫禁城学会论文集：第 10 辑 . 北京：故宫出版社，2019：85.
[16] ALTICK R. The Shows of London[M].Cambridge, Mass: The Belknap Press of Harvard University Press,1978: 69.
[17] BETTS. John Harrison (1693—1776) and Lt. Cdr Rupert T. Gould R.N. (1890—1948) [M/OL]// Time Restored: The Harrison Timekeepers and R. T. Gould, the Man Who Knew (Almost) Everything. Oxford: Oxford University Press, 2006.
[18] 关雪玲 . 清宫收藏的雅克·德罗钟表浅析 [J]. 中国历史文物，2007（3）：26-32，90-96.
[19] 关雪玲 . 乾隆皇帝与写字人钟 [J]. 时尚时间，2009（6）：128-131.
[20] 关雪玲 . 乾隆时期的钟表改造 [J]. 故宫博物院院刊，2000（2）：85-91，93.
[21] 郭福祥 . 乾隆时期宫廷钟表收藏考述 [J]. 故宫学刊，2011，7：225-252.

| 第三章 |

[1] 皮埃尔·布朗达.拿破仑王朝：波拿巴家族300年[M].蒋帆，胡诗韵，译.北京：北京燕山出版社，2019.
[2] 曹维峰.陀飞轮揭秘：手表上的华尔兹[M].北京：化学工业出版社，2016.
[3] 尼克·福克斯.百达翡丽传记[M].陈燕儿，等译.伦敦：Preface，2019.
[4] 萨宾·巴林-古尔德.拿破仑·波拿巴与反法同盟战争[M].张莉，译.北京：华文出版社，2020：970.
[5] 卢卡斯.东西世界漫游指南[M].杜庄，译.南京：江苏凤凰文艺出版社，2018.
[6] 季欣麟.百达翡丽公司全球副总裁泰瑞·斯登：名表家族继承人的藏表经[J].投资有道，2007（1）:118-119
[7] 沐阳.陀飞轮——对抗引力的旋转木马[J].钟表，2018（1）：34-41.
[8] Biography of a Visionary Artist: Abraham-Louis Breguet, Horologist and Inventor[EB/OL]. (2018-07-20). https://breguetblog.com/abraham-louis-breguet-horologist-inventor/.
[9] BISHOP. Year of the Tourbillon: The Story of Abraham-Louis Breguet, the Man Who Defied Gravity[EB/OL]. (2021-12-30). https://swisswatches-magazine.com/blog/breguet-year-of-the-tourbillon/.
[10] MAZZARDO. Breguet No.160 "Marie-Antoinette" : The Complete History of the Mona Lisa of Watchmaking[EB/OL]. (2016-08-26). https://www.timeandwatches.com/p/the-complete-history-of-breguet-no160.html.
[11] Montres de Luxe. Les relations de Breguet et le pouvoir politique, par Emmanuel Breguet[EB/OL]. (2009-07-01). https://www.montres-de-luxe.com/Les-relations-de-Breguet-et-le-pouvoir-politique-par-Emmanuel-Breguet_a2989.html.
[12] MÜLLER. Abraham-Louis Breguet, the Man behind the Watchmaker[EB/OL]. (2017-05-08). https://en.worldtempus.com/article/industry-news/people-and-interviews/breguet-abraham-louis-breguet-the-man-behind-the-watchmaker-23933.html.
[13] Patek Philippe Museum. Patek Philippe Watches Volume I[A/OL]. https://static.patek.com/pdf/others/Patek_Philippe_Museum_Catalog_Preview_Volume_I.pdf.
[14] STORRS. Patek Philippe - The Journey to Geneva and the Birth of a Legend[EB/OL]. (2017-06-15). https://shreve.com/part-1-patek-philippe-the-journey-to-geneva-and-the-birth-of-a-legend.
[15] STORRS. Patek Philippe: The Evolution of Pocket Watches and Ownership[EB/OL]. (2017-06-23). https://shreve.com/part-2-patek-philippe-the-evolution-of-pocket-watches-and-ownership.
[16] UNNINAYAR. Abraham-Louis Breguet, Keeper of Time[EB/OL]. http://www.squireswatches.com/Question%20in%20Time/Breguet,%20Keeper%20of%20Time.htm.

| 第四章 |

[1] 陈恭尧.表述：古董腕表的前世今生[M].北京：社会科学文献出版社，2013.

[2] COLOGNI F. Vacheron Constantin: Artists of Time[M]. Paris: Flammarion S.A., 2015.
[3] SERMIER C, PAPI G. High-end Horological Finishing and Decoration[M].Le Brasuss: Audemars Piguet, 2006.
[4] DE SILVA. Olivier Audemars on How Audemars Piguet Doesn' t Belong to Him[EB/OL]. (2021-07-04). https://cnaluxury.channelnewsasia.com/people/olivier-audemars-audemars-piguet-fourth-generation-family-member-180081.
[5] FORSTER. Inside the Manufacture with Jaeger-LeCoultre in Switzerland, Pt. 3: Handcrafts And History[EB/OL]. (2016-04-14). https://www.hodinkee.com/articles/with-jaeger-lecoultre-in-switzerland-handcrafts-and-high-complications.

| 第五章 |

[1] 乔万尼·阿瑞吉，贝弗里·J. 西尔弗 . 现代世界体系的混沌与治理 [M]. 王宇洁，译 . 北京：生活·读书·新知三联书店，2003：88.
[2] 夏洛特·菲尔，彼得·菲尔 . 100 个改变设计的伟大观念 [M]. 黎旭欢，译 . 北京：中国摄影出版社，2021：43.
[3] 康威凯 . 百达翡丽大图鉴 [M]. 西安：陕西师范大学出版社，2011：25.
[4] 马克思 . 资本论：上 [M]. 郭大力，王亚南，译 . 南京：译林出版社，2014：339.
[5] 玛丽·贝丝·诺顿，卡罗尔·谢瑞夫，大卫·W. 布莱特，等 . 特别的人民，特别的国家——美国全史 [M]. 黄少婷，译 . 上海：上海社会科学院出版社，2018：443.
[6] 吴秀永，向平，牛颂 . 世界近代后期军事史 [M]. 北京：中国国际广播出版社，1996：61.
[7] Stéphanie Lachat. Longines through Time: The Story of the Watch[M]. Editions des Longines, 2017.
[8] CAROSSO, VINCENT P. The Waltham Watch Company: A Case History[J]. The Business History Review, 1949, 23(4):165-187.
[9] TEICH M.，PORTER R. The Industrial Revolution in National Context: Europe and the USA[M]. Cambridge：Cambridge University Press, 1996: 413.
[10] WATKINS R. Jacques David—and a Summary of "American and Swiss Watchmaking in 1876" with Emphasis on Interchangeability in Manufacturing[J]. NAWCC Bulletin, 2004, No. 350: 294-302.
[11] 瑞士形象委员会 . 钟表出口 [EB/OL].(2017-11-27). https://www.eda.admin.ch/aboutswitzerland/zh/home/dossiers/einleitung---schweizer-uhren/exporte.html.
[12] 中华人民共和国驻瑞士联邦大使馆经济商务处 . 瑞士钟表业发展趋势 [R/OL]. (2019-07-17). http://ch.mofcom.gov.cn/article/ztdy/201907/20190702882528.shtml.
[13] BANDL. Tracing the Horological Heritage of Longines[EB/OL]. (2019-04-25). https://swisswatches-magazine.com/blog/longines-1832-history/.
[14] BENSON. The Secret History of Omega[EB/OL]. (2021-11-09). https://www.esquire.com/uk/watches/a38171308/the-secret-history-of-omega-watches/.
[15] DONZÉ P Y. The Ups and Downs of the American Market[J]. Watch Around, 2010, 008:58-63. https://www.yumpu.com/en/document/read/32635549/the-

ups-and-downs-of-the-american-market-watch-around.
[16] FOSKETT.The Rise of Mass-Produced Watches at Les Longines, Saint-Imier[EB/OL]. (2000-02-15). https://grail-watch.com/2022/02/15/the-rise-of-mass-produced-watches-in-les-longines-saint-imier/.
[17] FRIEDBERG. F. A. Jones: The Man and the Mystery[EB/OL]. https://www.iwc.com/ch/en/forum/the-man-and-the-mystery.html.
[18] JAMES. Elgin Watch Company History[EB/OL]. (2005-11-03). http://www.thewatchguy.com/pages/ELGIN.html.
[19] OMEGA. OMEGA Chronicle[EB/OL]. https://www.omegawatches.com/chronicle.
[20] Renaissance Watch Repair. Brief History: Elgin National Watch Company[EB/OL]. (2006-03-28). http://www.pocketwatchrepair.com/histories/elgin.html.
[21] WATKINS. Watchmaking, the American System of Manufacturing and Mass Production[EB/OL]. (2020). http://www.watkinsr.id.au/AmSystem.pdf.

| 第六章 |

[1] 戴念祖，白欣 . 戴念祖文集：细润沉思 科学技术史 第 1 卷 [M]. 北京：中国科学技术出版社 . 2019：36.
[2] 徐振韬 . 中国古代天文学词典 [M]. 北京：中国科学技术出版社，2013：149.
[3] 李怀林 . 矫大羽和他的“天仪飞轮”表 [J]. 开放，1997（7）: 17-18.
[4] 孙丽辉 . 试论布尔人在英布战争中的游击战 [J]. 渤海大学学报（哲学社会科学版），2015（5）：46-51.
[5] 王钟强 . 杜蒙 为航空史贡献了“五个第一”[J]. 环球飞行，2011（11）：56-59.
[6] 吴林照 . 首次飞越英吉利海峡的布莱里奥 11 型单翼机 [J]. 航空世界，2016（10）：78-79.
[7] 杨聃 . 飞行员的手腕 [J/OL]. 三联生活周刊，2013（44），https://www.lifeweek.com.cn/article/15784.
[8] 时间观念 . 钟表辞典：1–2 腕表篇 [EB/OL]. http://www.ts-online.cn/webapp/section.php?id=10.
[9] BOETTCHER. The First Men’s Wristwatches[EB/OL]. (2015-01-14). https://www.vintagewatchstraps.com/earlywristwatches.php.
[10] HARTOV. Military Watches of the World: Great Britain Part 1—The Boer War through the Second World War[EB/OL]. (2018-05-10). https://wornandwound.com/military-watches-of-the-world-great-britain-part-1-the-boer-war-through-the-second-world-war/.
[11] HODDENBACH. Louis Bleriot: Inventor, Designer and Daring Pilot[EB/OL]. (2016-07-24). https://disciplesofflight.com/louis-bleriot-inventor-designer-and-daring-pilot/.
[12] REDDICK. History of the Pilot Watch Part I—Cartier Santos 1904[EB/OL]. (2012-10-23). https://monochrome-watches.com/history-of-the-pilot-watch-part-i-cartier-santos-1904/.
[13] Times Ticking. The Second Boer War and “Wristlets” [EB/OL]. https://www.

timesticking.com/the-second-boer-war-and-wristlets/.
[14] THOMPSON. The Pocket Watch Was the World's First Wearable Tech Game Changer[EB/OL]. (2014-06). https://www.smithsonianmag.com/innovation/pocket-watch-was-worlds-first-wearable-tech-game-changer-180951435/.
[15] YAP. History and Evolution of Watch Design: How Ladies Watches Changed through the Decades from the 1900s until 2019—Part 1[EB/OL]. (2019-10-24). https://www.robbreport.com.sg/history-and-evolution-of-watch-design-ladies-watches-from-1900s-until-2019-part-1/.

第七章

[1] FOULKES. REVERSO[M]. 蓝思晴，译 . 纽约：Assouline Publishing，2020.
[2] 欧文 · 霍普金斯 . 建筑风格导读 [M]. 韩翔宇，译 . 北京：北京美术摄影出版社，2017：144.
[3] 罗斯玛丽 · 兰伯特 . 20 世纪艺术 [M]. 钱乘旦，译 . 南京：译林出版社，2017：52.
[4] COLOGNI F. The Cartier Tank Watch[M]. Paris: Flammarion, 2017.
[5] Bruce J M, Noel J. The Bréguet 14[M]. London and Hatford: Profile Publications, 1967.
[6] Perman S. A Grand Complication: The Race to Build the World' s Most Legendary Watch[M]. New York: Atria Books, 2013.
[7] 王哲，望鸿 . 百达翡丽传承家族精神 [J]. 新华航空，2008（7）：54-56.
[8] 莫扬 . 宝珀传奇女性 Ladybird 女装腕表系列之母：了不起的贝蒂女士 [EB/OL]. (2021-11-16). http://www.xbiao.com/blancpain/65495.html.
[9] 佳士得 . 巴黎、大溪地直至纽约：百达翡丽世界时间腕表 [EB/OL]. (2021-05-12). https://www.christies.com/features/Patek-Philippe-World-Time-watches-11627-1.aspx?sc_lang=zh-cn.
[10] 佳士得 . 小亨利 · 格雷福斯：历史上最重要的腕表藏家之一 [EB/OL]. (2021-11-08). https://www.christies.com/features/henry-graves-jr-story-11947-1.aspx.
[11] ANDERSON. The History of the Cartier Tank[EB/OL]. (2022-06). https://therake.com/stories/the-history-of-the-cartier-tank/.
[12] BREGUET. Louis Breguet: Aviation Pioneer and Watch Enthusiast[EB/OL]. (2017-06-19). https://en.worldtempus.com/article/industry-news/brands/breguet-louis-breguet-aviation-pioneer-and-watch-enthusiast-24169.html.
[13] BOETTCHER. Hans Wilsdorf and Rolex[EB/OL]. (2014). https://www.vintagewatchstraps.com/myrolexpage.php.
[14] BOETTCHER. Great War Trench Watches[EB/OL]. (2014-10-1). https://www.vintagewatchstraps.com/trenchwatches.php.
[15] BUCHER. The Story of Longines and the Pioneers of Aviation[EB/OL]. (2022-03-01). https://www.watchtime.com/featured/ready-for-takeoff-the-story-of-longines-and-the-pioneers-of-aviation/.
[16] CRAMER. 100 Years of the Cartier Tank[EB/OL]. (2017-07-26). https://revolutionwatch.com/100-years-of-the-cartier-tank.

[17] DONZÉ. Watchmaking in 1927: Major Structural Changes[EB/OL]. (2022-05). https://www.europastar.com/the-watch-files/archives-heritage/1004093494-watchmaking-in-1927-major-structural-changes.html.

[18] DOWLING. 100 Not Out: The Full History of the Cartier Tank[EB/OL]. (2018-01-05). https://www.esquire.com/uk/watches/a33818670/cartier-tank-history/.

[19] DOWNING. The Fake Rivalry That Created the World's Most Expensive Timepiece[EB/OL]. (2017-09-18). https://watchesbysjx.com/2017/09/the-fake-rivalry-that-created-the-worlds-most-expensive-timepiece.html.

[20] FORSTER. The Science, History, and Romance Behind the Longines Lindbergh Hour Angle Watch[EB/OL]. (2015-09-02). https://www.hodinkee.com/articles/the-history-and-science-behind-the-lindbergh-longines-hour-angle-watch.

[21] KESSLER. History with a Twist: Celebrating the Vacheron Constantin American 1921's Centenary [EB/OL]. (2021-05-10). https://oracleoftime.com/history-with-a-twist-celebrating-the-vacheron-constantin-american-1921s-centenary/.

[22] MULDER. How the First World War Shaped the Watch Industry[EB/OL]. (2022-02-17). https://montrespubliques.com/new-long-reads/how-the-first-world-war-shaped-the-watch-industry.

[23] REDDICK. The History of the Pilot Watch Part Four: Longines and Lindbergh[EB/OL]. (2013-01-04). https://monochrome-watches.com/the-history-of-the-pilot-watch-part-four-longines-and-lindbergh/.

[24] ROULET. When the State Saved Swiss Watchmaking[EB/OL]. (2020-04-05). https://www.watchesandculture.org/forum/en/when-the-state-saved-swiss-watchmaking-part-one/.

[25] Sotheby's. Lot345 Patek Philippe[EB/OL]. (2014-09). https://www.sothebys.com/en/auctions/ecatalogue/2014/important-watches-ge1404/lot.345.html.

[26] STORRS. Patek Philippe: The Great Depression and the Stern Family[EB/OL]. (2017-06-29). https://shreve.com/part-3-patek-philippe-the-great-depression-and-the-stern-family.

[27] Tick Talk. Vacheron Constantin—A "Graves" Affair[EB/OL]. (2014-02-18). https://www.watchprosite.com/vacheron-constantin/vacheron-constantin--a-graves-affair/14.913713.6280273/.

[28] WALTERS. Curse of the £15million Watch: Haunting Story of the Most Elaborate Watch Ever Made—And the Man Who Wished He Had Never Owned It[EB/OL]. (2014-11-13). https://www.dailymail.co.uk/news/article-2833820/Curse-15million-watch-Haunting-story-elaborate-watch-man-wished-never-owned-it.html.

[29] FOSKETT. How Edmond Jaeger and Jacques-David LeCoultre Joined Forces[EB/OL]. (2022-01-05). https://grail-watch.com/2022/01/05/how-edmond-jaeger-and-jacques-david-lecoultre-joined-forces/.

[30]HO. The History of the World as Told by World Time Watches[EB/OL]. (2017-02-13). https://deployant.com/the-history-of-the-world-as-told-by-world-time-watches/.

| 第八章 |

[1] 黄英飞 . 朗格 [M]. 香港：三一领理路有限公司，2018.
[2] 李瑊 . 上海的宁波人 [M]. 北京：商务印书馆，2017：113.
[3] 任杰 . 中国近代时间计量探索：上 [M]. 新北：花木兰文化出版社，2015.
[4] 山东省地方史志编纂委员会 . 山东风物大全 [M]. 北京：世界知识出版社，1990：301.
[5] 上海音像资料馆，上海广播电视台版权资产中心 . 那年今日，听历史说话：上 [M]. 上海：上海书店出版社，2017：168.
[6] 湛晓白 . 时间的社会文化史：近代中国时间制度与观念变迁研究 [M]. 北京：社会科学文献出版社，2013.
[7] 朱新轩，王顺义，陈敬全 . 见证历史 见证奇迹：上海科学技术发展史上的百项第一 [M]. 上海：上海科学技术出版社，2015：99.
[8] 海月，王浩，廖红，等 . 逆境也许是起点——上海钟表业经营状况剖析 [J]. 上海财税，1998（5）：23-25.
[9] 鲁湘伯 . 中国表业的历史与传承——天津海鸥表博物馆参观纪实 [J]. 钟表，2018（6）：98-103.
[10] 叶子 . 定义风格 费尔迪南多 · 阿道夫 · 朗格的四分之三夹板：朗格 140 余年的品牌标志 [J]. 钟表，2015（3）：64-65.
[11] [作者不详]. 万国马克系列腕表的前世今生 [J]. 钟表，2016（1）：72-79.
[12] 王越 . B-Uhr 手腕上的大精灵 [J]. 时尚时间，2008（5）：114-119.
[13] A. Lange & Söhne. Ferdinand Adolph Lange: Early Years, Travel and Success[EB/OL]. https://www.alange-soehne.com/sg-en/manufactory/heritage/ferdinand-adolph-lange-early-years.
[14] A. Lange & Söhne. Richard and Emil Lange: Rise and Global Renown[EB/OL]. https://www.alange-soehne.com/sg-en/manufactory/heritage/richard-and-emil-lange.
[15] ALESSANDRO M. Battle for the Abyss: History's First Diver Watches[EB/OL]. (2019-08-08). https://italianwatchspotter.com/the-first-divers/?lang=en.
[16] BOETTCHER. The Borgel Watch Case Company of Geneva[EB/OL]. (2014). https://www.vintagewatchstraps.com/borgel.php.
[17] CHIA. The Complete History of the Chronograph Movement: 1940s—1980s[EB/OL]. (2021-03-04). https://revolutionwatch.com/the-complete-history-of-the-chronograph-movement-1940s-1980s/.
[18] DOERR. 90 Years of Tutima: An Abbreviated, Complete History[EB/OL]. (2017-09-17). https://quillandpad.com/2017/09/09/90-years-tutima-abbreviated-complete-history/.
[19] GHOSH. Horology of the Red Star: Soviet Watches History[EB/OL]. (2021-09-28). https://thehourmarkers.com/history-has-it/horology-of-the-red-star-soviet-watches-history/.
[20] HARTOV. Military Watches of the World: "The Dirty Dozen" [EB/OL]. (2018-07-26). https://wornandwound.com/military-watches-of-the-world-the-dirty-dozen/.https://wornandwound.com/military-watches-world-11-watch-won-war/.
[21] Japan Clock & Watch Association. History of the Japanese Horological Industry[EB/

OL]. (2015-05-04). https://www.jcwa.or.jp/en/etc/history01.html.
[22] Maestrooo Collaborato. HISTORY OF PANERAI. PART 1—VINTAGE AND PRE-VENDOME[EB/OL]. (2019-12-03). https://www.officialwatches.com/blogs/news/history-of-panerai-part-1-vintage-and-pre-vendome.
[23] OATMAN-STANFORD. Mechanical Movements of the Cold War: How the Soviets Revolutionized Wristwatches[EB/OL]. (2016-12-12). https://www.collectorsweekly.com/articles/how-the-soviets-revolutionized-wristwatches/.
[24] RICHARD. The History of Russian Watches[EB/OL]. (2018-07-04). https://www.firstclasswatches.co.uk/blog/2018/07/history-russian-watches/.
[25] RYVIN. Chronography 1: A History[EB/OL]. (2015-08-06). https://wornandwound.com/chronography-1-a-history/.
[26] SEIKO. セイコー腕時計の歴史 [EB/OL]. (2020-07-20). https://www.seikowatches.com/jp-ja/special/heritage.
[27] THOMPSON. 1969: Seiko's Breakout Year[EB/OL]. (2009-12-20). https://www.watchtime.com/featured/1969-seikos-breakout-year/.
[28] TOUCHOT. The 'Dirty Dozen', An Incredible Collection of 12 (Mostly) Inexpensive Military Watches[EB/OL]. (2016-07-25). https://www.hodinkee.com/articles/dirty-dozen-twelve-military-watches.

| 第九章 |

[1] 刘兴力 . 顶级名表：购买篇 [M]. 北京：北京理工大学出版社 , 2014.
[2] 弗朗茨 · 克里斯托弗 · 希尔 . 劳力士腕表收藏指南 [M]. 李安，译 . 北京：北京美术摄影出版社，2015.
[3] 赵聪 . 手表杂谈 [M]. 成都：四川人民出版社，2012.
[4] 锺泳麟 . 名表明说 [M]. 沈阳：辽宁科学技术出版社，2009.
[5] FUCHS, KINGSTON, CIEJKA. Fifty Fathoms, the Dive and Watch History 1953-2013 [M]. La Croix-sur-Lutry: Watchprint.com Sàrl. 2015: 30-44.
[6] G.R.A.M. A Moon Watch Story: The Extraordinary Destiny of the Omega Speedmaster[M/OL]. La Croi x-sur-Lutry: Watchprint.com Sàrl. 2021: 6-19. https://issuu.com/bluewin353/docs/a_moon_watch_story.
[7] MANDELBAUM F.S. Navitimer Story[M]. La Croix-sur-Lutry: Watchprint.com Sàrl. 2022.
[8] 高谋 . 精工痛击瑞士表 [J]. 经营管理者，2008（5）：88-89.
[9] 王雷，戴妮 . 谁发明了潜水表 [J]. 时尚时间，2013（11）：108-113.
[10] KINGSTON. Tribute to Fifty Fathom MIL-SPEC[J]. Lettres du Brassus, 2019(18): 6-27.
[11] Twinam T. Trade Shocks and Growth: The Impact of the Quartz Crisis in Switzerland[J/OL]. SocArXiv, 2020. https://www.semanticscholar.org/paper/Trade-Shocks-and-Growth%3A-The-Impact-of-the-Quartz-Twinam/f83ec851b4c8cd48dbf253fae1147f5ebe037c83.
[12] Always "watching". The Quartz Crisis: Part 1, Origins and Causes (1930-1975)[EB/OL]. (2016-11-09). https://www.thewatchforum.co.uk/index.php?/topic/106761-the-

quartz-crisis-part-1-origins-and-causes-1930-1975/.
[13] BROER. Rolex Day-Date—Historical Overview of Rolex's Flagship[EB/OL]. (2019-11-08). https://www.fratellowatches.com/rolex-day-date-historical-overview-of-rolexs-flagship/#gref.
[14] CLYMER. Understanding the Rolex Paul Newman Daytona[EB/OL]. (2014-04-03). https://www.hodinkee.com/articles/reference-points-the-paul-newman-daytona.
[15] Craft + Tailored. A Brief History of the Blancpain Fifty Fathoms[EB/OL]. (2018-08-08). https://journal.craftandtailored.com/a-brief-history-of-the-blancpain-fifty-fathoms/.
[16] CRAMER. The Pierre Arpels Watch: Luxury Has a Name[EB/OL]. (2016-05-04). https://www.fratellowatches.com/pierre-arpels-watch/#gref.
[17] DELFS. Fifty Years of the Quartz Wristwatch[EB/OL]. (2017-09-27). https://www.watchesandculture.org/forum/en/fifty-years-of-the-quartz-wristwatch/.
[18] MULRANEY. History of the Patek Philippe Calatrava Part 1—The Reference 96, The Blueprint[EB/OL]. (2017-05-09). https://monochrome-watches.com/history-of-the-patek-philippe-calatrava-part-1-reference-96/.
[19] Plus9Time. Seiko & the Neuchâtel Chronometer Competition[EB/OL]. https://www.plus9time.com/seiko-the-neuchtel-chronometer-competition.
[20] SECCO. How Many Quartz-Astron Watches Were Really Produced?[EB/OL]. (2017). https://www.theseikoguy.com/how-many-astron/.
[21] STURMANSKIE. Watches Pioneers of the Space[EB/OL]. (2022-01-21). https://sturmanskie.com/about/blog/chasy-pervoprokhodtsy-v-kosmose/.
[22] The Seiko Museum Ginza. The Quartz Crisis and Recovery of Swiss Watches[EB/OL]. https://museum.seiko.co.jp/en/knowledge/relation_11/.
[23] THOMPSON. Four Revolutions Part 1: A Concise History of the Quartz Revolution[EB/OL]. (2017-10-10). https://www.hodinkee.com/articles/four-revolutions-quartz-revolution.
[24] ZHANG. The Pulsar: A Revolution in Display Technology[EB/OL]. (2010). https://www.pabook.libraries.psu.edu/literary-cultural-heritage-map-pa/feature-articles/pulsar-revolution-display-technology.

| 第十章 |

[1] 加里·哈默，C. K. 普拉哈拉德 . 竞争大未来 [M]. 李明，罗伟，译 . 北京：机械工业出版社，2020：82.
[2] 西蒙·加菲尔德 . 时间观 [M]. 黄开，译 . 天津：天津科学技术出版社，2020.
[3] 于尔格·维格林 . 斯沃琪手表的创意魔法 [M]. 龚琦，译 . 南京：江苏文艺出版社，2013.
[4] 锺泳麟 . 名表再说 [M]. 沈阳：辽宁科学技术出版社，2010：28.
[5] DONZÉ P Y. A Business History of the Swatch Group[M]. London: Palgrave Macmillan, 2014.
[6] PRINCE. Royal Oak: From Iconoclast to Icon[M]. New York: Assouline, 2022.
[7] SCHLUEP CAMPO, AERNI. When Corporatism Leads to Corporate Governance

Failure: The Case of the Swiss Watch Industry[M]. Cambridge: Banson, 2016.
[8] WEHRLI M K, HEIMANN H. Royal Oak[M]. Le Brasuss: Audemars Piguet, 2012.
[9] 马玉杰 . 斯沃琪缔造“第二块表”时代 [J]. 中国经济信息，2004（19）：61-62.
[10] 闫鑫荻 . 瑞士表的价值秘密 [J]. IT 经理世界，2011（10）：3-5.
[11] 杨晓玄 . 瑞士钟表业是怎样走出困境的 [J]. 经济研究导刊，2012（31）：170-171.
[12] DONZÉ P Y. The Comeback of the Swiss Watch Industry on the World Market[J/OL]. MPRA Paper, 2011, No. 30736, https://mpra.ub.uni-muenchen.de/30736/1/MPRA_paper_30736.pdf.
[13] Audemars Piguet. Birth of an Icon[EB/OL]. https://apchronicles.audemarspiguet.com/en/article/birth-of-an-icon.
[14] Audemars Piguet. AP Chronicles: Royal Oak II : Birth of the First Women’s Model [EB/OL]. https://apchronicles.audemarspiguet.com/en/article/royal-oak-2-birth-of-the-first-women-s-model.
[15] BOLD. Swatchdogs on the Lookout : Promos Give Collectors a Chance to Meet the Inventor and Pick up Some of the ‘Vintage’ Timepieces for Face Value[EB/OL]. (1992-01-03). https://www.latimes.com/archives/la-xpm-1992-01-03-vw-5787-story.html.
[16] BREDAN. A Brief History of ETA: The Swiss Watch Movement Maker[EB/OL]. (2013-11-06). https://www.ablogtowatch.com/a-brief-history-of-eta/2/?from=from_parent_mindnote.
[17] FOSKETT. Blancpain, F. Piguet, Biver, and the Path Forward. [EB/OL]. (2021-03-16). https://grail-watch.com/2021/03/16/blancpain-f-piguet-and-biver.
[18] FOSKETT. The Thin Watch War | The Watch Files: January 12, 1979. [EB/OL]. (2021-02-23). https://grail-watch.com/2021/02/23/the-thin-watch-war-1978-1981.
[19] FOSTER. A Patek Philippe Caliber 89, for Sale at Christie’s New York[EB/OL]. (2016-05-23). https://www.hodinkee.com/articles/a-patek-philippe-caliber-89-for-sale-at-christies-new-york.
[20] Gerald Genta Heritage. Iconic Models[EB/OL]. https://www.geraldgenta-heritage.com/iconic-models.
[21] GOULARD. History of the Patek Philippe Nautilus, Part 1—The Birth of an Icon, the 3700 (1976/1990) [EB/OL]. (2016-11-10). https://monochrome-watches.com/history-patek-philippe-nautilus-part-1-nautilus-3700/.
[22] HAHNLOSER. Hat Hayek wirklich die Swatch erfunden?[EB/OL]. (2017-10-19). https://journal-b.ch/artikel/hat-hayek-wirklich-die-swatch-erfunden-i/.
[23] MANOUSOS. Historical Perspectives: Rarely Seen Documentary Video Featuring George Daniels and Seth Atwood[EB/OL]. (2018-06-21). https://www.hodinkee.com/articles/george-daniels-seth-atwood-documentary-roger-smith.
[24]MCGUINNESS.Turning Back the Time on Swatch Man Hayek[EB/OL]. (2010-07-03). https://www.thenationalnews.com/uae/turning-back-the-time-on-swatch-man-hayek-1.550715.
[25] TAYLOR. Message and Muscle: An Interview with Swatch Titan Nicolas Hayek[EB/OL]. (1993-03). https://hbr.org/1993/03/message-and-muscle-an-interview-with-swatch-

titan-nicolas-hayek.

[26] THOMPSON. Four Revolutions Part 3: A Concise History of the Mechanical Watch Revolution (1976-1989)[EB/OL]. (2017-12-08). https://www.hodinkee.com/articles/four-revolutions-mechanical-watches-part-one.

[27] THOMPSON. Jean-Claude Biver and the Making of the Modern Watch Industry[EB/OL]. (2018-10-25). https://www.hodinkee.com/articles/jean-claude-biver-making-the-modern-watch-industry.

[28] Vacheron Constantin. Vacheron Constantin reference 57260: The Most Complicated Watch[EB/OL]. http://reference57260.vacheron-constantin.com/en2/the-worlds-most-complicated-watch.

[29] Very Important Watches. Creating Desing Rules[EB/OL]. (2009-12). https://www.veryimportantwatches.com/files/pdf/creating_desing_rules_en.pdf.

| 第十一章 |

[1] Glashütte Original. Impressions[M]. Glashütte: Glashütter Uhrenbetrieb GmbH, 2015.

[2] 彼拉多 . 虔诚的日内瓦制表师：对话罗杰 · 杜彼先生 [J]. 时尚时间，2012（8）：74-77.

[3] 麻晓天 . 瓦尔特 · 郎格 你终究无法阻挡我的梦 [J]. 南方人物周刊，2014（30）：108-109.

[4] BERRY. Nicholas G. Hayek: “Mr. Swatch” [EB/OL]. (2006-09-08). https://www.bernardwatch.com/blog/nicholas-hayek/.

[5] CUREAU. Early Roger Dubuis Watches: Another Side of the Brand[EB/OL]. (2020-11-29). https://www.phillips.com/article/65368048/early-roger-dubuis-watches-another-side-of-the-brand/zh.

[6] DAVIES. An Interview with Michel Parmigiani, Founder of Parmigiani Fleurier[EB/OL]. https://escapementmagazine.com/articles/an-interview-with-michel-parmigiani-founder-of-parmigiani-fleurier.html/.

[7] DOERR. 175 Years of Watchmaking in Glashütte: A History of Fine German Watchmaking[EB/OL]. (2020-10-02). https://quillandpad.com/2020/10/02/175-years-of-watchmaking-in-glashutte-a-history-of-fine-german-watchmaking/.

[8] DOERR. The Life and Times of A. Lange & Söhne Re-Founder Walter Lange[EB/OL]. (2017-02-01). https://quillandpad.com/2017/01/31/life-times-lange-sohne-re-founder-walter-lange/.

[9] Enrico L. Hublot—A Tale of Research and Innovation[EB/OL]. (2020-08-12). https://italianwatchspotter.com/hublot-history/?lang=en.

[10] GOLDMAN. The Watchmaker' s Art[EB/OL]. (1997-03). https://www.cigaraficionado.com/article/the-watchmakers-art-7554.

[11] GOULARD. The Story of Günter Blümlein, His Role at IWC, Jaeger & Lange[EB/OL]. (2021-01-10).https://monochrome-watches.com/20-years-later-remembering-gunter-blumlein-his-impact-on-watchmaking-industry-iwc-jaeger-lecoultre-lange-sohne-in-depth/.

[12] KESSLER. In Conversation with the Legendary Jean-Claude Biver[EB/OL]. (2018-11-06).

https://revolutionwatch.com/in-conversation-with-the-legendary-jean-claude-biver/.

[13] KOH. Richard Mille: 20 Years On[EB/OL]. (2021-07-08). https://revolutionwatch.com/richard-mille-20-years/.

[14] Richemont. Richemont acquires Les Manufactures Horlogères SA and the outstanding 40 percent of Manufacture Jaeger-LeCoultre SA[EB/OL]. (2000-07-21). https://www.richemont.com/en/home/media/press-releases-and-news/richemont-acquires-les-manufactures-horlogeres-sa-and-the-outstanding-40-per-cent-of-manufacture-jaeger-lecoultre-sa/.

[15] SCHNEIDER. A History of German Watchmaking: From the 1700' s to 2021. [EB/OL]. (2021-08-27). https://watchandbullion.com/german-watchmaking/.

[16] SU. The True Story of Roger Dubuis (1938-2017)[EB/OL]. (2017-10-15). https://watchesbysjx.com/2017/10/the-story-of-roger-dubuis-1938-2017.html.

[17] THOMPSON. A Concise History of the Mechanical Watch Revolution (1990-2000)[EB/OL]. (2017-11-14). https://www.hodinkee.com/articles/four-revolutions-mechanical-watches-part-two.

[18] WELLS. The Story behind Prince Charles' Rare Parmigiani Watch[EB/OL]. https://www.thegentlemansjournal.com/article/prince-charles-wales-watch-parmigiani-fleurier-gold-toric-chronograph/.

[19] WWD. Richemont Pulls off a 1.86 Billion Swiss Watch Triple Play[EB/OL]. (2000-07-24). https://wwd.com/fashion-news/fashion-features/article-1196953/.

| 结语 |

[1] Detoitte. The Deloitte Swiss Watch Industry Study 2020[R/OL]. https://www2.deloitte.com/content/dam/Deloitte/ch/Documents/consumer-business/deloitte-ch-en-swiss-watch-industry-study-2020.pdf.

[2] Detoitte. The Deloitte Swiss Watch Industry Study 2021[R/OL]. https://www2.deloitte.com/content/dam/Deloitte/ch/Documents/consumer-business/deloitte-ch-en-swiss-watch-industry-study-2021.pdf.

[3] Federation of the Swiss Watch Industry FH. Mechanical Watch and Quartz Watch[EB/OL]. https://www.fhs.swiss/eng/mechanical-quartz.html.

[4] Grand View Research. Luxury Watch Market Size, Share & Trends Analysis Report by Product (Mechanical, Electronic), by Distribution Channel (Online, Offline), by Region, and Segment Forecasts, 2020 — 2025[R/OL]. (2020). https://www.grandviewresearch.com/industry-analysis/luxury-watch-market.

[5] MAILLARD. The Watch Industry under the Microscope[EB/OL]. (2022-06). https://www.europastar.com/time-business/1004093477-the-watch-industry-under-the-microscope.html.

[6] MÜLLER. State of the Industry – Swiss Watchmaking in 2022[EB/OL]. (2022-03-08). https://watchesbysjx.com/2022/03/morgan-stanley-watch-industry-report-2022.html.

[7] SHANNON. Watchmakers Heed women's Demands to Dial up Size[EB/OL]. (2019-03-21). https://www.ft.com/content/5526141c-2e27-11e9-80d2-7b637a9e1ba1.

特别鸣谢

ACKNOWLEDGEMENTS

感谢以下品牌（按英文字母顺序排列）为本书提供图片，书中相关图片之版权归品牌所有。

A. Lange & Söhne 朗格
Audemars Piguet 爱彼
Blancpain 宝珀
Breguet 宝玑
Breitling 百年灵
Franck Muller 法穆兰
Girard-Perregaux 芝柏表
Glashütte Original 格拉苏蒂原创
H. Moser & Cie. 亨利慕时
Hublot 宇舶表
IWC 万国表
Jaquet Droz 雅克德罗
Longines 浪琴
NOMOS Glashütte
OMEGA 欧米茄
Parmigiani Fleurier 帕玛强尼
Patek Philippe 百达翡丽
Rado 雷达表
RICHARD MILLE 里查德米尔
Roger Dubuis 罗杰杜彼
Ulysse Nardin 雅典表
Vacheron Constantin 江诗丹顿
Van Cleef & Arpels 梵克雅宝
ZENITH 真力时